電子學(基礎概念)

林奎至、阮弼群　編著

全華圖書股份有限公司

Foreword 推薦序

「人之兒女、己之兒女」是銘傳大學的教育理念，本校更以追求教育卓越，培養理論實務並重，具備團隊精神與國際視野之人才為宗旨，因此特別重視培養學生具備國際移動的能力。目前政府正積極推動「2030 雙語國家政策」，其目標為厚植國人英語能力，以強化國家國際競爭力。在教育方面，是要培育更多的雙語人才，以增進國人的國際溝通能力及國際化視野，俾能提升年輕人國際經營的能力。

本人雖非工科出身，但深知電子學乃電機與電子工程學系重要的科目之一，林奎至老師任職電子工程學系多年，教學認真且學術著作豐碩，林老師教授電子學多年，深感必須出版一本有別於市面上衆多的類似著作。此書乃作者依據多年教育經驗，通曉臺灣大專校院教學的需求及重點，匯聚其多年教學精華而成。內容重在幫助學生建立良好的電子學基礎知識，特別摒除艱深的數學公式，用簡明易懂的書寫方式引領思考，並收錄豐富例題及各校歷屆考題，希望能為不同程度的學子提供適用的教科書。尤其本書對於重要的基本觀念與關鍵知識處增加英文說明，方便老師、同學能夠透過雙語敘述，在教學與學習上都有所助益。本書是國內電子學教學首本考慮雙語需要的書籍，因此除了學習到專業外，也能同步用雙語深化思考。

此書的問世是一種挑戰，也是一種使命，是我校教育宗旨之實踐，本人很高興銘傳大學的老師能用流利的中英文撰寫書籍，希望此書付梓出版，可以實踐本校培育具備國際視野的人才，為新世紀高等教育灌注「全球知識在地化」與「在地知識全球化」的教育新視野。

銘傳全球教育系統總校長 

2022.01.24

Preface 序言

電子學是學習電機電子的基本，且是相當重要的科目之一，坊間的電子學教科書非常豐富，由許多前輩的專業知識所寫成的書更是精彩。

本人以十幾年的教學經驗，配合著淺顯易懂的文字和圖形的描述，再加上本人領悟的心得，歷經一年半的努力終於完成此書的撰寫；本書強調觀念與實用並重，避免過於深奧的數學，對於重要的觀念和公式，均以問答或易懂的方式陳述，藉此加強讀者研讀時的吸收與想像，以期達到事半功倍之效果；期許本書不僅可以成為各位老師教授上課的教材與講義外，也希望有志研讀電子學而參加各種考試的學子們，能夠擁有一本好的教戰書籍。

而此即本書的宗旨：「一座搭在學子與電子學間的最佳橋樑」。

本書共分成「基礎概念」、「進階分析」兩冊，並規劃 14 個章節：

基礎概念

第 1 章	學習電子學的基本定理介紹。
第 2 章、第 3 章	探討二極體基本理論和其當成電路元件時的計算。
第 4 章、第 6 章	探討 BJT 物理特性和其小訊號模型的計算，包含電壓增益、輸出／輸入阻抗。
第 5 章、第 7 章	探討 MOSFET 物理特性和其小訊號模型的計算，包含電壓增益、輸出／輸入阻抗。
第 8 章	探討運算放大器特性、應用電路和非理想特性所造成的誤差。

進階分析

第 9 章	探討 BJT 和 MOS 對頻率改變時，增益變化的各種特性。
第 10 章	探討放大器回授造成增益，阻抗如何變化的特性。
第 11 章	探討堆疊放大器的特性和如何完成電流鏡的設計。
第 12 章	探討差動放大器的設計原理與單端放大器的異同之處。
第 13 章	探討放大器輸出級與功率放大器的設計。
第 14 章	探討使用 CMOS 電晶體設計各種邏輯閘，包含反相器、反及閘、反或閘、任意布林函數的電路設計，以及 CMOS 反相器動態特性和功率消耗。

本書的撰寫說來有點戲劇性的發展，全華圖書業務廖章閔先生的邀約竟成本書付梓的重要契機——本人任教電子學已超過 15 年頭，上課講義內容堪稱完備，感謝全華圖書給予這次出書的機會，於是本人將上課講義加上適當的文字講述，進而促成了本書的問世。

本人花了將近兩年的時間整理及撰寫，期許出版一本有別於以往、令人耳目一新的課堂教科書和應考工具書。歡迎各位先進前輩、學子不吝給予各種指教與指正，以期能作為改版的重要參考和依據，謝謝！

林奎至 謹識

2021 年 12 月

Acknowledgments 致謝

首先要感謝我的指導教授：國立成功大學電機工程學系劉濱達教授（已退休），若不是您的諄諄教誨，實在無法造就我這麼一個平凡之人取得博士學位。

從我開始執教起有兩位一路幫助我的貴人出現，分別為國立臺灣師範大學機電工程學系劉傳璽教授和明志科技大學材料工程系阮弼群教授，若沒有兩位在學術上的鼎力相助與扶持，恐怕難以完成此書的撰寫。

銘傳大學電子工程學系陳珍源教授時常給予我鼓勵，生活上的陪伴與專業上的指導，更是令我進步的最大動力；也感激銘傳大學提供了我如此優質的教學與研究的環境，尤其是總校長李銓博士、校長沈佩蒂博士、學務長楊瑞蓮博士、資訊學院院長江叔盈教授及電子工程學系的好同事們：黃炳森教授、駱有聲教授、林鈺城教授，謝謝你們的照顧讓我得以安身立命，享有平穩的日子與生活。

亦衷心感謝全華圖書副理楊素華小姐及業務廖章閔先生的熱情邀稿，以及編輯張繼元先生的大力協助。

最後也是最重要的，我要感謝我的家人，我的父親林進水先生（已逝）、母親林陳金鳳女士（已逝），沒有您們的生育與教養，就沒有兒子我的成長、茁壯與成就；妻子王宣方老師（國中退休教師）、女兒懌岑、兒子柏劭，特別是女兒懌岑的貼心令我倍感溫馨，若非你們給我一個溫暖的家庭與鼎力地相扶持，此著作也不能順利付梓；當然也要感謝諸神明保佑、賜福與啓發，讓我平平安安順心發展。

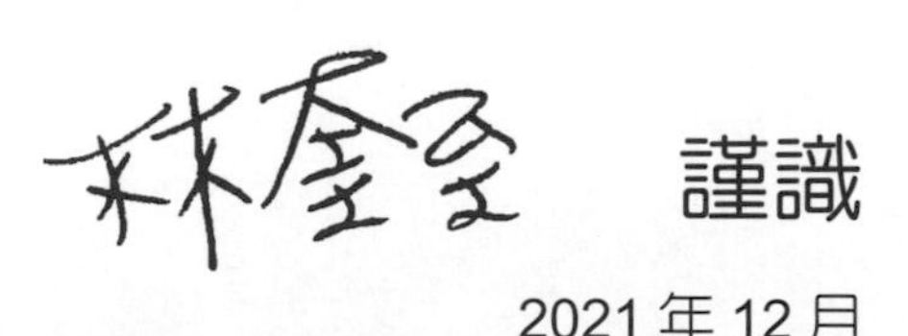
謹識

2021 年 12 月

Author 作者簡介

作　者：林奎至

現　職：銘傳大學 - 電子工程系 - 專任副教授兼系主任

學　歷：國立成功大學 - 電機工程研究所 - 博士
　　　　國立成功大學 - 電機工程研究所 - 碩士
　　　　國立成功大學 - 電機工程學系 - 學士

經　歷：銘傳大學 - 電子工程系 - 專任副教授
　　　　銘傳大學 - 電子工程系 - 專任助理教授
　　　　親民技術學院 - 電子工程系 - 專任助理教授
　　　　親民工商專校 - 電子工程系 - 專任助理教授
　　　　親民工商專校 - 電子工程系 - 專任講師
　　　　新進工業股份有限公司 - 研發部 - 研發工程師
　　　　遠東技術學院 - 二專補校及夜間部 - 兼任講師
　　　　國立高雄海洋技術學院 - 通信與資訊工程系 - 兼任講師
　　　　神達電腦公司 - 研究開發部 - 研發工程師

Author 作者簡介

作　者：阮弼群

現　職：明志科技大學 - 材料工程系 - 專任教授
長庚大學 - 電子工程系 - 合聘教師

學　歷：國立清華大學 - 電機工程學系 - 固態電子組博士

經　歷：明志科技大學 - 材料工程系 - 助理教授、副教授
聯華電子公司 - 研發與元件可靠度主任工程師、客服部副理、經理
美國 IBM Fishkill - New York 研發中心 - 研發工程師
台灣積體電路製造公司 - 資深 Flash、DRAM 記憶體產品工程師
德碁半導體公司 - 資深製程與元件工程師
美國華盛頓大學 - 材料工程所 - 教學與研究助理

著　作：迄今發表逾 50 篇半導體領域國際期刊與多項國際專利

Preface 編輯部序

「系統編輯」是我們的編輯方針，我們所提供給您的，絕不只是一本書，而是關於這門學問的所有知識，它們由淺入深，循序漸進。

本書作者以多年教學經驗，配合淺顯易懂的文字和圖形的描述編撰而成，對於重要觀念及公式，善用問答的方式陳述，加強研讀時的吸收與想像。各章皆以學習流程圖及生活化短文，啓發學習興趣、確立學習目標，內容節選重要定理及觀念，以中、英語對照的方式呈現，建立課堂雙語互動，並收錄豐富且經典的題型及各校入學考題，有效驗證學習成果；全書共分成「基礎概念」、「進階分析」兩冊，適用於大學及科大之電子、電機、資工系「電子學」課程。

同時，為了使您能有系統且循序漸進研習相關方面的叢書，我們以流程圖方式，列出各有關圖書的閱讀順序，以減少您研習此門學問的摸索時間，並能對這門學問有完整的知識。若您在這方面有任何問題，歡迎來函連繫，我們將竭誠為您服務。

相關叢書介紹

書號：0643871
書名：應用電子學(第二版)(精裝本)
編著：楊善國
20K/496 頁/540 元

書號：0331804
書名：電子學(第五版)
編著：洪啓強
20K/360 頁/380 元

書號：03126027
書名：電力電子學(第三版)
(附範例光碟片)
編譯：江炫樟
16K/736 頁/580 元

書號：0596601
書名：電力電子學綜論(第二版)
編著：EPARC
16K/432 頁/480 元

書號：06163027
書名：電子學實習(上)(第三版)
(附 Pspice 試用版及 IC 元件特性資料光碟)
編著：曾仲熙
16K/200 頁/250 元

書號：06164027
書名：電子學實習(下)(第三版)
(附 Pspice 試用版光碟)
編著：曾仲熙
16K/208 頁/250 元

書號：0070606
書名：電子學實驗(第七版)
編著：蔡朝洋
16K/576 頁/500 元

◎上列書價若有變動，請以最新定價為準。

流程圖

書號：02482/02483
書名：基本電學(上)/(下)
編譯：余政光.黃國軒

書號：0319007
書名：基本電學(第八版)
編著：賴柏洲

書號：0641801
書名：電路學概論(第二版)
編著：賴柏洲

書號：0630001/0630101
書名：電子學(基礎理論)/(進階應用)(第十版)
編譯：楊棧雲.洪國永.張耀鴻

書號：06448/06449
書名：電子學(基礎概念)/(進階分析)
編著：林奎至.阮弼群

書號：0542009/0542107
書名：電子學實驗(上)(第十版)/(下)(第八版)
編著：陳瓊興

書號：03126027
書名：電力電子學(第三版)
(附範例光碟片)
編譯：江炫樟

書號：0206602
書名：工業電子學(第三版)
編著：歐文雄.歐家駿

書號：0596601
書名：電力電子學綜論(第二版)
編著：EPARC

Instructions 本書使用方法

各章特色

章前閱讀 每一章前皆安排與本章相關聯之閱讀篇幅，以生活、歷史等實例比喻電子學的重要定理或元件之工作原理，藉此輕鬆有趣的方式引起興趣，助益學生對電子學的認識及理解，如圖 P.1 所示。

章首頁 每一章開始皆安排學習重點的流程圖，歸納整理各章知識點或重要專有名詞，以確立課堂學習目標，如圖 P.1 所示。

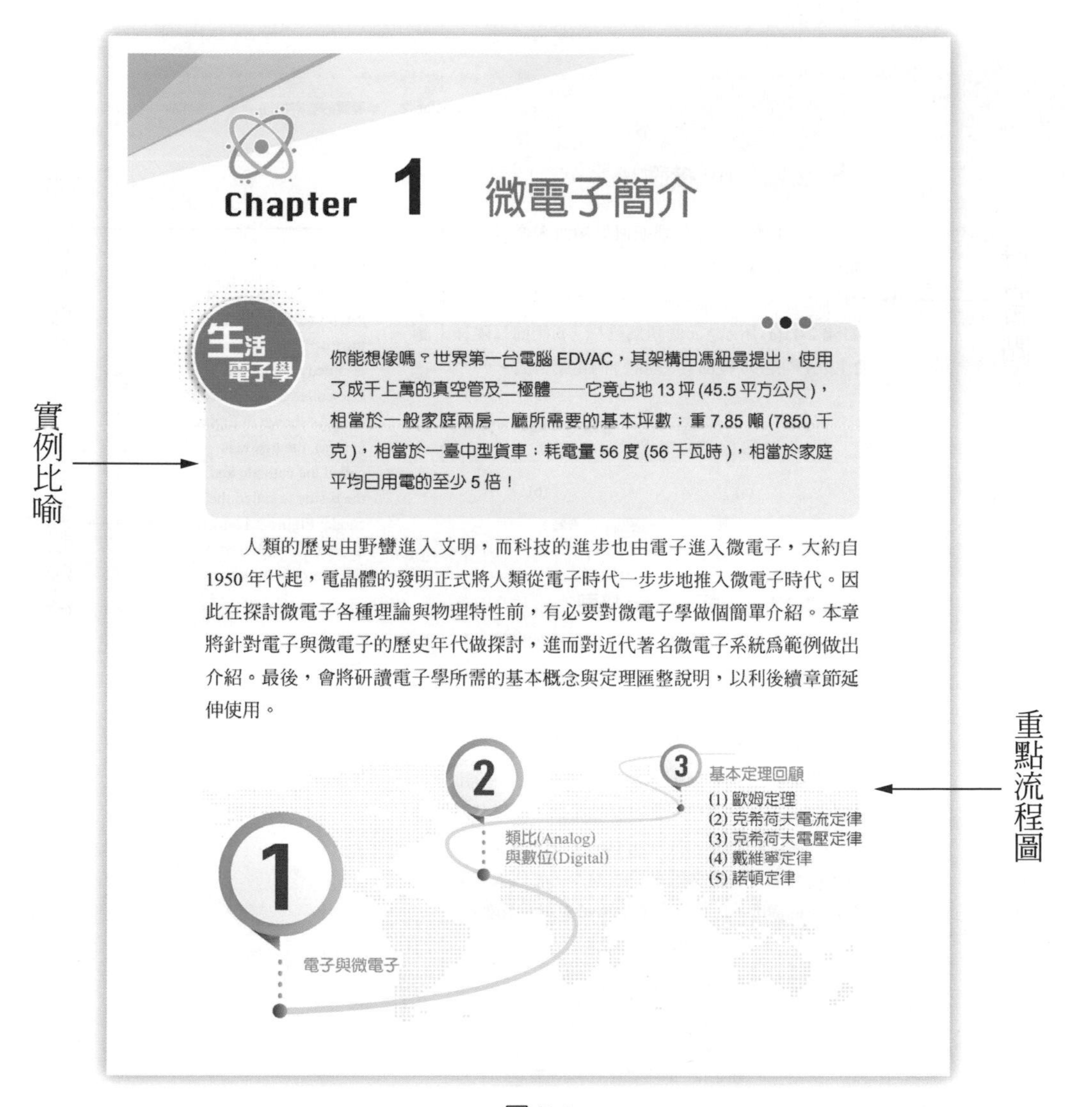

圖 P.1

節開頭 每一節皆以簡單的回顧來做內容的簡介，喚醒學生既有的知識，以連結各章、節，或與電子學相關聯的科目，如圖 P.2 所示。

關鍵字 每一章皆以醒目顏色標註，選擇重點進行強調，提醒學生研讀重點及須加以留意之處，如圖 P.2 所示。

英語導讀 每一章皆提供重要觀念、電路運作方式的英語導讀段落，配合關鍵字及專有名詞豐富學習內容，以促進課堂上的多元教學及互動，如圖 P.2 所示。

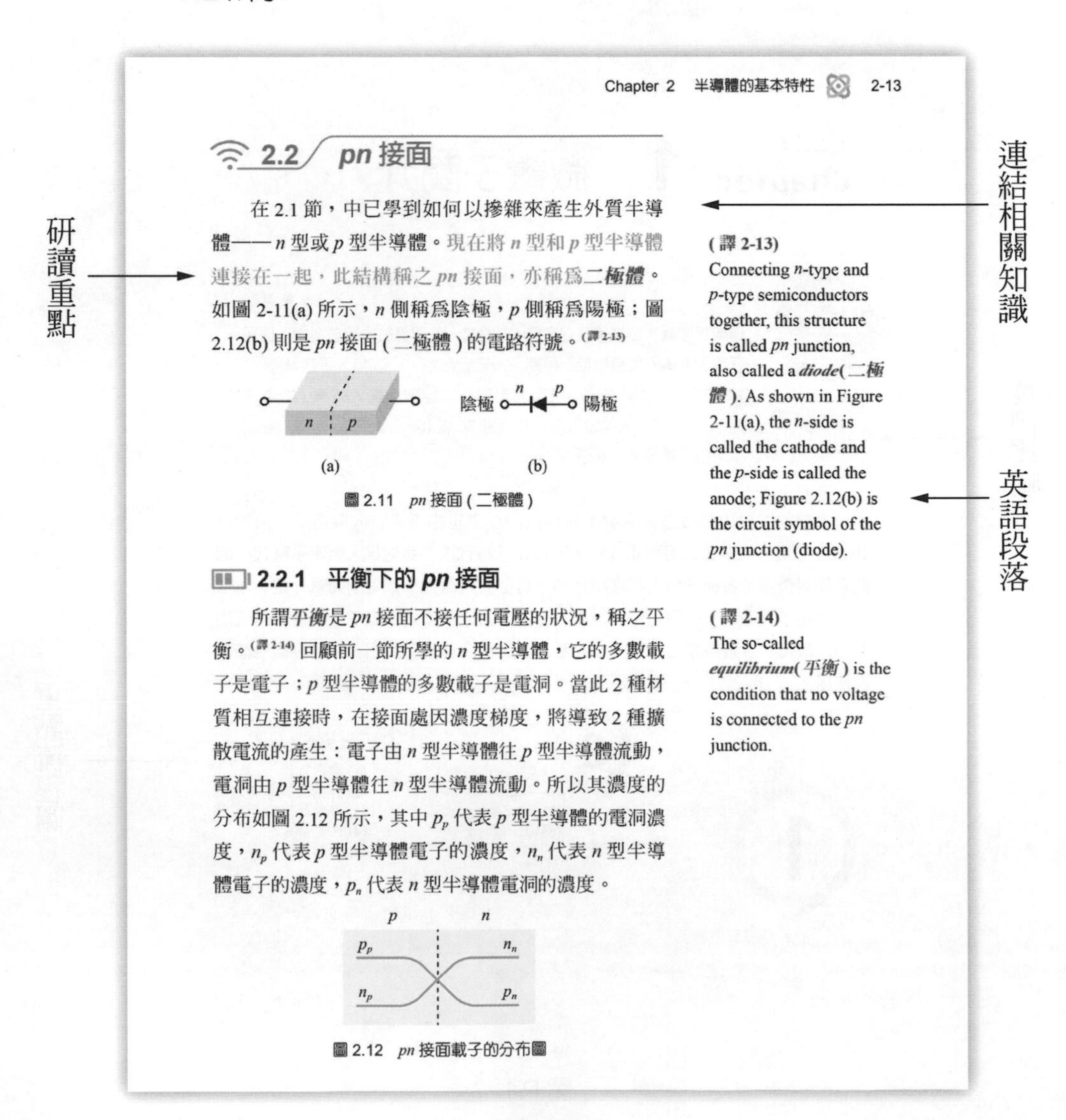

圖 P.2

例題與練習 每一章皆有大量的例題，詳細說明基本觀念和解題方法，並安排一題類題或延伸題，加強學生的練習機會，提供課堂上的實時指導，以展現學生的吸收程度，如圖 P.3 所示。

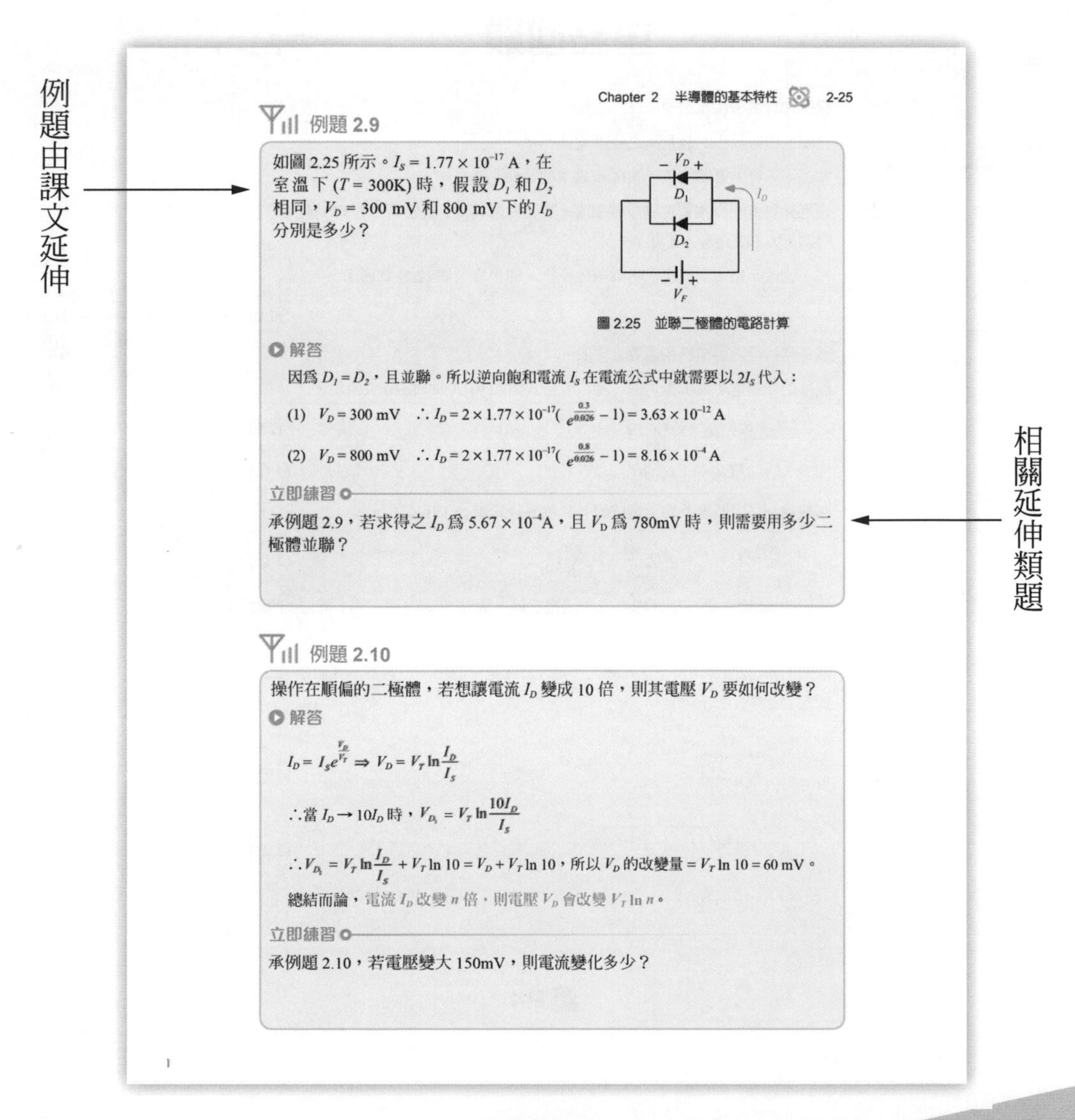

Chapter 2 半導體的基本特性 2-25

例題 2.9

如圖 2.25 所示。$I_S = 1.77 \times 10^{-17}$ A，在室溫下 (T = 300K) 時，假設 D_1 和 D_2 相同，V_D = 300 mV 和 800 mV 下的 I_D 分別是多少？

圖 2.25 並聯二極體的電路計算

解答

因爲 $D_1 = D_2$，且並聯。所以逆向飽和電流 I_S 在電流公式中就需要以 $2I_S$ 代入：

(1) V_D = 300 mV $\therefore I_D = 2 \times 1.77 \times 10^{-17}(e^{\frac{0.3}{0.026}} - 1) = 3.63 \times 10^{-12}$ A

(2) V_D = 800 mV $\therefore I_D = 2 \times 1.77 \times 10^{-17}(e^{\frac{0.8}{0.026}} - 1) = 8.16 \times 10^{-4}$ A

立即練習

承例題 2.9，若求得之 I_D 爲 5.67×10^{-4}A，且 V_D 爲 780mV 時，則需要用多少二極體並聯？

例題 2.10

操作在順偏的二極體，若想讓電流 I_D 變成 10 倍，則其電壓 V_D 要如何改變？

解答

$I_D = I_S e^{\frac{V_D}{V_T}} \Rightarrow V_D = V_T \ln \frac{I_D}{I_S}$

$\therefore$當 $I_D \rightarrow 10I_D$ 時，$V_{D_1} = V_T \ln \frac{10I_D}{I_S}$

$\therefore V_{D_1} = V_T \ln \frac{I_D}{I_S} + V_T \ln 10 = V_D + V_T \ln 10$，所以 V_D 的改變量 $= V_T \ln 10 = 60$ mV。

總結而論，電流 I_D 改變 n 倍，則電壓 V_D 會改變 $V_T \ln n$。

立即練習

承例題 2.10，若電壓變大 150mV，則電流變化多少？

圖 P.3

重點回顧　每一章結束皆有重點觀念、公式或電路圖的總覽，歸納整理各章精華，助益學生快速複習及收斂，如圖 P.4 所示。

重點回顧

1. 載子包含電子和電洞。
2. 打斷共價鏈最小的能量稱之能障能量。
3. 室溫下本質半導體的載子濃度 n_i 為 $1.08\times10^{10}\ \text{cm}^{-3}$。
4. 透過摻雜可使得本質半導體轉換成 n 型半導體 (加 5 價元素，如磷) 或 p 型半導體 (加 3 價元素，如硼)。
5. 電子濃度 n 和電洞濃度 p 的乘積會等於 n_i 的平方，如 (2.2) 式所示。

$$np = n_i^2 \tag{2.2}$$

重點公式與課文呼應

6. 載子傳輸可透過漂移和擴散來完成。
7. 漂移的機制是加電場產生的，其電流公式如 (2.9) 式或 (2.10) 式所示。

$$J_t = \mu_n E\cdot q\cdot n + \mu_p E\cdot q\cdot p \tag{2.9}$$

$$J_t = qE(\mu_n\cdot n + \mu_p\cdot p) \tag{2.10}$$

8. 擴散機制是因濃度不均所造成的，其電流公式如 (2.15) 式所示。

$$J_{tot} = J_n + J_p = q(D_n\frac{dn}{dx} - D_p\frac{dp}{dx}) \tag{2.15}$$

9. 平衡的 pn 接面會在接面處形成一個空乏區，因此會有內建電場 (電位) 的產生。
10. 逆偏的 pn 接面會使得空乏區變大，其行為像是一個壓控電容器，其值如 (2.26) 式和 (2.27) 式所示。

$$C_j = \frac{C_{jo}}{\sqrt{1-\frac{V_R}{V_o}}} \tag{2.26}$$

$$C_{jo} = \sqrt{\frac{\varepsilon_{si}q}{2}\frac{N_A N_D}{N_A+N_D}\frac{1}{V_o}} \tag{2.27}$$

圖 P.4

習題演練　書末安排大量的習題，分章以基礎題及進階題的方式呈現。基礎題著重於該章的基本觀念的釐清與計算；進階題精選幾所大學、大專校院近年的研究所考題，及公務員高考考題，以評量學生的學習成果，如圖 P.5 所示。

電子學(基礎概念)

得分欄

班級：

學號：

姓名：

習題演練

Chapter 2 半導體的基本特性

基礎題

1. 請解釋以下名詞：
   (1) 載子。
   (2) 電洞。
   (3) 能障能量。
2. 試描述如何由本質半導體變成 n 型半導體？n 型半導體中的多數載子和少數載子爲何？其濃度各爲多少？
3. 試描述如何由本質半導體變成 p 型半導體？p 型半導體中的多數載子和少數載子爲何？其濃度各爲多少？
4. 如圖 Q2.1 所示，請說明公式 $I=\frac{Q}{t}=\frac{-v\cdot w\cdot h\cdot q\cdot n}{1}$ 的意義。

▲ 圖 Q2.1

5. 請說明公式 $J_{tot}=J_n+J_p=q(D_n\frac{dn}{dx}-D_p\frac{dp}{dx})$ 中負號所代表的意義。
6. 請畫出 pn 接面載子的分佈圖，並說明此圖中載子所代表的意義。
7. 請寫出 pn 接面處於平衡時的條件，並由此條件推導出空乏區內建電位的公式。
8. 何謂 pn 接面的指數模型？請畫出其 I/V 特性曲線。

Q-1

圖 P.5

實務應用 本書附錄 SPICE 簡介及練習，培養學生運用模擬程式觀察、驗證電路原理，加強對電子學課程的理解，且有目的性地拓展實務技巧，認知未來的走向及發展，如圖 P.6 所示。

SPICE軟體發展及用途簡述

Chapter A SPICE 概論

學習電子學的最終目的就是由認識基本的電子元件，包含電阻、電容、二極體、BJT 和 MOSFET，到將它們連接成電路後可以進一步分析，然而現在的電路中元件數目之多，已經很難利用手動來分析其直流與交流的特性了。因此，拜現今電腦硬體設備的進步，得以使用軟體 (程式語言) 來協助分析較為龐大且複雜的電路；有一種通用的模擬軟體稱之 Simulation Program with Integrated Circuits Emphasis (SPICE) 被廣泛地運用在電路的分析模擬上，雖然 SPICE 在當初被提出時是一套共享的工作軟體 (美國加州大學柏克萊分校)，但現在已經發展成商業用之模擬分析電路軟體，諸如 HSPICE 和 PSPICE 之類，它們的撰寫格式大致相同。本章將對 SPICE 做一簡單且快速的論述，以利可以快速上手此軟體來做電路的模擬分析，共有 3 大重點，分別為：

1. 電子元件的描述：(a) 電阻，(b) 電容，(c) 電感，(d) 電壓源，(e) 電流源，(f) 二極體，(g)BJT 電晶體，(h)MOSFETs，(i) 相依電源，(j) 初始值。
2. 模擬的步驟與程序。
3. 分析的類型：(a) 工作點的分析，(b) 直流點的分析，(c) 暫態 (交流) 的分析。

A.1 電子元件的描述

分節拆解說明增強實務技巧

本節將講述電子元件在 SPICE 是如何描述，此電子元件包含電阻、電容、電感、電壓源、電流源、二極體、BJT 電晶體、MOSFETs 和相依電源，最後則要將電子元件有初始值時的情況，一併做完整的介紹。

圖 P.6

授課方式

兩學期學程 第一個學期安排教授「基礎概念」的第 1 章到第 8 章、第二個學期安排教授「進階分析」的第 9 章到第 14 章，可依照個別的需求及教學重點調整授課順序，選擇性的著重或省略。

一學期學程 本書濃縮電子學的精華，並維持課程的嚴謹度，教材「基礎概念」涵蓋適合於一學期內教授完畢的內容。當然，依照個別的需求及教學重點，亦可參考教材「進階分析」的部分章節作為補充。

另外，本書特色「英語導讀」、「SPICE 模擬軟體」為擴充教材，可視課堂實際情況斟酌教授或選擇性地使用。書末「習題演練」設有壓撕線，亦可依課堂學習進度交卷及批改。

Contents 目次

Chapter 5 金氧半場效電晶體的基本特性 5-1

Chapter 8 運算放大器——當成一個元件使用 8-1

Chapter A SPICE 概論 A-1

Chapter 1 微電子簡介

你能想像嗎？世界第一台電腦 EDVAC，其架構由馮紐曼提出，使用了成千上萬的真空管及二極體——它竟占地 13 坪 (45.5 平方公尺)，相當於一般家庭兩房一廳所需要的基本坪數；重 7.85 噸 (7850 千克)，相當於一台中型貨車；耗電量 56 度 (56 千瓦時)，至少相當於家庭平均日用電的 5 倍！

人類的歷史由野蠻進入文明，而科技的進步也由電子進入微電子。大約自 1950 年代起，電晶體的發明正式將人類從電子時代一步步地推入微電子時代。因此在探討微電子各種理論與物理特性前，有必要對微電子學做個簡單介紹。本章將針對電子與微電子的歷史年代做探討，進而對近代著名微電子系統為範例做出介紹。最後，會將研讀電子學所需的基本概念與定理匯整說明，以利後續章節延伸使用。

1.1 電子與微電子

眞空管 (vacuum)

從工業革命以後，人類已逐漸走入電子時代。隨著科技逐年的進展，***眞空管***已成爲人類用來放大信號的電路元件，但該元件的體積龐大，進而造成連接的電路非常大，並且消耗的功率亦非常可觀。1950 年代以前眞空管提供了電路和訊號的放大功能，但是在***電晶體***發明後的 1950 年代，整個電路設計大爲改觀。(譯 1-1) 電晶體取代了眞空管，因此整個電路的體積和功率大大降低，再加上 1960 年代以後，積體電路的發明更加速了人類在電路設計上的進展，從此人類由電子時代走入微電子時代。

(譯 1-1)
Before the 1950s, vacuum tubes provided circuits for information and signal amplification function, but after the invention of ***transistor*** (***電晶體***) in 1950s, the entire circuit design has been greatly improved.

在微電子時代有 2 個重要元件必須被好好探討，它們分別是***雙極性接面電晶體***和***金氧半場效電晶體***。其中後者經證實非常適合***積體電路***的製造與發展，這也開啓了人類邁向積體化和數位化的年代。本書將對這兩種改變人類歷史的電晶體，做詳細且完整的探討。

雙極性接面電晶體 (bipolar junction transistor)

金氧半場效電晶體 (metal-oxide-semiconductor field-effect transistor)

積體電路 (integrated circuit)

1.2 微電子系統

本節將針對現今比較熱門的微電子系做一個簡介，以期明瞭一個系統的運作，及勾起對電子學課程的興趣。

1.2.1 行動電話

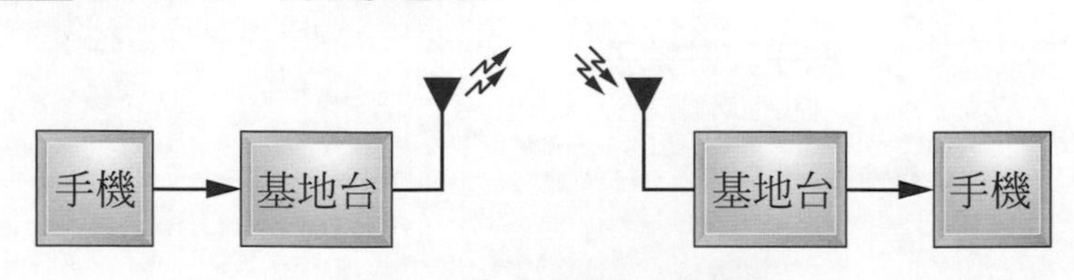

圖 1.1　行動電話方塊圖

圖 1.1 是現今人人使用的行動電話方塊圖，包含了發射端與接收端。首先看到發射端，它包含了麥克風和發射器 (譯 1-2)；換句話說類似於手機和電信公司基地台的關係。手機以麥克風表示沒有問題，但發射器是隱藏在電信公司的機房內，以電路和系統的角度而言，發射端如圖 1.2 表示，包含混頻器、振盪器和功率放大器。

(譯 1-2)
Figure 1.1 is a mobile phone block diagram used by everyone today. The figure contains the transmission end and the receiving end. First, the transmission end contains mixers, oscillators and power amplifiers.

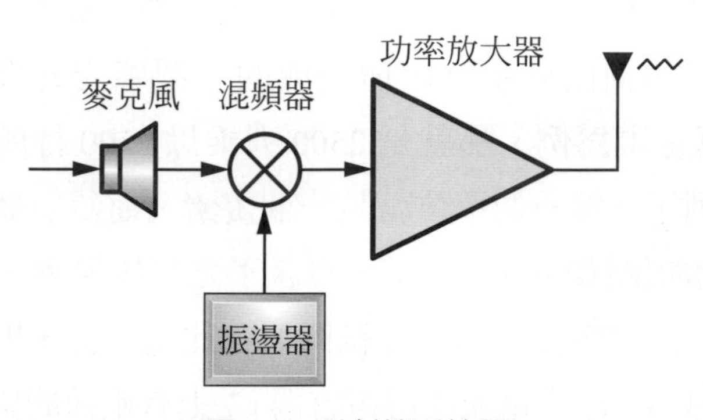

圖 1.2　發射端系統圖

同理接收端應該包含接受器 (基地台) 和麥克風 (手機) (譯 1-3)。接收器也是隱身於電信公司的機房內，以圖 1.3 表示之。

(譯 1-3)
Similarly, the receiving end includes receiver (base station) and microphone (mobile phone).

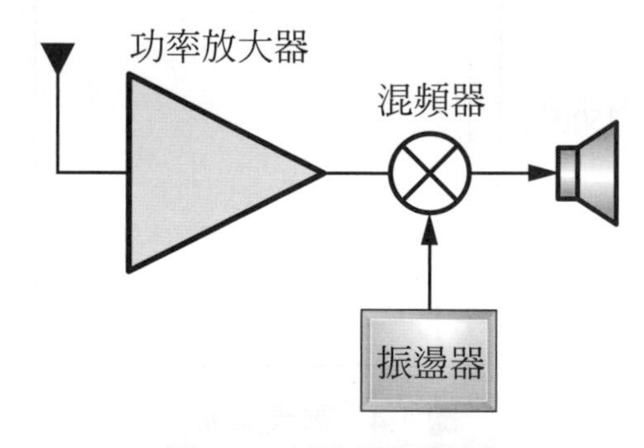

圖 1.3　接收端系統圖

以上雖然是通信的系統，但也是一個微電子系統，多虧積體電路的進展，此系統才能發展地如此精細。

1.2.2 數位相機

數位相機也是現今人類使用最頻繁的微電子系統之一，此系統應該劃分爲前端處理和後端處理系統。

所謂前端處理系統，是將“光”轉換成“電”的系統，而後端處理系統，是將電的訊號加以處理後，記錄再轉換成檔案和液晶的顯像。(譯 1-4)

(譯 1-4)
The so-called front-end processing system is a system that converts "light" into "electricity". The back-end processing system is to process the electrical signals, then records and converts into files and displays picture on LCD.

本節將針對前端處理系統加以說明。要將光轉成電，就需要一個畫(像)素陣列來處理，如圖 1.4 所示。此陣列由列乘行數所組成的一個感光元件，以 625 萬畫素爲例，那就是 2500 列乘以 2500 行所組成的陣列了。每一個單位就是一個***畫素***，而每一個畫素的基本電路如圖 **1.5** 所示，包含了光二極體和一個儲存電荷的電容器。當有光線照射在此畫素上，則光二極體導通，產生電流使得電容器 C_L 上有電荷的儲存；若沒有光線的照射則，C_L 上不會有電荷的儲存。

畫素 (pixel)

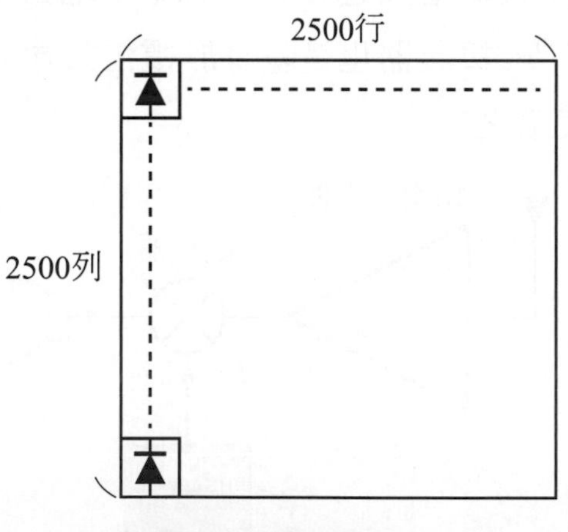

圖 1.4　畫素陣列

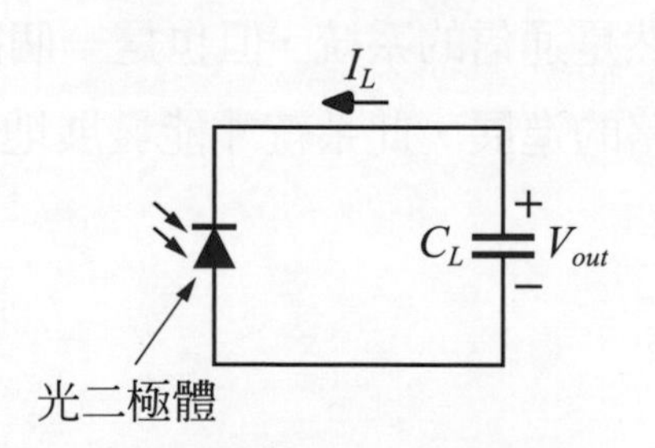

圖 1.5　每一畫素的基本電路

把圖 1.5 的畫素電路並聯起來 (2500 個)，加上放大器與開關，即形成一行的“畫素行”，如圖 1.6 所示。適當地控制相對應的開關，並把訊號接至數位信號處理器處理，即可得到一個畫素行的感光訊號，再把圖 1.6 的畫素行並排 2500 個，即形成圖 1.4 的感光元件。

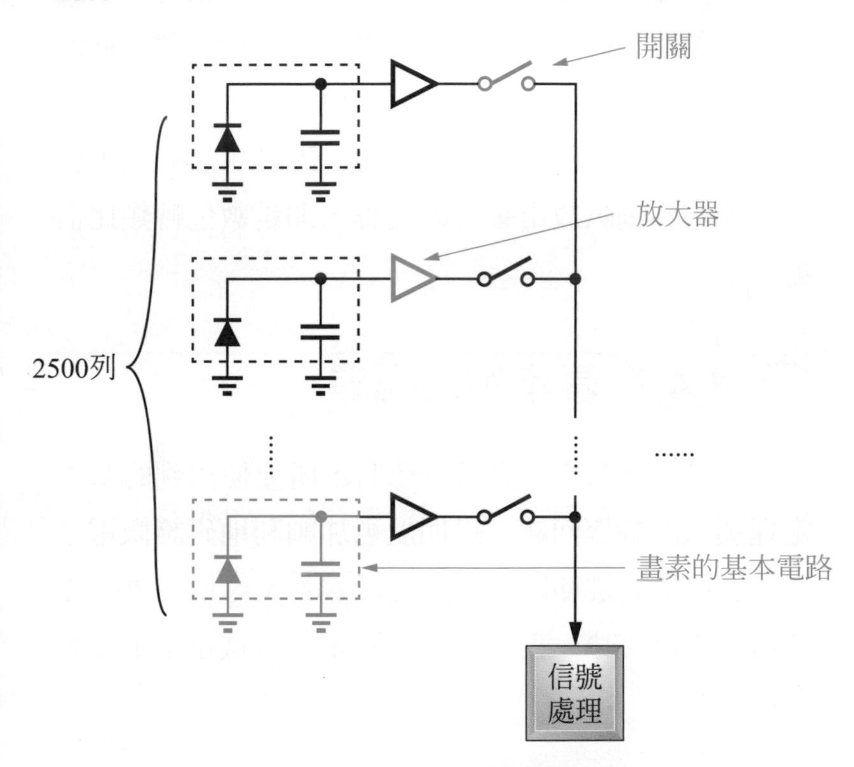

圖 1.6 一行畫素的電路圖

1.3 類比與數位

本節將討論何謂類比、何謂數位。所謂***類比***信號是不間斷的、連續的信號，存在於大自然中的信號即屬於此類，例如人類的語言、風切聲與人類耳朵無法接聽到的雜訊 (譯 1-5)。因爲此類的信號是連續的，因此儲存它需花費較多的記憶空間。在人類科技不是很發達時期 (非數位時代)，儲存此類信號是不容易的，即使以現在的科技來儲存應該不是問題，但依舊是有浪費空間之嫌。

(譯 1-5)
The so-called ***analog*(*類比*)** signal is an uninterrupted and continuous signal. Signals that exists in nature, such as human conversations, wind cut sound, and noise that human ears can't hear, belong to this category.

(譯 1-6)
The so-called *digital*(**數位**) signal is the world of 0 and 1, digital signal is either 0 or 1, so it is not continuous, or called *discrete*(**離散**) signal.

類比/數位轉換器 (*analog-to-digital converters*)

數位/類比轉換器 (*digital-to-analog converters*)

所謂***數位***信號就是 0 與 1 的世界，數位信號不是 0 就是 1，所以它是不連續的，或者稱之***離散***信號。(譯 1-6) 由於信號的內容簡單 (0 或 1)，試想用來儲存是否容易且存得多呢？

那類比與數位信號間可以轉換嗎？答案是肯定的。把類比信號轉換成數位信號的電路或系統，一般稱之爲***類比/數位轉換器***，現實生活的例子就是把歌聲錄至光碟；把數位信號轉換成類比信號的電路或系統，則稱之爲***數位/類比轉換器***，現實生活的例子就是光碟機到喇叭放出聲音的過程，即是數位轉類比信號。

1.4 基本定理回顧

本節將針對學習微電子學時，所要使用到的基本定理加以討論與回顧，以期能更加順利地研讀微電子學。這些需要被回顧的基本定理包含：歐姆定理、克希荷夫電流定律、克希荷夫電壓定律、戴維寧定理和諾頓定理。

(譯 1-7)
Ohm's Theorem
For any resistance element R, the current I flow through it will generate a voltage V, as shown in Figure 1.7. When equation conforms to (1.1), then the relationship of the formula is called ***Ohm's theorem***(**歐姆定理**).

1.4.1 歐姆定理

任一個電阻元件 R，其流過的電流 I 和產生的電壓 V，如圖 1.7 所示，符合 (1.1) 式的關係即稱之***歐姆定理***。(譯 1-7)

$$R = \frac{V}{I} \tag{1.1}$$

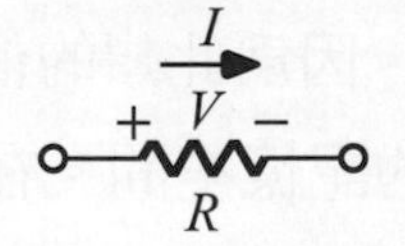

圖 1.7 歐姆定理電路模型

1.4.2 克希荷夫電流定律

電路中，任一***節點***流入的電流會等於流出的電流，稱之***克希荷夫電流定律***，圖 1.8 即描述該定律。(譯 1-8)

(譯 1-8)
Kirchhoff's current law
Currents entering any ***node***(***節點***) in a circuit equals currents leaving that node. This is called the ***Kirchhoff's law of current***(***克希荷夫電流定律***).

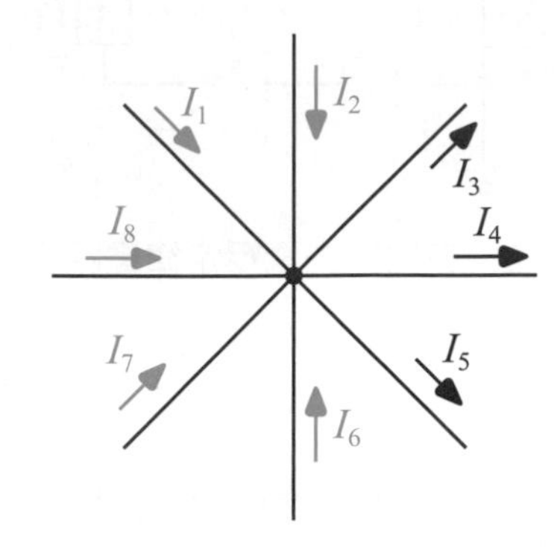

圖 1.8 克希荷夫電流定律電路模型

$$I_1 + I_2 + I_6 + I_7 + I_8 = I_3 + I_4 + I_5 \tag{1.2}$$

$$I_1 + I_2 - I_3 - I_4 - I_5 + I_6 + I_7 + I_8 = 0 \tag{1.3}$$

$$\sum_{i=1}^{8} I_i = 0 \tag{1.4}$$

(1.2) 式、(1.3) 式和 (1.4) 式都是描述克希荷夫電流定律的方式。其中定義了電流流入節點爲正，而電流流出節點的值爲負。

1.4.3 克希荷夫電壓定律

電路中，任一***迴路***繞一圈時，上升的電壓會等於下降的電壓，稱之***克希荷夫電壓定律***。(譯 1-9) 這裡所謂上升的電壓是指繞迴路時，由元件的負電壓端走到元件的正電壓端；下降的電壓是指繞迴路時，由元件的正電壓端走到元件的負電壓端。圖 1.9 是一個電路迴路，根據克希荷夫電壓定律可得

(譯 1-9)
Kirchhoff's voltage law
For a closed ***loop***(***迴路***) in a circuit, the rising voltage equals the falling voltage. This is called the ***Kirchhoff's law of voltage***(***克希荷夫電壓定律***).

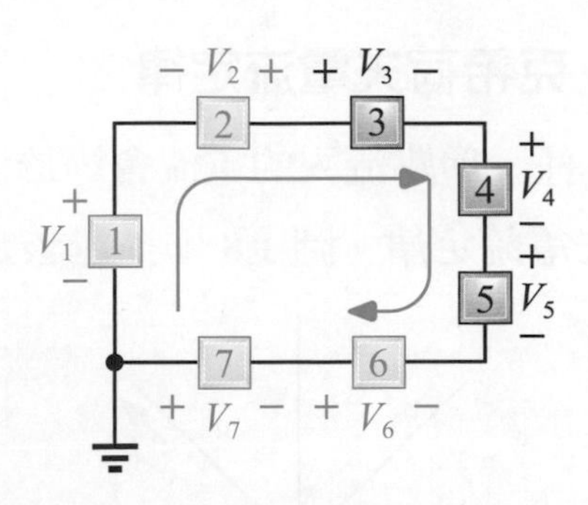

圖 1.9　克希荷夫電壓定律電路模型

$$V_1 + V_2 + V_6 + V_7 = V_3 + V_4 + V_5 \tag{1.5}$$

$$V_1 + V_2 - V_3 - V_4 - V_5 + V_6 + V_7 = 0 \tag{1.6}$$

$$\sum_{i=1}^{7} V_i = 0 \tag{1.7}$$

(1.5) 式、(1.6) 式和 (1.7) 式都是描述克希荷夫電壓定律的方式。其中定義了上升的電壓爲正值，下降的電壓爲負值。

(譯 1-10)

Thevenin's theorem

Figure 1.10 is any linear and active network with load R_L. Figure 1.10 can be replaced by one voltage source in series with an equivalent resistance, as shown in Figure 1.11. This process is called ***Thevenin's theorem*(戴維寧定理)**, and the circuit shown Figure 1.11 is called Thevenin equivalent circuit.

1.4.4 戴維寧定理

圖 1.10 是任一線性且有源的網路，其負載爲 R_L。在此可將圖 1.10 用一個電壓源串聯一個等效電阻取代，如圖 1.11 所示。此過程稱之*戴維寧定理*，圖 1.11 所示的電路，則稱之戴維寧等效電路。 (譯 1-10)

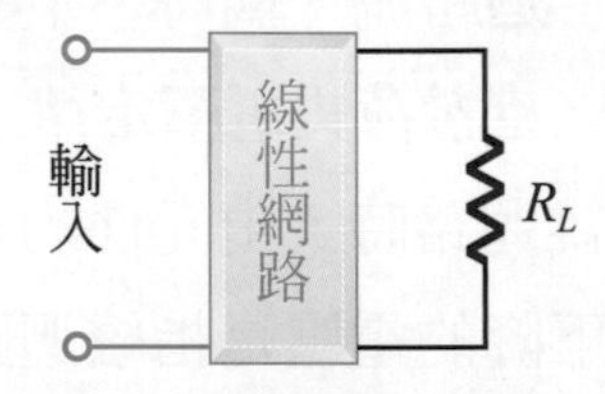

圖 1.10　有源的線性網路電路模型

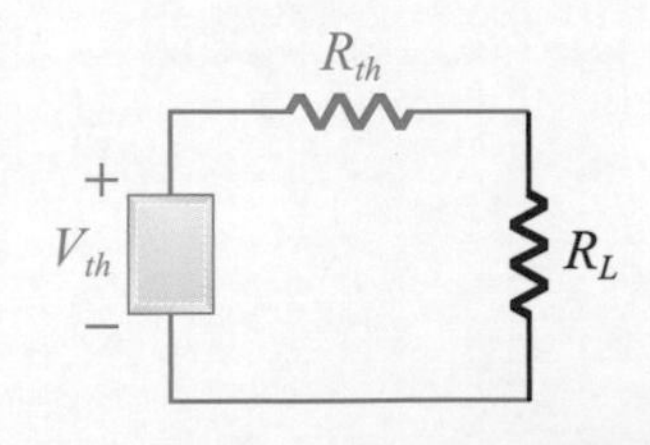

圖 1.11　戴維寧定理等效電路模型

至於如何將一般的線性網路轉換成戴維寧等效電路呢？其轉換步驟如下：

1. 將圖 1.10 中的 R_L 移開。
2. 利用電路學的歐姆定理和分壓定理算出 R_L 所在位置的電壓，即爲 V_{th}。
3. 將線性網路中的電壓源短路、電流源開路，求出 R_L 位置往線性網路看入的阻抗，即爲 R_{th}。

例題 1.1

如圖 1.12，試利用戴維寧定理求出其戴維寧等效電路。

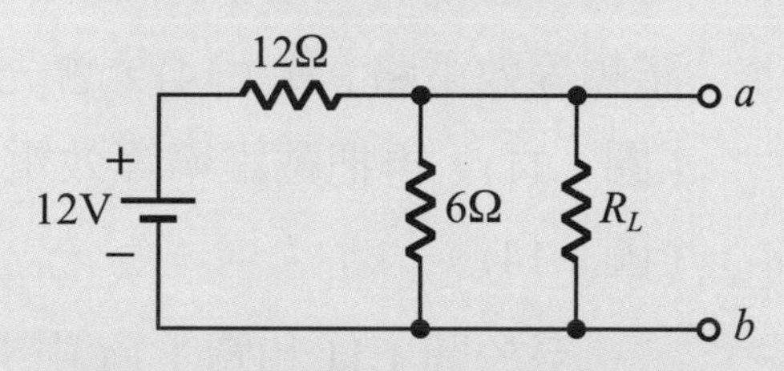

圖 1.12 戴維寧定理的電路計算

解答

先將 R_L 移開，所以 $V_{ab} = 12 \times \dfrac{6}{12+6} = 4\text{V}$

$\therefore V_{th} = V_{ab} = 4\text{V}$

再將 12V 短路，R_L 移開。

所以由 a、b 兩點向左看入的阻抗 $R_{ab} = 12\Omega \,//\, 6\Omega = \dfrac{12\times 6}{12+6} = 4\Omega$

$\therefore R_{th} = R_{ab} = 4\Omega$

∴戴維寧等效電路如圖 1.13 所示。

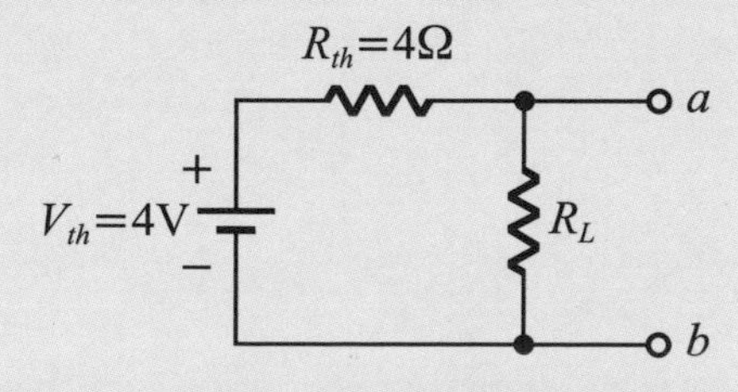

圖 1.13 圖 1.12 的戴維寧等效電路

1.4.5 諾頓定理

任一個線性且有源的網路(圖 1.10),可以轉換成一個電流源 I_N 並聯 R_N,再和 R_L 並聯,如圖 1.14 所示。此過程稱之***諾頓定理***,圖 1.14 則稱之諾頓等效電路。(譯 1-11)

(譯 1-11)
Norton's Theorem
Any linear and active network (Figure 1.10) can be converted into a current source I_N and a parallel resistor R_N, then connected in parallel with R_L, as shown in Figure 1.14. This process is called ***Norton's theorem***(***諾頓定理***). Figure 1.14 is called Norton's equivalent circuit.

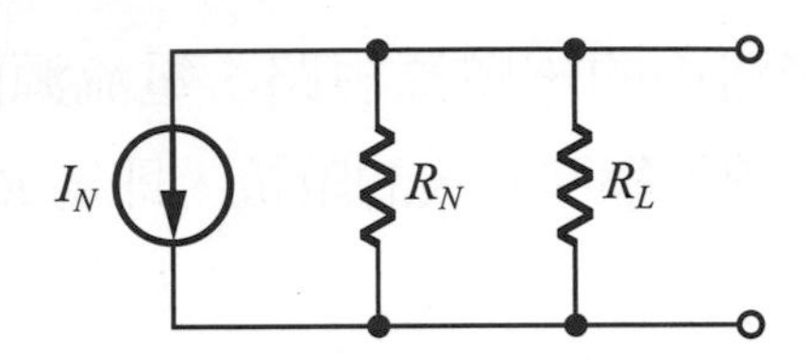

圖 1.14 諾頓定理等效電路模型

一般而言,要將一個線性網路(圖 1.10)轉換爲諾頓等效電路(圖 1.14),會先轉換成戴維寧等效電路(圖 1.11),再把戴維寧等效電路轉換成諾頓等效電路(圖 1.14)。

至於圖 1.11 和圖 1.14 中 V_{th}、R_{th}、I_N 和 R_N 的關係如下:

$$I_N = \frac{V_{th}}{R_{th}} \tag{1.8}$$

$$R_N = R_{th} \tag{1.9}$$

重點回顧

1. 類比信號與數位信號的差異。
2. 歐姆定理是電阻值和電壓、電流的關係，如 (1.1) 式所示。

$$R = \frac{V}{I} \tag{1.1}$$

3. 克希荷夫電流定律是指電路中節點的電流關係式，如 (1.2) 式、(1.3) 式和 (1.4) 式所示。

$$I_1 + I_2 + I_6 + I_7 + I_8 = I_3 + I_4 + I_5 \tag{1.2}$$

$$I_1 + I_2 - I_3 - I_4 - I_5 + I_6 + I_7 + I_8 = 0 \tag{1.3}$$

$$\sum_{i=1}^{8} I_i = 0 \tag{1.4}$$

4. 電路中迴路的電壓關係可用克希荷夫電壓定律解答，其公式如 (1.5) 式、(1.6) 式和 (1.7) 式所示。

$$V_1 + V_2 + V_6 + V_7 = V_3 + V_4 + V_5 \tag{1.5}$$

$$V_1 + V_2 - V_3 - V_4 - V_5 + V_6 + V_7 = 0 \tag{1.6}$$

$$\sum_{i=1}^{7} V_i = 0 \tag{1.7}$$

5. 任一線性電路可利用戴維寧定理轉換成其等效電路，如圖 1.11 所示。

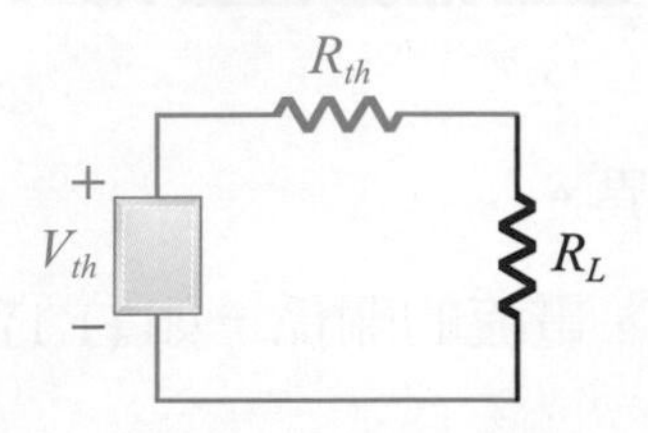

圖 1.11 戴維寧定理等效電路模型

6. 任一線性電路亦可利用諾頓定理轉換成其等效電路，如圖 1.14 所示。

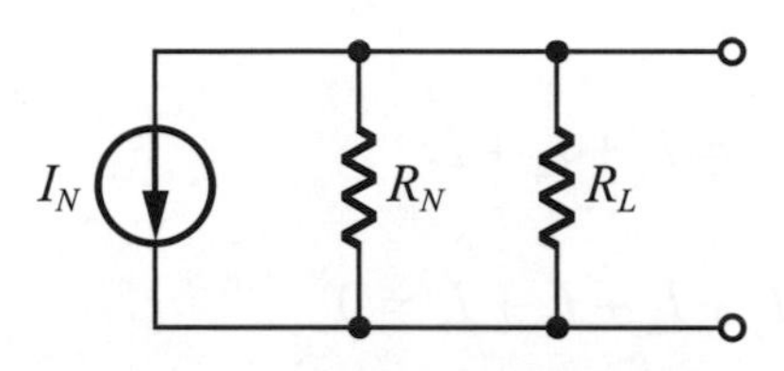

圖 1.14 諾頓定理等效電路模型

Chapter 2 半導體的基本特性

天才級的智力、宗師級的武術，身懷絕技的超級英雄蝙蝠俠，在無數暗夜中打擊不法分子，而最令人矚目的莫過於一身帥氣的高科技裝備，合乎其名的蝙蝠披風由記憶纖維所造，正如同半導體是介於絕緣體與導體之間的存在般，平時為英雄的象徵，追捕惡黨時也可藉由通電，硬化為翅膀進行滑翔。

本章將著重於半導體的基本特性，尤其是物理特性。因此在研讀本章之前，會先對本章的重點做個簡單陳述，以期明瞭本章將學知識。

本章有兩大重點，分別包含半導體和 *pn* 接面二部分。在半導體重點中將從電荷載子出發，描述何謂摻雜和載子的傳輸狀況；在 *pn* 接面重點中，首先先點出 *pn* 接面的結構，再來以平衡、逆偏和順偏來探討 *pn* 接面的物理特性，進而推導出其電流／電壓 (I / V) 特性，最後闡述該元件在電路的模型。重點歸納如下：

2.1 半導體物質與其特性

週期表
(periodic table)

探討半導體物質之前，首先回顧一下化學科目中所提到的***週期表***。在此並非對週期表中的所有元素感興趣，而是對具有 3 到 5 個價電子的III、IV、V族有所興趣。圖 2.1 列出感到興趣的III、IV、V元素週期表，其中***矽元素***是目前***半導體***使用最多的材料。(譯 2-1)

(譯 2-1)
Silicon*(*矽元素*)** is currently the most used material for ***semiconductors **(*半導體*)**.

III	IV	V
硼 (B)	碳 (C)	
鋁 (Al)	矽 (Si)	磷 (P)
鎵 (Ga)	鍺 (Ge)	砷 (As)

圖 2.1　部份的週期表

首先先看一下矽原子的結構，如圖 2.2(a) 所示它有 4 個價電子和 1 個原子核，此結構很容易和其他的原子結合成如圖 2.2(b) 的晶體結構。每一個矽原子用自己的 1 個價電子和相鄰的矽原子的價電子，形成一個穩定的***共價鏈***，即共價鏈中的電子是無法自由移動的。然而，當溫度上升時，熱提供了能量進而打斷了共價鏈，使得自由電子產生，稱之爲***載子***；而留下的空位，稱之爲***電洞***，如圖 2.3 所示。(譯 2-2)

(譯 2-2)
Each silicon atom forms a stable covalent bond with its own valence electron and the valence electron of the adjacent silicon atom, that is, the electrons in the ***covalent bond*(*共價鏈*)** cannot move freely. However, when the temperature rises, heat provides energy and breaks the covalent bond, causing free electrons to be generated, called ***carriers*(*載子*)**; and the remaining vacancies, called ***holes*(*電洞*)**, as shown in Figure 2.3.

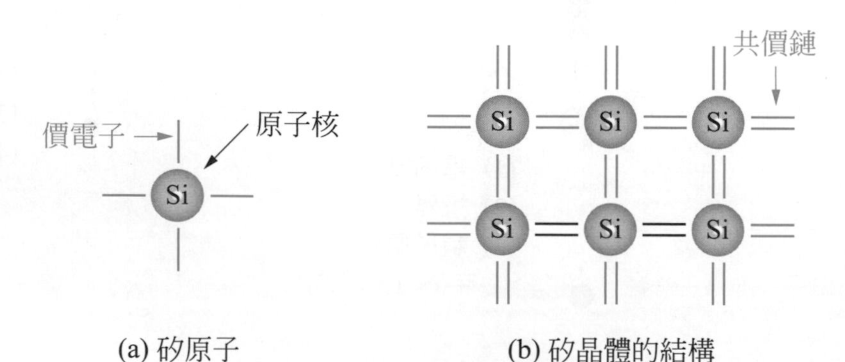

圖 2.2　矽原子及其晶體結構

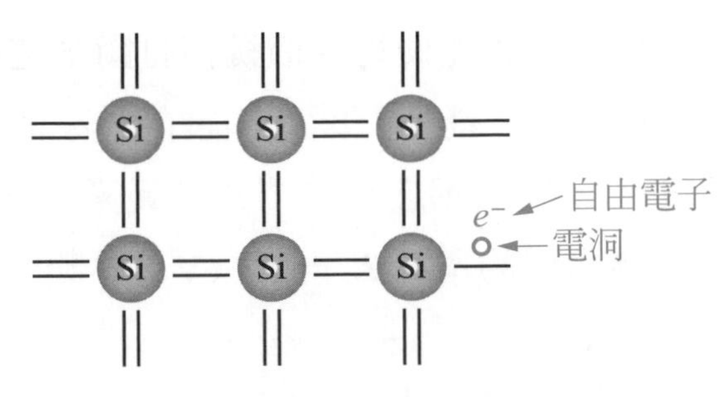

圖 2.3 熱能產生了自由電子與電洞

當然，電子電洞可以因熱而產生，它們也可能再次地結合在一起，稱之***電子電洞再結合***。(譯 2-3) 一般而言，皆認爲自由電子可自由移動，但電洞其實也是會移動的。爲了說明電洞可以移動，考慮圖 2.4 所示的時間關係圖。當時間於 t_1 時，熱能產生了一個自由電子和留下一個電洞；當時間於 t_2 時，熱能使得左邊的價電子補到中間的電洞位置，留下左邊的電洞；當時間來到 t_3 時，左下的價電子往上補到時間 t_2 時的電洞，留下左下方的電洞位置。若把圖 2.4 三張圖像快速連接起來，會發現電子是向“右上”移動的，而電洞是向“左下”移動的。因此，可以說半導體中的載子包含了電子和電洞，它們一個帶負電，另一個帶正電，都會移動而產生“電子流”和“電流”，大小相等、方向相反。

(譯 2-3)
Electrons and holes can be generated by heat, and they may be recombined again, which is called ***electron-hole recombination*(*電子電洞再結合*)**.

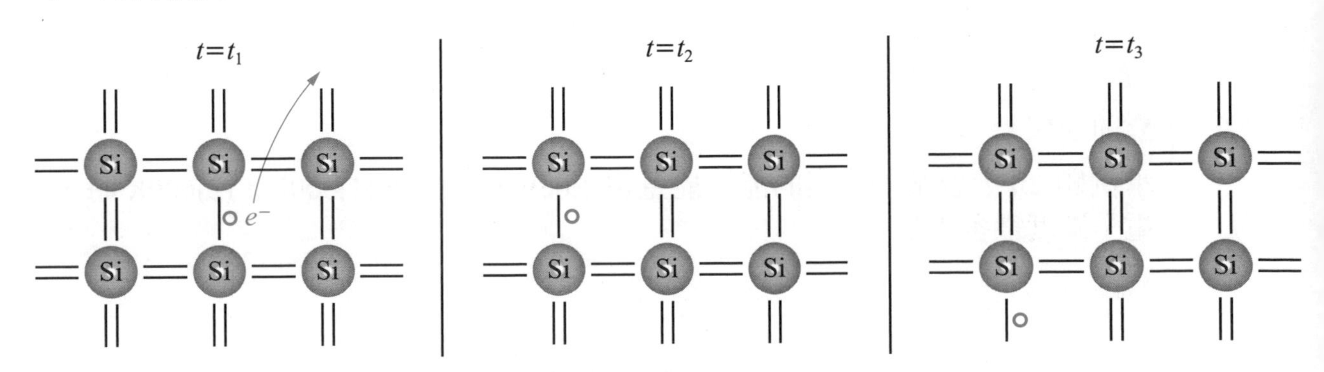

圖 2.4 自由電子與電洞時間關係圖

(譯 2-4)
The minimum energy that can break the covalent bond is called the ***band gap energy*(能障能量)**, which is represented by E_g.

那熱量要多大才能使得共價鍵被打斷？這就是接下來將討論的議題。**能夠打斷共價鍵的最小能量，稱之*能障能量*，以 E_g 表示之。**[譯 2-4] 以矽元素爲例，$E_{g(Si)}$ = 1.12 eV，絕緣體的鑽石 E_g = 2.5 eV，導體的 E_g < 1 eV，半導體的 E_g = 1 ～ 1.5 eV。

那在固定的溫度下(能量)，可以產生多少個自由電子呢？在找出答案前，應該可以猜得出來，自由電子的數量和 E_g 及溫度 T 有關，E_g 愈小和 T 愈大會導致自由電子的數量變大。因此，我們將電子密度(單位體積下電子的數目)以 n_i 表示之。

$$n_i = 5.2\times10^{15}\cdot T^{\frac{3}{2}}\cdot \exp(\frac{-E_g}{2kT}) \qquad (2.1)$$

其中 T 是凱氏溫度，k 是波茲曼常數 = 1.38×10^{-23} J/K，E_g 是能障能量。由 (2.1) 式知，當 $T = 0$ 時 n_i 才會等於 0。因此室溫下 (300K)，n_i 可由 (2.1) 式求得。

例題 2.1

求矽在 (1)300K，(2) 600K 時，電子濃度爲多少？

解答

(1) $n_i = 5.2\times10^{15}\cdot(300)^{\frac{3}{2}}\cdot\exp(\frac{-1.12\times1.6\times10^{-19}}{2\times1.38\times10^{-23}\times300}) = 1.08\times10^{10}$(個／$cm^3$)

(2) $n_i = 5.2\times10^{15}\cdot(600)^{\frac{3}{2}}\cdot\exp(\frac{-1.12\times1.6\times10^{-19}}{2\times1.38\times10^{-23}\times600}) = 1.53\times10^{15}$(個／$cm^3$)

立即練習

承例題 2.1，若某一元素的能障能量爲 1.6eV，求矽在 (1)300K，(2)600K 時，電子濃度爲多少？

由例題 2.1 知，T 愈大，n_i 值會愈大。

2.1.1 載子濃度的修正

純的矽元素，稱爲***本質***半導體，它的電阻值較高(因爲 n_i 值太小)。若把矽加入其他的元素取而代之成爲另一種“不純”的半導體，則可稱之爲***外質***半導體。[譯 2-5] 在本質半導體中，電子的濃度以 n 表示，電洞的濃度以 p 表示。則

$$np = n_i^2 \tag{2.2}$$

(2.2) 式不管在本質半導體或外質半導皆適用。在本質半導體中，$n = p = n_i$。但在外質半導體中，n 或 p 皆可能大於或小於 n_i。

若把其他的雜質(例如磷、硼等)加入本質半導體(矽)的過程稱爲***摻雜***，加入的元素稱***摻雜物***。[譯 2-6] 現在將圖 2.1 中第 V 族的元素磷 (P) 加入矽中，磷元素提供 4 個價電子和相鄰的矽原子形成共價鍵，而多出來的 1 個價電子，卻是形成自由移動的自由電子，圖 2.5 說明了上述的情況，但只是加入 1 個磷元素。試想若一次加入一百萬的磷元素，那就會產生一百萬個自由電子。此時這個外質半導體充滿“自由電子”，所以稱此外質半導體爲 n 型半導體。n 型半導體中，電子稱爲***多數載子***，而電洞稱爲***少數載子*** [譯 2-7]，(2.2) 式依舊適用於 n 型半導體。

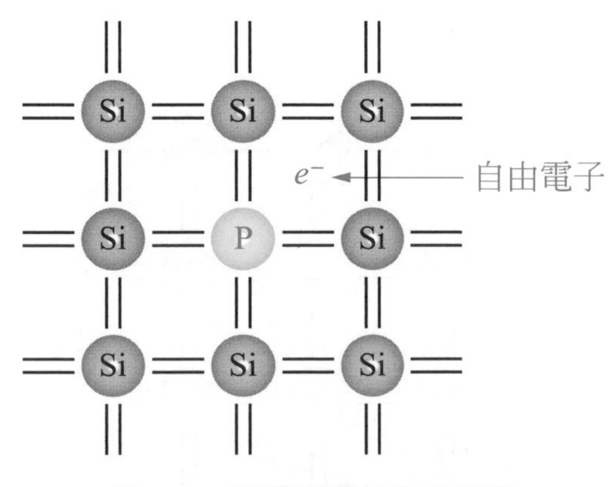

圖 2.5 矽摻雜磷的自由電子

(譯 2-5)
Pure silicon is called an ***intrinsic(本質)*** semiconductor, and its resistance value is relatively high (because the n_i value is too small). If other elements are added to intrinsic silicon to alter it to become an "impure" semiconductor, it is called an ***extrinsic(外質)*** semiconductor.

(譯 2-6)
If other impurities (such as phosphorus, boron, etc.) are added to the intrinsic semiconductor (silicon), the process is called ***doping(摻雜)***, and the added element is called ***dopant(摻雜物)***.

(譯 2-7)
In n-type semiconductors, electrons are called ***majority carriers(多數載子)***, and holes are called ***minority carriers(少數載子)***.

例題 2.2

矽摻雜磷原子，濃度為 3×10^{16}(個／cm^3)。求室溫下，電子與電洞的濃度各為多少？

解答

加入雜物磷的濃度 3×10^{16}(個／cm^3) 為自由電子的濃度，

即 $n = 3 \times 10^{16}$(個／cm^3)。

室溫下，$n_i = 1.08 \times 10^{10}$(個／cm^3)。

根據 (2.2) 式，$np = n_i^2$ $\quad \therefore p = \dfrac{n_i^2}{n} = \dfrac{(1.08\times10^{10})^2}{3\times10^{16}} = 3.9 \times 10^3$(個／cm^3)

立即練習

承例題 2.2，若電洞濃度由 3.9×10^3 個降至 10^2 個，則當初摻雜磷原子的濃度為多少？

如果將圖 2.1 中第III族元素硼 (B) 加入矽中，由於硼元素只有 3 個價電子，它只能和鄰近的矽原子形成 3 個共價鍵，而留下一個位置 (電洞)，圖 2.6 說明此狀況，只示意了 1 個硼元素。試想摻雜一百萬個硼元素，那就會產生一百萬個電洞的位置，因此此外質半導體內部充滿著“電洞”，稱之為 p 型半導體。**p 型半導體中，電洞稱為多數載子，而電子稱為少數載子** (譯 2-8)，(2.2) 式依然適用。

(譯 2-8)
In p-type semiconductors, holes are called majority carriers, and electrons are called minority carriers.

Si Si Si
Si B Si
電洞
Si Si Si

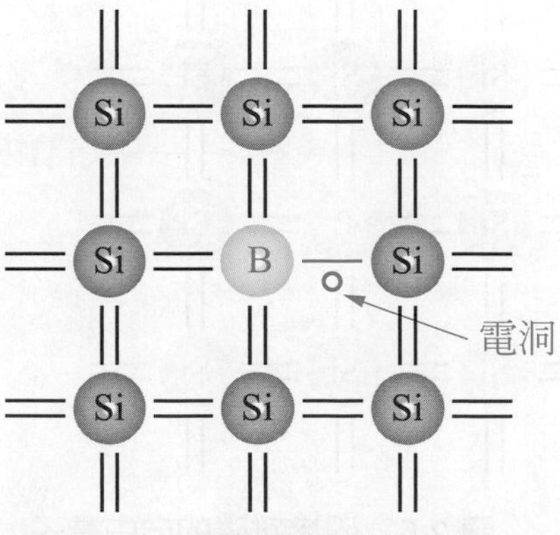

圖 2.6 矽摻雜硼而形成的電洞

一般將提供自由電子的元素 (例如磷) 稱爲***施體***，其濃度爲 N_D。所以多數載子 $n \approx N_D$，少數載子 $p = n_i^2 / N_D$。同樣的，將提供電洞的元素 (例如硼) 稱爲***受體***，濃度爲 N_A。所以多數載子 $p \approx N_A$，少數載子 $n = n_i^2 / p$。(譯 2-9)

(譯 2-9)
The element that provides free electrons (for example, phosphorus) is generally called the ***donor***(***施體***), and its concentration is N_D. So, the majority carrier $n \approx N_D$, and the minority carrier $p = n_i^2 / N_D$. Similarly, the element that provides holes (for example, boron) is called the ***acceptor***(***受體***), and the concentration is N_A. So, the majority carrier $p \approx N_A$, and the minority carrier $n = n_i^2 / p$.

2.1.2 載子的傳輸

於 2.1.1 節已經學到 n 型、p 型半導體，亦知道載子如何透過摻雜來產生。那載子移動就會產生電流和電壓，是何種動力使得它們移動呢？應該是有兩大機制使得載子移動，分別是***漂移***和***擴散***。

| ***漂移 (drift)***

| ***擴散 (diffusion)***

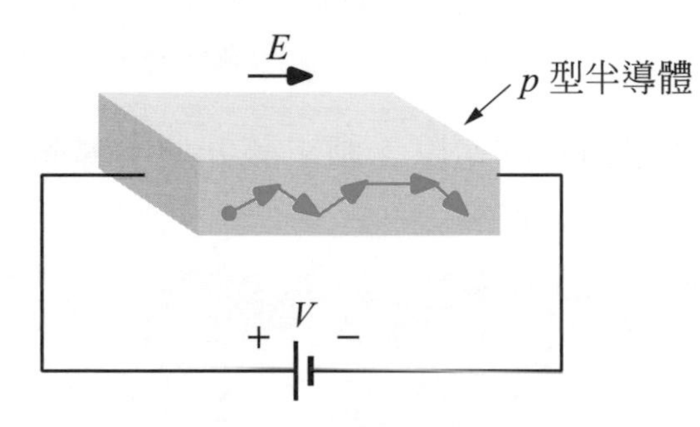

圖 2.7 半導體中載子的漂移

首先，載子帶有電荷 (正或負)，要讓它漂移，一定要有外加電荷來吸引或排斥它。因此，外加電場就是造成載子漂移的最大動力。如圖 2.7 所示，以一個 p 型半導體加上電壓，所以在半導體形成一個向右的電場 $\vec{E}$。(譯 2-10)

(譯 2-10)
The carrier carries charge (positive or negative), in order to make it drift, there must be an external charge to attract or repel it. Therefore, the applied electric field is the biggest driving force for carrier to drift. As shown in Figure 2.7, when a p-type semiconductor is applied with a voltage, so a rightward electric field $\vec{E}$ is formed in the semiconductor.

在半導體中的電洞，會因電場的作用 (排斥) 向右移動，移動就會產生速度 $\vec{V_k}$，顯然 $\vec{V_k}$ 與 $\vec{E}$ 有所相關，且成正比例的。所以

$$\vec{V_k} = \mu \vec{E} \tag{2.3}$$

遷移率 (mobility)

其中 μ 稱爲***遷移率***，其單位爲 $cm^2/V \cdot s$。對電洞而言，它的移動速度 $\overrightarrow{V_p}$ 應爲

$$\overrightarrow{V_p} = \mu_p \overrightarrow{E} \quad (2.4)$$

其中 μ_p 爲電洞的遷移率，其值爲 480 $cm^2/V \cdot s$。

對電子而言，它的移動速度 $\overrightarrow{V_n}$ 應爲

$$\overrightarrow{V_n} = -\mu_n \overrightarrow{E} \quad (2.5)$$

其中負號代表移動方向和電場的方向是相反的，μ_n 是電子的遷移率，其值爲 1350 $cm^2/V \cdot s$。特別注意，$\mu_n \approx 2.5\mu_p$，意謂著電子的移動速率是電洞的 2.5 倍。

例題 2.3

有一個 n 型半導體，長度爲 2μm，加上 1V 的電壓。請求該 n 型半導體中電子的移動速率。

解答

$2\ \mu m = 2 \times 10^{-6}\ m = 2 \times 10^{-4}\ cm$

$$\therefore E = \frac{1}{2 \times 10^{-4}} = 5000\ V/cm$$

$$\therefore V_e = 1350 \times 5000 = 6.75 \times 10^6\ cm/s$$

立即練習

承例題 2.3，若遷移率只剩原本的 $\frac{4}{5}$，其餘條件不變，請求該 n 型半導體中電子的移動速率。

得到了載子的速率(度)後，接下來可計算出載子移動會產生多少的電流。考慮圖 2.8，一個長寬高各爲 w、L、h 的半導體，加上 V 的電壓，在半導體內部黑色柱狀區的電荷，在 1 秒內移動至藍色柱狀區位置。

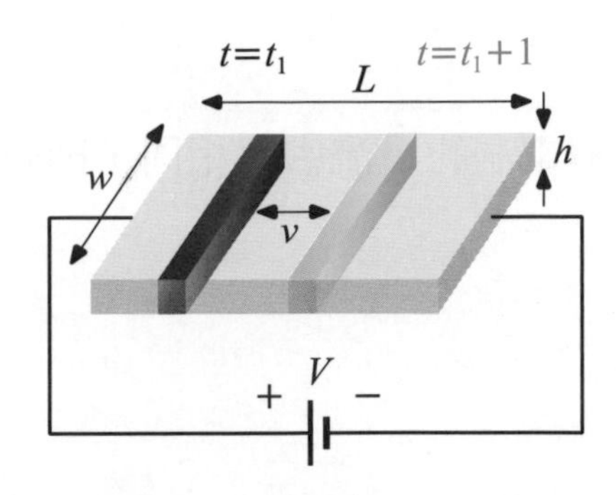

圖 2.8　電荷移動的示意圖

因爲電流等於電荷除以時間 ($I = Q / t$)，所以

$$I = \frac{Q}{t} = \frac{-v \cdot w \cdot h \cdot q \cdot n}{1} \tag{2.6}$$

其中 $v \cdot w \cdot h$ 代表移動的體積，$q \cdot n$ 代表電荷密度。

又因爲電子的速度 $v = -\mu_n E$，所以

$$I = \mu_n E \cdot w \cdot h \cdot q \cdot n \tag{2.7}$$

$$J_n = \frac{I}{w \cdot h} = \mu_n Eqn \tag{2.8}$$

其中 $w \cdot h$ 爲電荷移動時截面積，所以 J_n 代表電流密度，單位爲 A/cm^2。若考慮電子和電洞同時存在，則 (2.8) 式要修正爲

$$J_t = \mu_n E \cdot q \cdot n + \mu_p E \cdot q \cdot p \tag{2.9}$$

$$= qE(\mu_n \cdot n + \mu_p \cdot p) \tag{2.10}$$

(2.9) 式和 (2.10) 式，代表著一個半導體在電場下，具有均勻電子和電洞濃度時的漂移電流密度。

例題 2.4

某個實驗中，想讓一個半導體中電子與電洞的電流密度相同，則載子的濃度該如何選定？

解答

$J_n = J_p$，$nq\mu_n E = pq\mu_p E$，$\therefore \dfrac{n}{p} = \dfrac{\mu_p}{\mu_n}$

$\because np = n_i^2 \quad \therefore n = \dfrac{n_i^2}{p}$，$p = \dfrac{n_i^2}{n}$

$\therefore (1)\ \dfrac{n}{\frac{n_i^2}{n}} = \dfrac{\mu_p}{\mu_n} \Rightarrow n = \sqrt{\dfrac{\mu_p}{\mu_n}} n_i \quad \therefore n = \sqrt{\dfrac{480}{1350}}$，$n_i = 0.596 n_i$

$\therefore (2)\ \dfrac{\frac{n_i^2}{p}}{p} = \dfrac{\mu_p}{\mu_n} \Rightarrow p = \sqrt{\dfrac{\mu_n}{\mu_p}} n_i \quad \therefore p = \sqrt{\dfrac{1350}{480}}$，$n_i = 1.677 n_i$

立即練習

若電子的漂移電流密度是電洞的 3 倍，則載子的濃度應如何選擇？

(譯 2-11)
The so-called diffusion, as the name implies, is the expansion of high concentration to low concentration. The same principle is used in semiconductors. Figure 2.9 illustrates the phenomenon of diffusion in semiconductors.

第 2 大傳輸的機制是擴散。所謂擴散，顧名思義就是濃度高往濃度低的地方擴展過去，用在半導體中也是一樣的道理，圖 2.9 說明半導體中擴散的現象。(譯 2-11)

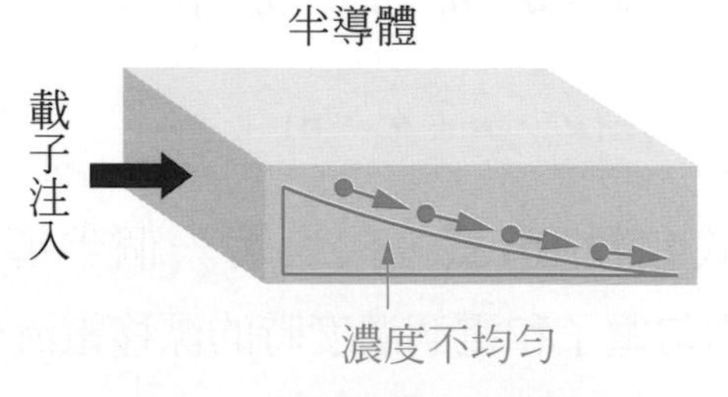

圖 2.9　半導體擴散的現象

當載子由半導體左方注入時，由於左方處於高濃度，它會向右邊擴散過去，直到左右兩邊的濃度一樣時，擴散的現象才會停止。若載子是由半導體中間的地方注入，擴散依然會存在，只是載子會向兩方擴散，如圖 2.10 所示。(譯 2-12)

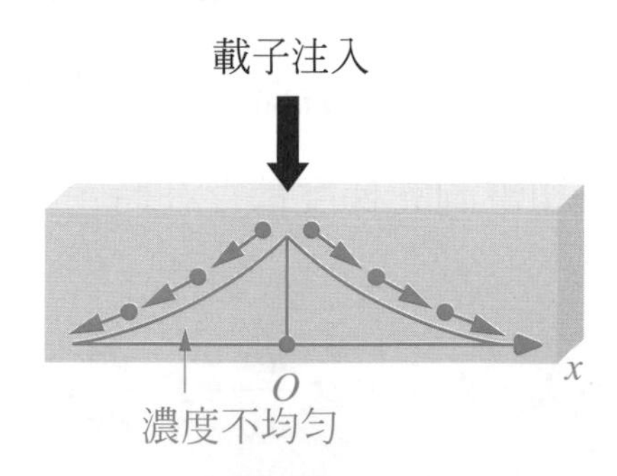

圖 2.10 半導體擴散的另一種現象

(譯 2-12)
When the carrier is injected from the left side of the semiconductor, since the left side is at a high concentration, it will diffuse to the right until the concentration on the left and right sides is the same, then the diffusion phenomenon will stop. If the carrier is injected from the middle of the semiconductor, diffusion will still exist, but the carrier will diffuse to both sides, as shown in Figure 2.10.

根據圖 2.9 和圖 2.10 知道，濃度愈大 (不平均)，電流會愈大。因此電流 I 正比於濃度的***梯度***。即

| ***梯度 (gradient)***

$$I \propto \frac{dn}{dx} \tag{2.11}$$

其中 dn 是 x 軸上某一點的濃度變化。所以 (2.11) 式若要寫成等式，必須加上些常數：

$$I = AqD\frac{dn}{dx} \tag{2.12}$$

其中 A 是截面積，單位是 cm^2，q 是基本電荷量 1.6×10^{-19} 庫侖，D 是擴散係數，單位是 cm^2/s。對電子而言，其擴散的電流密度應爲

$$J_n = \frac{I}{A} = qD_n\frac{dn}{dx} \tag{2.13}$$

對電洞而言，其擴散的電流密度應為

$$J_n = -qD_p \frac{dp}{dx} \tag{2.14}$$

其中 D_n 是電子的擴散係數，其值為 34cm^2/s，D_p 是電洞的擴散係數，其值為 12 cm^2/s。**(2.14)** 式中的負號，代表電洞的電流密度方向和梯度 $(\frac{dp}{dx})$ 的方向是相反的。當電子和電洞的梯度都存在時，其總擴散電流密度 J_{tot} 應為

$$J_{tot} = J_n + J_p = q(D_n \frac{dn}{dx} - D_p \frac{dp}{dx}) \tag{2.15}$$

特別提醒 $D_n \approx 3D_p$，所以在其他條件皆相同時，電子的擴散速度是電洞的 3 倍。

最後，可以發現一個事實，擴散係數 D 和遷移率 μ 的比值是一個常數：

$$\frac{D}{\mu} = \frac{KT}{q} \tag{2.16}$$

其中 D 是 D_n 或 D_p，μ 是 μ_n 或 μ_p。當 D 和 μ 在做比值時，應是 D_n / μ_n 或 D_p / μ_p 才有意義。在 300K 時，$KT / q \approx 0.026 \text{ V} = 26 \text{ mV}$。

2.2 *pn* 接面

在 2.1 節，中已學到如何以摻雜來產生外質半導體——*n* 型或 *p* 型半導體。現在將 *n* 型和 *p* 型半導體連接在一起，此結構稱之 *pn* 接面，亦稱爲二***極體***。如圖 2-11(a) 所示，*n* 側稱爲陰極，*p* 側稱爲陽極；圖 2.12(b) 則是 *pn* 接面 (二極體) 的電路符號。(譯 2-13)

(譯 2-13)
Connecting *n*-type and *p*-type semiconductors together, this structure is called *pn* junction, also called a ***diode***(***二極體***). As shown in Figure 2-11(a), the *n*-side is called the cathode and the *p*-side is called the anode; Figure 2.12(b) is the circuit symbol of the *pn* junction (diode).

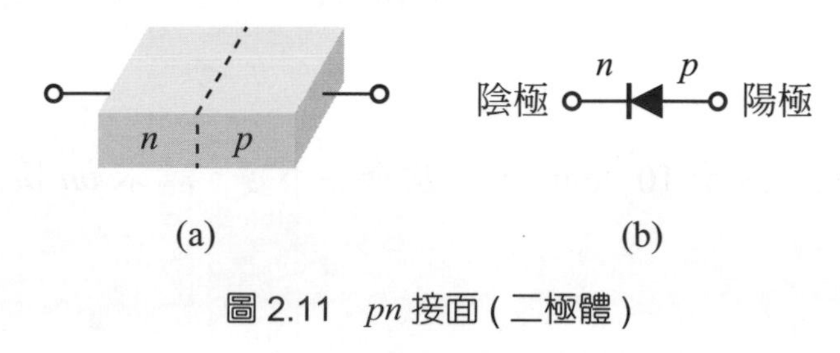

圖 2.11　*pn* 接面 (二極體)

2.2.1　平衡下的 *pn* 接面

所謂***平衡***是 *pn* 接面不接任何電壓的狀況，稱之平衡。(譯 2-14) 回顧前一節所學的 *n* 型半導體，它的多數載子是電子；*p* 型半導體的多數載子是電洞。當此 2 種材質相互連接時，在接面處因濃度梯度，將導致 2 種擴散電流的產生：電子由 *n* 型半導體往 *p* 型半導體流動，電洞由 *p* 型半導體往 *n* 型半導體流動。所以其濃度的分布如圖 2.12 所示，其中 p_p 代表 *p* 型半導體的電洞濃度，n_p 代表 *p* 型半導體電子的濃度，n_n 代表 *n* 型半導體電子的濃度，p_n 代表 *n* 型半導體電洞的濃度。

(譯 2-14)
The so-called ***equilibrium***(***平衡***) is the condition that no voltage is connected to the *pn* junction.

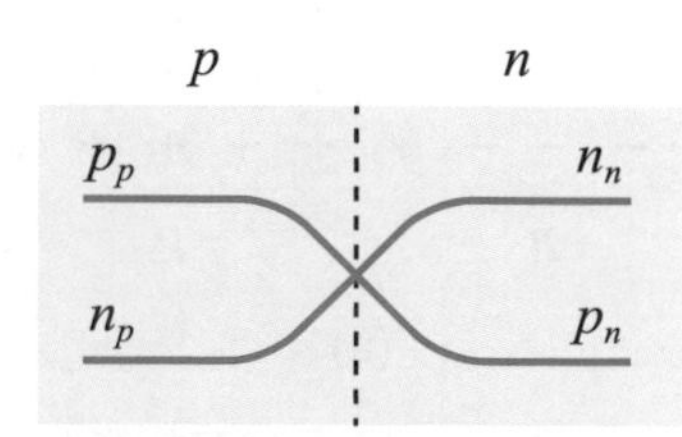

圖 2.12　*pn* 接面載子的分布圖

例題 2.5

一個 pn 接面有著以下的摻雜：$N_A = 2 \times 10^{16}\ \text{cm}^{-3}$，$N_D = 4 \times 10^{15}\ \text{cm}^{-3}$。請求 pn 接面兩邊電子與電洞的濃度。

解答

$$n_n = N_D = 4 \times 10^{15}\ \text{cm}^{-3}，p_n = \frac{n_i^2}{n_n} = \frac{(1.08 \times 10^{10})^2}{4 \times 10^{15}} = 2.92 \times 10^4\ \text{cm}^{-3}$$

$$p_p = N_A = 2 \times 10^{16}\ \text{cm}^{-3}，n_p = \frac{n_i^2}{p_p} = \frac{(1.08 \times 10^{10})^2}{2 \times 10^{16}} = 5.83 \times 10^3\ \text{cm}^{-3}$$

立即練習

承例題 2.5，若 N_D 由 $4 \times 10^{15}\text{cm}^{-3}$ 降至 10^{-15}cm^{-3}，其餘條件不變。請求 pn 接面兩邊電子與電洞的濃度。

經過高濃度載子擴散造成電流產生後，終將因為濃度平均而停止電流的產生，此時接面二極體達到平衡狀態，這個達到平衡的過程，可以由圖 2.13 中 pn 接面中濃度的變化得知。(譯 2-15) 當 $t = 0$ 時 (圖 2.13(a))，pn 接面剛連接上去，n 側內有著多數載子——自由電子，以 “–” 表示之；p 側內亦有著多數載子——自由電洞，以 “+” 表示之。

(譯 2-15)
High-concentration carrier diffusion results in current generation, the current generation will eventually stop due to the concentration evened out. Now, the junction diode reaches an equilibrium state. This equilibrium process can be determined by the changes in concentration of the *pn* junction in Figure 2.13.

(a)

圖 2.13 pn 接面濃度的變化

此時，n 側的自由電子向右移動 (由濃度高擴散至濃度低)，而 p 側的自由電洞向左移動。這過程中，電子電洞會有部分正負中和，沒有中和的電子 (以⊖表示之) 累積在 p 側的邊界，電洞 (以⊕表示之) 則累積在 n 側的邊界，如圖 2.13(b) 所示。自由電子電洞繼續擴散直到平衡 ($t = \infty$) 時，在 pn 接面處會形成一塊沒有中和掉的電子 (在 p 側邊界) 和電洞 (在 n 側邊界) 區域，稱此區域為***空乏區*** (譯 2-16)，如圖 2.13(c) 所示。

(譯 2-16)
When free electrons and holes continue to diffuse until equilibrium is reached ($t = \infty$), a region of un-neutralized electrons (on the p-side boundary) and holes (on the n-side boundary) will be formed at the pn junction, which is called ***depletion region***(空乏區).

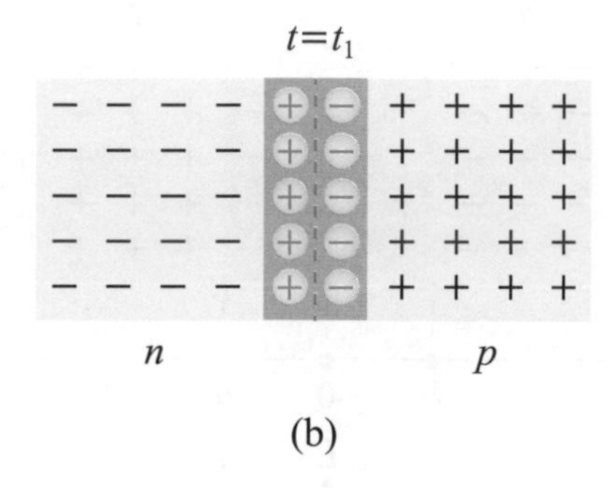

(b)

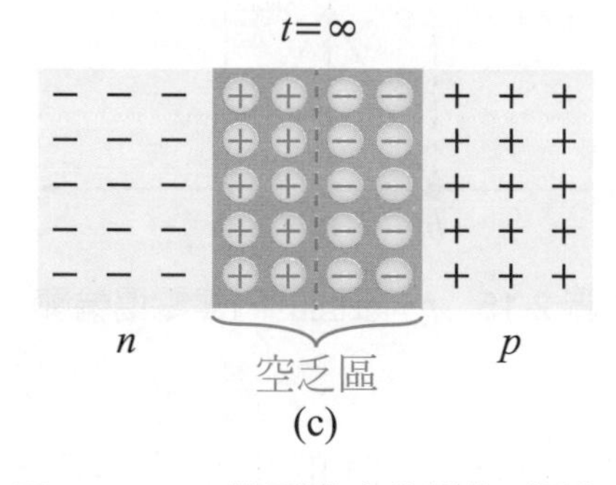

(c)

圖 2.13 pn 接面濃度的變化（續）

此空乏區存在於 pn 接面，且會形成一個電場，此電場無法用電表量得，因此稱此電場為***內建電場***。(譯 2-17) 內建電場的方向由 n 側指向 p 側 (如圖 2.14 所示)，且在達到平衡時 (圖 2.13(c) 或圖 2.14)，它的值是由 0 變到最大，再由最大變為 0，圖 2.15 說明了內建電場的電場輪廓。

(譯 2-17)
This depletion region exists at the pn junction will form an electric field, which cannot be measured by an electric meter, so this electric field is called the ***built-in electric field***(內建電場).

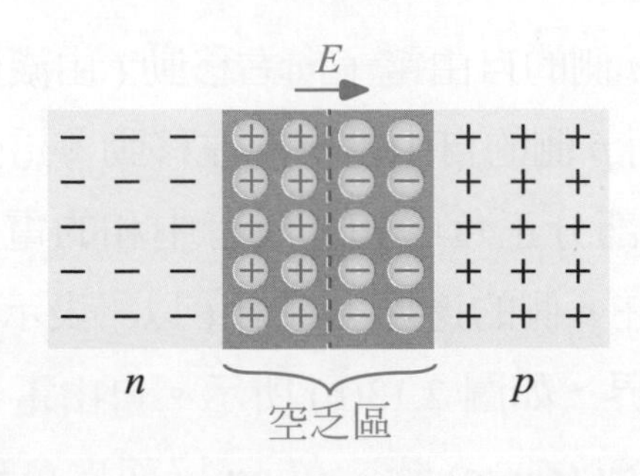

圖 2.14　*pn* 接面中形成的內建電場 $\overline{E}$

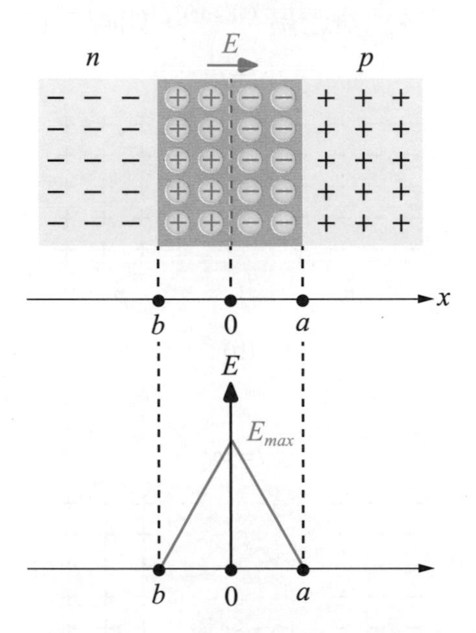

圖 2.15　*pn* 接面的內建電場輪廓

達到圖 2.13 或圖 2.14 的平衡狀態時，漂移電流和擴散電流的力道是一樣的，即

$$|\boldsymbol{I}_{漂移,n}+\boldsymbol{I}_{漂移,p}|=|\boldsymbol{I}_{擴散,n}+\boldsymbol{I}_{擴散,p}| \qquad \textbf{(2.17)}$$

其中 n 和 p 分別代表電子和電洞。除 (2.17) 式的平衡條件外，還必須把個別載子的平衡條件加入才算完整。即

$$|I_{漂移,n}|=|I_{擴散,n}| \qquad (2.18)$$

$$|I_{漂移,p}|=|I_{擴散,p}| \qquad (2.19)$$

因此，完整的平衡條件除了 (2.17) 式外，要加 (2.18) 式和 (2.19) 式。

根據基本物理的觀念，電場和**電位**是同時存在的。因此，空乏區中的內建電場 E(如圖 2.14 所示) 另一個表示法即是存在一個***內建電位*** V_o。(譯 2-18) 利用 (2.18) 式和 (2.19) 式可以很快求出此電位，所以

(譯 2-18)
According to the concept of basic physics, electric field and ***potential*(電位)** exist at the same time. Therefore, another representation of the built-in electric field E in the depletion region (as shown in Figure 2.14) is that there is a ***built-in potential*(內建電位)** V_o.

$$q\mu_p pE = qD_p \frac{dp}{dx} \tag{2.20}$$

將 $E = -\frac{dV}{dx}$ 代入 (2.20) 式，得

$$-\mu_p p \frac{dV}{dx} = D_p \frac{dp}{dx} \tag{2.21}$$

將 (2.21) 式兩邊 dx 相約，p 除到等式的右邊，兩邊積分後得

$$-\mu_p \int_{x_1}^{x_2} dV = D_p \int_{p_n}^{p_p} \frac{dp}{p} \tag{2.22}$$

其中 p_n 和 p_p 分別爲圖 2.16 中 x_1 和 x_2 點的電洞濃度。因此，(2.22) 式積分後得

$$V(x_2) - V(x_1) = -\frac{D_p}{\mu_p} \ln \frac{p_p}{p_n} \tag{2.23}$$

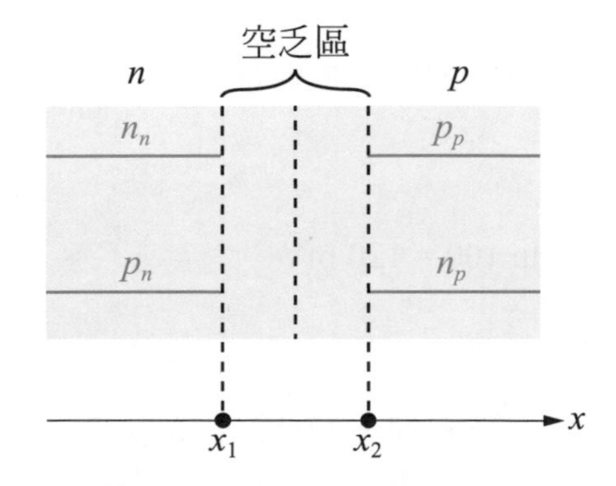

圖 2.16 pn 接面中載子的濃度

將 (2.16) 式和 $p_p = N_A$ 及 $p_n = \frac{n_i^2}{n_n} = \frac{n_i^2}{N_D}$ 代入 (2.23) 式，可得

$$V_o = -\frac{KT}{q}\ln\frac{N_A N_D}{n_i^2} \tag{2.24}$$

$$|V_o| = \frac{KT}{q}\ln\frac{N_A N_D}{n_i^2} \tag{2.25}$$

平衡條件下，空乏區的內建電位可由 (2.24) 式或 (2.25) 式計算出來。

例題 2.6

一個 *pn* 接面，$N_A = 2 \times 10^{16}\ \text{cm}^{-3}$，$N_D = 3 \times 10^{16}\ \text{cm}^{-3}$，求室溫下內建電位 V_o 為多少？

解答

利用 (2.25) 式，$V_o = (26\ \text{mV})\ \ln\frac{2\times10^{16}\times3\times10^{16}}{(1.08\times10^{10})^2} = 761\ \text{mV}$

立即練習

承例題 2.6，若 V_o 增加 30mV，N_D 不變則 N_A 應增加多少？

例題 2.7

(2.25) 式中的 N_A 和 N_D 增加共 100 倍，則 V_o 會增加多少？

解答

$$\Delta V_o = V_T\ln\frac{100N_A\cdot N_D}{n_i^2} - V_T\ln\frac{N_A\cdot N_D}{n_i^2} = V_T\ln 100 = 120\ \text{mV}$$

立即練習

承例題 2.7，若 N_A 增加 50 倍，N_D 增加 20 倍，則 V_o 會增加多少？

2.2.2 逆偏下的 *pn* 接面

所謂***逆偏***下的 *pn* 接面，是把上一節中處在平衡狀態下的 *pn* 接面加上電壓，電壓的極性是正端接到 *n* 側，而負端接到 *p* 側，如圖 2.17 所示。(譯 2-19)

(譯 2-19)
The so-called *pn* junction under ***reverse bias*(逆偏)** is to apply a voltage to the previous section mentioned *pn* junction at equilibrium state. The polarity of the voltage is that the positive terminal is connected to the *n*-side, and the negative terminal is connected to the *p*-side, as shown in Figure 2.17.

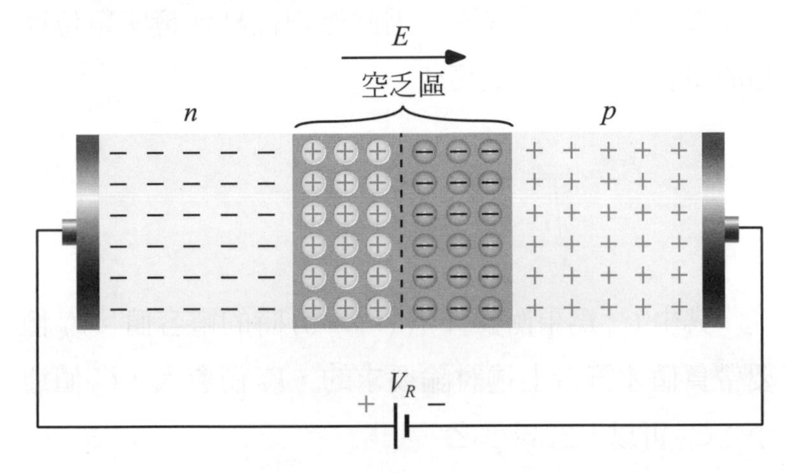

圖 2.17 逆偏下的 *pn* 接面

當 V_R 加到平衡的 *pn* 接面時，正端的正電會使得 *n* 側的自由電子向 *p* 側“再一次”地移動，打破了平衡條件；同理，負端的負電會使得 *p* 側的自由電洞向 *n* 側“再一次”地移動，一樣也打破了平衡的條件。此時，擴散的力道是比內建電場 *E* 形成的漂移力道大，所以電子電洞在空乏區中和與累積，最後造成空乏區增大。(譯 2-20) 圖 2.17 中的空乏區比起圖 2.14 來得大，說明了逆偏下的 *pn* 接面會達到另一次的平衡狀態，但空乏區變大了。而且可以發現 V_R 値愈大，空乏區範圍愈大。

(譯 2-20)
At this time, the force of diffusion is greater than the drift force formed by the built-in electric field *E*, so the electrons and holes are neutralized and accumulated in the depletion region, and finally the depletion region is enlarged.

那逆偏下的 *pn* 接面像什麼呢？對！它的行爲像一個電容器，而且是使用電壓控制的。

前面提到當逆偏值 V_R 愈大，空乏區也變大，空乏區如同電容器的 2 塊極板和介電值，當 V_R 愈大，空乏區變大，即 2 塊極板相距更遠，所以電容值是下降的(電容值與極板距離成反比)。這就說明了逆偏下的 *pn* 接面像是壓控的電容器，因此能夠輕易地證明單位面積的電容值 C_j 可以被寫成

$$C_j = \frac{C_{jo}}{\sqrt{1 - \frac{V_R}{V_o}}} \tag{2.26}$$

其中 C_{jo} 爲平衡條件下 $(V_R = 0)$ 時的電容值。V_R 值要帶負值才符合上述討論要求的，V_R 值愈大，C_j 值愈小。C_{jo} 可以下式表示之

$$C_{jo} = \sqrt{\frac{\varepsilon_{si} q}{2} \frac{N_A N_D}{N_A + N_D} \frac{1}{V_o}} \tag{2.27}$$

其中 ε_{si} 爲矽的介質常數，$11.7 \times 8.85 \times 10^{-14}$ F/cm。C_j 與 V_R 間的關係成反比，而且是平方反比，圖 2.18 說明了 C_j 與 V_R 的關係圖。

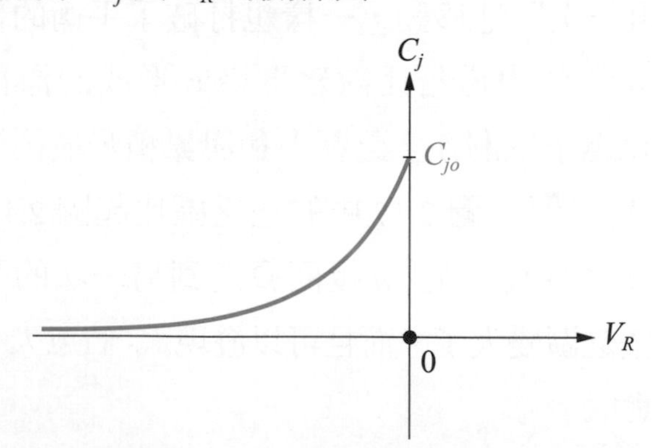

圖 2.18 C_j 與 V_R 的關係圖

例題 2.8

一個 pn 接面，$N_A = 2 \times 10^{16}\ \text{cm}^{-3}$，$N_D = 10^{16}\ \text{cm}^{-3}$，求 (1)$V_R = 0$，(2)$V_R = 1\text{V}$ 時的電容值 C_j。

解答

$$V_o = \frac{KT}{q}\ln\frac{N_D N_A}{n_i^2} = 732\ \text{mV}$$

$$C_{jo} = \sqrt{\frac{\varepsilon_{si} q}{2}\frac{N_A N_D}{N_A + N_D}\frac{1}{V_o}} = 2.75 \times 10^{-8}\ \text{F/cm}^2 = 0.275\ \text{f F/}\mu\text{m}^2$$

(1) $V_R = 0 \quad \therefore C_j = C_{jo} = 0.275\ \text{f F/}\mu\text{m}^2$

(2) $V_R = 1\text{V} \quad \therefore C_j = \dfrac{0.275}{\sqrt{1 - \dfrac{-1}{0.732}}} = 0.179\ \text{f F/}\ \mu\text{m}^2$

立即練習

承例題 2.8，假設 p 型的受體濃度減少 $\frac{1}{3}$，其餘條件不變，求 (1)$V_R = 0$，(2)$V_R = 1\text{V}$ 時的電容值 C_j。

2.2.3 順偏下的 *pn* 接面

所謂***順偏***下的 ***pn*** 接面，是逆偏下 ***pn*** 接面的相反範例，即電源的正端接到 ***p*** 側，而電源的負端接到 ***n*** 側，如圖 **2.19** 所示 (譯 2-21)。此種接法，擴散的力道小於空乏區內建電場所形成的漂移力道。因此，經過一個時間的中和與累積後，再一次達到另一種平衡。

(譯 2-21)
The so-called *pn* junction under ***forward bias*** (***順偏***) is the opposite example of the reverse-biased *pn* junction, that is, the positive terminal of the power supply is connected to the *p*-side, and the negative terminal of the power supply is connected to the *n*-side, as shown in Figure 2.19.

此時發現，順偏下 *pn* 接面達到另一平衡狀態時，空乏區變小了(比較圖 2.19 與圖 2.14 不難發現)，而且隨著外加電壓 V_F 變大，空乏區變更小。一旦空乏區變小，有利於 *p* 側電洞跨過空乏區到 *n* 側，於是乎電流 I_D 產生，方向由 *p* 側流向 *n* 側，如圖 2.19 所示。(譯 2-22)

(譯 2-22)
When the *pn* junction reaches another equilibrium state in the forward direction, the depletion region becomes smaller (compare Figure 2.19 and Figure 2.14), and as the applied voltage V_F becomes larger, the depletion region changes smaller. Once the depletion region becomes smaller, it is easier for the *p*-side holes to cross the depletion region to the *n*-side, so the current I_D is generated, and the direction of flow is from the *p*-side to the *n*-side, as shown in Figure 2.19.

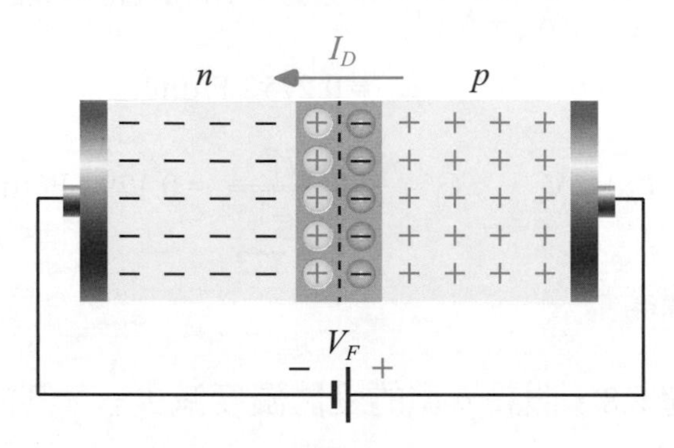

圖 2.19　順偏下的 *pn* 接面

此電流 I_D 經推導及證明為

$$I_D = I_S(e^{\frac{V_F}{V_T}} - 1) \tag{2.28}$$

逆向飽和電流 (*reverse saturation current*)

其中 I_S 稱為***逆向飽和電流***。意謂著偏逆時，除了注意 *pn* 接面行為像壓控電容器外，它其實是有個極小電流 I_S，其值約在 10^{-16} ～ 10^{-17}A 間。逆向飽和電流 I_S 也可用下式計算其值：

$$I_S = Aqn_i^2\left(\frac{D_n}{N_A L_n} + \frac{D_p}{N_D L_p}\right) \tag{2.29}$$

擴散長度 (*diffusion length*)

其中 *A* 是元件的截面積，L_n 是電子的***擴散長度***，L_p 是電洞的***擴散長度***，L_n 和 L_p 的單位為 μm。

2.2.4 *I / V* 特性

I / V 特性的討論，當然是在逆順偏的 *pn* 接面下。順偏時，外加電壓使得內建電場 *E* 變小，也使得空乏區也變小，因而產生順向電流 I_D。(譯 2-23) 如同圖 2.20，順偏的 *pn* 接面中，$V_F = V_D$。所以，電流 I_D 可以寫成：

$$I_D = I_S(e^{\frac{V_D}{V_T}} - 1) \tag{2.30}$$

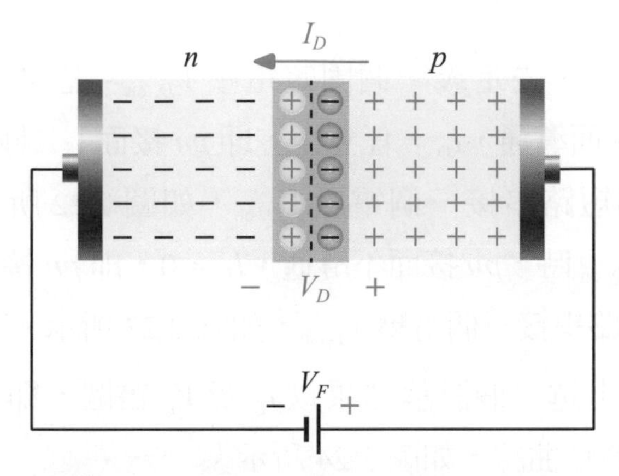

圖 2.20　順偏 *pn* 接面，I_D 與 V_D 的標示

當 $V_F = 0$ 時 $V_D = 0$，所以 $I_D = 0$；當 $V_D >> V_T$ 時，$I_D \approx I_S e^{\frac{V_D}{V_T}}$；當 $V_D < 0$ 且 $V_D << V_T$ 時，$I_D \approx -I_S$。根據以上討論，可以畫出 I_D 對 V_D 的特性曲線圖，如圖 2.21 所示。逆偏時的 *I / V* 特性亦可由上述討論知道，它的行為像壓控電容器，*I / V* 特性是以一個逆向飽和電流 I_S 來呈現。(譯 2-24)

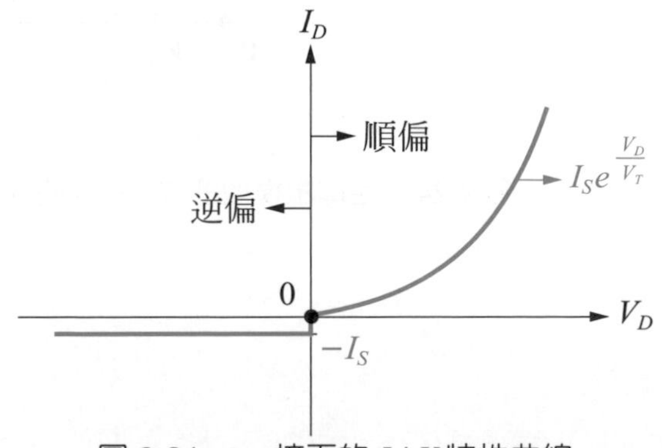

圖 2.21　*pn* 接面的 *I / V* 特性曲線

(譯 2-23)
The discussion of *I/V* characteristics is of course under the *pn* junction of reverse or forward bias. In the forward bias, the external voltage makes the built-in field *E* smaller, and the depletion region also becomes smaller, resulting in a forward current I_D.

(譯 2-24)
The *I/V* characteristic during reverse bias can also be known from the above discussion. It behaves like a voltage-controlled capacitor, and the *I/V* characteristic is represented by a reverse saturation current I_S.

圖 2.21 所說明的 I / V 特性曲線，稱之指數模型，這模型是一個非常精確的計算式，可以精確地算出 I_D 與 V_D 的值，但往往需要藉由電腦的幫助。下面的例題將說明指數模型，難以利用人工計算出 I_D 與 V_D 之值，一般會借助猜測的輔助來完成計算。

因此，指數模型這種非線性式的計算需要簡化一下，以利往後在電路上的討論與計算，其中定電壓模型就是一個較簡化的 ***pn*** 接面模型。

首先，先定義一個固定電壓 $V_{D,\,on}$。當 $V_D > V_{D,\,on}$ 時 pn 接面導通，I_D = 任意值，即 pn 接面 (二極體) 如同一個短路串接一個電壓 $V_{D,\,on}$，如圖 2.22 所示；當 $V_D < V_{D,\,on}$ 時，pn 接面不導通，$I_D = 0$，即 pn 接面如同一個開路串接一個電壓 $V_{D,\,on}$，如圖 2.23 所示。

將上述二個討論結果以 I_D 對 V_D 畫圖，即可得到其 I/V 特性曲線，如圖 2.24 所示。

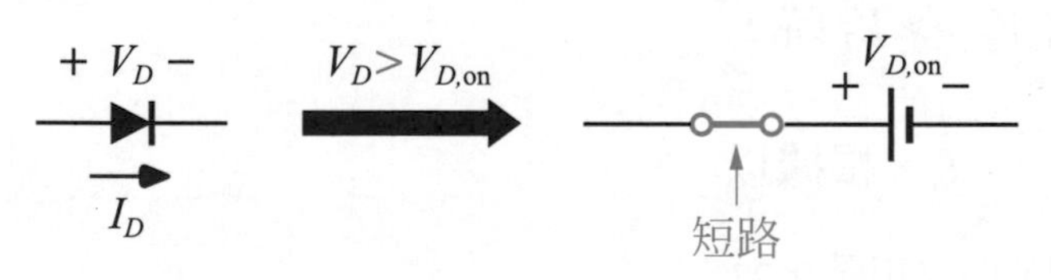

圖 2.22　二極體順偏 ($V_D > V_{D,\,on}$) 的模型

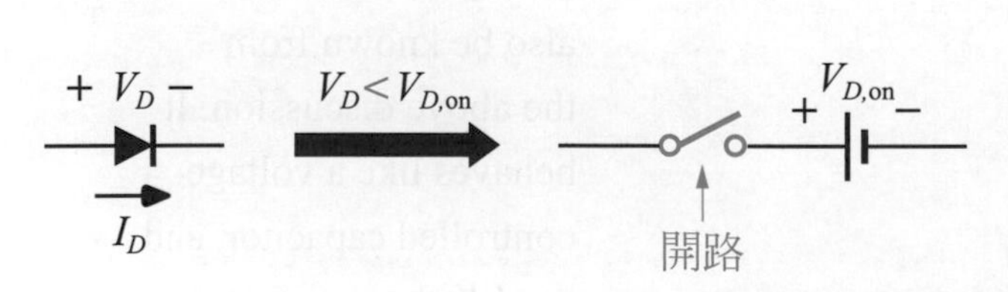

圖 2.23　二極體逆偏 ($V_D < V_{D,\,on}$) 的模型

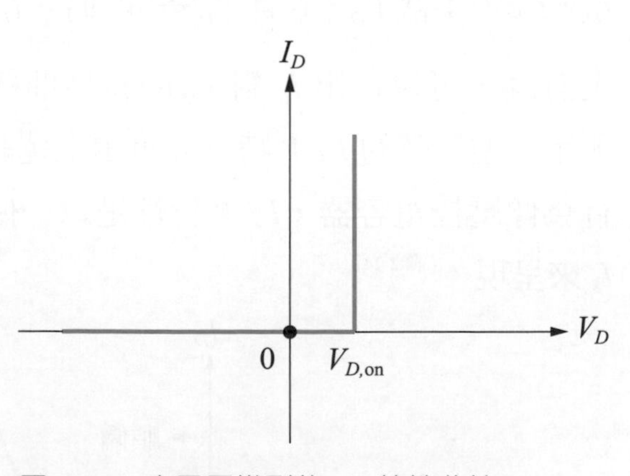

圖 2.24　定電壓模型的 I/V 特性曲線

例題 2.9

如圖 2.25 所示。$I_S = 1.77 \times 10^{-17}$ A，在室溫下 (T = 300K) 時，假設 D_1 和 D_2 相同，V_D = 300 mV 和 800 mV 下的 I_D 分別是多少？

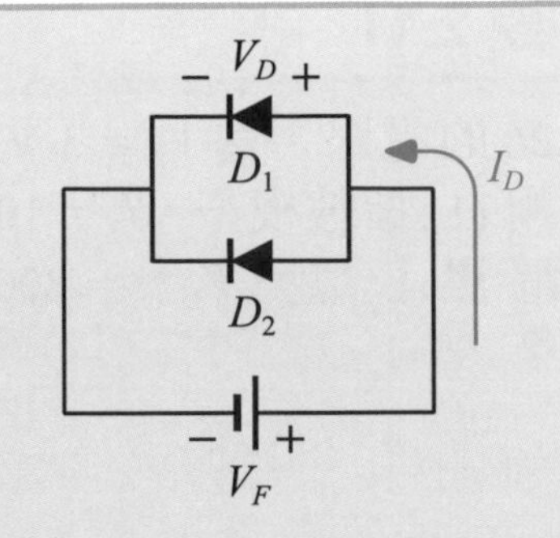

圖 2.25　並聯二極體的電路計算

解答

因爲 $D_1 = D_2$，且並聯。所以逆向飽和電流 I_S 在電流公式中就需要以 $2I_S$ 代入：

(1)　$V_D = 300$ mV　$\therefore I_D = 2 \times 1.77 \times 10^{-17}(e^{\frac{0.3}{0.026}} - 1) = 3.63 \times 10^{-12}$ A

(2)　$V_D = 800$ mV　$\therefore I_D = 2 \times 1.77 \times 10^{-17}(e^{\frac{0.8}{0.026}} - 1) = 8.16 \times 10^{-4}$ A

立即練習

承例題 2.9，若求得之 I_D 爲 5.67×10^{-4}A，且 V_D 爲 780mV 時，則需要用多少二極體並聯？

例題 2.10

操作在順偏的二極體，若想讓電流 I_D 變成 10 倍，則其電壓 V_D 要如何改變？

解答

$$I_D = I_S e^{\frac{V_D}{V_T}} \Rightarrow V_D = V_T \ln\frac{I_D}{I_S}$$

$\therefore$當 $I_D \to 10I_D$ 時，$V_{D_1} = V_T \ln\dfrac{10I_D}{I_S}$

$\therefore V_{D_1} = V_T \ln\dfrac{I_D}{I_S} + V_T \ln 10 = V_D + V_T \ln 10$，所以 V_D 的改變量 $= V_T \ln 10 = 60$ mV。

總結而論，**電流 I_D 改變 n 倍，則電壓 V_D 會改變 $V_T \ln n$。**

立即練習

承例題 2.10，若電壓變大 150mV，則電流變化多少？

例題 2.11

如圖 2.26 的電路。當 $V_X = 3$ V 或 1 V 時，利用 (1) 指數模型，$I_S = 10^{-16}$ A，(2) 定電壓模型，$V_{D,\,on} = 800$ mV，求 $I_D = ?$

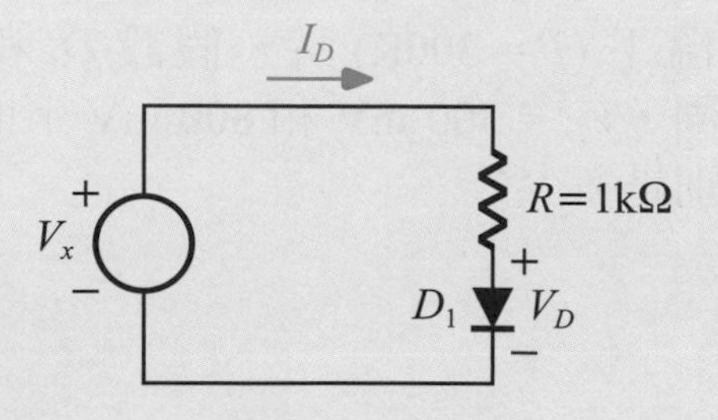

圖 2.26　二極體串聯電阻的電路計算

解答

(1)　指數模型

(a) $V_X = 3$ V。KVL 和電流公式可得 $\begin{cases} V_X = I_D R + V_D \\ I_D = I_S e^{V_D/V_T} \Rightarrow V_D = V_T \ln \dfrac{I_D}{I_S} \end{cases}$

所以把數值代入，可得 $\begin{cases} 3 = (1k) I_D + V_D \cdots\cdots ① \\ V_D = (26m) \ln \dfrac{I_D}{10^{-16}} \cdots ② \end{cases}$

再把②代入①中，可得

$$3 = (1k) I_D + (26m)\ \ln \frac{I_D}{10^{-16}}\ \ldots ③$$

③式是一個非線性的數學式，無法以人工計算其值(可藉助電腦求解)。因此，爲了解決指數模型的計算問題，只有採取“猜”的方式 (Try and Error) 來解題。

⇒ 猜 $V_D = 750$ mV 代入①

$$\therefore I_D = \frac{3 - 0.75}{1k} = 2.25 \text{ mA} \ldots ④$$

把④代入②中，

$$\therefore V_D = (26m)\ \ln \frac{2.25m}{10^{-16}} = 799 \text{ mV} \ldots ⑤$$

再把⑤代入①中

$$I_D = \frac{3 - 0.799}{1k} = 2.201 \text{ mA} \ldots ⑥$$

經過“猜” $V_D = 750$ mV，求出 $I_D = 2.25$ mA 後。再把 $I_D = 2.25$ mA 代入求出 $V_D = 799$ mV，再利用 $V_D = 799$ mV 求出新的 $I_D = 2.201$ mA。

此時，答案即爲 $V_D = 799$ mV，$I_D = 2.201$ mA(若有時間，多反覆幾次會得到更精確的 V_D、I_D 值)。

(b) $V_X = 1$V，利用同樣的方法

$\Rightarrow$ 猜 $V_D = 750$ mV 代入①

$$\therefore I_D = \frac{1-0.75}{1\text{k}} = 0.25 \text{ mA}... ⑦$$

把⑦代入②中

$$\therefore V_D = (26\text{m})\ \ln\frac{0.25\text{m}}{10^{-16}} = 0.742 \text{ V}... ⑧$$

再把⑧代入①中

$$I_D = \frac{1-0.742}{1\text{k}} = 0.258 \text{ mA}\ ... ⑨$$

所以，答案即爲⑧、⑨兩式，即 $V_D = 0.742$ V，$I_D = 0.258$ mA(建議可多反覆算幾次，答案會更精確)。

(2) 定電壓模型

(a) $V_X = 3$ V，$V_{D,\text{ on}} = 0.8$V

$$\therefore I_D = \frac{3-0.8}{1\text{k}} = 2.2 \text{ mA}... ⑩$$

把⑩代入②中，驗證 V_D

$$\therefore V_D = (26\text{m})\ \ln\frac{2.2\text{m}}{10^{-16}} = 0.799 \text{ V} \approx V_{D,\text{ on}},\ I_D = 2.2 \text{ mA}$$

(b) $V_X = 1$ V，$V_{D,\text{ on}} = 0.8$V

$$\therefore I_D = \frac{1-0.8}{1\text{k}} = 0.2 \text{ mA}... ⑪$$

把⑪代入②中，驗證 V_D

$$\therefore V_D = (26\text{m})\ \ln\frac{0.2\text{m}}{10^{-16}} = 0.736 \text{ V 和 } V_{D,\text{ on}} \text{ 有點誤差},\ I_D = 0.2 \text{ mA}$$

立即練習

承例題 2.11，若二極體的截面積增加 5 倍，其餘條件不變，利用 (1) 指數模型，$I_S = 10^{-16}$A，(2) 定電壓模型，$V_{D,\text{ on}} = 800$ mV，求 I_D 爲多少？

2.3 逆向崩潰

(譯 2-25)
In addition to the component as a voltage-controlled capacitor during reverse bias, there is also a very small reverse saturation current I_S (as shown in Figure 2.21). However, when the reverse bias voltage V_R becomes larger and larger, the diode will eventually "breakdown" and generate a sudden huge arbitrary current value, called ***reverse breakdown*(*逆向崩潰*)**.

在 2.2 節提到，逆偏時除了元件當成壓控的電容器外，還有一個極小的逆向飽和電流 I_S (如圖 2.21 所示)。然而，當逆偏電壓 V_R 愈來愈大時，二極體終究會“崩潰”，且產生突然巨大的任意電流值，稱之為***逆向崩潰***。(譯 2-25) 圖 2.27 說明了元件的 I/V 特性，在逆偏電壓 V_{BD} 時，電流值由 I_S 突然變化成任意值。

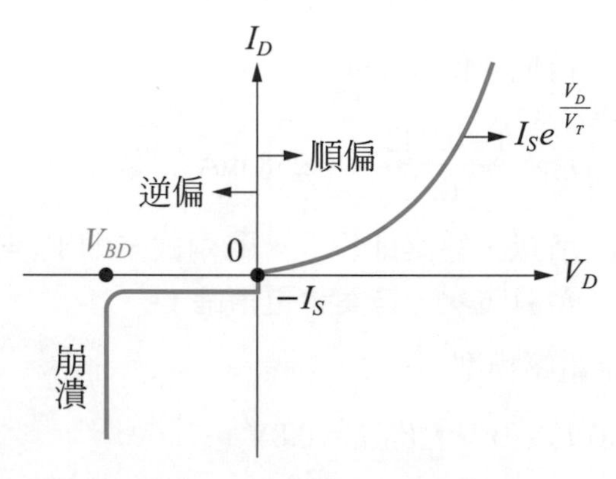

圖 2.27 逆向崩潰 I/V 特性

***齊納效應* (*Zener effect*)**

***累增效應* (*avalanche effect*)**

二極體 (pn 接面) 會產生崩潰主要以 2 大機制所引發，分別為“***齊納效應***”和“***累增效應***”。

2.3.1 齊納崩潰

(譯 2-26)
The ions in the depletion region may be affected by a high electric field (greater than 10^6V/cm), and then break their covalent bonds again to generate electrons and holes and expand the range of the depletion region.

空乏區中的離子有可能受到高電場 (大於 10^6 V/cm) 的影響，進而再次打斷其共價鍵，而產生電子電洞，擴大空乏區的範圍。(譯 2-26) 如此持續，空乏區擴大至整個元件的 p、n 端進而產生崩潰，此種崩潰通常發生在高摻雜的 pn 接面。

2.3.2 累增崩潰

具有中或低摻雜的 *pn* 接面通常會發生此種崩潰。當空乏區中的離子受到足夠的能量 (通常熱是一種能量的型式) 時，會產生互相碰撞進而撞出其他的電子。(譯 2-27) 如此一撞二、二撞四，繼續碰撞下去產生大量的離子 (電子) 而產生崩潰，此種崩潰通常發生在中、低摻雜的 *pn* 接面。

(譯 2-27)
This type of breakdown usually occurs with *pn* junctions with medium or low doping. When the ions in the depletion region receive enough energy (heat is usually a form of energy), they will collide with each other and knock out other electrons.

2.4 實例挑戰

例題 2.12

關於 *pn* 接面和二極體，試問答以下問題：

(1) 試說明 *pn* 接面空乏區 (depletion region) 的成因以及 *pn* 接面在順向偏壓 (forward bias) 及逆向偏壓 (reverse bias) 的操作特性。

(2) 試解釋齊納崩潰與累增崩潰的物理機制。

(3) 考慮如圖 2.28 所示之電路，*pn* 接面 D_1 的 $I_S = 5\times10^{-16}$A，*pn* 接面 D_2 與 *pn* 接面 D_1 的接面面積比例為 1：2，其他特性皆同，若欲使流過電阻 R 的電流為 0.5mA，則其電阻 R 值為多少？

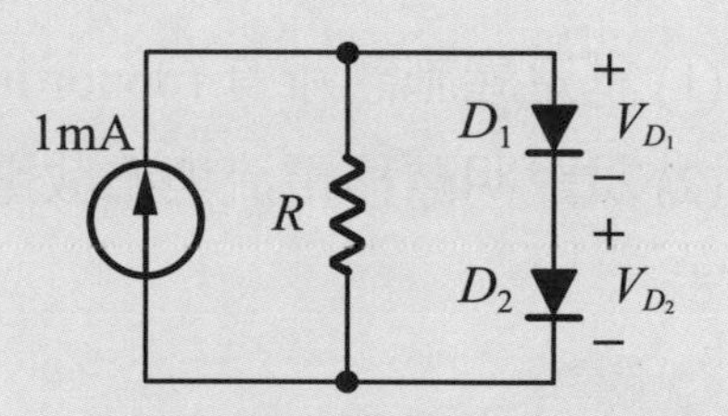

圖 2.28　例題 2.12 的電路圖

【107 中山大學 - 光電所碩士】

解答

(1) *pn* 接面因載子擴散而形成空乏區，順偏為 *p* 型接正電、*n* 型接負電，逆偏則為 *p* 型接負電、*n* 型接正電。

(2) 齊納崩潰為電場所造成的崩潰，累增崩潰則為碰撞所造成的崩潰。

(3) $\because 0.5\text{m} = 2.5\times10^{-16}(e^{\frac{V_{D_2}}{26\text{m}}}-1)\quad \therefore V_{D_2} = 0.736\text{V}$

$\because 0.5\text{m} = 5\times10^{-16}(e^{\frac{V_{D_1}}{26\text{m}}}-1)\quad \therefore V_{D_1} = 0.718\text{V}$

$V_{D_1} + V_{D_2} = 1.454\text{V}$，$1.454 = 0.5\text{m}\times R$，$R = 2.908\text{k}\Omega$

例題 2.13

有一個本質矽材是 2μm 長，其截面積爲 $80 \times 100\mu m^2$。若此矽材有一個固定電流是 1μA，假設此矽材的電阻值爲 $2.3 \times 10^5 (\Omega \cdot cm)$，求矽材中的電場強度和電壓。

【103 臺灣海洋大學 - 光電科學碩士】

解答

$$2.3\times10^5\Omega\cdot cm = 2.3\times10^6\Omega\cdot mm$$

$$\therefore V = IR = (1\mu)(2.3\times10^6) = 2.3V$$

$$\therefore E = \frac{2.3}{2m} = 1.15\times10^3\ V/mm$$

例題 2.14

(1) 試定義施體雜質 (donor impurity) 與受體雜質 (acceptor impurity)。

(2) 試說明漂移電流與擴散電流之間的差距。

【107 聯合大學 - 光電工程學系碩士】

解答

(1) 加入純矽的 5 價元素 (如磷 P)，使得矽形成 n 型半導體，稱之爲施體雜質；加入純矽的 3 價元素 (如硼 B)，使得矽形成 p 型半導體，稱之爲受體雜質。

(2) 漂移電流爲外加電場於半導體中，使得載子移動形成之電流；擴散電流爲利用載子濃度不同，經擴散後帶電載子移動所形成之電流。

例題 2.15

已知在矽材 ($n_i = 1.5 \times 10^{10}\text{cm}^{-3}$) 中的電洞濃度為 $P_o = 3 \times 10^{15}\text{cm}^{-3}$。則：

(1) 此材料為 n 型或 p 型半導體？

(2) 試求電子濃度為多少？

(3) 摻雜在矽半導體體材中的雜質濃度為多少？

【107 聯合大學 - 光電工程學系碩士】

解答

(1) p 型半導體

(2) $n = \dfrac{n_i^2}{P_o} = \dfrac{(1.5\times10^{10})^2}{3\times10^{15}} = 7.5\times10^4\text{cm}^{-3}$

(3) $N_A = P_o = 3\times10^{15}\text{cm}^{-3}$

例題 2.16

關於半導體，試回答以下問題：

(1) 某一 p 型半導體材料摻入濃度為 $N_A = 1 \times 10^{17}\text{cm}^{-3}$ 的 3 價雜質 (impurity) 後電洞的濃度約為多少 (假設 $n_i = 1.5 \times 10^{10}\text{cm}^{-3}$) ？

(2) 何謂本質矽 (intrinsic silicon) ？

【100 虎尾科技大學 - 電子工程碩士】

解答

(1) $p = N_A = 1 \times 10^{17}\text{cm}^{-3}$

(2) 不加入其他元素 (如磷或硼) 的矽稱之本質矽

重點回顧

1. 載子包含電子和電洞。
2. 打斷共價鏈最小的能量，稱之能障能量。
3. 室溫下本質半導體的載子濃度 n_i 爲 1.08×10^{10} cm^{-3}。
4. 透過摻雜可使得本質半導體轉換成 n 型半導體 (加 5 價元素，如磷) 或 p 型半導體 (加 3 價元素，如硼)。
5. 電子濃度 n 和電洞濃度 p 的乘積，會等於 n_i 的平方，如 (2.2) 式所示。

$$np = n_i^2 \tag{2.2}$$

6. 載子傳輸可透過漂移和擴散來完成。
7. 漂移的機制是加電場產生的，其電流公式如 (2.9) 式或 (2.10) 式所示。

$$J_t = \mu_n E\cdot q\cdot n + \mu_p E\cdot q\cdot p \tag{2.9}$$

$$J_t = qE(\mu_n\cdot n + \mu_p\cdot p) \tag{2.10}$$

8. 擴散機制是因濃度不均所造成的，其電流公式如 (2.15) 式所示。

$$J_{tot} = J_n + J_p = q(D_n\frac{dn}{dx} - D_p\frac{dp}{dx}) \tag{2.15}$$

9. 平衡的 pn 接面會在接面處形成一個空乏區，因此會有內建電場 (電位) 的產生，如 (2.25) 式所示。

$$|V_o| = \frac{KT}{q}\ln\frac{N_A N_D}{n_i^2} \tag{2.25}$$

10. 逆偏的 *pn* 接面會使得空乏區變大，其行爲像是一個壓控電容器，其值如 (2.26) 式和 (2.27) 式所示。

$$C_j = \frac{C_{jo}}{\sqrt{1-\frac{V_R}{V_o}}} \tag{2.26}$$

$$C_{jo} = \sqrt{\frac{\varepsilon_{si} q}{2} \frac{N_A N_D}{N_A + N_D} \frac{1}{V_o}} \tag{2.27}$$

11. 順偏的 *pn* 接面會使得空乏區變小，進而產生電流 I_D，其公式值如 (2.28) 式所示，因呈指數關係，故稱之爲指數模型。

$$I_D = I_S(e^{\frac{V_F}{V_T}} - 1) \tag{2.28}$$

12. 二極體的定電壓模型是短路串聯 $V_{D,\text{on}}$(順偏) 和開路串聯 $V_{D,\text{on}}$(逆偏)。
13. 二極體逆向崩潰的機制，包含齊納效應 (電場造成的) 和累增效應 (撞碰造成的)。

Chapter 3 二極體模型與其電路的介紹

九龍杯是中國明朝工匠巧奪天工的發明，飲酒之時，只要不斟滿，與常杯無異，但斟得太滿，則酒將循杯中龍頸，自內管連通之底孔流出，是一種流體力學現象，稱為虹吸；若將其喻為二極體，當斟酒量之液壓差大於定值，即超過導通電壓 0.7V 時，酒水才會自底孔流出，如同電流自陽極流入、陰極流出。

本章將對二極體的模型及其相關的電路作介紹。首先會將二極體視爲一個電路的元件，先探討其理想模型和眞實模型 (第 2 章提到的指數模型和定電壓模型) 的差異，進而計算各式各樣的二極體電路，求出其電流 I_D 與電壓 V_D 的值。再者，將繼續探究二極體的實際應用電路，它們包含整流器、限制電路和位準移位器。

1 二極體當成電路的元件
(1) 理想模型的二極體
(2) 電路的特性
(3) 真實的二極體特性

2 二極體的應用
(1) 整流器
(2) 限制電路
(3) 位準移位器

3.1 理想模型

圖 3.1 是一個二極體的電路符號。其中標示了其電壓 V_D 與電流 I_D 的極性和方向。當加了順向偏壓 ($V_D > 0$) 時，二極體的行爲像是一個“短路”，電壓值爲 0，電流爲任意值，如圖 3.2 所示；當加了負電壓 ($V_D < 0$) 的逆向偏壓時，此時二極體的行爲像一個“開路”，沒有任意電壓值和電流值，如圖 3.3 所示。(譯 3-1)

(譯 3-1)
When a forward bias voltage ($V_D > 0$) is applied, the diode behaves like a "short circuit", the voltage value is 0, and the current value is arbitrary, as shown in Figure 3.2; when a negative voltage ($V_D < 0$) is applied as a reverse bias, the diode behaves like an "open circuit", i.e., without any voltage and current values, as shown in Figure 3.3.

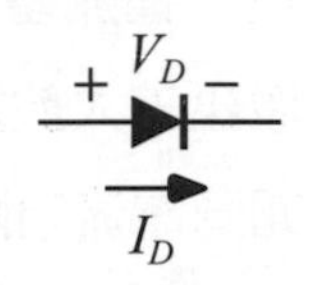

圖 3.1 二極體的電路符號

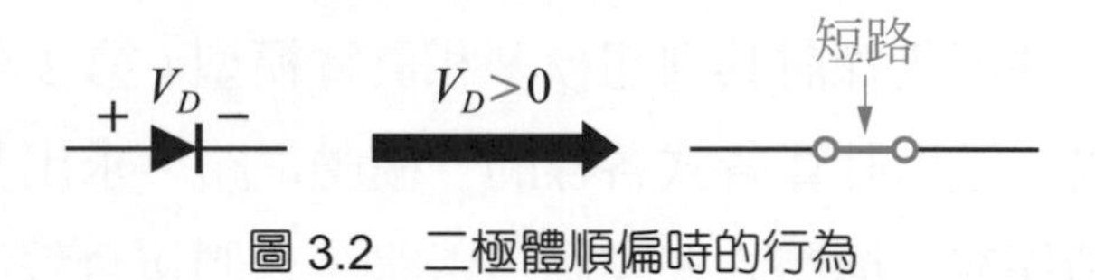

圖 3.2 二極體順偏時的行為

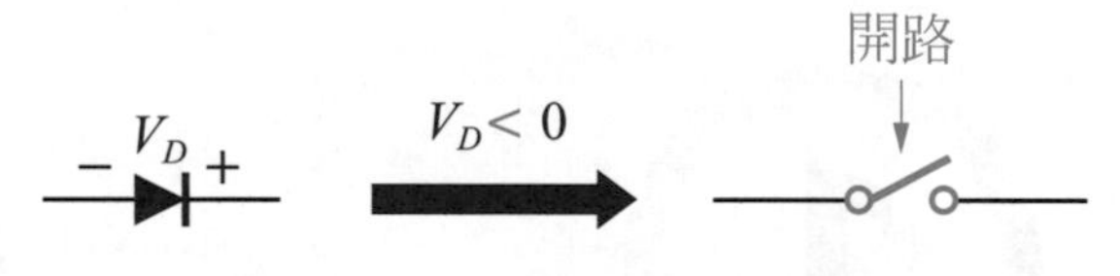

圖 3.3 二極體逆偏時的行為

如果把以上二極體的行爲以電流 I_D 對電壓 V_D 畫出，即是二極體的電流／電壓 (I/V) 特性曲線，如圖 3.4 所示。當 $V_D > 0$ 時，二極體的電流值爲任意值(畫在 y 軸上)；當 $V_D < 0$ 時，二極體的電流值爲 0(畫在 x 軸上)。(譯 3-2)

(譯 3-2)
If the behavior of the above diode is drawn with the current I_D versus the voltage V_D, it is the current/voltage (I/V) characteristics curve of the diode, as shown in Figure 3.4. When $V_D > 0$, the current value of the diode is arbitrary (drawn on the y-axis); when $V_D < 0$, the current value of the diode is 0 (drawn on the x-axis).

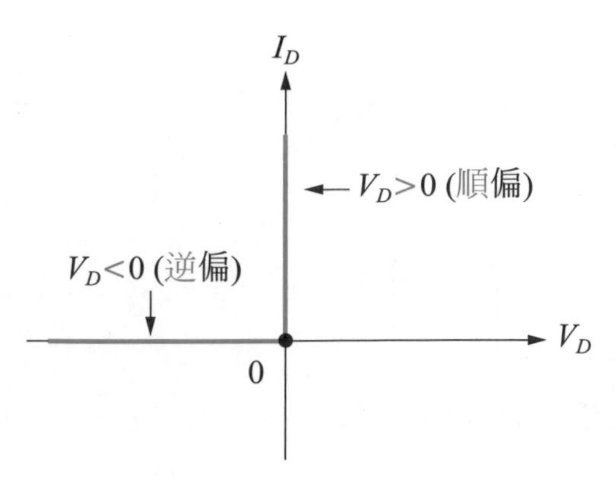

圖 3.4　二極體 I/V 特性曲線

因此可以根據上述討論來解以下的例題：

例題 3.1

如圖 3.5 所示，有 4 組 2 個二極體的組合電路，任意在 A、C 端加上電源，何者爲導通？請使用理想模型來解題。

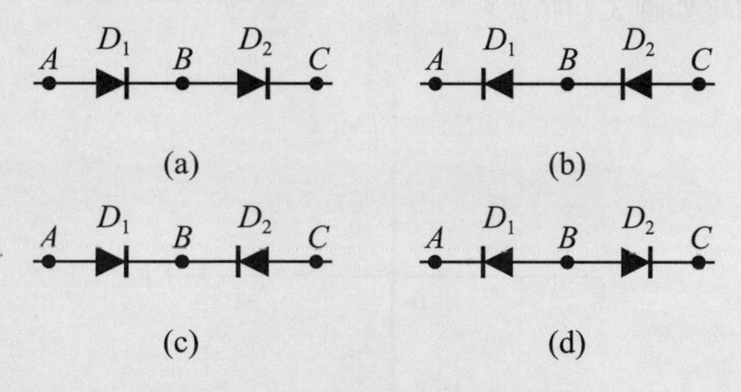

圖 3.5　2 個二極體串聯的組合電路

解答

(1) 在 A 端接正電，C 端接負電，只有 (a) 中的 D_1 和 D_2 皆爲短路，因此導通；(b) 中 D_1D_2 皆開路；(c) 中 D_1 短路，D_2 開路，A 至 C 依舊開路不通；(d) 中 D_1 開路，D_2 短路，A 至 C 依舊開路不通。

(2) 在 A 端接負電，C 端接正電，只有 (b) 中的 D_1 和 D_2 皆爲短路導通；(a) 中 D_1 和 D_2 皆開路不通；(c) 中 D_1 開路，D_2 短路，C 至 A 依舊開路不通；(d) 中 D_1 短路，D_2 開路，C 至 A 依舊開路不通。

立即練習

請運用 3 個二極體，串聯成各種不同的電路組合，並討論其導通性。

例題 3.2

如圖 3.6 所示，請畫出其 I/V 特性曲線。

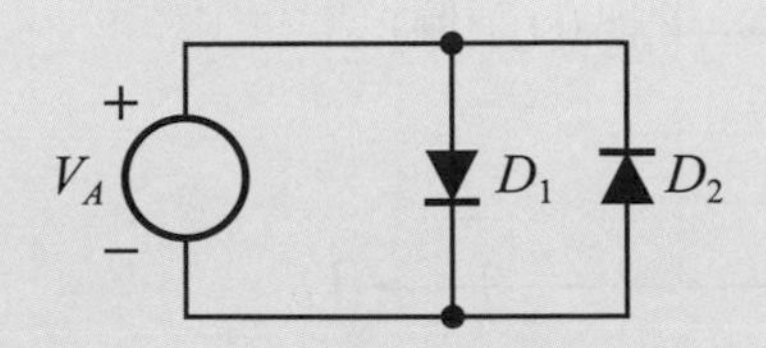

圖 3.6　二極體反相並聯之電路

解答

(1) 當 $V_A > 0$ 時，D_1 短路，D_2 開路。但整個電路是導通的，電流 I_A 方向是順時針，為正值。

(2) 當 $V_A < 0$ 時，D_1 開路，D_2 短路。但整個電路是導通的，電流 I_A 方向是逆時針，為負值。

所以 I/V 特性曲線如圖 3.7 所示。

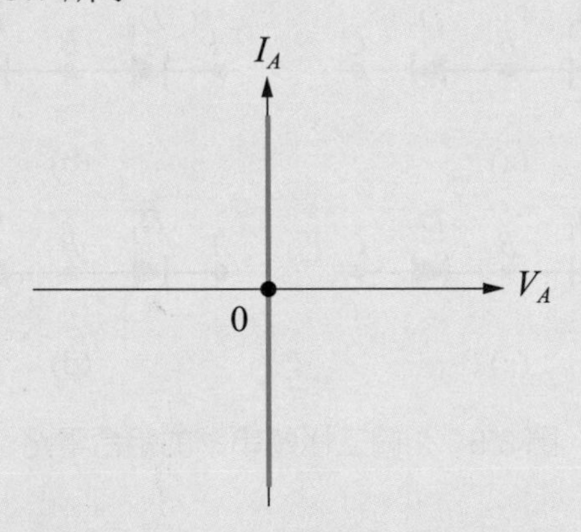

圖 3.7　圖 3.6 電路的 I/V 特性曲線

立即練習

承例題 3.2，若開放 1 個 1.5V 的直流電壓，於 V_A 和 D_1、D_2 組合之間串聯，請畫出其 I/V 特性曲線。

例題 3.3

如圖 3.8 所示，請畫出 I_A / V_A 的特性曲線。

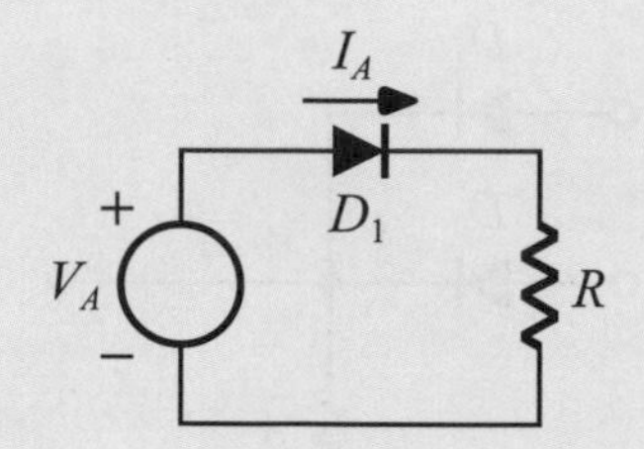

圖 3.8　二極體與電阻串聯電路

解答

因題目沒有說明要用何種模型解題，因此使用理想模型來解題。

(1) 當 $V_A > 0$ 時，D_1 順偏，導通且短路。

$$\therefore I_A = \frac{V_A}{R} \tag{3.1}$$

(2) 當 $V_A < 0$ 時，D_1 逆偏，不導通且開路。

$$\therefore I_A = 0 \tag{3.2}$$

根據上述討論，I_A / V_A 特性曲線如圖 3.9 所示。

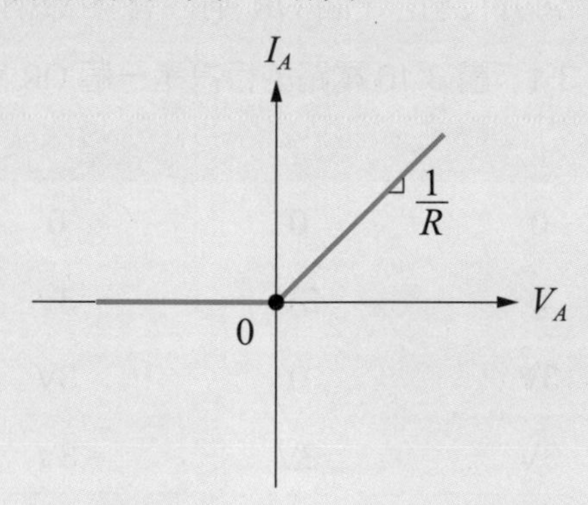

圖 3.9　圖 3.8 電路的 I/V 特性曲線

立即練習

承例題 3.3，若將 D_1 左右顛倒置放，請畫出 I_A / V_A 的特性曲線。

例題 3.4

如圖 3.10，輸入 V_A 和 V_B 之值爲 3V 或 0V，求輸出 V_{out} 之值。

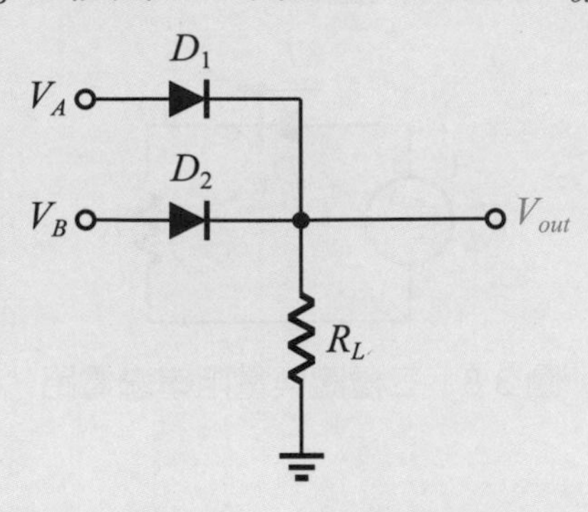

圖 3.10　二極體並聯電路

解答

(1) 當 $V_A = 0V$ 且 $V_B = 0V$ 時，D_1 和 D_2 皆不導通，所以 $V_{out} = 0$。

(2) 當 $V_A = 0V$ 且 $V_B = 3V$ 時，D_1 不導通開路，D_2 導通短路，所以 $V_{out} = 3V$。

(3) 當 $V_A = 3V$ 且 $V_B = 0V$ 時，D_1 導通短路，D_2 不導通開路，所以 $V_{out} = 3V$。

(4) 當 $V_A = V_B = 3V$ 時，D_1 和 D_2 皆導通短路，所以 $V_{out} = 3V$。

根據以上的討論，此電路的行爲是一個 OR 閘。答案歸納如表 3.1 所示。

表 3.1　圖 3.10 電路的行為是一個 OR 閘

V_A	V_B	V_{out}
0	0	0
0	3V	3V
3V	0	3V
3V	3V	3V

立即練習

承例題 3.4，以其爲基礎實現一個 3 輸入的 OR 閘。

藉由上述 4 個例題，可以了解二極體電路使用理想模型的計算過程。接下來將再提供其他例子，更進一步地解說二極體電路。

如圖 3.11 的電路，即是把圖 3.8 電路中電阻 R 和二極體 D_1 的位置交換，並把輸出電壓放在二極體上，試求出輸入／輸出特性曲線。

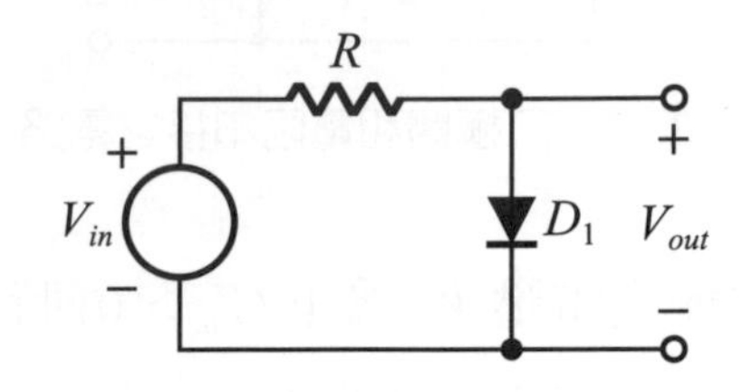

圖 3.11 電阻和二極體串接之電路

首先，當 V_{in} 電壓爲正 ($V_{in} > 0$) 時，D_1 導通短路，所以輸出電壓爲零 ($V_{out} = 0$)；當 V_{in} 電壓爲負 ($V_{in} < 0$) 時，D_1 不導通開路，沒有電流流過任何元件，所以輸出電壓等於輸入電壓 ($V_{out} = V_{in}$)。根據以上的討論，可以畫出輸入／輸出特性曲線，如圖 3.12 所示。當 $V_{in} > 0$，$V_{out} = 0$；當 $V_{in} < 0$，$V_{out} = V_{in}$。

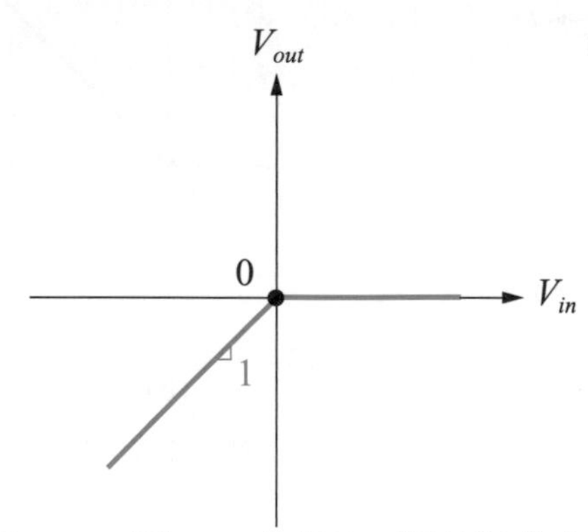

圖 3.12 圖 3.11 的輸入／輸出特性曲線

若把圖 3.11 中的電阻 R 和二極體 D_1，位置交換 (如圖 3.13 所示)，當輸入訊號 V_{in} 爲一個正弦波，將做以下的探討，畫出其輸出波形和輸入／輸出特性曲線。

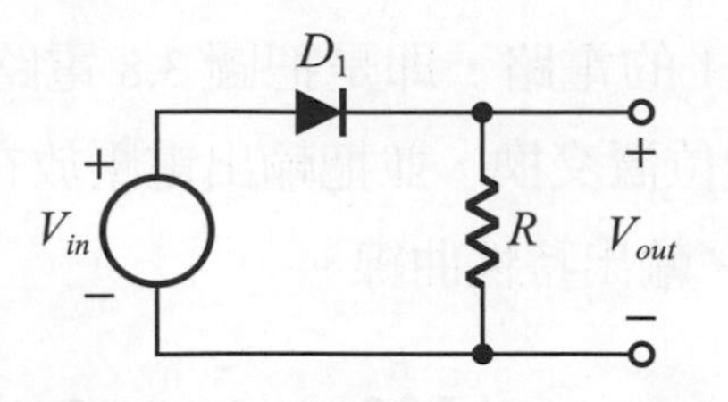

圖 3.13 二極體和電阻串接之電路

首先，當輸入電壓 V_{in} 為正 ($V_{in} > 0$) 時，D_1 導通短路，所以電阻 R 流過 V_{in} / R 的電流，其電壓 (V_{out}) 等於輸入電壓 ($V_{out} = V_{in}$)；當輸入電壓 V_{in} 為負 ($V_{in} < 0$) 時，D_1 不導通開路，所以電阻 R 上不會流過任何電流，其電壓 (V_{out}) 為零 ($V_{out} = 0$)。根據以上的討論，可畫出輸出的波形 (圖 3.14(a)) 和輸入／輸出特性曲線 (圖 3.14(b))。

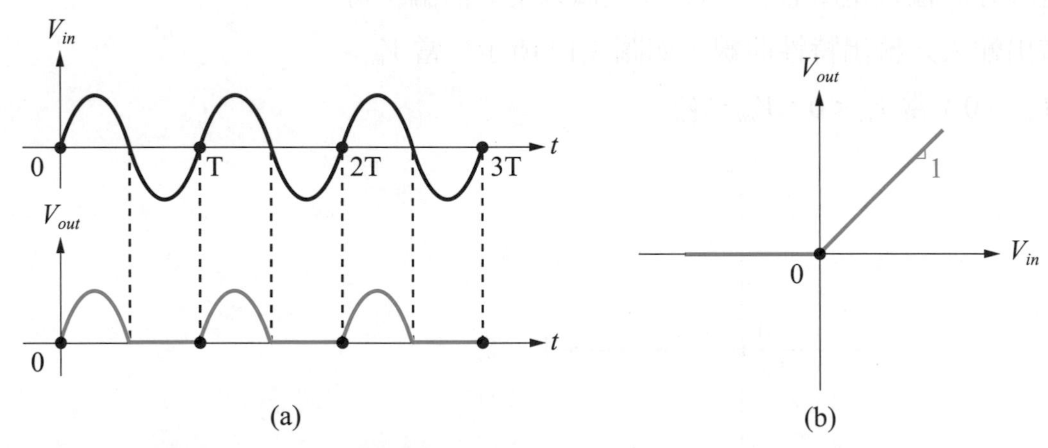

圖 3.14 圖 3.13 電路之 (a) 輸出波形，(b) 輸入／輸出特性曲線

若如圖 3.15 所示，是一個二極體串接一個直流電壓 V_B，再接上輸入信號 V_1 的電路，試求 I_1 對 V_1 的特性曲線。

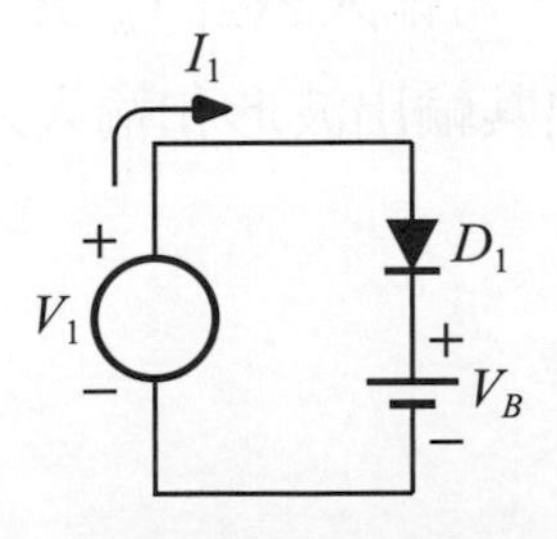

圖 3.15 二極體串接直流電壓之電路圖

當 $V_1 > V_B$ 時，D_1 導通且短路，所以 I_1 流動且為任意值；當 $V_1 < V_B$ 時，D_1 不通且開路，所以 I_1 為零。圖 3.16 即是綜合以上討論所畫的 I_1 對 V_1 的特性曲線圖。

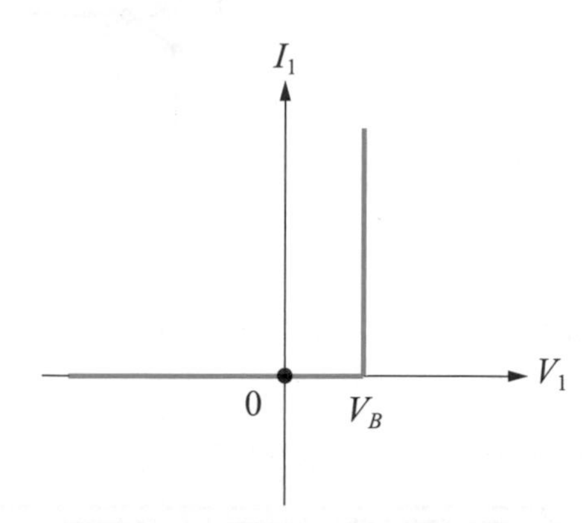

圖 3.16　圖 3.15 電路中 I_1 對 V_1 的特性曲線

若將直流電壓 V_B 加到圖 3.11 中二極體 D_1 的下方，即得圖 3.17 的電路。現在輸入 V_{in} 是弦波的信號，試畫出輸出波形和輸入／輸出特性曲線。

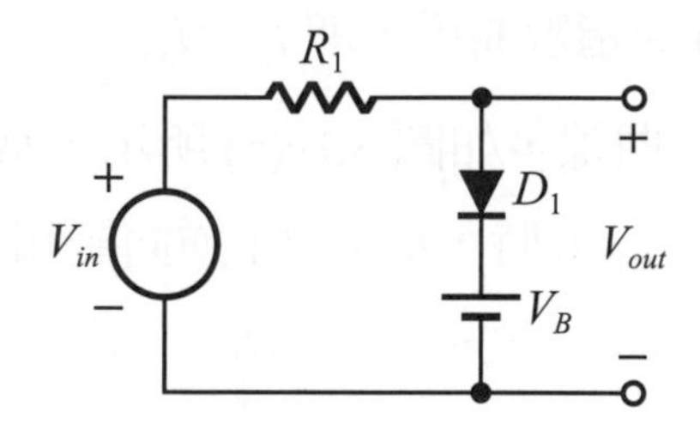

圖 3.17　電阻和二極體串接直流電壓之電路

當 $V_{in} > V_B$ 時，D_1 導通且短路，所以 $V_{out} = V_B$；當 $V_{in} < V_B$ 時，D_1 不通且開路，整個電路沒有電流流動，電阻 R_1 上也不會有壓降，所以 $V_{out} = V_{in}$。因此，綜合以上所討論的，可以畫出輸出波形 (圖 3.18(a)) 和輸入／輸出特性曲線 (圖 3.18(b))。

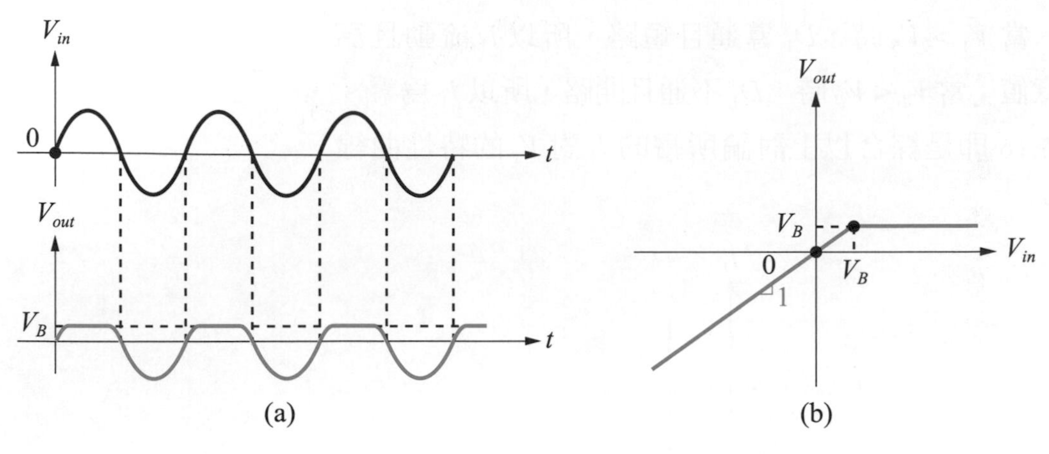

圖 3.18 (a) 輸入和輸出波形,(b) 輸入/輸出特性曲線

3.2 二極體的其他模型

本節依舊要聚焦在二極體電路的計算上,但開始前先對於二極體的三大模型再做一個複習。

首先是“指數模型”。二極體的電壓 V_D 和電流 I_D (如圖 3.19(a)) 成指數關係,即 $I_D = I_S(e^{\frac{V_D}{V_T}} - 1)$。把 I_D 對 V_D 畫成的特性曲線,如圖 3.19(b) 所示,當 $V_D > 0$ 時呈現指數關係;$V_D < 0$ 時,$I_D \approx -I_S$(逆向飽和電流)。(譯 3-3)

(譯 3-3)
The first model is the "exponential model". The voltage V_D of the diode and the current I_D (as shown in Figure 3.19(a)) have an exponential relationship, that is, $I_D = I_S(e^{\frac{V_D}{V_T}} - 1)$. The characteristics curve drawn from I_D to V_D is shown in Figure 3.19(b). When $V_D > 0$, it presents an exponential relationship; when $V_D < 0$, $I_D \approx -I_S$ (reverse saturation current).

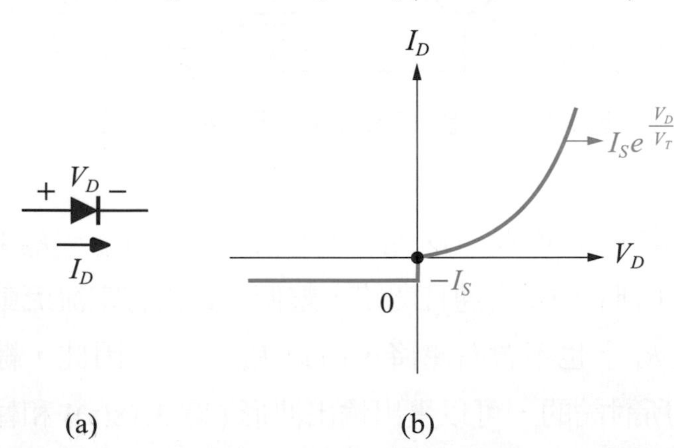

圖 3.19 (a) 二極體電壓與電流,(b) 二極體 I_D / V_D 特性曲線

其次是“定電壓模型”。當 $V_D > V_{D,\,on}$ 時，二極體導通，短路串聯 $V_{D,\,on}$；當 $V_D < V_{D,on}$ 時，二極體不通，開路串聯 $V_{D,\,on}$($V_{D,\,on} \approx 0.7$V，是二極體導通的最小電壓)。I_D / V_D 的特性曲線如圖 3.20 所示，當 $V_D > V_{D,\,on}$ 時，I_D 爲任意值；當 $V_D < V_{D,\,on}$ 時，$I_D = 0$。(譯 3-4)

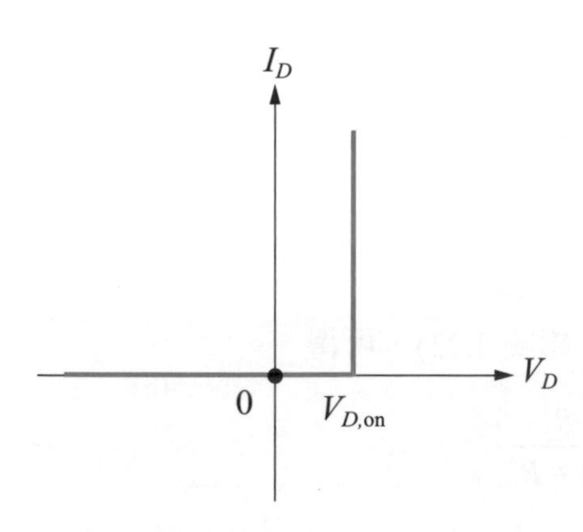

圖 3.20 二極體在定電壓模型下，I_D / V_D 的特性曲線。

最後是“理想模型”。當 $V_D > 0$ 時，二極體導通且短路，電流 I_D 爲任意值；當 $V_D < 0$ 時，二極體不導通且開路，電流 $I_D = 0$。圖 3.21 即是 I_D / V_D 的特性曲線。(譯 3-5)

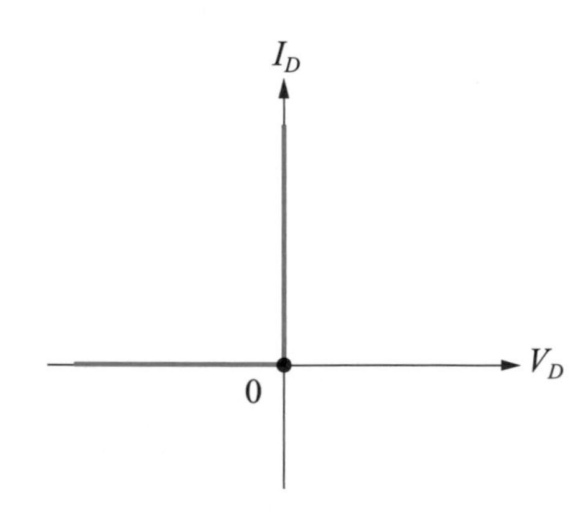

圖 3.21 二極體在理想模型下，I_D / V_D 的特性曲線

(譯 3-4)
The second model is the "constant voltage model." When $V_D > V_{D,\,on}$, the diode is turned on and short-circuited in series with $V_{D,\,on}$; when $V_D < V_{D,\,on}$, the diode is turned off, and the open circuit is connected in series with $V_{D,\,on}$ ($V_{D,\,on} \approx 0.7$V, which is the minimum voltage when diode is turned on). The characteristics curve of I_D/V_D is shown in Figure 3.20. When $V_D > V_{D,\,on}$, I_D is arbitrary value; when $V_D < V_{D,\,on}$, $I_D = 0$.

(譯 3-5)
Final model is the "ideal model". When $V_D > 0$, the diode is conductive and short-circuited, and the current I_D is arbitrary value; when $V_D < 0$, the diode is non-conductive and open-circuited, and the current $I_D = 0$. Figure 3.21 is the characteristics curve of I_D/V_D.

例題 3.5

如圖 3.22。利用 (1) 理想模型,(2) 定電壓模型畫出該電路的輸入/輸出特性曲線。

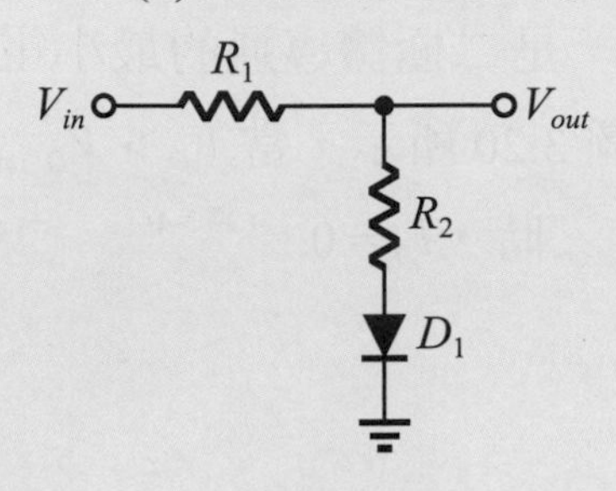

圖 3.22　二極體串並聯電阻電路

解答

(1) 理想模型

① 當 $V_{in} > 0$ 時,D_1 導通且短路 (如圖 3.23),可得

$$V_{out} = V_{in} \frac{R_2}{R_1 + R_2} \tag{3.3}$$

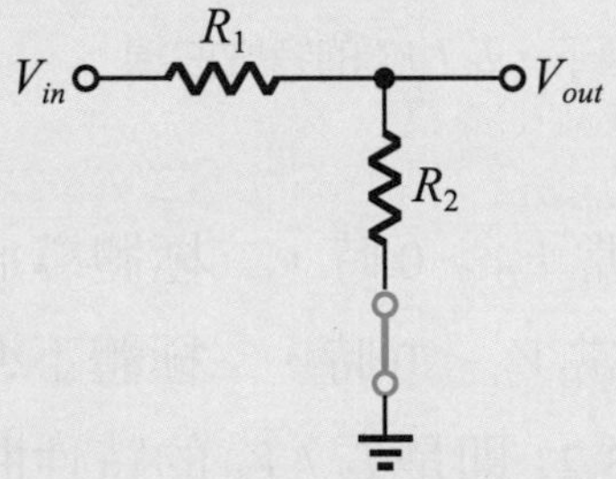

圖 3.23　二極體導通且短路的電路

② 當 $V_{in} < 0$ 時,D_1 不通且開路,無任何電流流動,電阻上沒有任何壓降,所以 $V_{out} = V_{in}$。

綜合以上討論,可以畫出輸入/輸出特性曲線如圖 3.24 所示。

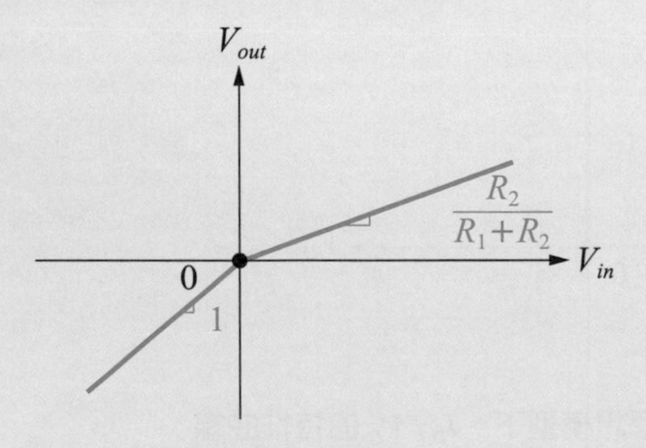

圖 3.24　理想模型下的輸入/輸出特性曲線

(2) 定電壓模型

① 當 $V_{in} > V_{D,\text{ on}}$ 時，二極體導通且短路 (如圖 3.25)，可得

$$V_{out} = (V_{in} - V_{D,\text{ on}})\,\frac{R_2}{R_1 + R_2} \tag{3.4}$$

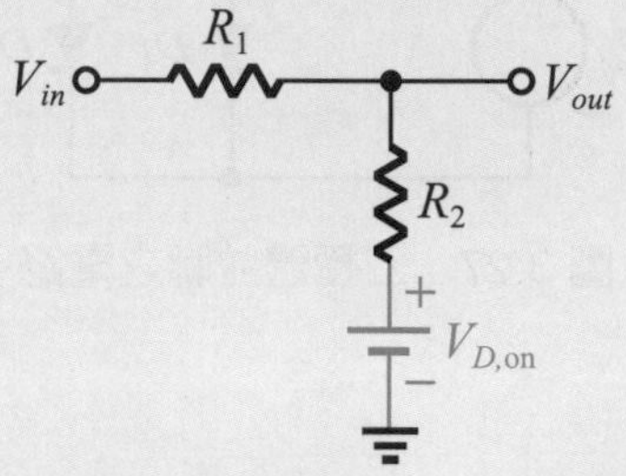

圖 3.25 二極體導通且短路但串聯電壓之電路圖

② 當 $V_{in} < V_{D,\text{ on}}$ 時，二極體不通且開路，無任何電流流過電阻，所以其壓降為 0，$V_{out} = V_{in}$。

綜合以上討論，可以畫出輸入／輸出特性曲線如圖 3.26 所示。

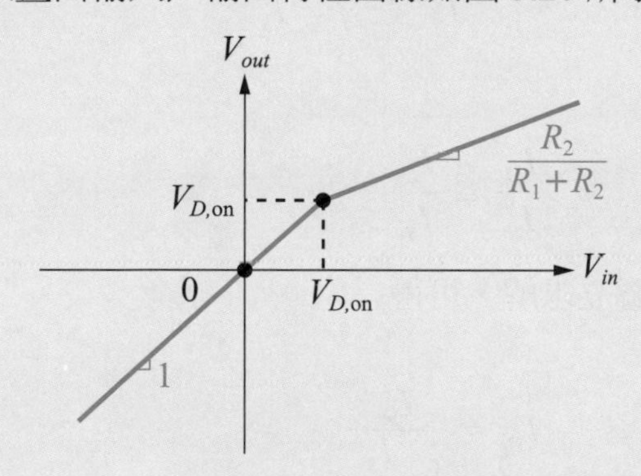

圖 3.26 定電壓模型下的輸入／輸出特性曲線

立即練習

承例題 3.5，請畫出流過 R_1 上的電流對 V_{in} 的圖形。

例題 3.6

如圖 3.27 所示，D_1 和 D_2 有著不同的截面積。請決定每一個二極體的電流。

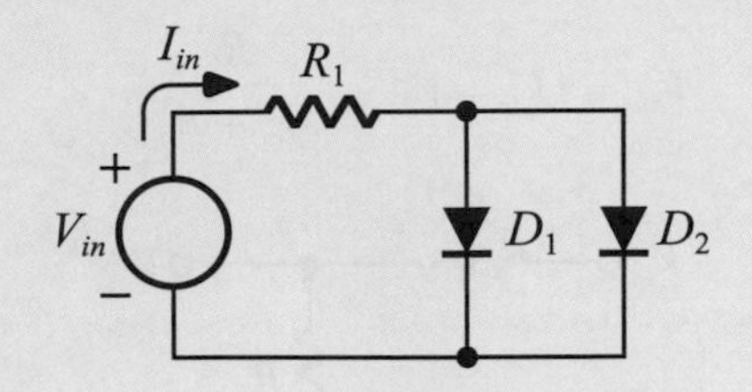

圖 3.27　二極體並聯之電路

解答

由 KCL 知

$$I_{in} = I_{D_1} + I_{D_2} \tag{3.5}$$

又因 D_1 和 D_2 並聯，所以

$$V_T \ln \frac{I_{D_1}}{I_{S_1}} = V_T \ln \frac{I_{D_2}}{I_{S_2}} \tag{3.6}$$

由 (3.6) 式可化簡成

$$\frac{I_{D_1}}{I_{S_1}} = \frac{I_{D_2}}{I_{S_2}} \tag{3.7}$$

把 (3.5) 式和 (3.7) 式聯立求解，可得

$$I_{D_1} = \frac{I_{in}}{1+\frac{I_{S_2}}{I_{S_1}}} \tag{3.8}$$

$$I_{D_2} = \frac{I_{in}}{1+\frac{I_{S_1}}{I_{S_2}}} \tag{3.9}$$

立即練習

承例題 3.6，若 $I_{S_1} = I_{S_2}$，則 I_{D_1} 及 I_{D_2} 分別爲多少？

例題 3.7

如圖 3.28 所示，二極體 D_1 使用定電壓模型，導通的最小電壓為 $V_{D,\text{ on}}$。請畫出該電路的輸入／輸出特性曲線。

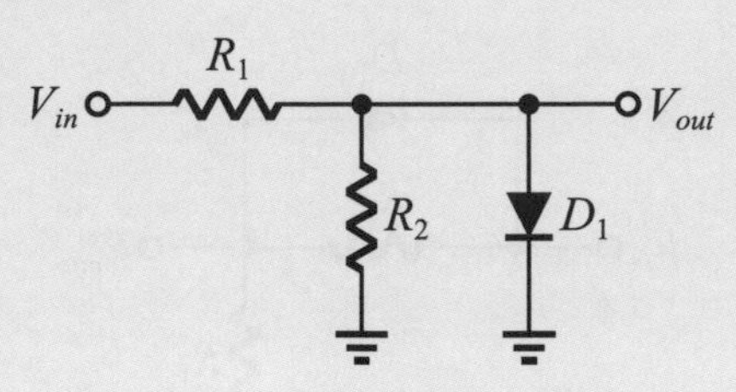

圖 3.28　二極體並聯電阻之電路

解答

(1) 當 $V_{in}=-\infty$ 時，D_1 不通且開路。所以

$$V_{out}=V_{in}\frac{R_2}{R_1+R_2} \tag{3.10}$$

(2) 當 V_{in} 漸漸變大，直到 $V_{in}\dfrac{R_2}{R_1+R_2}=V_{D,\text{ on}}$，即 $V_{in}=V_{D,\text{on}}(1+\dfrac{R_1}{R_2})$ 時，D_1 開始要導通，短路串聯 $V_{D,\text{ on}}$ 電壓

所以當 $V_{in}>V_{D,\text{on}}(1+\dfrac{R_1}{R_2})$ 時，D_1 導通且短路串聯 $V_{D,\text{ on}}$，此時 $V_{out}=V_{D,\text{ on}}$。

綜合以上討論，可以畫出輸入／輸出特性曲線，如圖 3.29 所示。

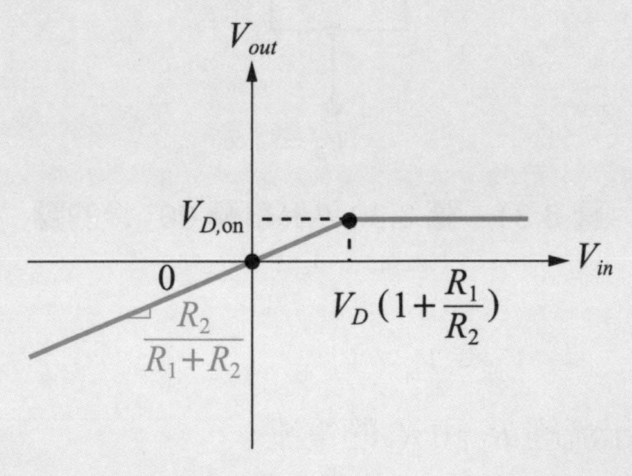

圖 3.29　圖 3.28 電路的輸入／輸出特性曲線

立即練習

承例題 3.7，若 D_1 上下顛倒，請畫出該電路的輸入／輸出特性曲線。

例題 3.8

如圖 3.30 所示，二極體 D_1 使用定電壓模型，導通的最小電壓為 $V_{D,\,on}$。請畫出該電路的輸入／輸出特性曲線。

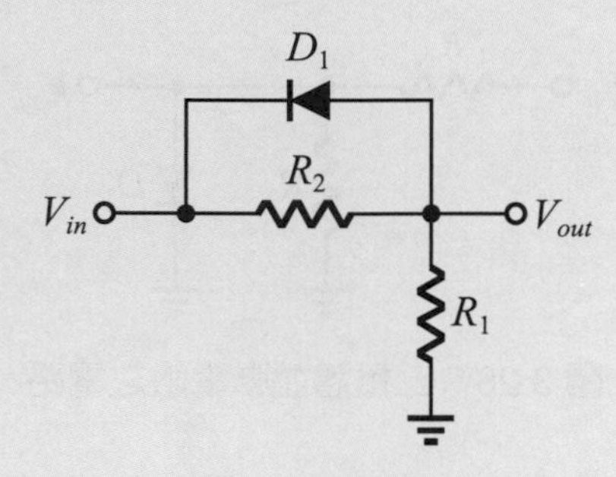

圖 3.30　二極體並聯電阻的另一型式電路

解答

(1) 當 $V_{in} = -\infty$ 時，將原圖逆時針轉 90° 重畫，如圖 3.31 所示。此時 D_1 是導通且短路串聯 $V_{D,\,on}$。

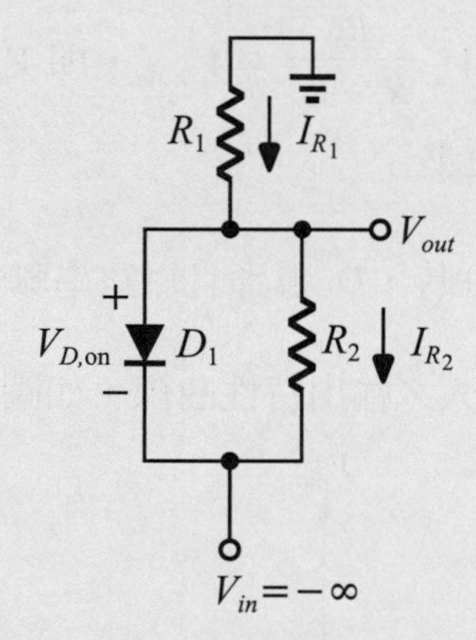

圖 3.31　圖 3.30 逆時針轉 90° 後的圖

所以

$$V_{out} = V_{in} + V_{D,\,on} \tag{3.11}$$

同時，也可以算出流經 R_1 和 R_2 的電流

$$I_{R_1} = \frac{0 - V_{out}}{R_1} = \frac{-(V_{in} + V_{D,\,on})}{R_1} \tag{3.12}$$

$$I_{R_2} = \frac{V_{D,\,on}}{R_2} \tag{3.13}$$

而且 $I_{R_2} = I_{R_1}$

$$\frac{V_{D,on}}{R_2} = \frac{-(V_{in} + V_{D,on})}{R_1} \tag{3.14}$$

可以計算出

$$V_{in} = -(1 + \frac{R_1}{R_2})V_{D,on} \tag{3.15}$$

(2) 當 V_{in} 漸漸由 $-\infty$ 增大至超過 (3.15) 式之值時，D_1 就由導通變爲不通，且開路。此時

$$V_{out} = V_{in}\frac{R_1}{R_1 + R_2} \tag{3.16}$$

(3) 把 (3.15) 式之 V_{in} 值代入 (3.11) 式中，可得

$$V_{out} = -\frac{R_1}{R_2}V_{D,on} \tag{3.17}$$

綜合以上討論，可以畫出輸入／輸出特性曲線，如圖 3.32 所示。

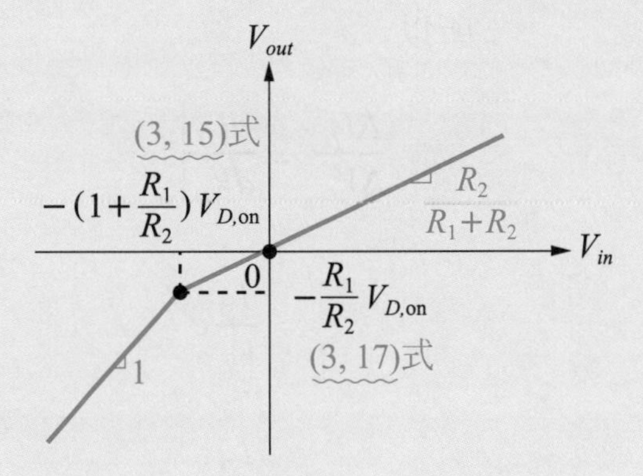

圖 3.32　圖 3.30 的輸入／輸出特性曲線

立即練習

承例題 3.8，若 D_1 左右顛倒，請畫出該電路的輸入／輸出特性曲線。

3.3 大訊號和小訊號的操作

(譯 3-6)
The so-called ***large-signal(大訊號)*** operation is the calculation when diode is connected into a circuit, including finding its current I_D, output waveform and input/output characteristics curve, just like the circuit described in Sections 3.1 and 3.2; and the ***small signal(小訊號)*** operation means that when change value of the two points A and B in the I_D/V_D curve (as shown in Figure 3.33) is very small (as in the definition of differential) and approximates a straight line.

所謂***大訊號***操作，即是二極體接成電路後的計算，包含求其電流 I_D、輸出波形和輸入／輸出特性曲線，如同在 3.1、3.2 節所講述的電路一般；而***小訊號***操作即是在 I_D / V_D 的曲線 (如圖 3.33) 中的 A、B 兩點變化值很小時 (如同微分的定義一般) 近似於直線。(譯 3-6)

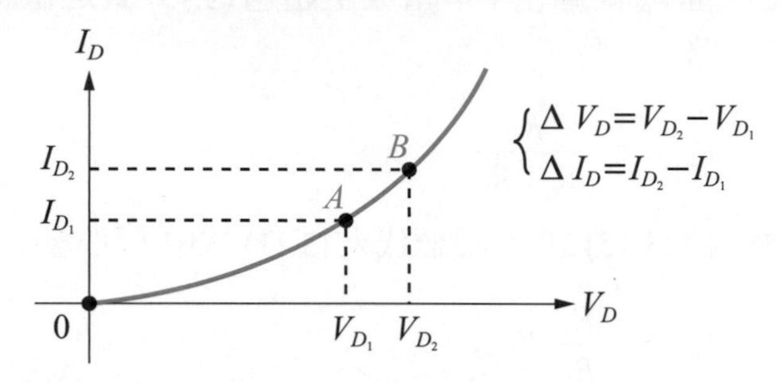

圖 3.33 AB 兩點的特性曲線

所以

$$\frac{\Delta I_D}{\Delta V_D}=\left.\frac{dI_D}{dV_D}\right|_{\Delta V_D\to 0} \tag{3.18}$$

$$=\frac{I_S}{V_T}e^{\frac{V_D}{V_T}} \tag{3.19}$$

$$=\frac{I_D}{V_T} \tag{3.20}$$

| 增量 (*incremental*)

由上述 (3.18) 式～ (3.20) 式的分析可知，當二極體在小訊號操作時，它的行爲像一個***增量***電阻 r_d，其值爲

$$r_d=\frac{V_T}{I_D} \tag{3.21}$$

總合以上的闡述，可以做個結論：當二極體在大訊號操作時，它可以視爲定電壓模型來解題；當二極體在小訊號操作時，它可視爲一個小訊號電阻 r_d 來運作。(譯 3-7) 圖 3.34 即是說明了此結論。

(譯 3-7)
When the diode is operated with a large signal, it can be regarded as a constant voltage model to solve the problem; when the diode is operated with a small signal, it can be regarded as a small signal resistance r_d in operation.

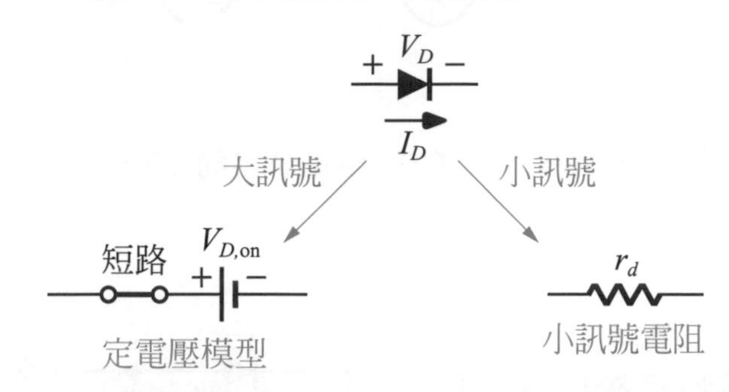

圖 3.34　二極體在大訊號和小訊號操作時，所使用的模型

3.4　二極體的應用電路

本節將介紹二極體的一些應用電路。包含半波和全波整流器、限制電路和位準移位器。

3.4.1　半波和全波整流器

圖 3.35 所示電路即是一個***半波整流器***。當輸入 V_{in} 大於 $V_{D,\ on}$ 時 (使用定電壓模型)，二極體導通，短路串接 $V_{D,\ on}$，所以此時輸出電壓 $V_{out} = V_{in} - V_{D,\ on}$；當輸入 V_{in} 小於 $V_{D,\ on}$ 時，二極體不通，開路，所以輸出電壓 $V_{out} = 0$。(譯 3-8) 圖 3.36 即是輸入與輸出的波形圖，正半週減少 $V_{D,\ on}$，負半週爲零。

(譯 3-8)
The circuit shown in Figure 3.35 is a ***half-wave rectifier***(***半波整流器***). When the input V_{in} is greater than $V_{D,\ on}$ (using the constant voltage model), the diode is turned on, and the short circuit is connected in series with $V_{D,\ on}$, so the output voltage $V_{out} = V_{in} - V_{D,\ on}$; when the input V_{in} is less than $V_{D,\ on}$, diode is open circuit, so the output voltage $V_{out} = 0$.

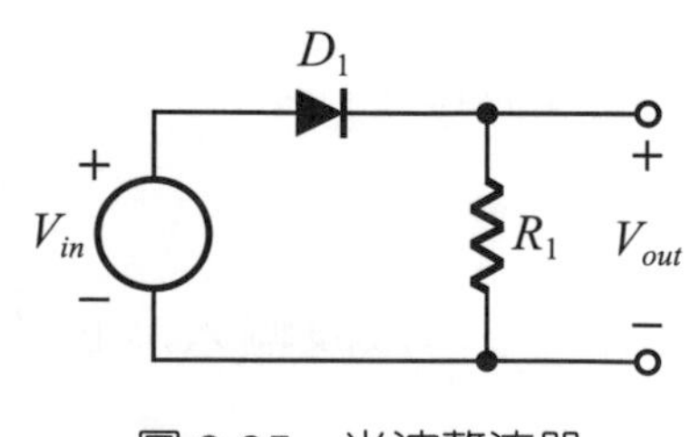

圖 3.35　半波整流器

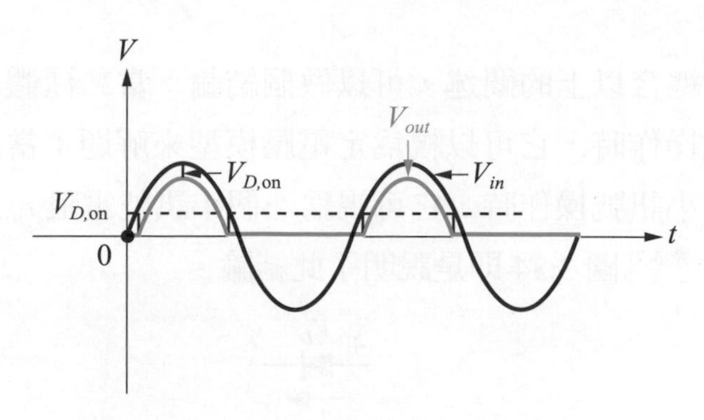

圖 3.36　半波整流器的輸入及輸出波形

例題 3.9

如圖 3.37，請畫出輸出波形，假設輸入爲正弦波，並證明它也是一個半波整流器。

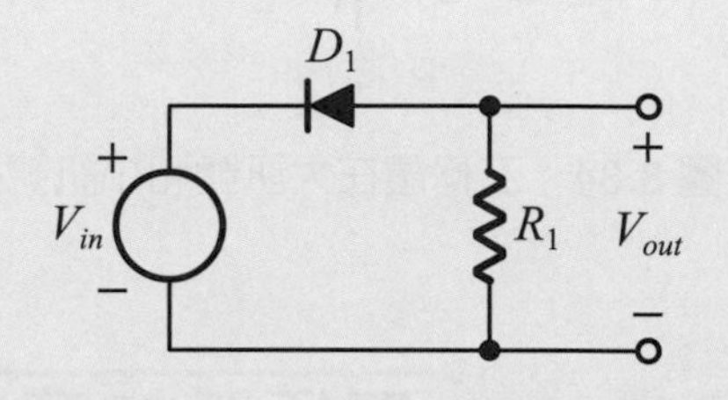

圖 3.37　另一型式的半波整流器

解答

(1)　當 $V_{in} < -V_{D,\text{ on}}$ 時，二極體 D_1 導通且短路串接 $V_{D,\text{ on}}$。此時

$$V_{out} = V_{in} + V_{D,\text{ on}} \tag{3.22}$$

(2)　當 $V_{in} > -V_{D,\text{ on}}$ 時，二極體 D_1 不通且開路。此時 $V_{out} = 0$。

綜合上述討論，可以畫出輸入和輸出的波形，如圖 3.38 所示。此時輸出的正半週爲 0，負半週加上 $V_{D,\text{ on}}$，是半波整流器的另一種型式。

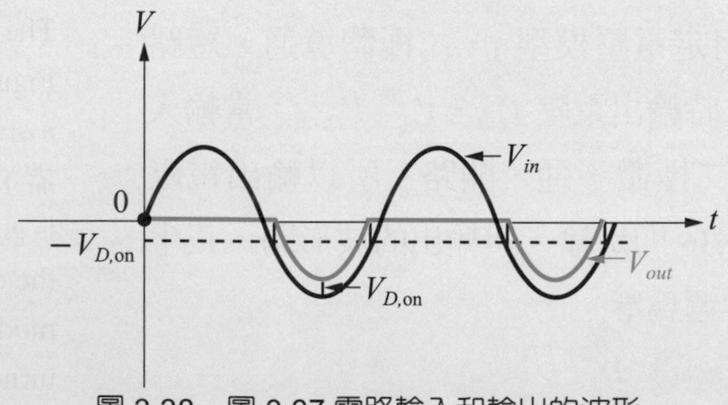

圖 3.38　圖 3.37 電路輸入和輸出的波形

立即練習

承例題 3.9，若使用理想模型，請畫出輸出波形，假設輸入爲正弦波，並證明它是一個半波整流器。

若把圖 3.35 的半波整流器中電阻 R_1 換成電容 C_1 (如圖 3.39) 後，那輸出 V_{out} 會呈現何種波形呢？接下來將使用定電壓模型來討論圖 3.39 的輸出波形。

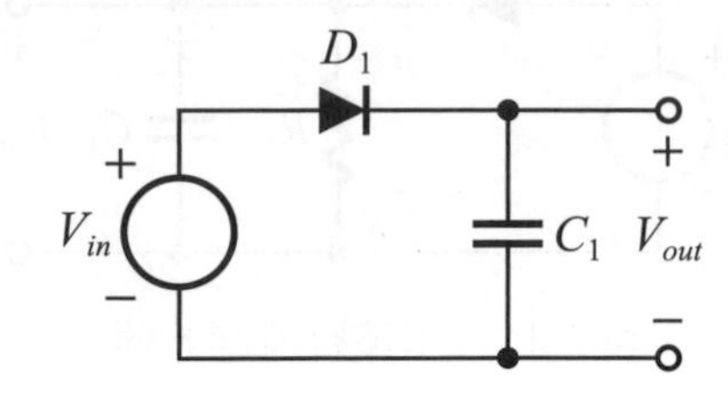

圖 3.39 二極體和電容所建構的電路

當輸入 V_{in} 大於 $V_{D,\text{ on}}$ 時，二極體 D_1 導通且短路串接 $V_{D,\text{ on}}$，此時輸出 V_{out} 充電至 $V_{in} - V_{D,\text{ on}}$，因電容具有儲存電容的作用，所以 V_{out} 會保存 $V_{in} - V_{D,\text{ on}}$ 的電壓；當輸入 V_{in} 小於 $V_{D,\text{ on}}$ 時，二極體 D_1 不通且開路，此時輸出 V_{out} 依舊保持 $V_{in} - V_{D,\text{ on}}$ 的電壓直到永遠，不管之後二極體如何開或關。綜合以上所討論的，輸出波形如圖 3.40 所示。

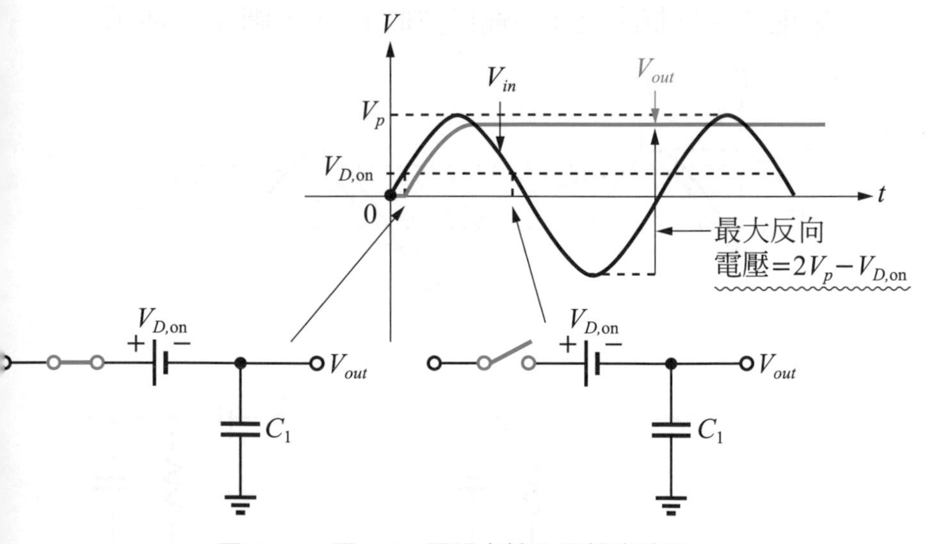

圖 3.40 圖 3.39 電路中輸入和輸出波形

如果將圖 3.35 的電路再並聯圖 3.39 中的電容，即形成所謂的半波整流濾波電路，如圖 3.41 所示。

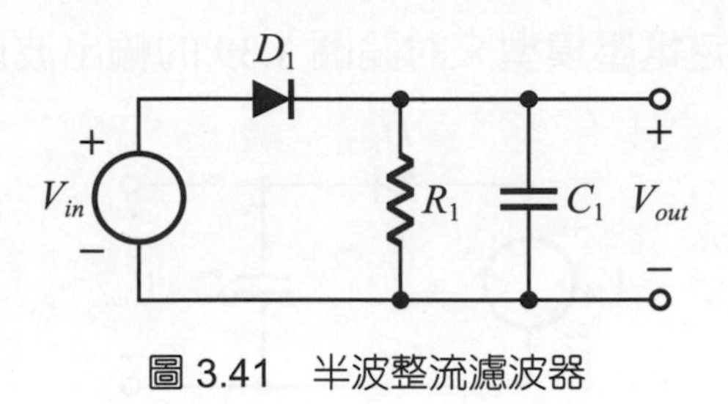

圖 3.41　半波整流濾波器

當 $V_{in} > V_{D,\text{ on}}$(使用定電壓模型)時，二極體 D_1 導通且短路串接 $V_{D,\text{ on}}$，此時 V_{out} 開始充電至 $V_p - V_{D,\text{ on}}$ (V_p 是輸入 V_{in} 的振幅)，V_{in} 達到最大振幅 V_p，時間軸上記爲 t_1。當 $t > t_1$ 後，V_{in} 的值往下掉，二極體 D_1 不通且開路，儲存在 C_1 的電壓 ($V_p - V_{D,\text{ on}}$) 透過 R_1 開始放電，直到 $t = t_2$ 時，此時輸出 V_{out} 等於輸入 V_{in}；當 $t > t_2$ 來到 t_3 時，二極體 D_1 又再次導通短路，所以輸出 V_{out} 又再次充電至 $V_p - V_{D,\text{ on}}$，時刻爲 t_4。如此週而復始地產生具整流濾波的輸出波形 V_{out}，如圖 3.42 所示。

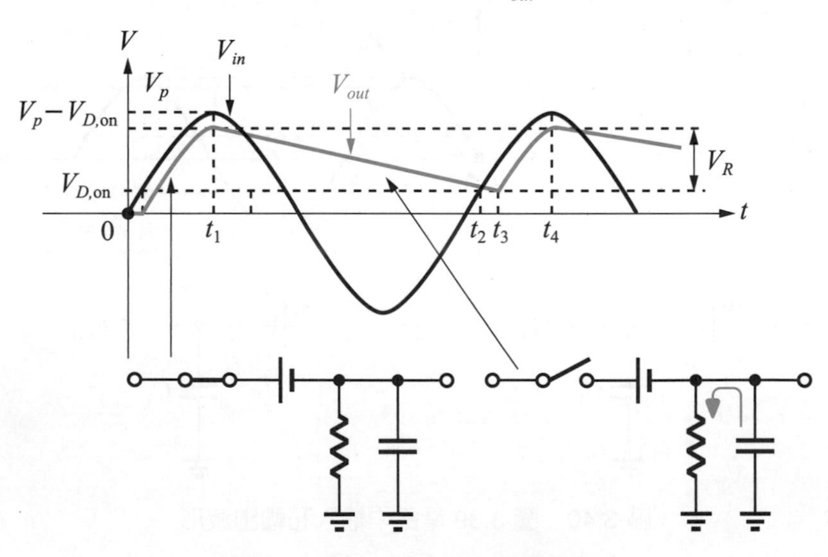

圖 3.42　圖 3.41 的輸入和輸出波形

在圖 3.42 中，輸出 V_{out} 的最大和最小電壓差 V_R 稱爲***漣波電壓***，其值約爲

漣波電壓 (*ripple voltage*)

$$V_R = \frac{V_p - V_{D,\text{on}}}{R_1 C_1 f_{\text{in}}} \qquad (3.23)$$

其中 f_{in} 爲輸入 V_{in} 的頻率。

例題 3.10

若改變圖 3.41 的電容值由非常大到非常小，那輸出 V_{out} 的波形會如何變化呢？

解答

因爲 R_1C_1 的乘積爲時間常數，代表著充放電的時間。R_1C_1 值大代表充放電較慢，R_1C_1 值小，代表充放電的時間較快。圖 3.43 可以解說 C_1 由大到小所產生的輸出 V_{out} 之波形。

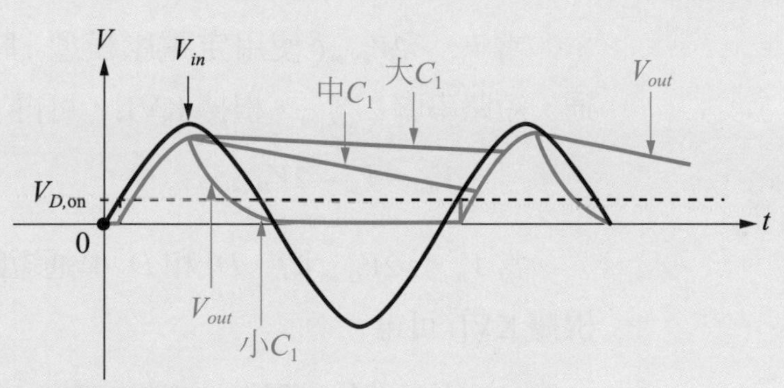

圖 3.43　不同的 C_1 值產生的輸出 V_{out} 波形

立即練習

承例題 3.10，若 C_1 不變，但 R_L 由大變至小，則其輸出 V_{out} 的波形將如何變化呢？

(譯 3-9)
Figure 3.44 is another type of rectifier—***full-wave rectifier***(*全波整流器*), which consists of 4 diodes. Compared with the half-wave rectifier, although the cost of circuit (4 diodes) is higher, it does not waste the positive and negative half-cycle waveforms in the input (half-wave rectifier wastes half), making the subsequent filtering process more efficient.

圖 3.44 是另一種整流器—***全波整流器***，使用 4 個二極體來完成。比起半波整流器，雖然付出較多的電路成本 (4 個二極體)，但卻不浪費輸入中的正負半週波形 (半波整流器浪費了一半)，使得後續濾波過程更加有效率。(譯 3-9) 目前市面上商業化的整流器均屬於此種整流器，接下來將先探討全波整流器的電路行為，藉此畫出其輸出波形。

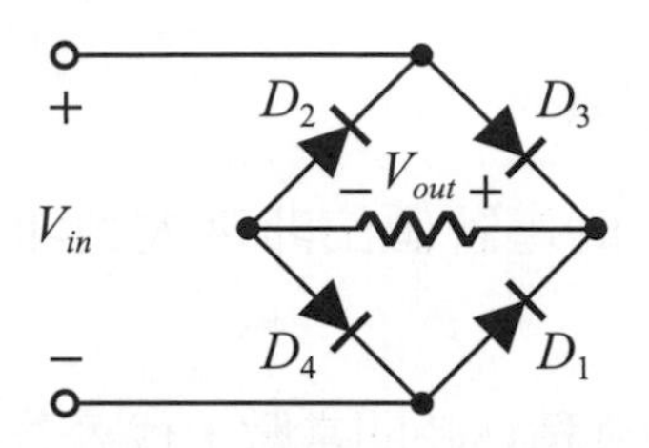

圖 3.44　橋式全波整流器

當 $V_{in} > 2V_{D,\text{on}}$(使用定電壓模型)時，$D_3$ 和 D_4 導通，短路串聯 $2V_{D,\text{on}}$，根據 KVL，可得

$$V_{out} = V_{in} - 2V_{D,\text{on}} \tag{3.24}$$

當 $V_{in} < -2V_{D,\text{on}}$ 時，D_1 和 D_2 導通短路串聯 $2V_{D,\text{on}}$，根據 KVL 可得

$$V_{out} = -V_{in} - 2V_{D,\text{on}} \tag{3.25}$$

所以綜合以上的討論，輸出 V_{out} 的波形如圖 3.45 所示。

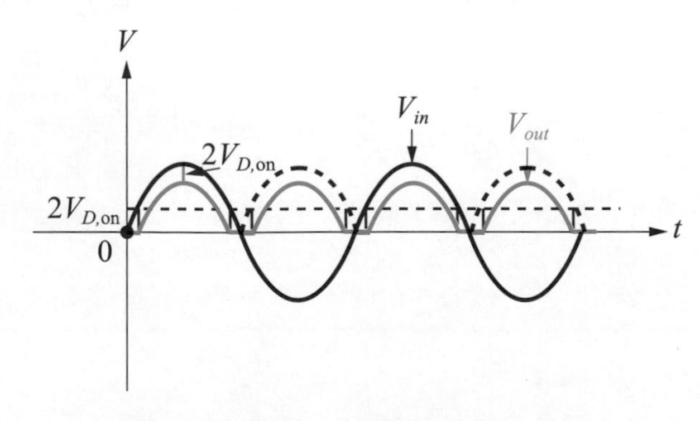

圖 3.45　圖 3.44 的輸入和輸出波形

若將圖 3.44 的橋式全波整流器輸出，再並聯一個電容器，即形成橋式全波整流濾波器，如圖 3.46 所示。(譯 3-10) 當 V_{in} 處於正半週且大於 $2V_{D,\text{ on}}$ 時，D_3 和 D_4 兩個二極體導通，所以輸出充電至 $V_p - 2V_{D,\text{ on}}$；當輸入 V_{in} 由最大振幅 V_p 處往下降時，所有的二極體 (D_1 ～ D_4) 皆不導通，此時儲存在輸出電容 C_1 上的電荷經 R_1 放電，此 R_1C_1 的放電會持續至輸入 V_{in} 的負半週；$V_{in} < -2V_{D,\text{ on}}$ 時 (負半週)，D_1 和 D_2 兩個二極體導通，輸出 V_{out} 又開始充電至 $V_p - 2V_{D,\text{ on}}$；當輸入 V_{in} 又脫離最大振幅 V_p 時，所有二極體又全不導通，C_1 上的電荷又透過 R_1 放電。如此週而復始地完成整流濾波的工作，以上的輸入和輸出的行爲 (波形)，可由圖 3.47 展現出來。(譯 3-11)

(譯 3-10)
If output of the full-wave bridge rectifier (Figure 3.44) is connected in parallel with a capacitor, a full-wave bridge rectifier with capacitor filter is formed as shown in Figure 3.46.

(譯 3-11)
The work of rectification and filtering is completed in this cycle, and the above input and output behavior (waveform) can be shown in Figure 3.47.

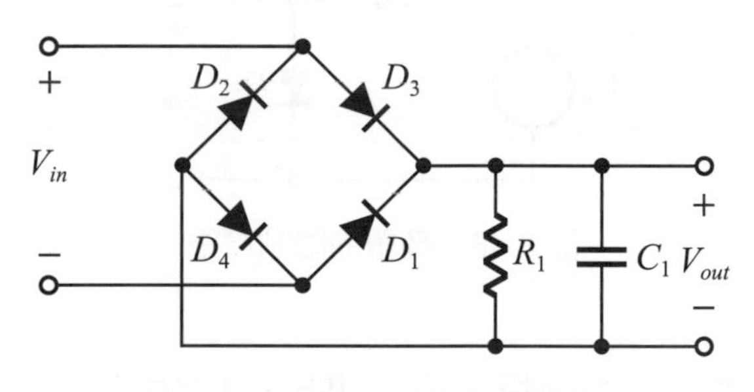

圖 3.46　橋式全波整流濾波器

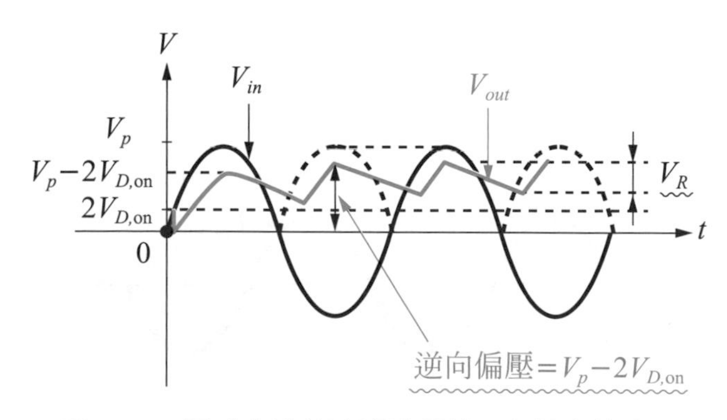

圖 3.47　橋式全波整流濾波器輸入與輸出的波形

在圖 3.47 中，輸出波形中最大值與最小值之差稱爲漣波電壓 V_R，其值可表示成

$$V_R = \frac{1}{2}\frac{V_p - 2V_{D,\text{on}}}{R_1 C_1 f_{in}} \tag{3.26}$$

其中 $f_{in} = \frac{1}{T_{in}}$ 是輸入波形的頻率，而 T_{in} 是輸入波形的週期。

3.4.2 限制電路

限制電路就是把輸入波形切掉一部分，留下另一部分。考慮圖 3.48 的電路，二極體使用理想模型。當輸入 $V_{in} > 0$ 時，D_1 導通且短路，所以輸出 $V_{out} = 0$；當輸入 $V_{in} < 0$ 時，D_1 不通且開路，所以輸出 $V_{out} = V_{in}$。（譯 3-12）

（譯 3-12）
The ***limiting circuit***（***限制電路***）is to cut off a part of the input waveform and to pass another part unaffected. Consider the circuit in Figure 3.48, using an ideal model for the diode. When the input $V_{in} > 0$, D_1 is turned on and short-circuited, so the output $V_{out} = 0$; when the input $V_{in} < 0$, D_1 is closed and open. So, the output $V_{out} = V_{in}$.

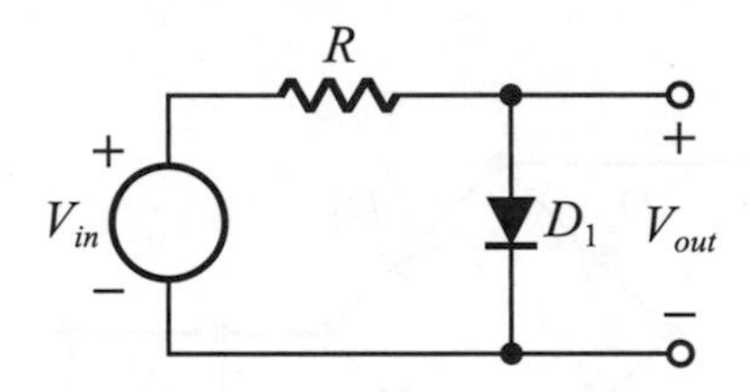

圖 3.48　簡單的限制電路

根據以上的分析，可以畫出輸出的波形圖，如圖 3.49 所示，以及輸入／輸出特性曲線圖，如圖 3.50 所示。

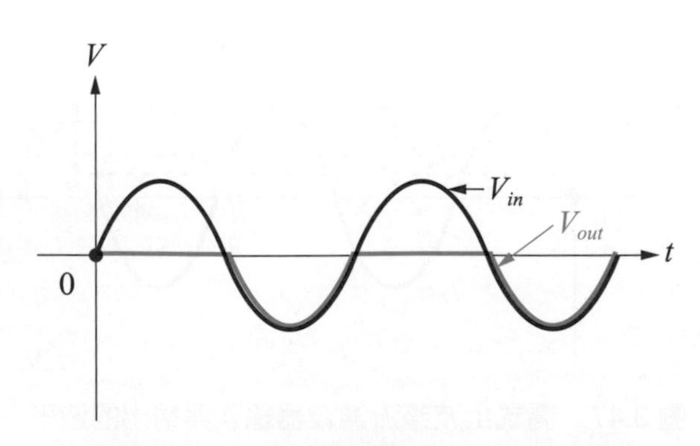

圖 3.49　圖 3.48 電路的輸入與輸出波形

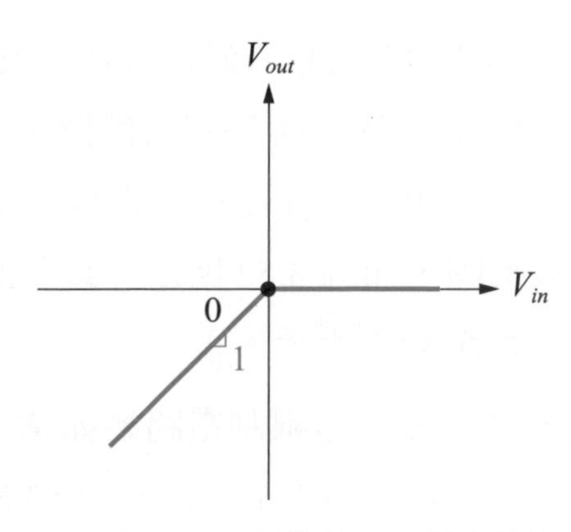

圖 3.50　圖 3.48 電路的輸入／輸出特性曲線

由圖 3.49 可知，此限制電路的輸出是由“0”的位置一刀切下，留下負半週的波形。由圖 3.50 可知，當輸入值 V_{in} 大於 0 時，輸出值 V_{out} 皆為 0；當輸入值 V_{in} 小於 0，則輸出值 V_{out} 和輸入值 V_{in} 是一模一樣的。(譯 3-13)

(譯 3-13)
It can be seen from Figure 3.49 that the output of this limiting circuit is cut across from the position of "0", leaving a negative half-cycle waveform. It can be seen from Figure 3.50 that when the input value V_{in} is greater than 0, the output value V_{out} is all 0; when the input value V_{in} is less than 0, the output value V_{out} and the input value V_{in} are the same.

若將圖 3.48 的電路加上一個直流電壓 V_B 於二極體 D_1 的下方，如圖 3.51 所示，則此電路的輸出波形及輸入／輸出特性曲線又將是如何呢？以下來探討該電路：

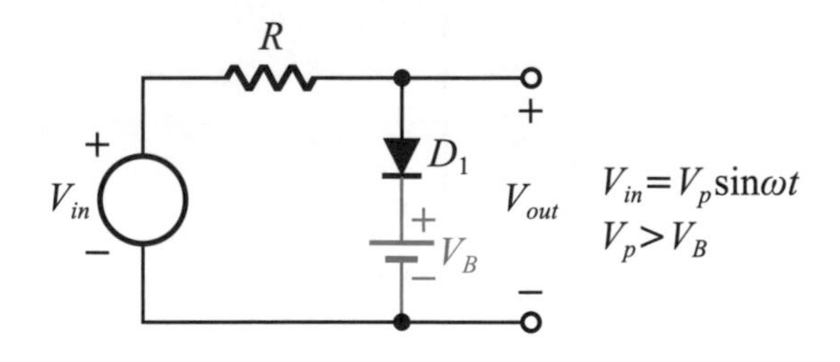

圖 3.51　加上 V_B 的限制電路

當輸入 $V_{in} > V_B$ 時，D_1 導通且短路，所以輸出 $V_{out} = V_B$；當輸入 $V_{in} < V_B$ 時，D_1 不通且開路，所以整個電路沒有電流，輸出 V_{out} = 輸入 V_{in}。根據以上的討論可以畫出輸出波形圖，如圖 3.52 所示，以及輸入／輸出特性曲線圖，如圖 3.53 所示。

根據圖 3.52 可知，這限制電路猶如拿一把剪刀從 V_B 剪下，留下下半部的波形 (V_{out})。圖 3.53 說明了輸入值 V_{in} 大於 V_B，則輸出值 V_{out} 等於 V_B；輸入值 V_{in} 小於 V_B，則輸出值 V_{out} 等於輸入值 V_{in}。(譯 3-14)

(譯 3-14)
According to Figure 3.52, the limiting circuit is like cutting it from V_B with a pair of scissors, leaving the bottom half of the waveform (V_{out}). Figure 3.53 shows that if the input value V_{in} is greater than V_B, the output value V_{out} is equal to V_B; if the input value V_{in} is less than V_B, the output value V_{out} is equal to the input value V_{in}.

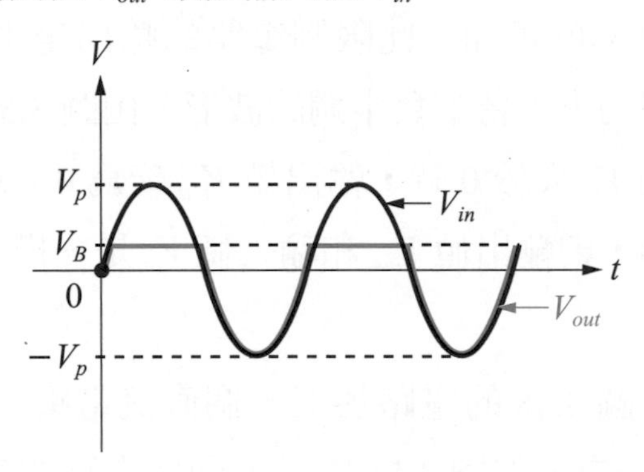

圖 3.52　圖 3.51 電路的輸入與輸出波形

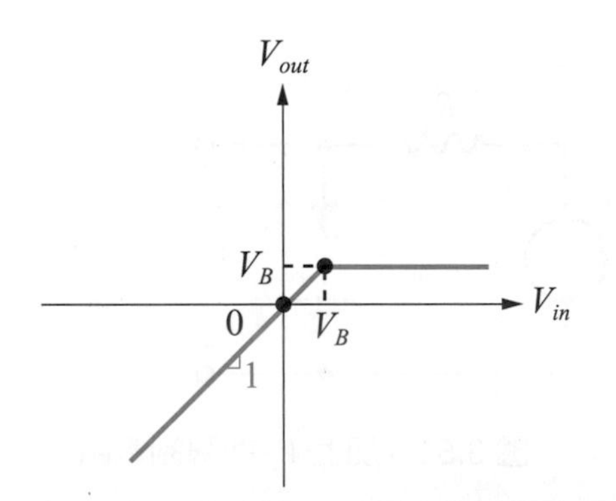

圖 3.53　圖 3.51 電路的輸入／輸出特性曲線

圖 3.48 的限制電路若使用“定電壓”模型來解題，則可以得到圖 3.54 的輸出波形和圖 3.55 的輸入／輸出特性曲線，若有興趣可以自行解答之。

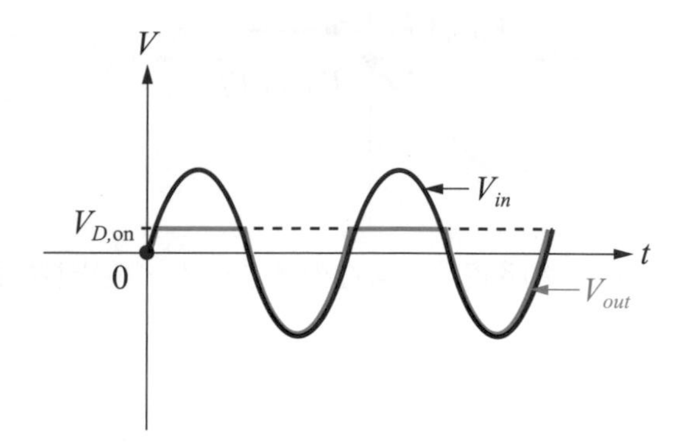

圖 3.54　圖 3.48 電路使用定電壓模型之輸出波形

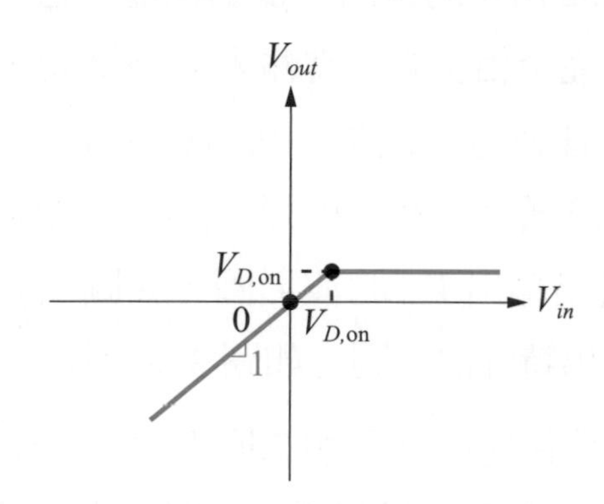

圖 3.55　圖 3.48 電路使用定電壓模型之輸入／輸出特性曲線

圖 3.51 的限制電路若使用“定電壓”模型來解題，則可以得到圖 3.56 的輸出波形和圖 3.57 的輸入／輸出特性曲線，若有興趣亦可以自行解答之。

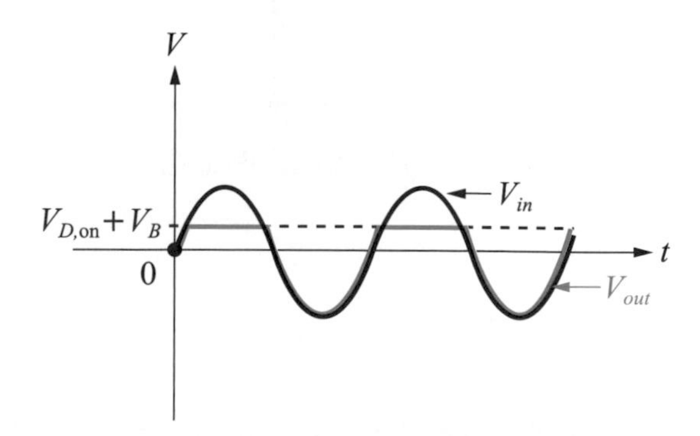

圖 3.56　圖 3.51 電路使用定電壓模型之輸出波形

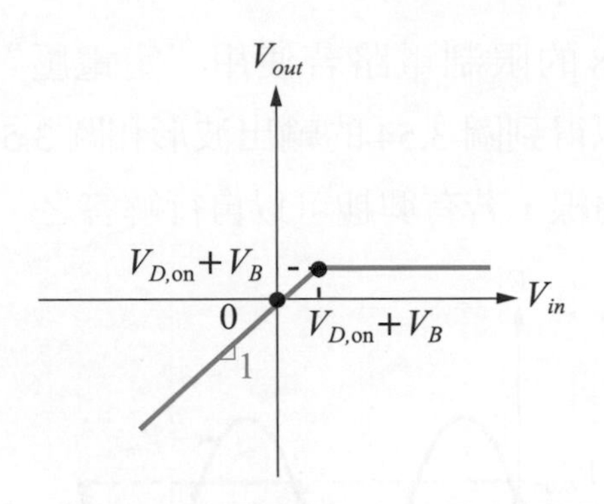

圖 3.57　圖 3.51 電路使用定電壓模型之輸入／輸出特性曲線

若將圖 3.48 電路中的二極體 D_1 上下顛倒接後，形成如圖 3.58 所示的電路。很明顯地，它和圖 3.48 電路的行爲是完全相反的。當輸入 $V_{in} > 0$ 時，D_1 不通且開路，沒有任何電流流動，所以輸出 $V_{out} = V_{in}$；當 $V_{in} < 0$ 時，D_1 導通且短路，所以 $V_{out} = 0$。根據以上的討論，可以畫出輸出 V_{out} 的波形圖，如圖 3.59 所示，以及輸入／輸出特性曲線圖，如圖 3.60 所示。

這類的限制電路行爲和二極體 D_1 向下的行爲是相反的。猶如一把刀一樣從 $V = 0$ 切下去，留下上部分的波形，和二極體 D_1 向上的接法不謀而合。(譯 3-15)

(譯 3-15)
This kind of limiting circuit behavior is opposite to the downward behavior of diode D_1. Cut from $V = 0$ using a knife, leaving the upper part of the waveform, which coincides with the upward connection of the diode D_1.

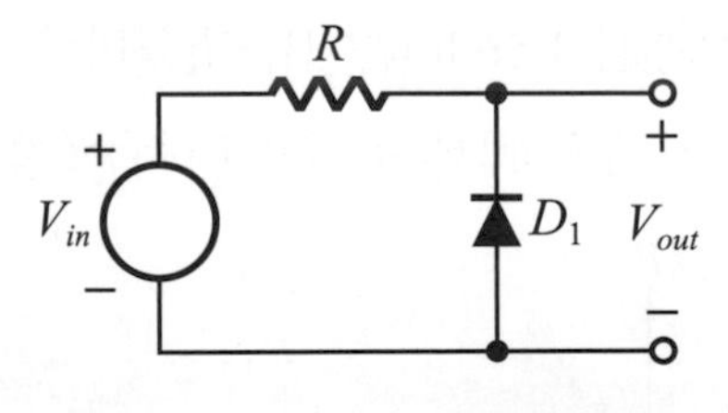

圖 3.58　另一型的限制電路

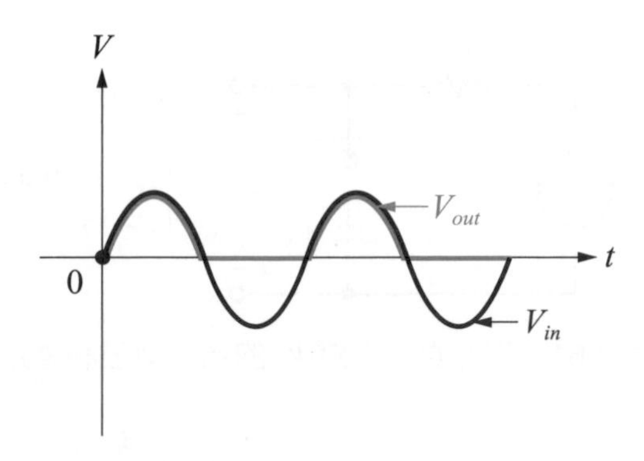

圖 3.59 圖 3.58 電路的輸出波形圖

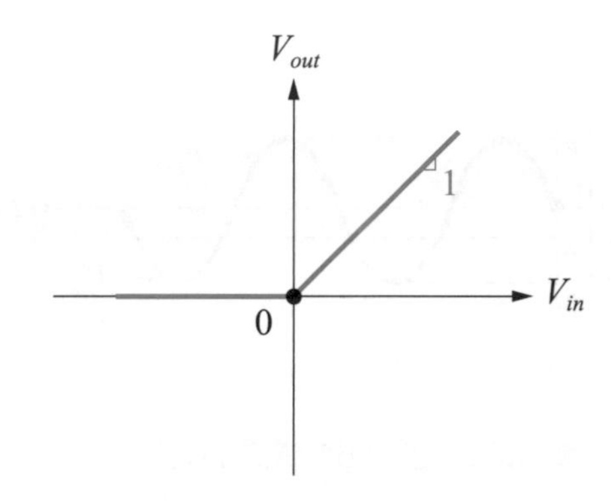

圖 3.60 圖 3.58 電路的輸入／輸出特性曲線

若將圖 3.51 電路中，二極體 D_1 和直流電壓 V_B 一起上下顚倒接後，形成如圖 3.61 的電路。在未解釋該電路前，應該可以猜得出它的行爲和圖 3.51 是完全相反的。當 V_{in} 爲負且小於 $-V_B$ 時 (圖 3.61 中 V_B 的接法，會視它爲負電壓値)，二極體 D_1 導通且短路，所以輸出 $V_{out} = -V_B$；當 V_{in} 大於 $-V_B$ 時，二極體 D_1 不通且開路，電路中沒有任何電流流動，所以輸出 $V_{out} = V_{in}$。根據以上的討論，可以畫出輸出的波形圖，如圖 3.62 所示，以及輸入／輸出特性曲線圖，如圖 3.63 所示。

跟前面的例子一樣，本限制電路是由 $-V_B$ 的地方一刀切下，留下上部分的波形成爲輸出的波形。(譯 3-16)

(譯 3-16)
Like the previous example, this limiting circuit is cut across the $-V_B$ point, leaving the upper part of the waveform as the output waveform.

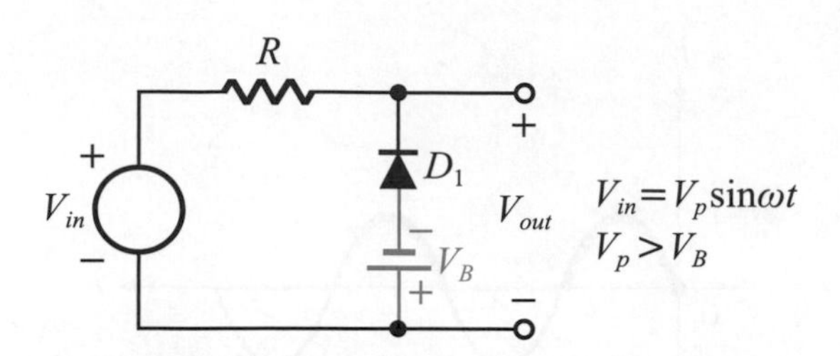

圖 3.61 加上直流電壓 V_B 的另一型限制電路

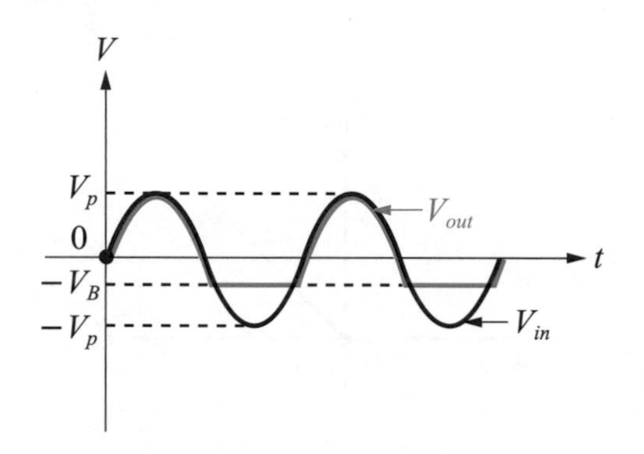

圖 3.62 圖 3.61 電路的輸出波形

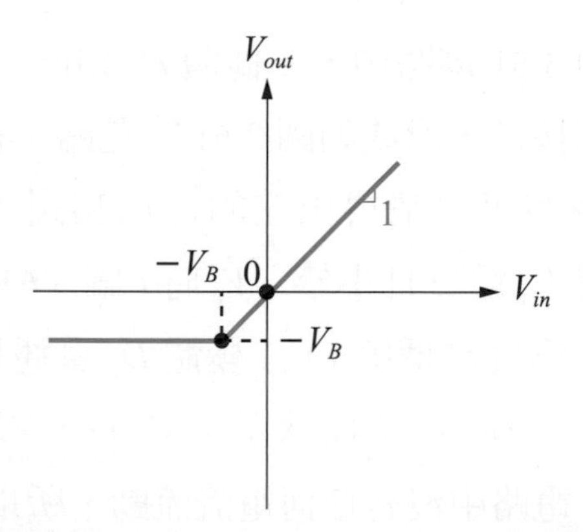

圖 3.63 圖 3.61 電路的輸入/輸出特性曲線

圖 3.58 的電路若使用“定電壓”模型來求其電路的行爲，則可得到其輸出波形圖，如圖 3.64 所示，以及輸入／輸出特性曲線圖，如圖 3.65 所示。

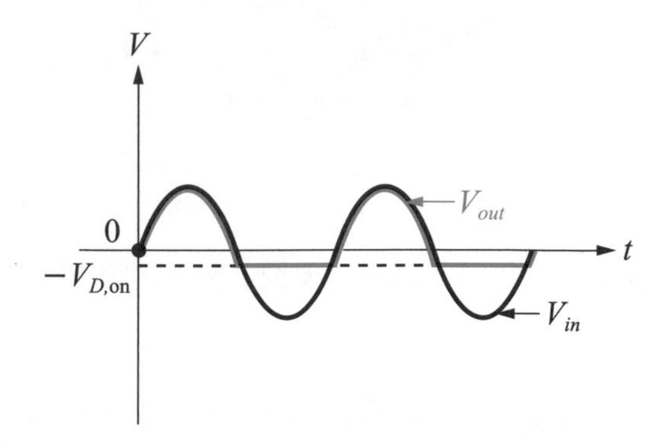

圖 3.64　圖 3.58 使用“定電壓”模型之輸出波形

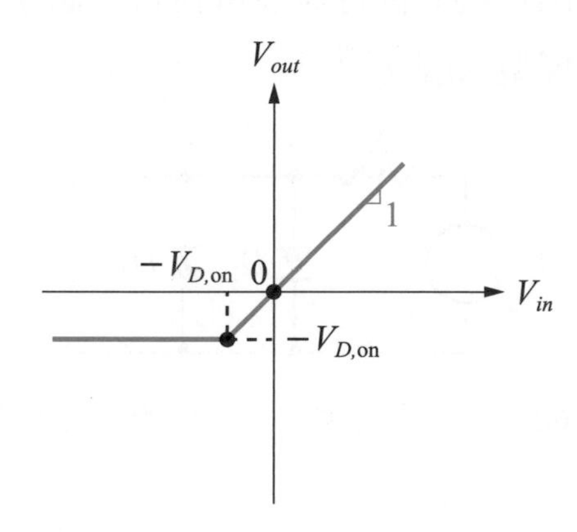

圖 3.65　圖 3.58 使用“定電壓”模型之輸入／輸出特性曲線

再來，圖 3.61 的電路若使用“定電壓”模型來求其電路的行爲，則可得到其輸出波形，如圖 3.66 所示，以及輸入／輸出特性曲線，如圖 3.67 所示。

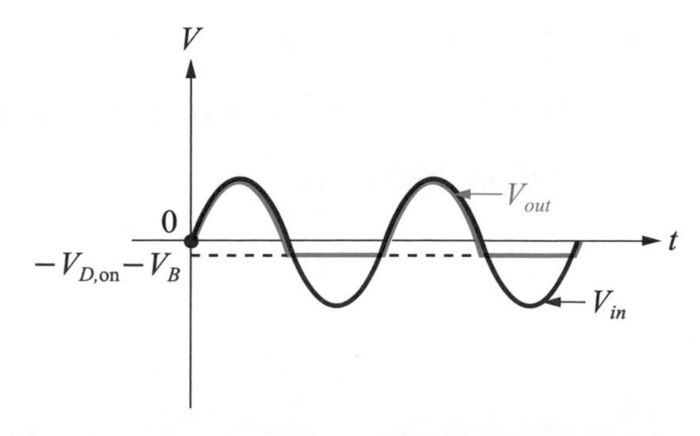

圖 3.66　圖 3.61 使用“定電壓”模型之輸出波形

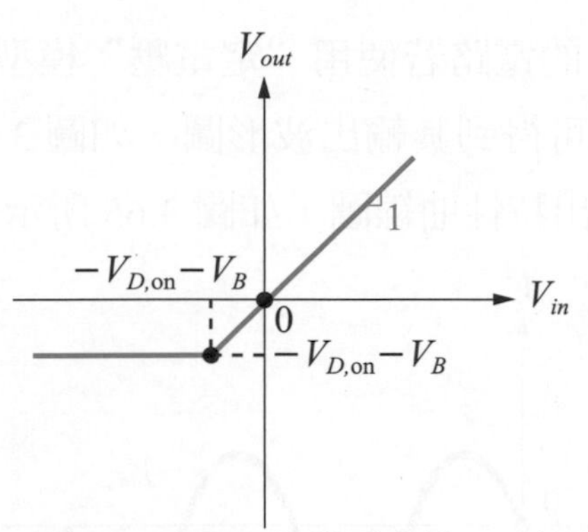

圖 3.67　圖 3.61 使用“定電壓”模型之輸入／輸出特性曲線

(譯 3-17)
The limiting circuit formed by connecting two diodes in opposite directions in parallel with each other is shown in Figure 3.68. This circuit cannot be solved by the "ideal" model (if you are interested, you can verify it by yourself), so it will be solved with the "constant voltage" model.

最後，將 2 個二極體方向相反，互相並聯而形成的限制電路，如圖 3.68 所示。此電路無法以“理想”模型求其電路行為(若有興趣可自行求證)，所以會用“定電壓”模型求解。(譯 3-17)

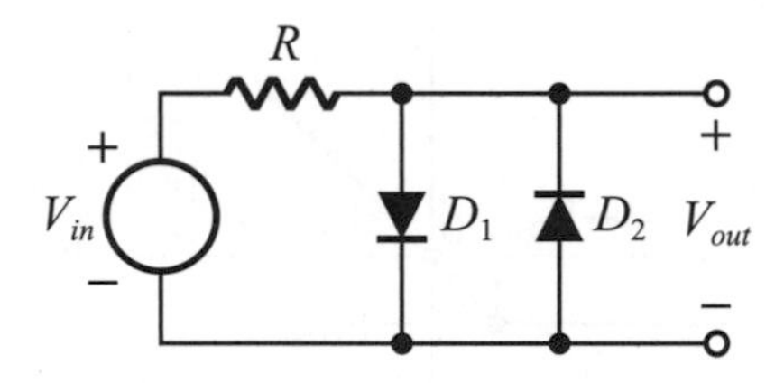

圖 3.68　二極體方向相反互相並聯之限制電路

當 $V_{in} > V_{D,\ on}$ 時，D_1 導通且短路串聯 $V_{D,\ on}$，D_2 不通且開路串聯 $V_{D,\ on}$，所以 $V_{out} = V_{D,\ on}$；當 $V_{in} < -V_{D,\ on}$ 時，D_1 不通且開路串聯 $-V_{D,\ on}$，D_2 導通且短路串聯 $-V_{D,\ on}$，所以 $V_{out} = -V_{D,\ on}$；當 $-V_{D,\ on} < V_{in} < V_{D,\ on}$ 時，D_1 和 D_2 皆不通，且開路各串聯 $V_{D,\ on}$ 和 $-V_{D,\ on}$，此時整個電流沒有任何電流流動，所以 $V_{out} = V_{in}$。根據以上的討論，可以畫出輸出波形，如圖 3.69 所示，以及輸入／輸出特性曲線，如圖 3.70 所示。

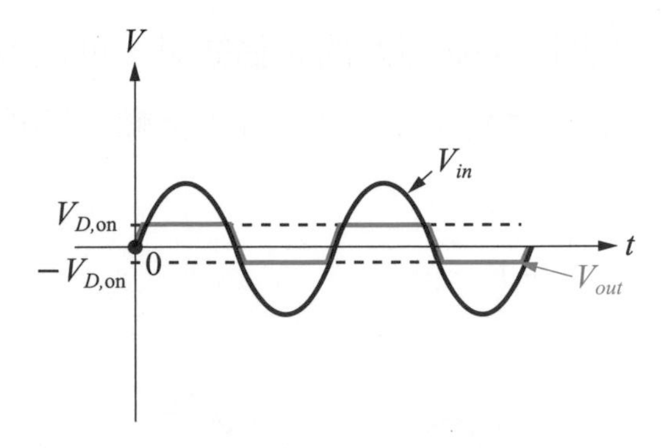

圖 3.69　圖 3.68 電路的輸出波形

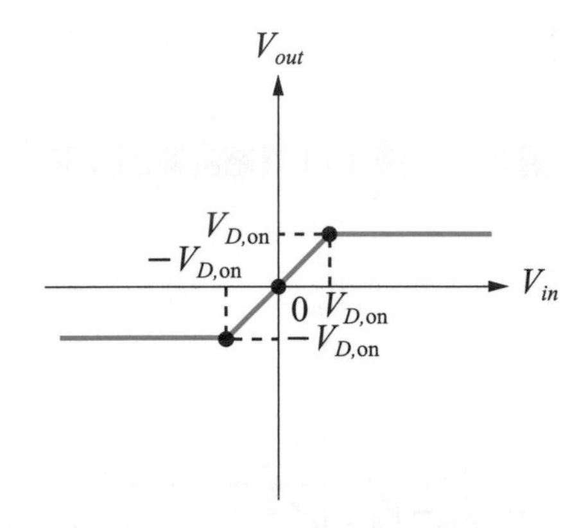

圖 3.70　圖 3.68 電路的輸入／輸出特性曲線

由圖 3.69 可知，圖 3.68 電路的輸出波形猶如二把刀在輸入波形的 $+V_{D,\ on}$ 和 $-V_{D,\ on}$ 處切下，留下中間部分的波形。(譯 3-18)

(譯 3-18)
It can be seen from Figure 3.69 that the output waveform of Figure 3.68 is like cutting the $+V_{D,\ on}$ and $-V_{D,\ on}$ of the input waveform with two knives, leaving the middle part of the waveform.

若把圖 3.68 的二極體 D_1 串聯一個直流電壓 $+V_{B_1}$，和二極體 D_2 串聯一個直流電壓 $-V_{B_2}$，就形成如圖 3.71 的電路。

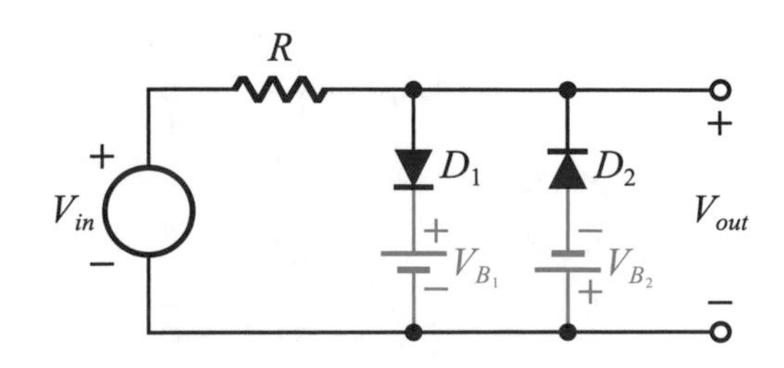

圖 3.71　圖 3.68 加上直流電壓後之限制電路

藉由如同圖 3.68 電路的討論結果，可以得到輸出波形圖，如圖 3.72 所示，以及輸入／輸出特性曲線，如圖 3.73 所示。

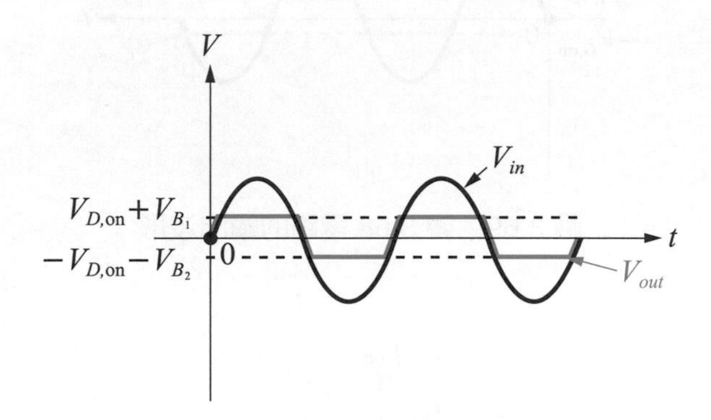

圖 3.72　圖 3.71 電路的輸出波形

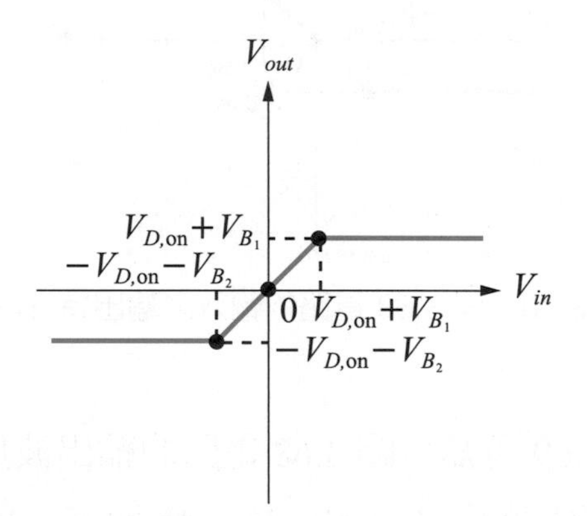

圖 3.73　圖 3.71 電路之輸入／輸出特性曲線

最後，在此把限制電路的規則性做個總結。首先，限制電路會如同圖 3.74 所示，其中 D 代表二極體，B 代表直流電壓。

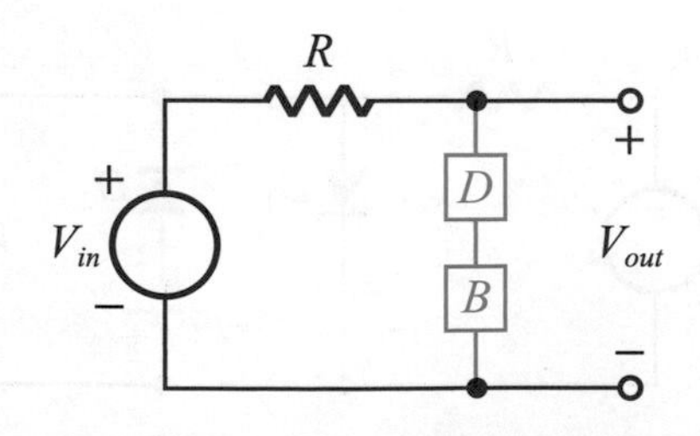

圖 3.74　限制電路的圖形樣品

圖 3.74 電路的輸出波形產生的規則歸納如下：

1. D 的方向：決定輸出波形留下的部分。

   (a) ⇒ 輸出波形會留下“下部分”。

   (b) ⇒ 輸出波形會留下“上部分”。

2. B 的方向：決定輸出波形由“何處”切下。

   (a) $+$ V_B $-$ ⇒ $V_B > 0$，由 V_B 處切下。

   (b) $-$ V_B $+$ ⇒ $V_B < 0$，由 V_B 處切下。

3.4.3 二極體當成位準移位器

二極體若配合直流電流，可以形成***位準移位器***。圖 3.75 即是一個信號位準向下移的移位器，其中 I_1 是一個電流源，以確保 D_1 永遠保持順偏。(譯 3-19) 利用 KVL 可知，$V_{in} = V_{D,\text{ on}} + V_{out}$，所以

$$V_{out} = V_{in} - V_{D,\text{ on}} \tag{3.27}$$

根據 (3.27) 式可知，輸出波形是輸入波形向下減 (移位) 一個 $V_{D,\text{ on}}$ 值。所以，圖 3.76 即是它們的波形圖。

(譯 3-19)
Using a diode with a DC current, a ***level shifter*** **(** ***位準移位器*** **)** can be formed. Figure 3.75 is a shifter that shifts the signal level downwards, where I_1 is a current source to ensure that D_1 is always forward biased.

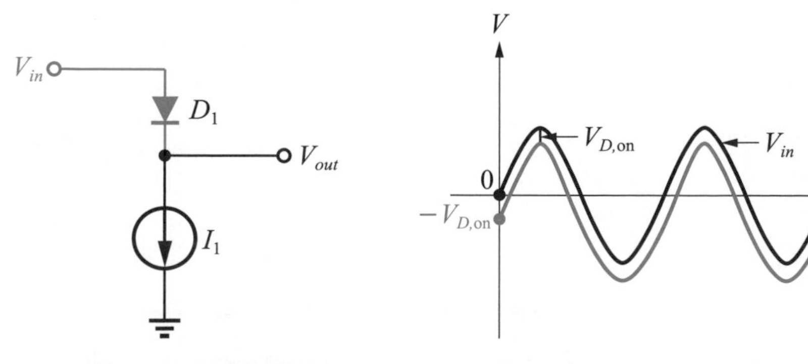

圖 3.75 位準移位器

圖 3.76 圖 3.75 電路的波形圖

例題 3.11

如圖 3.77，請畫出輸出波形與輸入波形的關係。

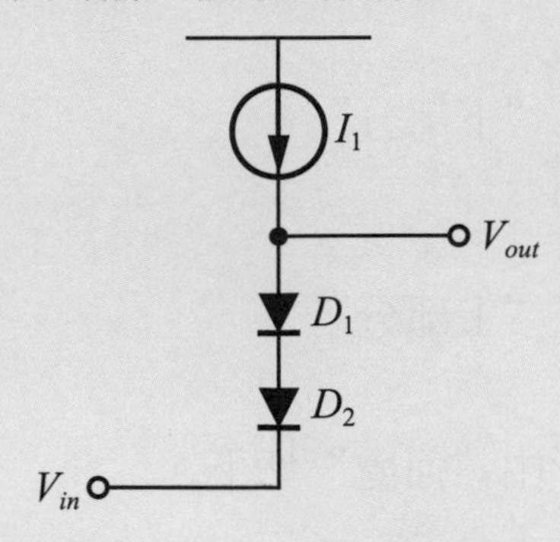

圖 3.77 另一型式的移位器

解答

I_1 使得 D_1 和 D_2 順偏，所以

$$V_{out} = V_{in} + 2V_{D,\,\text{on}} \tag{3.28}$$

波形圖如 3.78 所示。

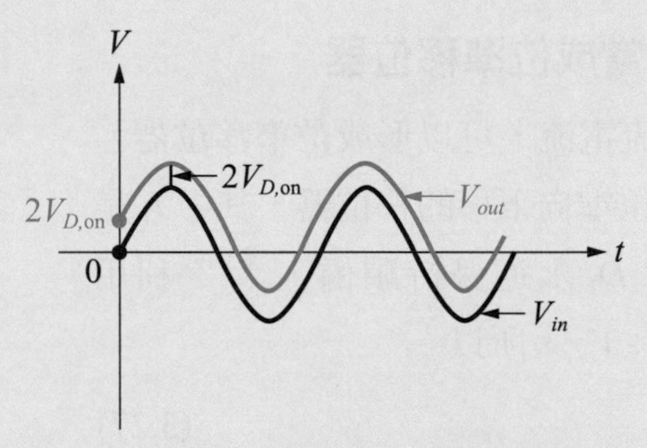

圖 3.78 圖 3.77 的輸入和輸出波形

立即練習

承例題 3.11，若 I_1 變為極小，則此電路可能發生何種變化？

3.5 實例挑戰

例題 3.12

如圖 3.79 所示之二極體電路，假設二極體導通電壓 $V_y = 0.7\text{V}$，試決定哪些是順向偏壓，哪些是逆向偏壓，以及輸出電壓 V_{out} 爲多少？

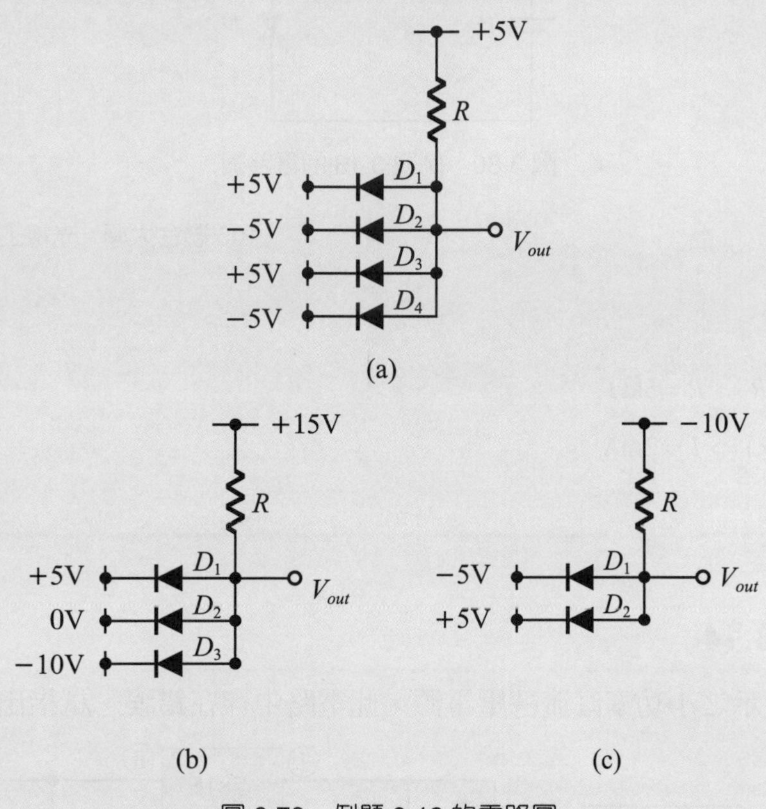

圖 3.79　例題 3.12 的電路圖

【107 臺北科技大學 - 機械工程機電整合碩士甲組】

解答

(1) 圖 3.79(a)：D_1 爲逆偏，D_2 爲順偏，D_3 爲逆偏，D_4 爲順偏，$V_{out} = -4.3\text{V}$。

(2) 圖 3.79(b)：D_1 爲順偏，D_2 爲順偏，D_3 爲順偏，$V_{out} = -9.3\text{V}$。

(3) 圖 3.79(c)：D_1 爲逆偏，D_2 爲逆偏，$V_{out} = -10\text{V}$。

例題 3.13

如圖 3.80 所示之電路，當電源 $V = 5\text{V}$ 時，測得 $I = 1\text{mA}$，若將電源電壓調整至 $V = 10\text{V}$，則電流的大小爲多少？

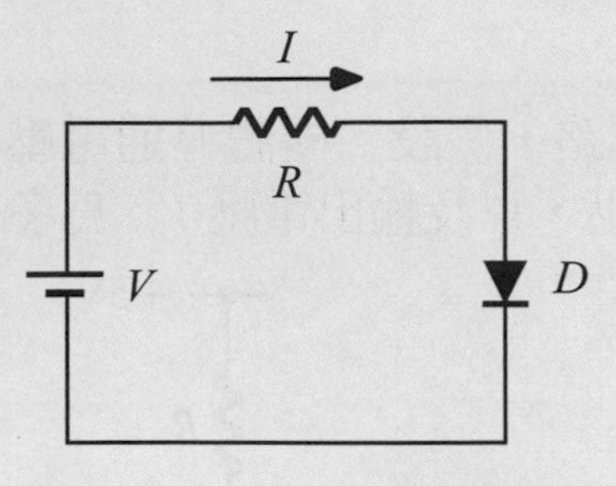

圖 3.80　例題 3.13 的電路圖

【105 聯合大學 - 光電工程學系碩士】

解答

$5 = (1\text{m}) \times R \Rightarrow R = 5\text{k}\Omega$

$10 = I \times (5\text{k}) \Rightarrow I = 2\text{mA}$

例題 3.14

如圖 3.81 所示之小功率直流穩壓電源，此電路中存在錯誤，試指出並詳述之。

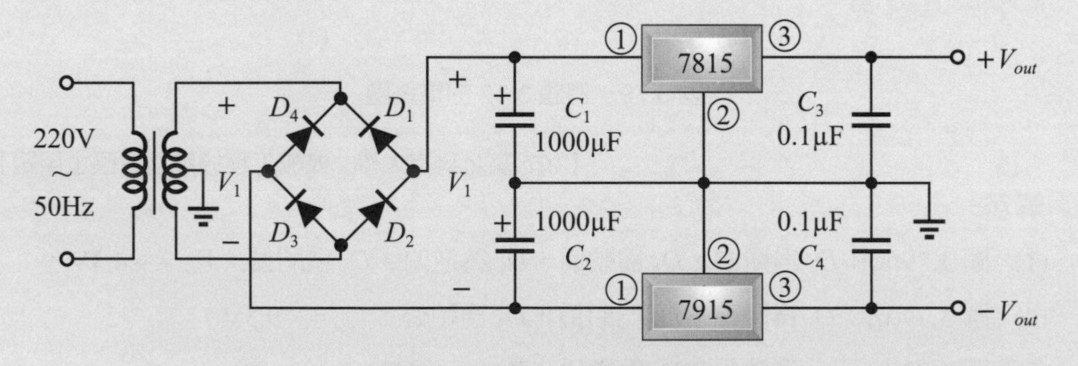

圖 3.81　例題 3.14 的電路圖

【105 聯合大學 - 光電工程學系碩士】

解答

D_1 和 D_3 方向須相反。

例題 3.15

如圖所示之電路，其二極體爲理想，試求其電壓 V_{out} 爲多少？

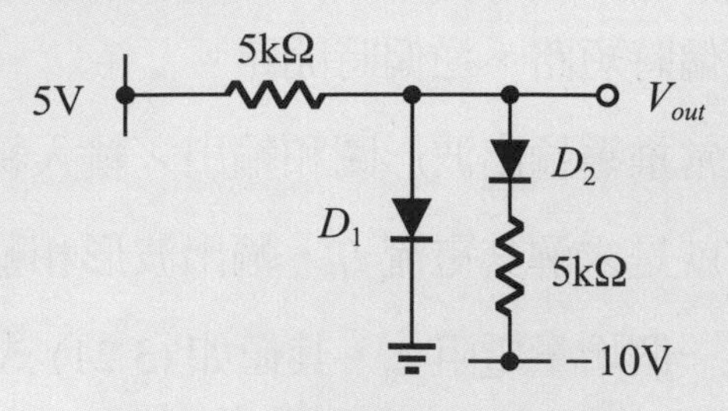

圖 3.82　例題 3.15 的電路圖

【109 聯合大學 - 光電工程學系碩士】

解答

$V_{out} = 0\text{V}$。

例題 3.16

如圖所示之電路，其二極體爲理想，試求其電壓 I 爲多少？

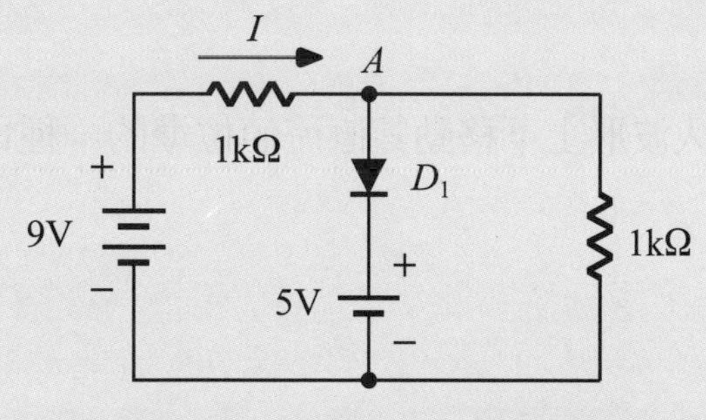

圖 3.83　例題 3.16 的電路圖

【109 聯合大學 - 光電工程學系碩士】

解答

A 點的電壓 $V_A = 4.5\text{V}$，所以 D_1 不導通開路。

$$\therefore I = \frac{9}{1\text{k} + 1\text{k}} = 4.5\text{mA}$$ 。

重點回顧

1. 二極體理想模型是順偏時短路，逆偏時開路。
2. 二極體電路計算過程常推導輸出波形圖和輸出／輸入特性曲線圖。
3. 二極體的大訊號操作就是求解其電流 I_D，輸出波形和輸出／輸入特性曲線。
4. 二極體小訊號模型是一個增量電阻 r_d，其值如 (3.21) 式所示。

$$r_d = \frac{V_T}{I_D} \tag{3.21}$$

5. 半波整流濾波是留下正半波或負半波波形，以電容器充放電達成直流電壓的產生。
6. 全波整流濾波是留下正半波波形，負半波轉換成正半波，並利用 RC 充放電以達成直流電壓的產生。
7. 限制電路是把一個交流訊號由某一個直流電壓切下，留下其中一部份波形的電路。
8. 位準移位器是把輸入波形上下移動其直流值位準的一種電路。

Chapter 4 雙極性接面電晶體的基本特性

你知道水龍頭名稱的由來嗎？其一為清初時日本傳入中國的消防器材「水龍」，主體為橢圓形的木桶，使用時須不斷注水，並上下推拉水泵槓桿，自管鎗抽水澆滅火勢，因形似掌管降雨的神龍而得名；而 *npn* 型雙極性電晶體之工作原理也與其有幾分相似，注水視為基極電流 I_B，抽水以控制集極電流 I_C 大小，射極則為出水口。

雙極性接面電晶體簡稱爲 **BJT**，是在 1945 年美國貝爾實驗室被 3 位科學家所發明的。由於 BJT 的發明，取代了當時體積笨重的眞空管來當放大器，也因此開啓了人類走向積體電路之路。

本章將詳細介紹 BJT 的所有物理特性。從它的結構談起，到它是如何被操作，即是大訊號模型 (包含電流公式與電流 / 電壓特性)，最後是小訊號模型與操作。

4.1 BJT 的結構

(譯 4-1)
Regardless of any combination, there are only two types that can form a BJT— "*npn*" and "*pnp*". Other combinations such as " *npp* " is a diode of " *np* " instead of BJT.

BJT 的結構是把第 2 章的 *p* 型和 *n* 型半導體任取出 3 塊組合而成。不管任何組合，可以形成 **BJT** 的型式只有 **2** 種——“*npn*”和“*pnp*”。其他的組合如“*npp*”即“*np*”的二極體而非 BJT。(譯 4-1)

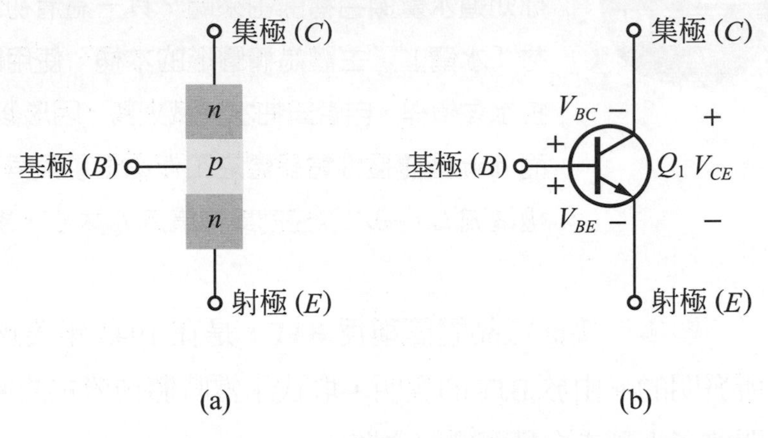

圖 4.1 (a) *pnp* 型 BJT 的結構圖 (b) *pnp* 型 BJT 的電路符號

(譯 4-2)
The structure of the *npn*-type transistor is shown in Figure 4.1(a). It's composed of two *n*-type semiconductors sandwiched by a *p*-type semiconductor. Pull out the connection ***terminals*(端點)** from 2 *n*-type and 1 *p*-type semiconductors respectively, called ***collector* (*C*)(集極)**, ***emitter* (*E*)(射極)** and ***base* (*B*)(基極)**.

npn 型的電晶體其結構如圖 4.1(a) 所示，它是由 2 塊 *n* 型半導體中間夾 1 塊 *p* 型半導體所組成的。分別從 2 個 *n* 型和 1 個 *p* 型半導體拉出連接的***端點***，稱爲***集極 (C 極)***、***射極 (E 極)*** 和***基極 (B 極)***。(譯 4-2) 而圖 4.1(b) 顯示的 BJT 的電路符號，它的端點可以和圖 4.1(a) 取得相對的位置。其中有 3 個列出的電壓 V_{BE}、V_{BC} 和 V_{CE}，將在後續章節中扮演非常重要的角色。

4.2 主動區——BJT 做為放大器的操作區域

電晶體最大的用途即是當作放大器使用，用以放大微小的信號。因此，要讓 BJT 可以放大使用，就必須使其操作在***主動區***。另外，也可以把 BJT 操作在***飽和區***，而在此區時，BJT 的行爲如同電阻一樣。最後一個區域稱之***截止區***，即是 BJT 不操作的意思，等同於不加任何電源。總而言之，主動區用來“放大”信號，飽和區當成“電阻”使用，截止區什麼事都不做。**(譯 4-3)**

(譯 4-3)
The main use of transistors is to amplify small signals. Therefore, if the BJT is used as an amplifier, it must be operated in the ***active region*(*主動區*)**. In addition, the BJT can also be operated in the ***saturation region*(*飽和區*)**, in this region, the BJT behaves like a resistance. The last region is called the ***cut-off region*(*截止區*)**, which means that the BJT does not operate, which is equivalent to not adding any power. All in all, the active region is used to "amplify" the signal, the saturation region is used as a "resistance", and the cut-off region does nothing.

那要如何把 BJT 操作在主動區呢？條件如下：

$$V_{BE} > 0 \tag{4.1}$$

$$V_{BC} < 0 \tag{4.2}$$

(4.1) 式和 (4.2) 式同時成立時，BJT 即進入主動區操作。$V_{BE} > 0$，表示 B、E 極間的接面順偏；$V_{BC} < 0$，表示 B、C 極間的接面逆偏。

何以證明 BJT 操作在主動區就具放大的效果呢？在此可利用圖 4.2 來做一個詳細說明。其中 E 極的厚度最厚，C 極次中，B 極最薄，主要是爲了讓電子流順利流到 C 極，且在 B 極內與電洞中和的機率降低。

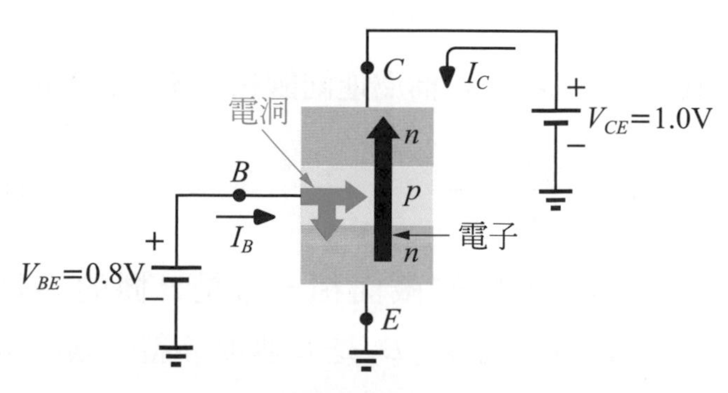

圖 4.2 主動區時電子與電洞的流向

因爲 $V_{BE} > 0$，所以 B 極中的電洞會往 B 和 E 極流動，E 極中的電子會往 B 極移動，但 B 極很薄，所以電子電洞中和的比例有限。又因爲 $V_{BC} < 0$，會吸引 E 極中的電子，所以 E 極中的電子大部分會抵達 C 極，於是形成了電子流，有電子流即是電流產生了，但電子流和電流的方向是相反的，大小是相同的。

4.2.1 端點電流

根據圖 4.2 和以上的分析，可以明瞭集極電流 I_C 的流向和大小。圖 4.3 是集極電流的方向，同時也包含了基極電流 I_B 和射極電流 I_E。

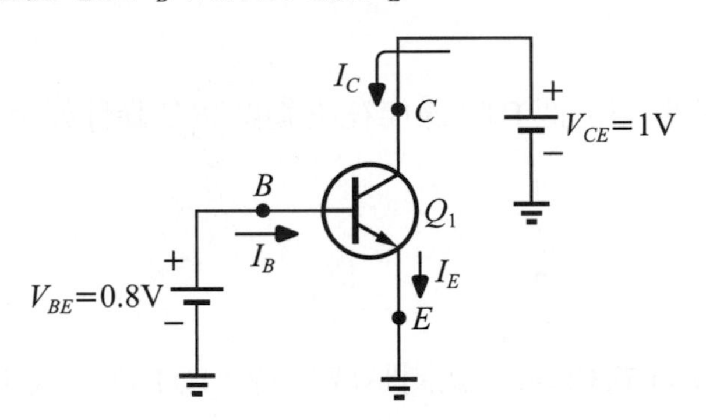

圖 4.3　BJT 主動區時的端電流方向

經過一些數學的推導，首先可以先寫出集極電流 I_C 的大小如下：

$$I_C = I_S(e^{\frac{V_{BE}}{V_T}} - 1) \approx I_S e^{\frac{V_{BE}}{V_T}} \quad (4.3)$$

其中 $e^{\frac{V_{BE}}{V_T}} >> 1$，$I_S$ 稱爲逆向飽和電流，其值爲

$$I_S = \frac{A_E q D_n n_i^2}{N_B W_B} \quad (4.4)$$

其中 A_E 是 E 極的截面積，N_B 是 B 極的摻雜濃度，W_B 是 B 極的寬度，D_n 是 n 型半導體的擴散常數 (34 cm^2/s)。

(4.3) 式是 BJT 的一個重要公式，請務必謹記在心。至於 (4.4) 式可以不用記憶，通常 I_S 會直接給一值 ($10^{-16} \sim 10^{-17}$ A)，但請記得 **$I_S \propto A_E$，即 E 極的截面積愈大，I_S 值愈大。**

例題 4.1

如圖 4.4，$Q_1 = Q_2 = Q_3$，$V_1 = V_2 = V_3$，Q_1、Q_2、Q_3 皆操作在主動區，則 I_X 為多少？

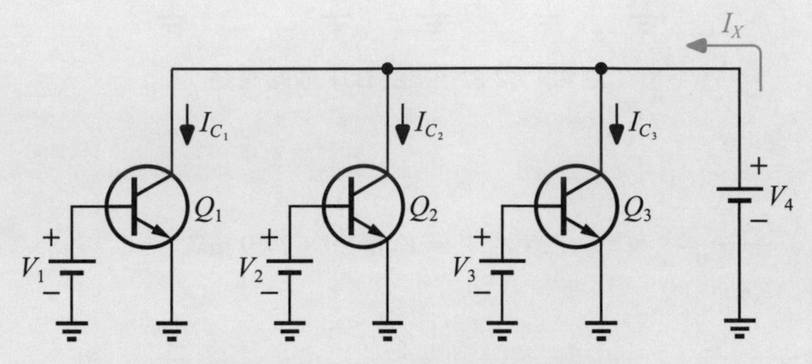

圖 4.4 3 個一樣的 BJT 並聯電路

解答

$$I_{C_1} = I_{S_1} e^{\frac{V_1}{V_T}}，I_{C_2} = I_{S_2} e^{\frac{V_2}{V_T}}，I_{C_3} = I_{S_3} e^{\frac{V_3}{V_T}}$$

$$\because Q_1 = Q_2 = Q_3 \Rightarrow I_{S_1} = I_{S_2} = I_{S_3} = I_S$$

$$V_1 = V_2 = V_3 \Rightarrow V_1 = V_2 = V_3 = V$$

$$\therefore I_{C_1} = I_{C_2} = I_{C_3} = I_C = I_S e^{\frac{V}{V_T}}$$

$$\therefore I_X = I_{C_1} + I_{C_2} + I_{C_3} = 3I_C = 3\ I_S e^{\frac{V}{V_T}}$$

立即練習

承例題 4.1，若 Q_1 的射極截面積為 A_E、Q_2 為 $3A_E$、Q_3 的為 $4A_E$，其餘條件不變，則 I_X 為多少？

例題 4.2

如圖 4.5，$Q_1 = Q_2$ 且都操作在主動區，若 $I_{C_1} = 20\ I_{C_2}$，則 $V_1 - V_2$ 為多少？

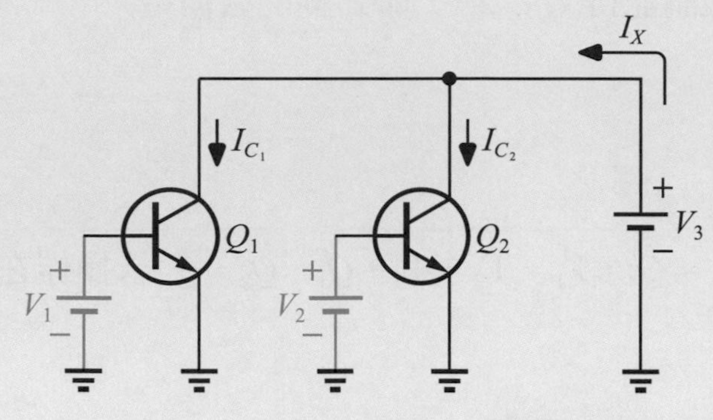

圖 4.5　2 個一樣的 BJT 並聯電路

解答

$$\frac{I_{C_1}}{I_{C_2}} = 20 = \frac{I_S e^{\frac{V_1}{V_T}}}{I_S e^{\frac{V_2}{V_T}}} = e^{\frac{V_1 - V_2}{V_T}} \qquad \therefore V_1 - V_2 = V_T \ln 20 = 77.9\ \text{mV}$$

立即練習

承例題 4.2，若 Q_1 和 Q_2 的射極截面積關係為 $A_{E_1} = 5A_{E_2}$，其餘條件不變，則 $V_1 - V_2$ 為多少？

例題 4.3

如圖 4.6，若 $I_S = 4 \times 10^{-16}$ A，求 I_C 與 V_{out}。

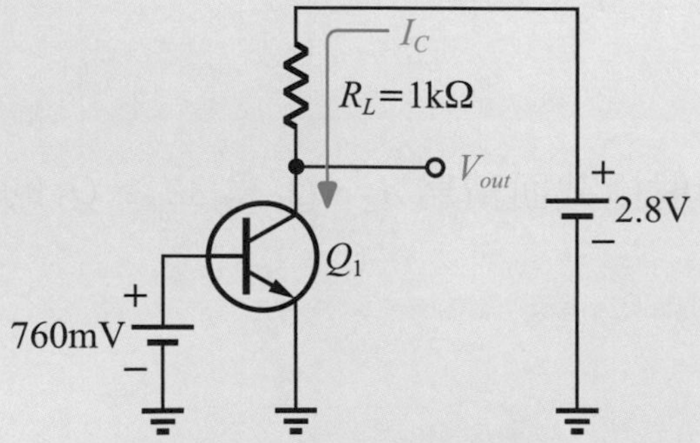

圖 4.6　具偏壓的 BJT 電路

解答

$I_C = I_S e^{\frac{V_{BE}}{V_T}} = 4\times10^{-16}\cdot e^{\frac{760\text{m}}{26\text{m}}} = 1.98\text{mA}$，$V_{out} = 2.8 - (1.98\text{m})(1\text{k}) = 0.82\text{V}$

驗證：① $V_{BE} = 760\text{mV} > 0$

② $V_{BC} = V_B - V_{out} = 0.76 - 0.82 = -0.06\text{V} < 0$

$\therefore Q_1$ 在主動區

立即練習

承例題 4.3，若 R_L 由 1kΩ 降爲 700 Ω，其餘條件不變，求 I_C 與 V_{out}。

那圖 4.3 中的 I_B 和 I_E 該如何決定呢？首先先定義兩個“電流增益”——β 和 α。

$$\beta = \frac{I_C}{I_B} \tag{4.5}$$

$$\alpha = \frac{I_C}{I_E} \tag{4.6}$$

根據 (4.5) 式和 (4.6) 式，可以知道 $I_B = \frac{I_C}{\beta}$，$I_E = \frac{I_C}{\alpha}$。一般而言，β 介於 50 至 200 間。所以，當 $\beta = 100$ 時，$I_B = \frac{I_C}{100}$。又根據克希荷夫電流定律 (KCL) 可知

$$I_E = I_C + I_B \tag{4.7}$$

$$= I_C + \frac{I_C}{\beta} \tag{4.8}$$

$$= I_C(1+\frac{1}{\beta}) \tag{4.9}$$

$$= \frac{I_C}{\alpha} \tag{4.10}$$

所以

$$\frac{1}{\alpha} = 1 + \frac{1}{\beta} \tag{4.11}$$

$$= \frac{\beta+1}{\beta} \tag{4.12}$$

$$\alpha = \frac{\beta}{\beta+1} \tag{4.13}$$

因此，當 $\beta = 100$ 時，$\alpha = 0.99$，$I_E = \frac{I_C}{0.99}$。若將 (4.13) 式整理一下，可得

$$\beta = \frac{\alpha}{1-\alpha} \tag{4.14}$$

最後，以上所學的端電流整理如下：

$$I_C = I_S e^{\frac{V_{BE}}{V_T}} \tag{4.15}$$

$$I_B = \frac{I_C}{\beta} = \frac{1}{\beta} I_S e^{\frac{V_{BE}}{V_T}} \tag{4.16}$$

$$I_E = \frac{I_C}{\alpha} = \frac{\beta+1}{\beta} I_S e^{\frac{V_{BE}}{V_T}} \tag{4.17}$$

$$I_E = I_C + I_B \tag{4.18}$$

$$\beta = \frac{\alpha}{1-\alpha} \tag{4.19}$$

$$\alpha = \frac{\beta}{\beta+1} \tag{4.20}$$

例題 4.4

假設一個 BJT 的 $I_S = 4 \times 10^{-16}$ A，操作在主動區，$V_{BE} = 0.76$V，β 介於 200 至 50 之間，求此 BJT 的最大和最小端電流。

解答

$$I_C = 4\times10^{-16} \cdot e^{\frac{760\text{m}}{26\text{m}}} = 1.98\ \text{mA}$$

$$\because I_B = \frac{I_C}{\beta}$$

$$\therefore \frac{I_C}{200} < I_B < \frac{I_C}{50}$$

$$\therefore 9.9\ \mu\text{A} < I_B < 39.6\ \mu\text{A}$$

$$\alpha = \frac{\beta}{\beta+1} = \begin{cases} \frac{200}{201} = 0.995 \\ \frac{50}{51} = 0.98 \end{cases}$$

$$\because I_E = \frac{I_C}{\alpha}$$

$$\therefore \frac{I_C}{0.995} < I_E < \frac{I_C}{0.98}$$

$$\therefore 1.99\ \text{mA} < I_E < 2.02\ \text{mA}$$

立即練習

承例題 4.4，若此 BJT 的射極面積增爲原來的 3 倍，其餘條件不變，求此 BJT 的最大和最小端電流。

4.3 BJT 的模型與特性

本節將針對 **BJT 的模型**，包含大訊號和小訊號模型做一個詳細的探討。除此之外，BJT 的一些重要特性也會深入探究。

4.3.1 大訊號模型

大訊號模型 (*large-signal model*)

其實 BJT 的***大訊號模型***就是 4.2 節學到的電流公式，即 $I_C = I_S e^{\frac{V_{BE}}{V_T}}$ 和 $I_B = \frac{I_C}{\beta}$。若把此 2 個電流公式以圖形 (如圖 4.7(a)) 的方式表現出來，就是所謂的大訊號模型。

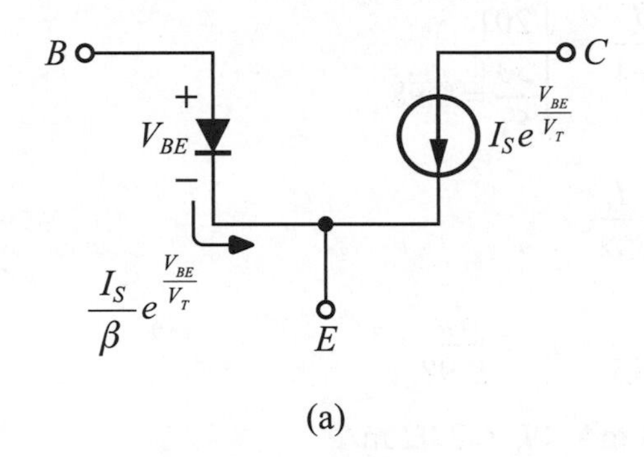

(a)

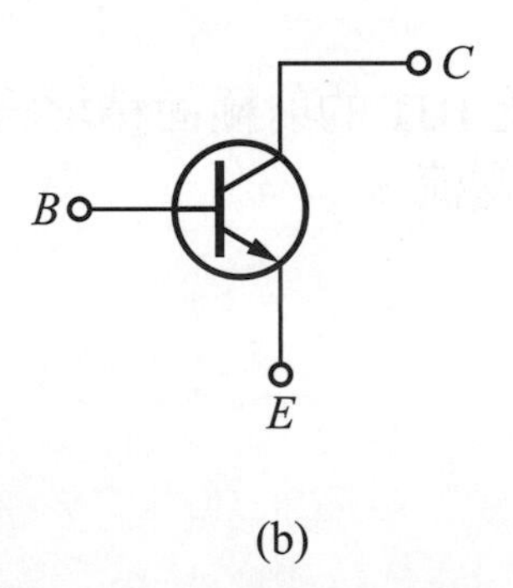

(b)

圖 4.7 (a)BJT 的大訊號模型，(b)BJT 的電路符號

例題 4.5

如圖 4.8，$I_{S,Q1} = 4 \times 10^{-16}$ A，$V_{BE} = 760$ V，$\beta = 100$。

(1) 求端電流和端電壓，並證明 Q_1 操作在主動區。

(2) 求 R_C 的最大值使得 Q_1 操作在主動區邊緣。

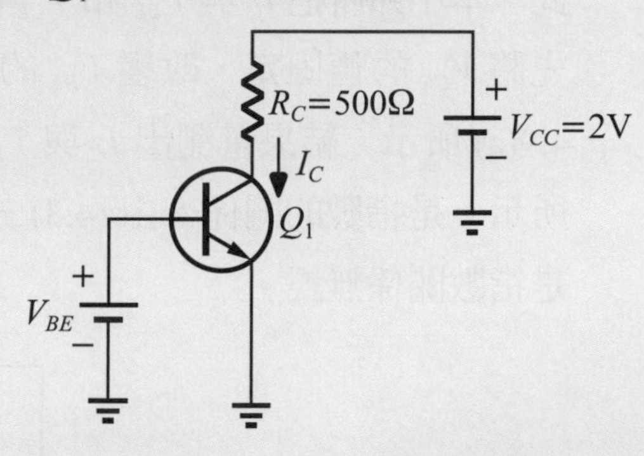

圖 4.8 例題 4.5 的電路圖

解答

(1) $I_C = 4\times10^{-16} \cdot e^{\frac{760\text{m}}{26\text{m}}} = 1.98$ mA

$$I_B = \frac{I_C}{\beta} = 19.8\ \mu\text{A}$$

$I_E = I_C + I_B = 1.9998$ mA

$V_C = V_{CC} - I_C R_C = 2 - (1.98\text{m} \times 500) = 1.01\text{V}$

$V_B = 760$ mV，$V_E = 0$

$\therefore V_{BE} = 760 \text{ mV} > 0$

$V_B - V_C = 0.76 - 1.01 = -0.25\text{V} < 0$

$\therefore V_{BC} < 0 \quad \therefore Q_1$ 在主動區

(2) 在主動區邊緣，所以 $V_C \geq 760$ mV ($\therefore V_{BC} \leq 0$，等於代表是在主動區邊緣)

$\therefore V_C = 2 - (1.98\text{m} \times R_C) \geq 0.76$

$$\therefore R_C \leq \frac{2-0.76}{1.98m} = 626\ \Omega$$

所以，R_C 的最大值爲 626 Ω。

立即練習

承例題 4.5，若 $R_C = 550\ \Omega$，則最小的 V_{CC} 應爲多少才能使 Q_1 操作在主動區？

4.3.2 電流／電壓特性

在 4.2 節中已經知道如何求出端電流和端電壓的值，那此 2 個值彼此有關聯嗎？答案是肯定的。因此，本小節將把 I_C 與 V_{BE} 和 V_{CE} 的關係找出來。首先，先將 V_{CE} 的值固定，改變 V_{BE} 的值以量測 I_C 值，如圖 4.9(a) 所示。結果量測出 I_C 與 V_{BE} 的關係，如圖 4.9(b) 所示，是指數的關係。由 (4.3) 式的電流公式可以驗證是指數關係無誤。

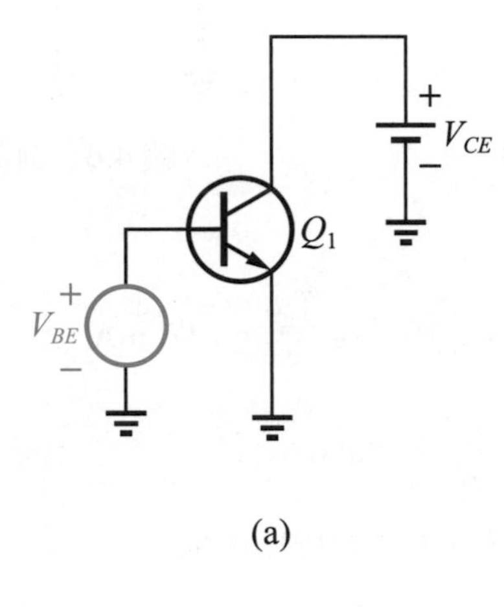

(a)

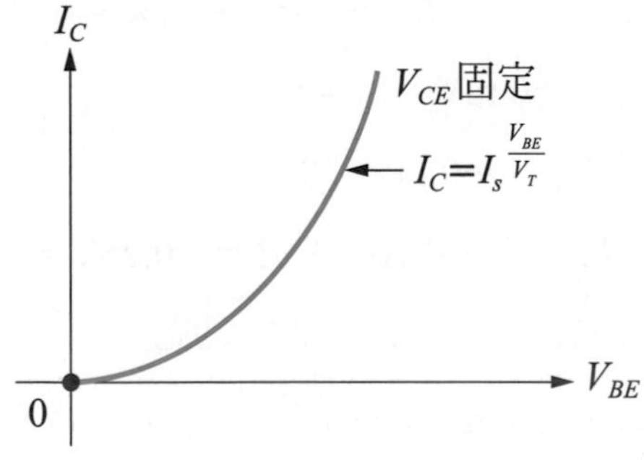

(b)

圖 4.9 (a) 固定 V_{CE} 值，求 I_C 與 V_{BE} 關係的電路圖，(b) I_C 與 V_{BE} 的關係圖，是指數關係無誤

再者，把 V_{BE} 值固定，改變 V_{CE} 的值以量測 I_C 的值，量測的電路如圖 4.10(a) 所示。量測結果如圖 4.10(b) 所示，發現 I_C 值與 V_{CE} 值的大小無關。某個固定的 V_{BE} 值會產生一個固定的 I_C 值，無論 V_{CE} 值如何地變化，I_C 值是固定的。

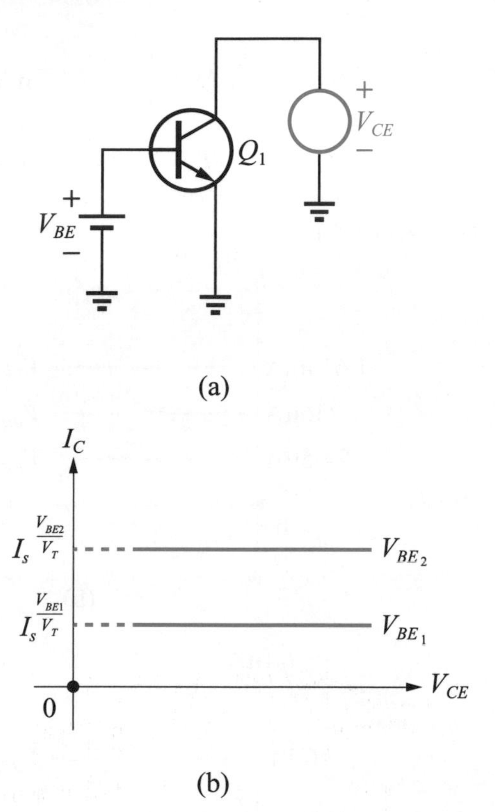

圖 4.10 (a) 固定 V_{BE} 值，求 I_C 與 V_{CE} 關係的電路圖，(b) I_C 與 V_{CE} 關係圖，兩者無任何關聯

所以，經過以上 2 種量測 I_C 值的結果，可以總結如下：I_C 只與 V_{BE} 有關，與 V_{CE} 無關。

例題 4.6

一個 BJT 的 $I_S = 7 \times 10^{-17}$ A，$\beta = 100$，$V_{BE} = 0.7$V、0.75V 和 0.8V 時，請畫出 $I_C - V_{BE}$、$I_C - V_{CE}$、$I_B - V_{BE}$ 和 $I_B - V_{CE}$ 的關係圖。

解答

當 (1) $V_{BE_1} = 0.7\text{ V} \rightarrow I_C = 7\times10^{-17}\cdot e^{\frac{700\text{m}}{26\text{m}}} = 34.5\ \mu\text{A} \quad \therefore I_B = \dfrac{I_C}{\beta} = 0.345\ \mu\text{A}$

(2) $V_{BE_2} = 0.75\text{ V} \rightarrow I_C = 7\times10^{-17}\cdot e^{\frac{750\text{m}}{26\text{m}}} = 236\ \mu\text{A} \quad \therefore I_B = \dfrac{I_C}{\beta} = 2.36\ \mu\text{A}$

(3) $V_{BE_3} = 0.8\text{ V} \rightarrow I_C = 7\times10^{-17}\cdot e^{\frac{800\text{m}}{26\text{m}}} = 1.614\text{mA} \quad \therefore I_B = \dfrac{I_C}{\beta} = 16.14\ \mu\text{A}$

根據上述分析，可以畫出關係圖，如圖 4.11 所示。

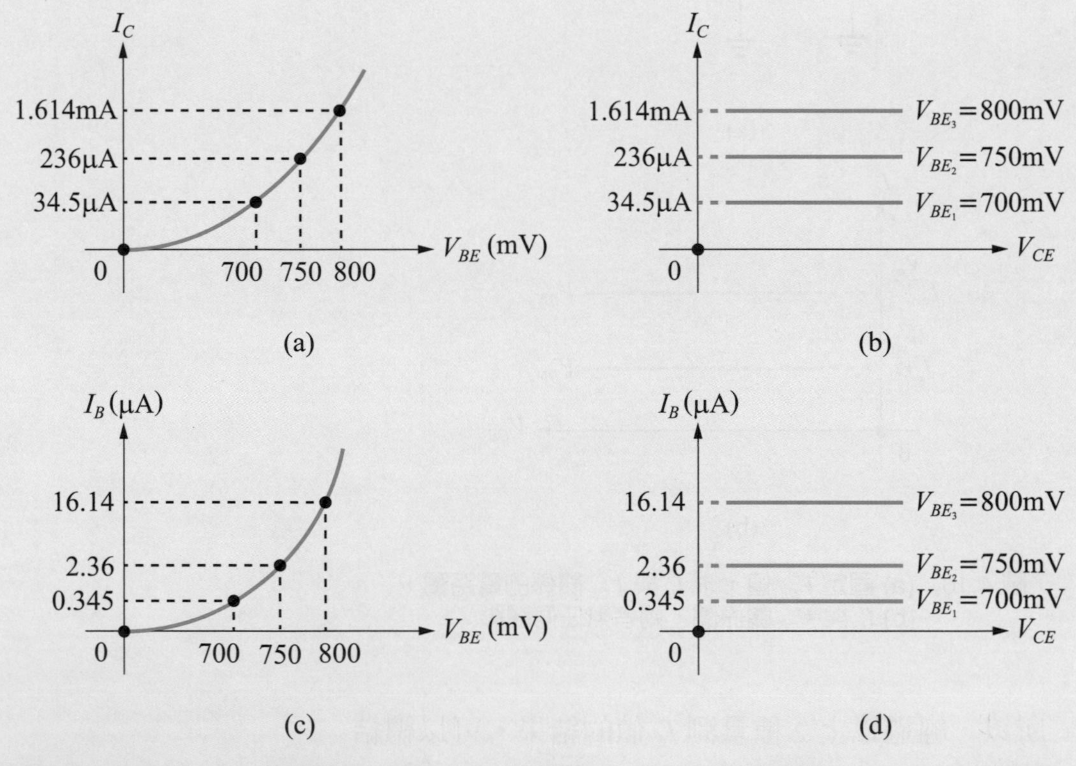

圖 4.11 (a) $I_C - V_{BE}$ 關係圖，(b) $I_C - V_{CE}$ 關係圖，(c) $I_B - V_{BE}$ 關係圖，(d) $I_B - V_{CE}$ 關係圖

立即練習

承例題 4.6，若基極電流 I_B 變為 2.5 倍，其餘條件不變，則 V_{BE} 將如何變化？

4.3.3 轉導

評估 BJT“效能”的一個重要參數就是***轉導***，以“g_m”表示之。圖 4.12 是量測 g_m 的電路，當 V_{BE} 變化一個量 ΔV_{BE} 時，造成 I_C 的變化 (ΔI_C)。此 2 個變化量的比值定義為 g_m。(譯 4-4)

(譯 4-4)
An important parameter for evaluating the "performance" of BJT is ***transconductance*(轉導)**, which is represented by "g_m". Figure 4.12 is a circuit for measuring g_m. When V_{BE} changes by an amount ΔV_{BE}, it causes a change in I_C (ΔI_C). The ratio of these two changes is defined as g_m.

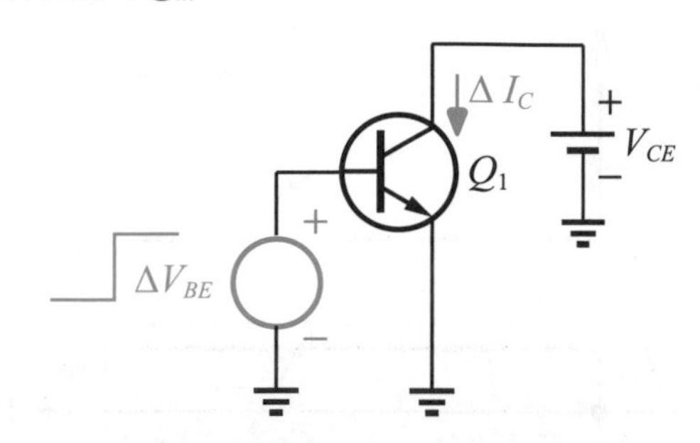

圖 4.12 量測 g_m 的電路

$$g_m = \frac{\Delta I_C}{\Delta V_{BE}} \tag{4.21}$$

若 $\Delta V_{BE} \to 0$，則根據微分的觀點，(4.21) 式則可寫成

$$g_m = \frac{\Delta I_C}{\Delta V_{BE}} = \frac{dI_C}{dV_{BE}} \tag{4.22}$$

將 (4.3) 式的 I_C 公式帶入 (4.22) 式，可以計算出 g_m 的公式。

$$g_m = \frac{d}{dV_{BE}}(I_S e^{\frac{V_{BE}}{V_T}}) \tag{4.23}$$

$$= \frac{I_S}{V_T} e^{\frac{V_{BE}}{V_T}} \tag{4.24}$$

$$= \frac{I_C}{V_T} \tag{4.25}$$

從 (4.25) 式知道 g_m 正比於 I_C，所以 I_C 值愈大，BJT 的 g_m 也會變大，即 $I_{C_2} > I_{C_1}$ 則 $g_{m_2} > g_{m_1}$。圖 4.13 可以更明白說明此觀點，因為 $\Delta I_C = g_m \Delta V_{BE}$，當 ΔV_{BE} 變化 ΔV 時，因 g_m 值的不同，造成 ΔI_C 的變化亦不同。

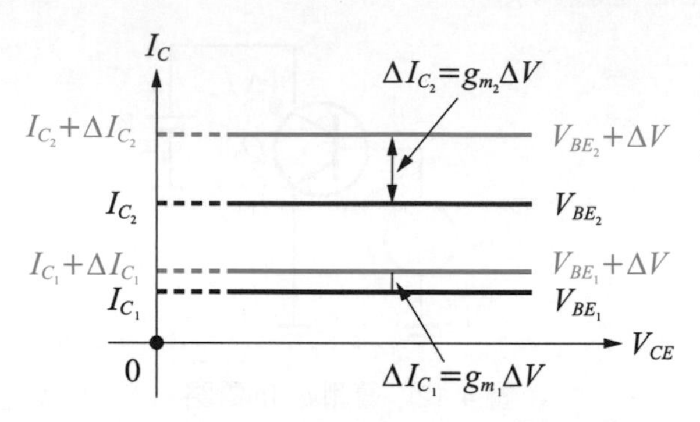

圖 4.13　相同的 V_{BE} 變化量造成不同的 I_C 變化

在此可以舉例計算 g_m 值。若 $I_C = 1\text{mA}$，則

$$g_m = \frac{1\text{m}}{26\text{m}} = \frac{1}{26\Omega} \tag{4.26}$$

$$= \frac{1}{26}\Omega^{-1} \tag{4.27}$$

$$= \frac{1}{26}\ \text{S} \tag{4.28}$$

其中 g_m 的單位為 $\frac{1}{\Omega}$ 或 Ω^{-1} 或 S(Siemens 西門子)。

4.3.4　小訊號模型

本小節將由 4.3.3 節學到的 g_m 概念，推導出 BJT 的**小訊號模型**。由 (4.21) 式可知

小訊號模型 (*small-signal model*)

$$\Delta I_C = g_m \Delta V_{BE} \tag{4.29}$$

(4.29) 式明白地指出，這是一個***壓控電流源***，且此電流源跨接在 C 與 E 極之間。再者，因為有 ΔI_C 的產生，根據 (4.5) 式和 (4.16) 式可知

壓控電流源 (*voltage-controlled current source*)

$$\Delta I_B = \frac{\Delta I_C}{\beta} \tag{4.30}$$

$$= \frac{g_m}{\beta}\,\Delta V_{BE} \tag{4.31}$$

所以，根據 (4.31) 式可以定義出另一個參數 r_π

$$r_\pi = \frac{\Delta V_{BE}}{\Delta I_B} = \frac{\beta}{g_m} \tag{4.32}$$

(4.32) 式亦明白地指出，這是一個電阻，且跨接於 B 與 E 極之間。

現在將 (4.29) 式與 (4.32) 式的意涵連接在一起，可以推導出 BJT 的小訊號模型，如圖 4.14(a) 所示。而圖 4.14(b) 是 BJT 的電路符號，用以對照小訊號模型，小訊號模型的參數即是 (4.25) 式和 (4.32) 式中的 g_m 與 r_π。

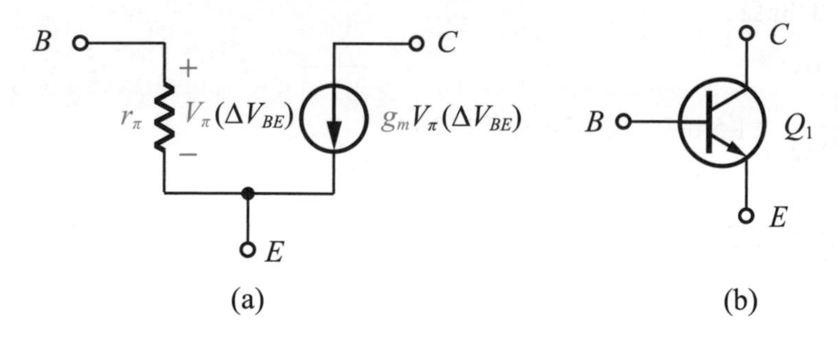

圖 4.14 (a)BJT 的小訊號模型，(b)BJT 的電路符號

例題 4.7

如圖 4.15，V_1 是訊號源。$I_S = 5 \times 10^{-16}$ A，$\beta = 100$，Q_1 操作在主動區。

(1) 若 $V_1 = 0$，求 Q_1 的小訊號參數。

(2) 若 $V_1 = 1.5$ mV，求 I_C 與 I_B 的變化量。

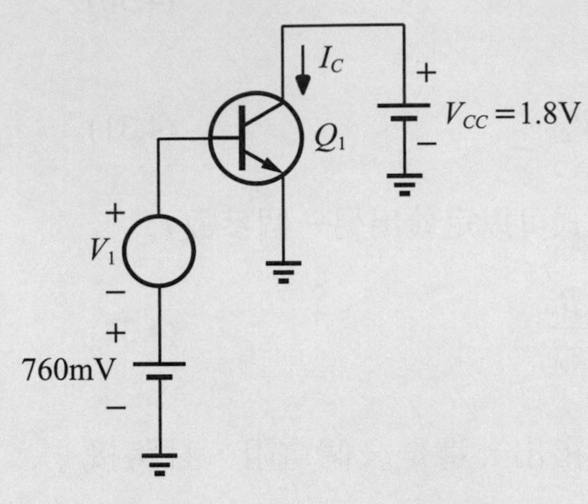

圖 4.15　例題 4.7 的電路圖

解答

(1) $I_C = 5\times10^{-16} \cdot e^{\frac{760\text{m}}{26\text{m}}} = 2.48\text{mA}$

$$g_m = \frac{I_C}{V_T} = \frac{2.48\text{m}}{26\text{m}} = \frac{1}{10.48\Omega} = 95.4\text{m}\mho^{-1}$$

$$r_\pi = \frac{\beta}{g_m} = \frac{100}{\frac{1}{10.48}} = 1.048\text{k}\Omega$$

(2) $\Delta I_C = g_m \Delta V_{BE} = \dfrac{1}{10.48\Omega} \cdot 1.5\text{mV} = 0.143\text{mA} = 143\mu\text{A}$

$$\Delta I_B = \frac{\Delta V_{BE}}{r_\pi} = \frac{1.5\text{m}}{1.048\text{k}} = 1.43\mu\text{A}$$

立即練習

承例題 4.7，若 I_S 變為原來的 1.5 倍，其餘條件不變。則：

(1) 若 $V_1 = 0$，求 Q_1 的小訊號參數。

(2) 若 $V_1 = 1.5$mV，求 I_C 與 I_B 的變化量。

4.3.5 厄利效應

從 4.3.1 ～ 4.3.4 節的討論知道 I_C 值與 V_{BE} 的大小有關，其實這是理想的狀態；實際上 I_C 值不只與 V_{BE} 有關，與 V_{CE} 的大小也有關聯，這種效應稱之***厄利效應***。(譯 4-5)

既然 I_C 與 V_{BE}、V_{CE} 皆有關，那 (4.3) 式就不適用，要加以修正才符合實際的狀態。I_C 的公式修正如下：

$$I_C = I_S e^{\frac{V_{BE}}{V_T}} (1 + \frac{V_{CE}}{V_A}) \tag{4.33}$$

其中 V_A 稱之厄利電壓。

(4.33) 式明白指出有厄利效應時 I_C 值比沒有厄利效應來得大。所以，先前所學到的 $I_C - V_{BE}$ 和 $I_C - V_{CE}$ 的關係圖要做修正，如圖 4.16 所示。

圖 4.16(a) 指出當固定的 V_{BE_1} 時，具厄利效應的 I_C 值比較大；圖 4.16(b) 則說明 I_C 值隨著 V_{CE} 值變大而增大。另外，沒有厄利效應的 $\frac{\Delta V_{CE}}{\Delta I_C} = \frac{\Delta V_{CE}}{0} = \infty$，而有厄利效應的 $\frac{\Delta V_{CE}}{\Delta I_C} \neq \infty$。因此，可以定義有厄利效應時具有一個輸出阻抗 r_o。(譯 4-6)

(譯 4-5)

Early effect

From the discussion in Sections 4.3.1 to 4.3.4, we know that the I_C value is related to the value of the V_{BE}. This is an ideal situation; in fact, the I_C value is not only related to the V_{BE}, but also related to the value of the V_{CE}. This effect is called ***Early effect*(*厄利效應*)**.

(譯 4-6)

Figure 4.16(a) indicates that when V_{BE_1} is fixed, the I_C value with the Earley effect is relatively large; Figure 4.16(b) shows that the I_C value increases as the V_{CE} value becomes larger. In addition, without the Early effect $\frac{\Delta V_{CE}}{I_C} = \frac{\Delta V_{CE}}{0} = \infty$, and with the Early effect $\frac{\Delta V_{CE}}{I_C} \neq \infty$. Therefore, it can be defined that when the Earlier effect is present there is an output impedance r_o.

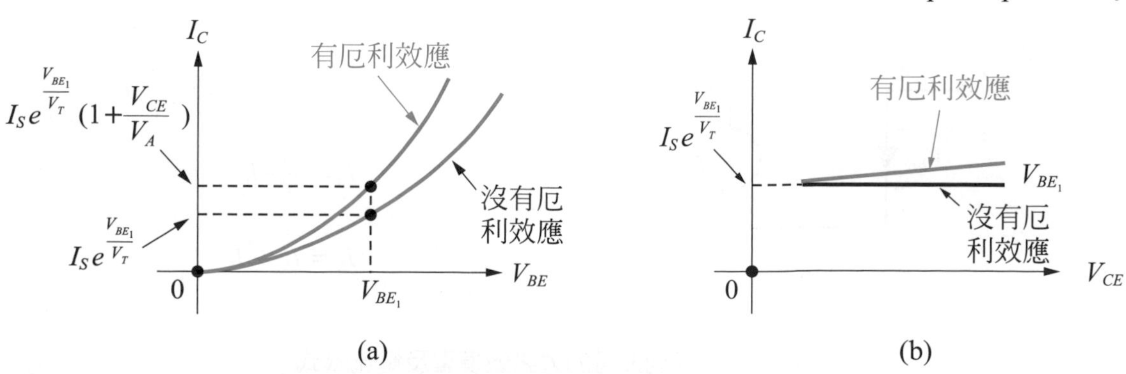

圖 4.16 (a) I_C 對 V_{BE} 有及沒有厄利效應的關係圖，(b) I_C 對 V_{CE} 有及沒有厄利效應的關係圖

$$r_o = \frac{\Delta V_{CE}}{\Delta I_C} \tag{4.34}$$

$$= \frac{dV_{CE}}{dI_C} \tag{4.35}$$

$$= (\frac{dI_C}{dV_{CE}})^{-1} \tag{4.36}$$

$$= (\frac{I_S e^{\frac{V_{BE}}{V_T}}}{V_A})^{-1} \tag{4.37}$$

$$\cong \frac{V_A}{I_C} \tag{4.38}$$

(4.38) 式就是具厄利效應時，輸出阻抗 r_o 的公式值。可以把它記起來，後面計算時會用到。

那有厄利效應的大小訊號模型也必須加以修正。圖 4.17 是具厄利效應的大訊號模型，電流公式亦要修正，亦如圖 4.17 所示。圖 4.18 是具厄利效應的小訊號模型，比沒有厄利效應的小訊號模型多一個輸出阻抗 r_o，其小訊號參數多出一條輸出阻抗 r_o 的公式，亦如圖 4.18 所示。

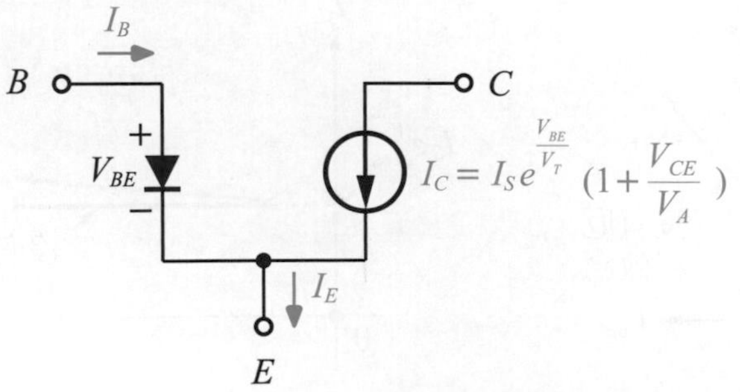

$$I_C = I_S e^{\frac{V_{BE}}{V_T}} (1+\frac{V_{CE}}{V_A})$$

$$I_B = \frac{1}{\beta} I_C$$

$$I_E = I_B + I_C$$

圖 4.17 具厄利效應的大訊號模型及電流公式

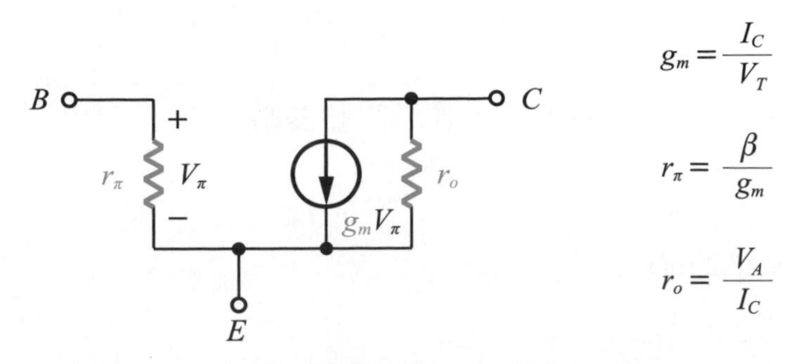

$$g_m = \frac{I_C}{V_T}$$

$$r_\pi = \frac{\beta}{g_m}$$

$$r_o = \frac{V_A}{I_C}$$

圖 4.18　具厄利效應的小訊號模型及其參數

最後，必須知道當 **BJT** 具厄利效應時，通常會用"$V_A \neq \infty$"來表示而不會標註"具厄利效應"；不具厄利效應則用"$V_A = \infty$"表示。(譯 4-7)

(譯 4-7)
When BJT has an Earley effect, it is usually expressed as "$V_A \neq \infty$" instead of "with an Earley effect"; if it does not have an Earley effect, it is expressed as "$V_A = \infty$".

例題 4.8

一個 BJT 的 $I_C = 1.2$ mA，$V_{CE} = 2$ V，$I_S = 4 \times 10^{-16}$ A。
若 (1)$V_A = \infty$，(2)$V_A = 20$ V，求 V_{BE} 為多少？

解答

(1) $V_A = \infty \rightarrow$ 沒有厄利效應　$\therefore I_C = I_S e^{\frac{V_{BE}}{V_T}}$

$1.2\text{ m} = 4 \times 10^{-16} \cdot e^{\frac{V_{BE}}{26\text{m}}}$　$\therefore V_{BE} = 747$ mV

(2) $V_A = 20\text{ V} \neq \infty \rightarrow$ 有厄利效應　$\therefore I_C = I_S e^{\frac{V_{BE}}{V_T}}(1 + \frac{V_{CE}}{V_A})$

$1.2\text{ m} = 4 \times 10^{-16} \cdot e^{\frac{V_{BE}}{26\text{m}}}(1 + \frac{2}{20})$　$\therefore V_{BE} = 744.5$ mV

立即練習

例題 4.8，若將具厄利效應與不具厄利效應的 2 電晶體並聯，其餘條件不變，求 V_{BE} 為多少？

例題 4.9

一個 BJT 的 $I_C = 1.2$ mA，$\beta = 100$，$V_A = 18$ V。求其小訊號參數。

解答

$$g_m = \frac{I_C}{V_T} = \frac{1.2\text{m}}{26\text{m}} = \frac{1}{21.67\Omega} = 46.2\ \text{m}\mho^{-1}$$

$$r_\pi = \frac{\beta}{g_m} = \frac{100}{\frac{1}{21.67}} = 2167\Omega = 2.167\ \text{k}\Omega$$

$$r_o = \frac{V_A}{I_C} = \frac{18}{1.2\text{m}} = 15\text{k}\Omega$$

立即練習

承例題 4.9，若輸出電阻 r_o 變為 25 kΩ，其餘條件不變，則厄利電壓 V_A 應為多少？

4.4 BJT 操作在飽和區

介紹完主動區後，現在要繼續討論 BJT 另一個操作區——飽和區。首先，要先了解如何進入飽和區 (條件) ？是的，**當 $V_{BE} > 0$ 且 $V_{BC} > 0$ 時，BJT 即會進入飽和區**。在此或許會感到很好奇，BJT 操作在主動區具“放大”的功能 (在 4.3 節中已經討論且證實)，那進入飽和區 BJT 的行為是什麼呢？現在用圖 4.19(a) 結構圖加上飽和區的條件 ($V_{BE} > 0$，$V_{BE} > V_{CE} \rightarrow V_B > V_C \rightarrow V_{BC} > 0$) 來說明飽和區中的 BJT 呈現的行為。此時 B、E 接面及 B、C 接面皆為順偏，所以由 B 極所發射出的電洞 (h^+) 會往 E 和 C 極流入，而 E 極所發射的電子 (n^-) 不僅在 E 和 B 極會和電洞產生陰陽中和外，在 C 極也會和電洞產生陰陽中和。

如此一來，由 E 極所發射出的電子將無法大量地抵達 C 極，造成電子流下降，這意味著 I_C 值大量地下降，I_B 值大量地提高，β 值被迫下降，無法保持一個定值。因此，操作在此區的 **BJT** 就無法具有“放大”的功能 (因爲 β 下降且不是定值)。(譯 4-8)

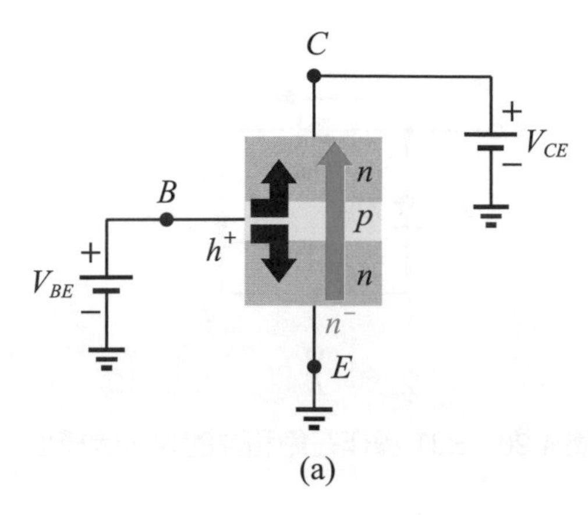

(a)

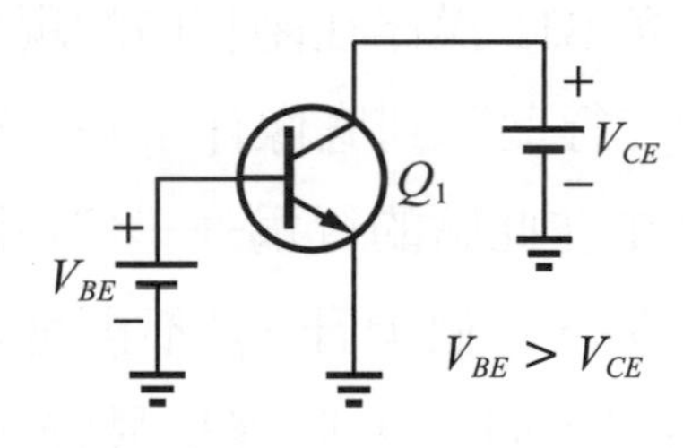

(b)

圖 4.19　(a)BJT 操作在飽和區時，内部載子移動的說明，(b) 相對應的電路圖

飽和區可以分爲“軟”和“深”飽和 2 種情況。當 $0 < V_{BC} < 400$ mV 時，稱之“軟”飽和，實際上它離主動區不遠 (因爲 $V_{BC} = 0$ 稱之主動區的邊緣)；當 $V_{BC} > 400$ mV 時，稱之“深”飽和，此時 V_{CE} 值大約爲 200 mV，標記爲 $V_{CE,\,sat} = 0.2$ V。(譯 4-9)

(譯 4-8)

As a result, the electrons emitted from the E will not be able to reach the C in a large amount, resulting in a decrease in the electron flow, which means that the I_C value is greatly reduced, the I_B value is greatly increased, and the β value is forced to decrease, and it is impossible to maintain a constant value. Therefore, the BJT operating in this region cannot have the function of "amplification" (because β decreases and is not a constant value).

(譯 4-9)

The saturation region can be divided into two types of saturation: "soft" and "deep”. When $0 < V_{BC} <$ 400 mV, it is called "soft" saturation, in fact, it is not far from the active region (because $V_{BC} = 0$ is called the edge of the active region); when V_{BC} > 400 mV, it is called "deep" saturation. At this time, the V_{CE} value is about 200 mV, marked as $V_{CE,\,sat} = 0.2$V.

那飽和區有大、小訊號模型嗎?首先,大訊號模型可以勉強說"有"的。如圖 4.20 即爲 BJT 操作在飽和區的大訊號模型。集極電流 $I_C = I_{S_1} e^{\frac{V_{BE}}{V_T}}$ 大幅地下降,因爲它一部分的值來自於 B、C 接面的電流($I_{S_2} e^{\frac{V_{BE}}{V_T}}$)。

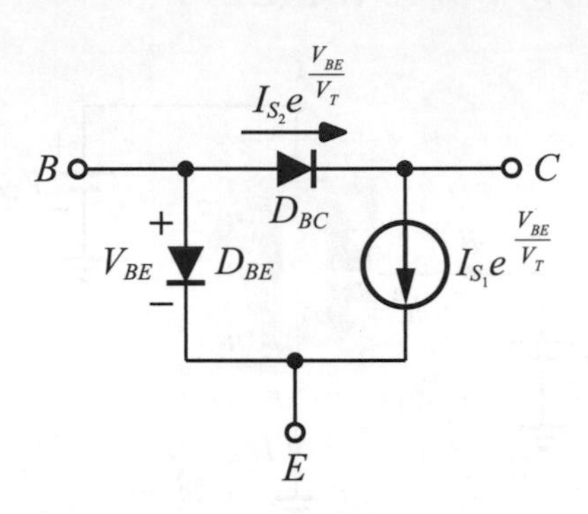

圖 4.20　BJT 操作在飽和區的大訊號模型

(譯 4-10)
After analyzing the phenomena and principles of many BJTs operating in the saturation region, what does the "behavior" of BJTs in this region look like? There is a word that can fully describe BJT's behavior in this area—"resistance". Yes, in this area, the I_C value drops, the I_B value rises, and β is no longer a fixed value. Combining the above phenomena, it is best to describe it as "resistance".

分析了諸多 BJT 操作在飽和區的現象與原理,那 BJT 在此區的"行爲"到底像什麼呢?有 2 個字可以充分地說出 BJT 在此區的行爲——"電阻"。是的,此區中 I_C 值下降,I_B 值上升,β 不再是定值,綜合以上的現象,用"電阻"來形容是最好不過了。(譯 4-10) 在 $I_C - V_{CE}$ 的關係圖中,此區的圖形應該"近似"爲直線,再配合 BJT 操作在主動區的特性曲線,可以畫出 BJT 的完整 I / V 特性曲線,如圖 4.21 所示。上面簡單標示出分隔主動與飽和的條件。

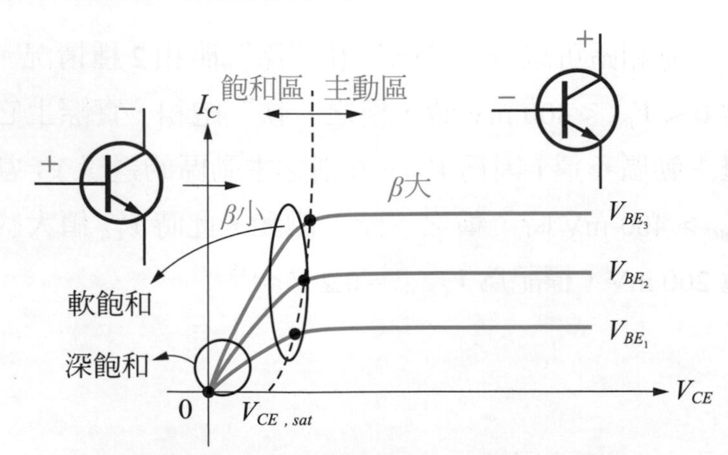

圖 4.21　BJT 完整的 $I_C - V_{CE}$ 特性曲線

例題 4.10

如圖 4.22，試決定 R_C 與 V_{CC} 的關係，使得 Q_1 操作在深飽和區。

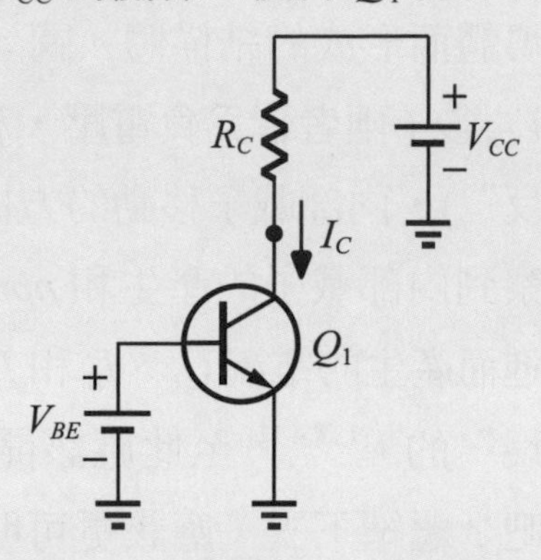

圖 4.22 例題 4.10 的電路圖

解答

$V_B = V_{BE}$，$V_C = V_{CC} - I_C R_C$

∵ 深飽和區 $V_{BC} > 400$ mV ∴ $V_{BE} - (V_{CC} - I_C R_C) > 400$ mV

∴ $I_C R_C > V_{CC} + 400\text{ m} - V_{BE}$

立即練習

承例題 4.10，若操作在主動區邊界時，求 R_C 的範圍。

4.5 pnp 電晶體

在本節之前所描述的 BJT 都是 *npn* 型的物理特性。本節開始將要以所學 *npn* 型 BJT，做基礎來探討研究 *pnp* 型電晶體。探討 *pnp* 型時，首先回憶一下 *npn* 型的結構、電路接法和電流的方向後，把所有的物理特性取“相反”的思考，即成爲 *pnp* 型電晶體的物理特性了。(譯 4-11) 至此也許會疑惑如何“相反”？請先接受這個“思考邏輯”，慢慢向下研讀，相信一定很快就理解何謂“相反”。在此提出如此的“思考邏輯”無非就是要留下深刻印象，進而更加理解，甚至終生難忘！

(譯 4-11)
When discussing the *pnp*-type, first recall the structure of the *npn*-type, the circuit connection and the direction of the current. Then the physical properties of the *pnp*-type transistor are "opposite" for all the physical properties of *npn*-type.

首先，先畫出 *pnp* 型的結構，如圖 4.23(a) 所示。顧名思義就是取 2 個 *p* 型半導體，中間接一個 *n* 型半導體而形成的結構體。圖 4.23(b) 則是加上電壓 V_{BE} 和 V_{CE} 後 (兩者皆為負電壓，和 *npn* 型加的電壓極性“相反”)，內部載子移動的方向進而產生電流的方向。觀察到內部載子的產生和 *npn* 型的載子是“相反”的，進而產生的電流 (I_C、I_B 和 I_E) 和 *npn* 型的方向亦是“相反”的。(譯 4-12) 至此應該開始對“相反”有所感覺了吧？繼續下去，應該更可明瞭選用“相反”一詞的緣由。

(譯 4-12)
First draw the *pnp*-type structure, as shown in Figure 4.23(a). As the name implies, it is a structure formed by taking two *p*-type semiconductors and one *n*-type semiconductor sandwiched in the middle. Figure 4.23(b) shows that after applying the voltages V_{BE} and V_{CE} (both are negative voltages and is "opposite" to the polarity of the voltage applied to the *npn*-type), the direction of internal carriers move and the direction of resulting current are opposite. It is observed that the generation of internal carriers is "opposite" to the *npn*-type carriers, and the currents (I_C, I_B, and I_E) generated are also "opposite" to the direction of the *npn*-type currents.

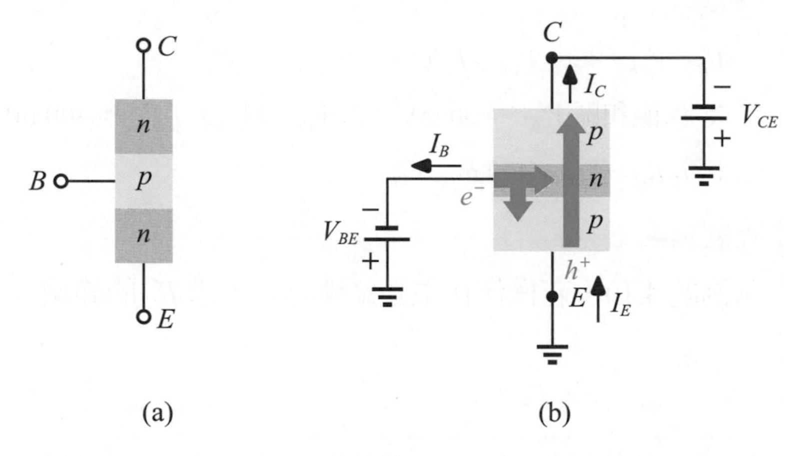

圖 4.23　(a)*pnp* 型 BJT 的結構圖，(b) 偏壓後產生的電流方向

圖 4.23(b) 中 $V_{BE} < 0$，所以由 *B* 極產生電子向 *E* 極發射 (無法向 *C* 極發射，因 *B*、*C* 極接面為逆偏)，而 *E* 極 (*p* 型) 處於高電位，因此向 *C* 極發射電洞。*E* 極的厚度最大，而 *B* 極厚度最薄，所以電洞大部分都衝向 *C* 極，僅極小部分在 *B* 極陰陽中和，如此一來即產生了電流 I_C、I_B 和 I_E，方向如圖 4.23(b) 所示。圖 4.24(a) 為 *pnp* 型 BJT 操作在主動區的電路圖，為了讓電流方向和 *npn* 型一樣，把圖 4.24(a) 上下顛倒後，如圖 4.24(b) 所示。基本上圖 4.24 的兩個圖是一樣的，只是畫法不同罷了。

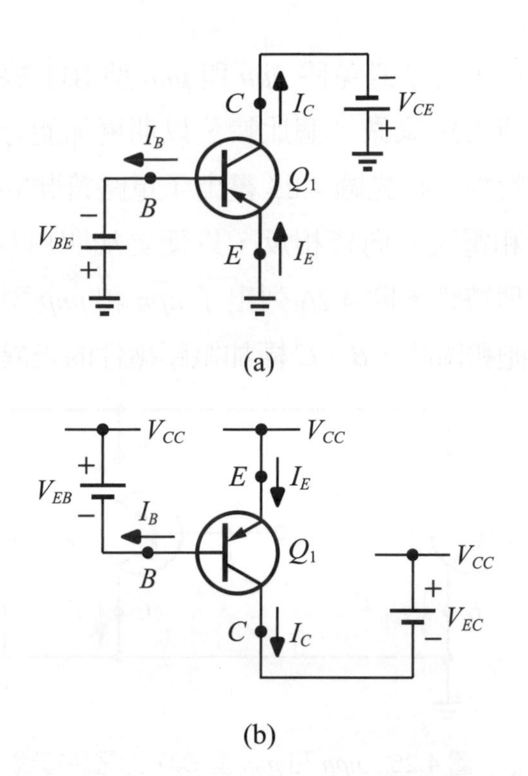

圖 4.24 (a) *pnp* 型 BJT 操作在主動區的電路圖
(b) 把 (a) 上下顛倒後的電路圖

***pnp* 型 BJT 操作在主動區的條件**如下：

$$V_{EB} > 0 \tag{4.39}$$

$$V_{CB} < 0 \tag{4.40}$$

大於和小於的符號和 *npn* 型一樣，只是將“極”的位置交換 ($BE \rightarrow EB$，$BC \rightarrow CB$)，主要是方便記憶，避免被“大於”、“小於”所混淆。至於**操作在飽和區的條件**如下：

$$V_{EB} > 0 \tag{4.41}$$

$$V_{CB} > 0 \tag{4.42}$$

2 個大於的符號和 *npn* 型一樣，只是將“極”的位置交換，同樣是方便記憶。

最後，爲了避免將 *npn* 與 *pnp* 型 BJT 搞混，以圖 4.25 和圖 4.26 來做一個比較，以期更加能分辨此 2 型的物理特性。首先圖 4.25 畫出了電路符號的比較，電壓極性和電流方向皆相反，以便更加明白及記憶此 2 型的物理特性。圖 4.26 列出了 *npn* 和 *pnp* 型操作在主動區和飽和區時，*B*、*C* 極加電壓極性的差異。

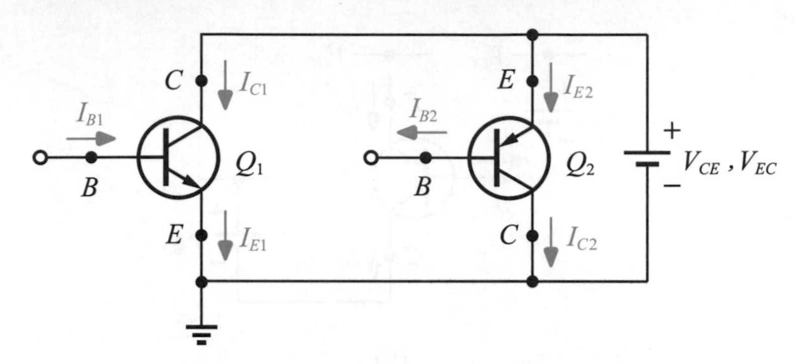

圖 4.25　*npn* 和 *pnp* 型 BJT 的電路符號，電壓極性和電流方向的比較

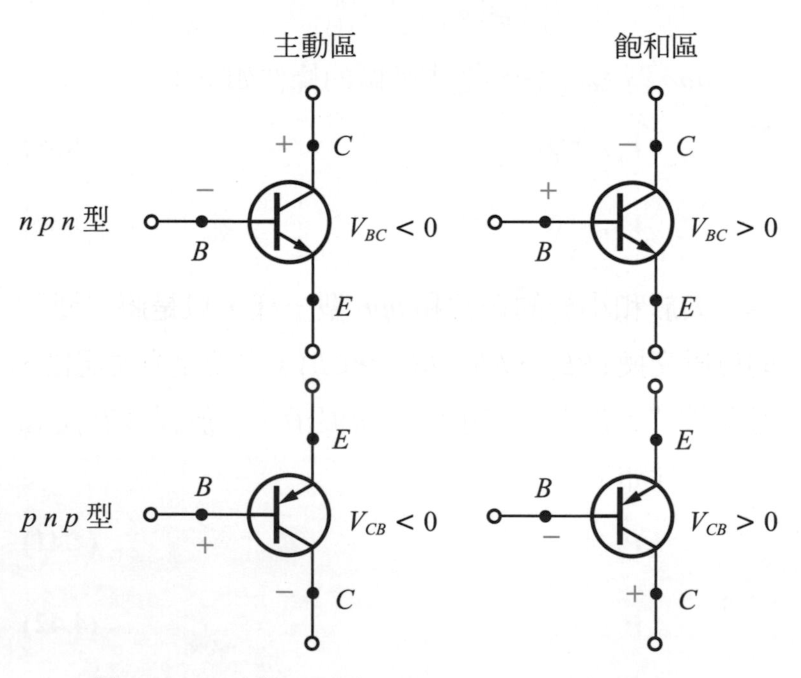

圖 4.26　*npn* 和 *pnp* 型 *BJT*，*B*、*C* 極不同電壓極性形成不同的操作區域

4.5.1 大訊號模型和其電流公式

pnp 型 BJT 操作在主動區時的大訊號模型，如圖 4.27 所示。E、B 極間是個二極體，E、C 極間是一個電流源。至於電流公式和 *npn* 型的大致一樣，只是電壓的極性交換。(譯 4-13)

(譯 4-13)
The large signal model of *pnp*-type BJT operating in the active region is shown in Figure 4.27. There is a diode between E and B, and a current source between E and C. The current formula is roughly the same as that of the *npn*-type, except that the polarity of the voltage is exchanged.

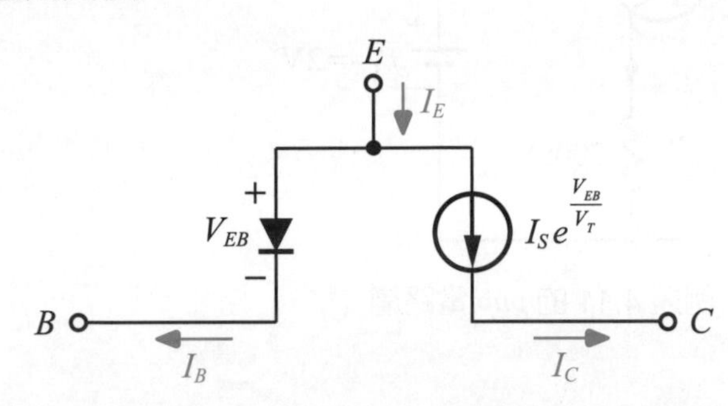

圖 4.27 *pnp* 型 BJT 操作在主動區時的大訊號模型

$$I_C = I_S e^{\frac{V_{EB}}{V_T}} \tag{4.43}$$

$$I_B = \frac{I_C}{\beta} \tag{4.44}$$

$$I_E = I_C + I_B = (\beta + 1)I_B = \frac{\beta + 1}{\beta} I_C \tag{4.45}$$

若考慮厄利效應，則 (4.43) 式要修正如下

$$I_C = I_S e^{\frac{V_{EB}}{V_T}} (1 + \frac{V_{EC}}{V_A}) \tag{4.46}$$

(4.44) 式和 (4.45) 式則不用修正，只要把修正的 I_C (4.46) 式代入即可。

例題 4.11

如圖 4.28，試決定 Q_1 的端電流，並證明 Q_1 操作在主動區。設 $I_S = 3 \times 10^{-16}$ A，$\beta = 100$，$V_A = \infty$。

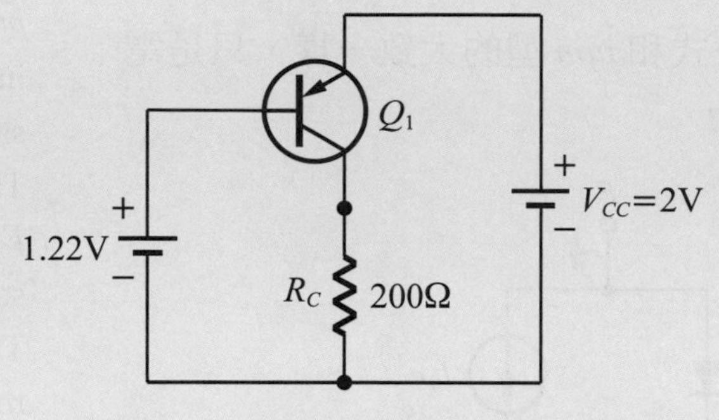

圖 4.28　例題 4.11 的 *pnp* 電路圖

解答

$\because V_A = \infty \rightarrow$ 沒有厄利效應

$V_{EB} = 2 - 1.22 = 0.78$ V

$\therefore I_C = 3\times10^{-16} \cdot e^{\frac{0.78}{0.026}} = 3.2$ mA

$I_B = \dfrac{I_C}{100} = 32$ μA

$I_E = I_C + I_B = 3.232$ mA

$V_C = I_C R_C = (3.2\text{m}) \times 200 = 0.64$ V

$V_{EB} = 0.78 \text{ V} > 0$

$V_{CB} = 0.64 - 1.22 = -0.58 \text{ V} < 0$

$\therefore Q_1$ 操作在主動區

立即練習

承例題 4.11，若 Q_1 操作在軟飽和時，求 R_C 的最大值。

例題 4.12

如圖 4.29，決定 V_{out} 值若 (1)$V_{in} = 0$，(2)$V_{in} = 6$ mV。設 $I_S = 3 \times 10^{-16}$ A。

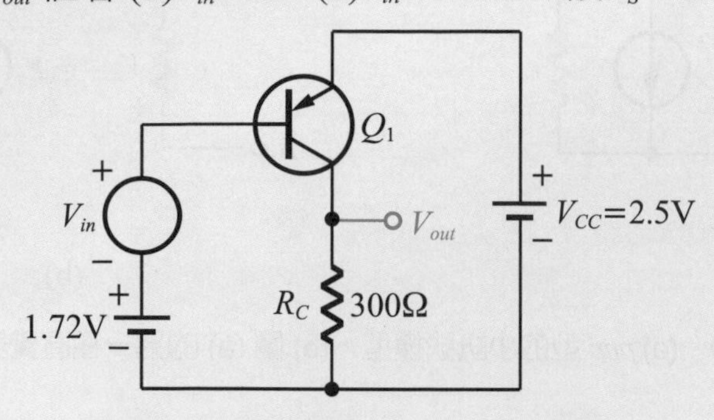

圖 4.29　例題 4.12 的 *pnp* 電路圖

解答

(1) $V_{in} = 0$　$\therefore V_{EB} = 2.5 - 1.72 = 0.78$ V

$\therefore I_C = 3\times10^{-16} \cdot e^{\frac{0.78}{0.026}} = 3.2$ mA

$\therefore V_{out} = I_C R_C = 0.96$ V

(2) $V_{in} = 6$ mV　$\therefore V_{EB} = 2.5 - (1.72 + 0.006) = 0.774$ V

$\therefore I_C = 3\times10^{-16} \cdot e^{\frac{0.774}{0.026}} = 2.55$ mA

$\therefore V_{out} = I_C R_C = 0.765$ V

立即練習

承例題 4.12，若 $V_{in} = -6$mV，求 V_{out} 之值。

4.5.2　小訊號模型

pnp 型的小訊號模型和 ***pnp*** 型的小訊號模型是一模一樣的。圖 4.30(a) 是 *pnp* 型的小訊號模型；圖 4.30(b) 則是 (a) 的另一種直覺的表示法，二者的差異只是上下顛倒著畫而已。(譯 4-14)

(譯 4-14)

The *pnp*-type small signal model is the same as the *npn*-type small signal model. Figure 4.30(a) is a *pnp*-type small signal model; Figure 4.30(b) is another intuitive representation of (a). The difference between the two is only the drawing upside down.

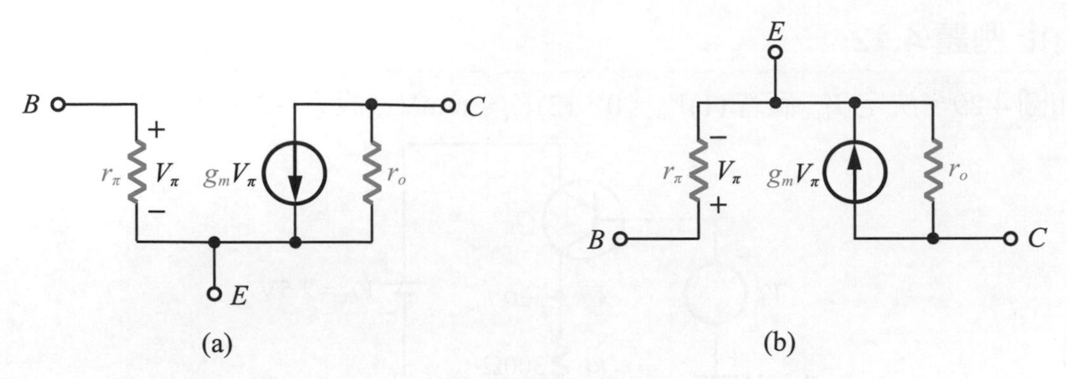

圖 4.30 (a) *pnp* 型的小訊號模型，(b) 圖 (a) 的另一種直覺表示法

而其小訊號參數 g_m、r_π 及 r_o 和 (4.25) 式、(4.32) 式和 (4.38) 式所定義的是一模一樣的。

例題 4.13

如圖 4.31(a) ～ (c)，請畫出其小訊號模型的等效電路圖。設 $V_A \neq \infty$。

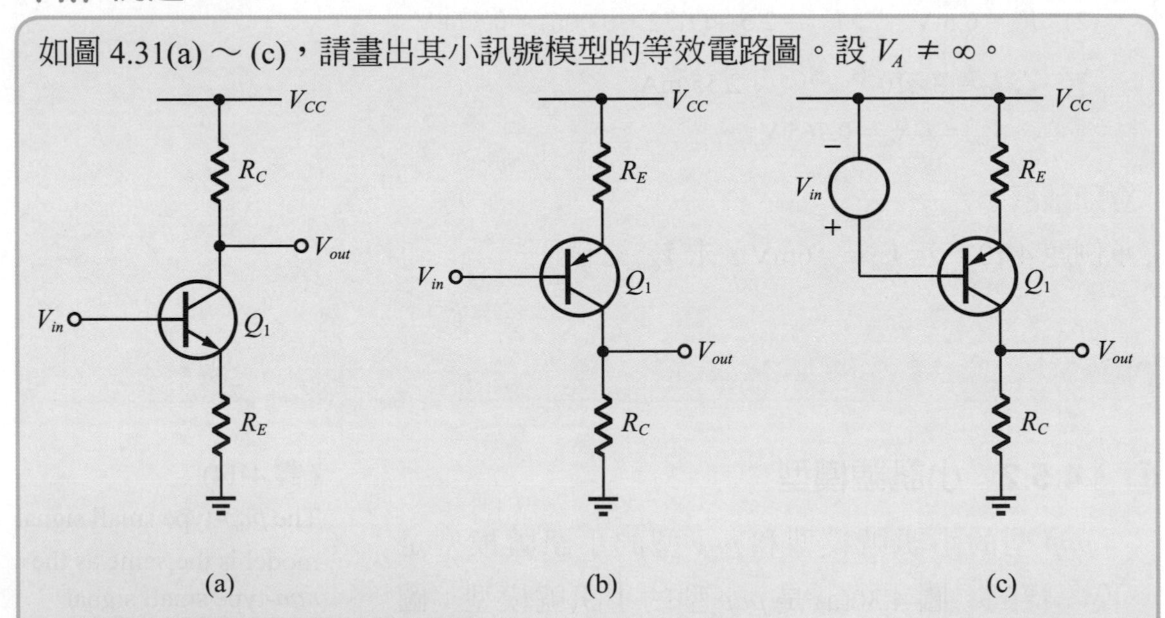

圖 4.31 (a) *npn* 型 BJT 的電路圖，(b) *pnp* 型 BJT 的電路圖，(c) *pnp* 型 BJT 的電路圖

解答

畫小訊號等效電路時，對電源 V_{CC} 而言，在小訊號等效電路中等同於“接地”，而接地在小訊號等效電路還是接地。

把握以上 2 原則，則圖 4.31(a) ~ (c) 的等效電路可畫出如圖 4-32 所示：

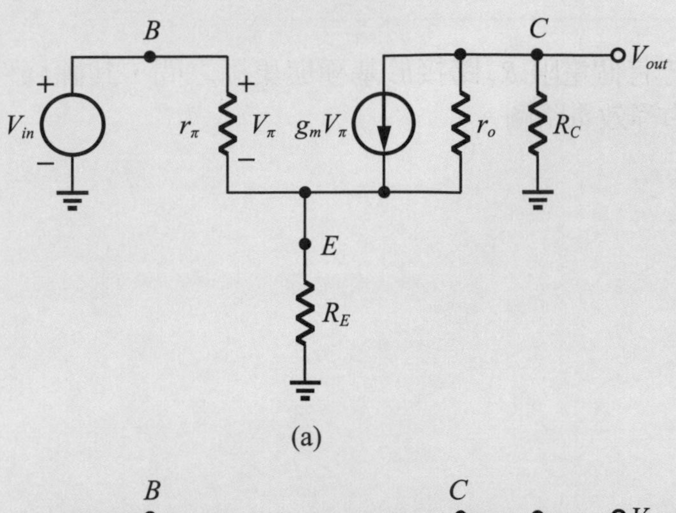

(a)

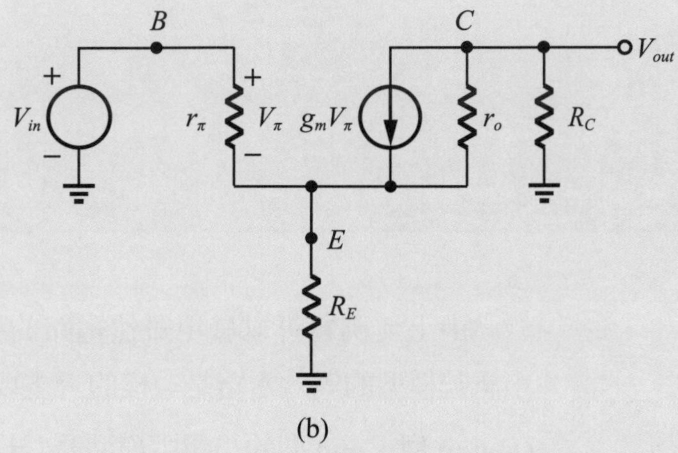

(b)

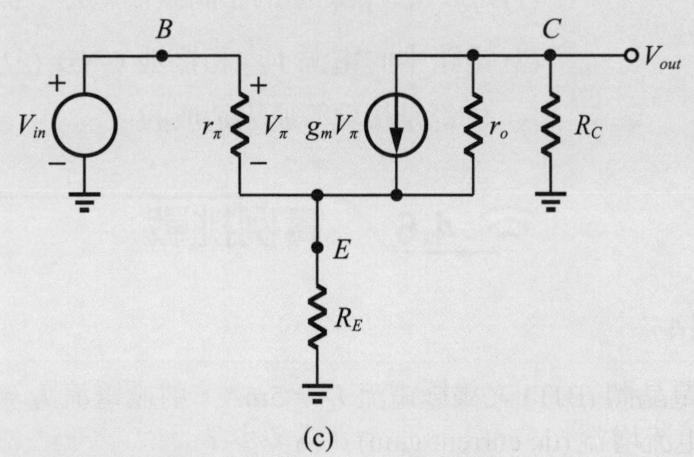

(c)

圖 4.32　圖 4-31 之等效電路

立即練習

承例題 4.13，若有個電阻 R_X 跨接於基極與集極之間，其餘條件不變，請畫出其小訊號模型的等效電路圖。

由上述例題可以發現雖然電路的型式不一樣，但小訊號模型的等效電路是一樣的。主要原因是：

(1) ***npn*** 型、***pnp*** 型的小訊號模型是一樣的。

(2) 電路中的電源 V_{CC} 和接地 **GND** 在小訊號等效電路中都是接地等原因造成的。

4.6 實例挑戰

例題 4.14

有一雙極接面電晶體 (BJT) 之集極電流 $I_C = 5\text{mA}$，射極電流 $I_E = 5.1\text{mA}$，則此電晶體之直流電流增益 (dc current gain) β 爲多少？

【108 臺北科技大學 - 光電工程碩士】

解答

$I_B = I_E - I_C = 0.1\text{mA}$ ，$\therefore \beta = \dfrac{I_C}{I_B} = \dfrac{5\text{m}}{0.1\text{m}} = 50$ 。

例題 4.15

對一 *npn* 雙極性電晶體結構而言，應如何提高電晶體的電流增益？

【109 聯合大學 - 光電工程學系碩士】

解答

1. 增加射極摻雜濃度；
2. 增加射極的厚度；
3. 減少基極的厚度。

例題 4.16

有關電晶體 (BJT) 之敘述，試分析下列何者爲非？

(1) 電晶體在主動區時，*B-E* 接面順偏而 *C-B* 接面逆偏。

(2) 電晶體當作放大器時，其是在主動區操作。

(3) 電晶體在飽和區時，$I_C \cong I_E$ 。

(4) 電晶體在飽和區時，*B-E* 接面順偏而 *C-B* 接面順偏。

【109 聯合大學 - 光電工程學系碩士】

解答

(1) 電晶體於主動區時，*B-E* 接面應順偏，*C-B* 接面應順偏，正確。

(2) 電晶體於主動區時，可當作放大器使用，正確。

(3) 電晶體於飽和區時，I_C 值下降，I_B 值變大，$I_E = I_e + I_B \neq I_C$，所以是錯誤。

(4) 電晶體於飽和區時，*B-E* 接面應順偏，*C-B* 接面順偏，正確。

例題 4.17

當 BJT 之 *B-E* 接面順偏，*B-C* 接面順偏時，此 BJT 操作於何種模式？

【109 聯合大學 - 光電工程學系碩士】

解答

電晶體於主動區時，*B-E* 接面應順偏，*B-C* 接面應逆偏；

電晶體於飽和區時，*B-E* 接面應順偏，*B-C* 接面應順偏；

電晶體於截止區時，*B-E* 接面應逆偏，*B-C* 接面應逆偏。

故此 BJT 操作於飽和區。

例題 4.18

如圖 4.33 所示之電晶體電路，若 $V_{CE}=4\text{V}$，$V_{BE(on)}=0.7\text{V}$，$\beta=100$，試求 R 為多少？

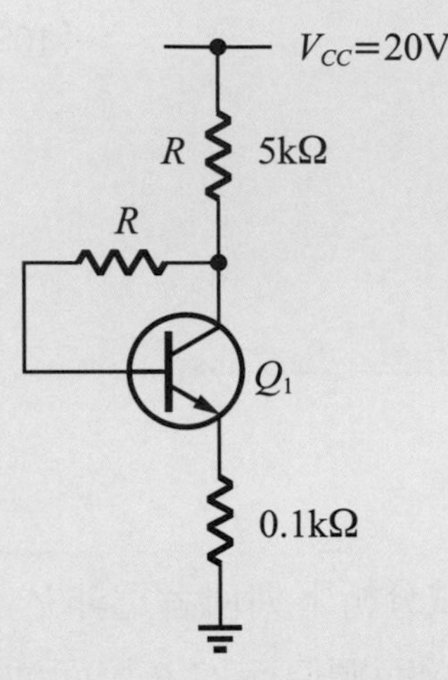

圖 4.33　例題 4.18 的電路圖

【101 虎尾科技大學 - 光電與材料科技碩士】

解答

$I_C \gg I_B$，

$V_C=V_{CC}-I_C(5\text{k})=20-I_C(5\text{k})\cdots\cdots\text{①}$

$V_C=I_C(0.1\text{k})+V_{CE}=I_C(0.1\text{k})+4\cdots\cdots\text{②}$

令①=②$\Rightarrow 20-I_C(5\text{k})=I_C(0.1\text{k})+4$

$\therefore(5.1\text{k})I_C=16\Rightarrow I_C=3.14\text{mA}$ 代入②可得 V_C　$\therefore V_C=4.314\text{V}$

又 $V_C=I_C(0.1\text{k})+V_{BE(on)}+I_BR$

$\therefore 4.314=(3.14\text{m})(0.1\text{k})+0.7+\dfrac{3.14\text{m}}{100}R\Rightarrow R=105.1\text{k}\Omega$。

例題 4.19

一個 BJT 其 $\beta=100$，$I_C=1\text{mA}$，求偏壓點的 g_m、r_π。

【101 勤益科技大學 - 電子工程碩士】

解答

$$g_m=\frac{I_C}{V_T}=\frac{1\text{m}}{26\text{m}}=\frac{1}{26}\Omega\text{，}r_\pi=\frac{\beta}{g_m}=\frac{100}{\frac{1}{26}}=2600\Omega=2.6\text{k}\Omega$$

重點回顧

1. BJT 主動區的條件如 (4.1) 式和 (4.2) 式所示，其電流公式如 (4.3) 式所示，操作在此區時 BJT 具放大信號的功能。

$$V_{BE} > 0 \tag{4.1}$$

$$V_{BC} < 0 \tag{4.2}$$

$$I_C = I_S(e^{\frac{V_{BE}}{V_T}} - 1) \approx I_S e^{\frac{V_{BE}}{V_T}} \tag{4.3}$$

2. 電流增益 β 與 α 其定義如 (4.5) 式和 (4.6) 式所示，此 2 增益之間的關係如 (4.19) 式和 (4.20) 式所示。

$$\beta = \frac{I_C}{I_B} \tag{4.5}$$

$$\alpha = \frac{I_C}{I_E} \tag{4.6}$$

$$\beta = \frac{\alpha}{1-\alpha} \tag{4.19}$$

$$\alpha = \frac{\beta}{\beta+1} \tag{4.20}$$

3. 電流 I_B、I_C 和 I_E 的關係如 (4.7) 式所示。

$$I_E = I_C + I_B \tag{4.7}$$

4. 大訊號模型即是電流公式，如 (4.15) 式、(4.16) 式和 (4.17) 式所示。

$$I_C = I_S e^{\frac{V_{BE}}{V_T}} \tag{4.15}$$

$$I_B = \frac{I_C}{\beta} = \frac{1}{\beta} I_S e^{\frac{V_{BE}}{V_T}} \tag{4.16}$$

$$I_E = \frac{I_C}{\alpha} = \frac{\beta+1}{\beta} I_S e^{\frac{V_{BE}}{V_T}} \tag{4.17}$$

5. I_C 與 V_{BE} 是指數關係；而 I_C 與 V_{CE} 卻是無關的。

6. 當 V_{BE} 的變化 (ΔV_{BE}) 造成 I_C 的變化 (ΔI_C)，將 ΔI_C 除以 ΔV_{BE} 即形成一個重要的小訊號參數——轉導 g_m，其公式如 (4.25) 式所示。

$$g_m = \frac{I_C}{V_T} \tag{4.25}$$

7. 當 V_{BE} 的變化 (ΔV_{BE}) 造成 I_B 的變化 (ΔI_B)，將 ΔV_{BE} 除以 ΔI_B 即形成另一個小訊號參數——電阻 r_π，其公式如 (4.32) 式所示。

$$r_\pi = \frac{\Delta V_{BE}}{\Delta I_B} = \frac{\beta}{g_m} \tag{4.32}$$

8. BJT 的小訊號模型如圖 4.14(a) 所示，其小訊號參數分別為 g_m 和 r_π。

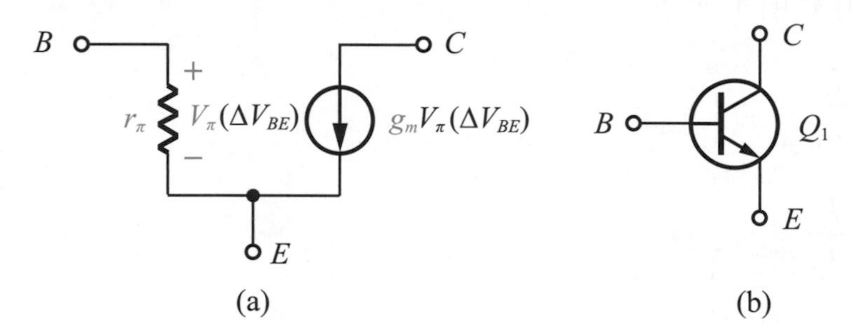

圖 4.14 (a)BJT 的小訊號模型，(b)BJT 的電路符號

9. I_C 不只和 V_{BE} 有關，亦和 V_{CE} 的大小有關，此效應稱之為厄利效應。

10. 厄利效應會使得電流 I_C 公式要加以修正，如 (4.33) 式所示，亦會產生另外一個小訊號參數——輸出阻抗 r_o，其值如 (4.34) 式和 (4.38) 式所示。

$$I_C = I_S e^{\frac{V_{BE}}{V_T}}(1+\frac{V_{CE}}{V_A}) \tag{4.33}$$

$$r_o = \frac{\Delta V_{CE}}{\Delta I_C} \tag{4.34}$$

$$r_o \cong \frac{V_A}{I_C} \tag{4.37}$$

11. 厄利效應會使得圖 4.14(a) 的小訊號模型要加上輸出阻抗 r_o，如圖 4.18 所示。

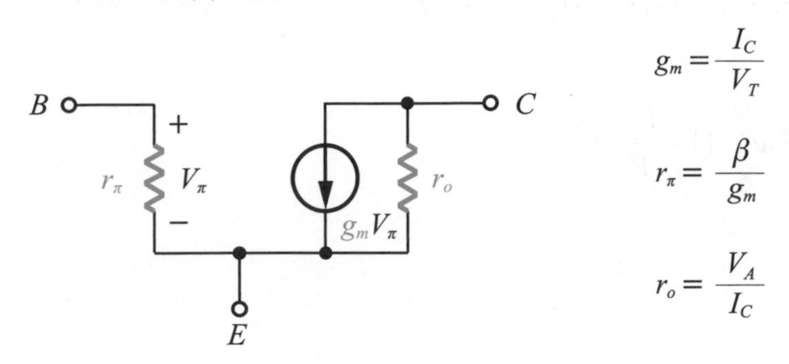

圖 4.18　具厄利效應的小訊號模型及其參數

12. BJT 操作在飽和區的條件：$V_{BE} > 0$ 且 $V_{BC} > 0$，此時 β 值下降，無法具有“放大”的功能，行爲像一個電阻。

13. 將 *npn* 型電晶體的結構、電流方向和電壓極性完全“相反”，即形成 *pnp* 型電晶體的特性。

14. *pnp* 型的主動區條件如 (4.39) 式和 (4.40) 式所示，飽和區條件如 (4.41) 式和 (4.42) 式所示，另須格外留意其電壓極性和 *npn* 型完全相反。

$$V_{EB} > 0 \tag{4.39}$$

$$V_{CE} < 0 \tag{4.40}$$

$$V_{EB} > 0 \tag{4.41}$$

$$V_{CB} > 0 \tag{4.42}$$

15. *pnp* 型的電流公式如 (4.43) 式至 (4.46) 式所示，其小訊號模型和 *npn* 型電晶體一模一樣。

$$I_C = I_S e^{\frac{V_{EB}}{V_T}} \tag{4.43}$$

$$I_B = \frac{I_C}{\beta} \tag{4.44}$$

$$I_E = I_C + I_B = (\beta+1)I_B = \frac{\beta+1}{\beta} I_C \tag{4.45}$$

$$I_C = I_S e^{\frac{V_{EB}}{V_T}} (1 + \frac{V_{EC}}{V_A}) \tag{4.46}$$

Chapter 5 金氧半場效電晶體的基本特性

場效電晶體在近年蓬勃發展，相較於雙極性電晶體，不僅體積小、穩定性也更高，深受電子產業的青睞；而兩種電晶體的關係猶如古今糾葛，以 *n* 型場效電晶體為例，將其閘極比作水閥、源極比作配管、汲極比作水龍頭，與其名稱由來之一的消防器材「水龍」相比，僅需轉動水閥即可控制出水，因此在電路製作上也更為簡便。

本章將討論一個改變人類在電路設計上思維的重要電晶體 —— 金氧半場效電晶體 (MOSFET)。這個元件於 1960 年代被發明出來後，人類正式運用於電晶體並走入積體電路的時代，徹底改變了電路設計的思維。現在就來探討一下 MOSFET 的基本物理特性，金氧半的全名是金屬、氧化物和半導體，很明顯指出該電晶體的結構，最上層是金屬、中間夾氧化物、最下層是半導體。至於場效則是電壓所形成的結果，即該電晶體以加電壓形成電場效果來啓動。

首先探討 *n* MOSFET 的操作，包含其結構和電流 / 電壓特性，接下來探討其模型，包含大、小訊號的模型。最後，以 *n* MOSFET 爲基礎來探討 *p* MOSFET 元件，包含其結構、操作和模型。

1 金氧半場效電晶體(MOSFET)的操作
(1) MOSFET的結構
(2) 操作在飽和區 (Saturation Region)
(3) 操作在三極管區 (Triode Reion)
(4) 電流／電壓特性

2 MOSFET元件的模型
(1) 大訊號模型 (Large-Signal Model)
(2) 小訊號模型 (Small-Signal Model)

3 *p* 型 MOSFET(*p* MOS)元件
(1) 結構及操作
(2) 大訊號與小訊號模型

5.1 MOSFET 的結構

圖 5.1(a) 是一個上層爲金屬、下層爲 *p* 型半導體、中間夾著氧化物的三明治結構。現在先在金屬與 *p* 型半導體間加上一個電壓 V_1，此 V_1 電壓會在金屬上累積正電荷，藉此吸引 *p* 型半導體中的負電荷累積在和氧化物交界的表面上，此累積在表面上的負電荷即形成一個 ***"通道"***，若在 *p* 型半導體的 2 側再加上一個電壓 V_2，則在通道中負電荷開始向右移動而形成了電子流(電流)，如圖 5.1(b) 所示。(譯 5-1)

(譯 5-1)
Figure 5.1(a) is a structure with an upper layer of metal, a lower layer of *p*-type semiconductor, and an oxide sandwiched in between. First apply a voltage V_1 between the metal and the *p*-type semiconductor. This voltage V_1 will accumulate positive charges on the metal, thereby attracting the negative charges in the *p*-type semiconductor to accumulate on the semiconductor/oxide interface, which forms a "***channel***(***通道***)". If a voltage V_2 is applied to the 2 sides of the *p*-type semiconductor, the negative charge in the channel starts to move to the right to form a flow of electrons (current), as shown in Figure 5.1(b).

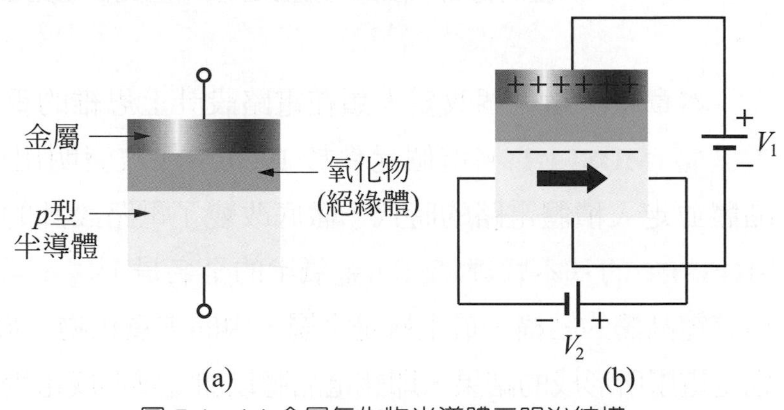

圖 5.1 (a) 金屬氧化物半導體三明治結構，
(b) 加上 V_1V_2 電壓使得電子生成且流動

圖 5.1 所呈現的結構雖然不全是 MOSFET 的結構，但卻是相當重要的一部分，上述的加電壓而形成電流的分析，則全然是 MOSFET 的操作原理，在此先藉由三明治結構與分析引入對 MOSFET 的初步認識。

圖 5.2(a) 所呈現的是 n MOSFET 的結構。p 型半導體上有著 2 個 n^+ 擴散區，此 2 區間長著氧化物和金屬。此元件共有 4 個端點，分別是 2 個擴散區拉出來的***源極*** ***(S 極)*** 和***汲極 (D 極)***、氧化物和金屬處拉出來的***閘極 (G 極)***，及 p 型材料拉出來的***基體極 (B 極)***。(譯 5-2)

(譯 5-2)
Figure 5.2(a) shows the structure of n MOSFET. There are two n^+ diffusion regions on the p-type semiconductor. There are filled with oxide and metal between these two regions. This device has 4 terminals in total, which are the ***source*** ***(S)(源極)*** and ***drain (D)(汲極)*** drawn from the 2 diffusion regions, the ***gate (G)*** ***(閘極)*** drawn from the oxide and metal, and the ***base (B)(基體極)*** drawn from the p-type material.

圖 5.2(b) 是 n MOSFET 的電路符號，圖 5.3 則是 n MOSFET 的一些重要尺寸，L 是通道長度，W 爲通道的寬度，t_{ox} 爲氧化物的厚度，這些重要尺寸之後將會用到，在此先羅列出來，以利熟悉之。

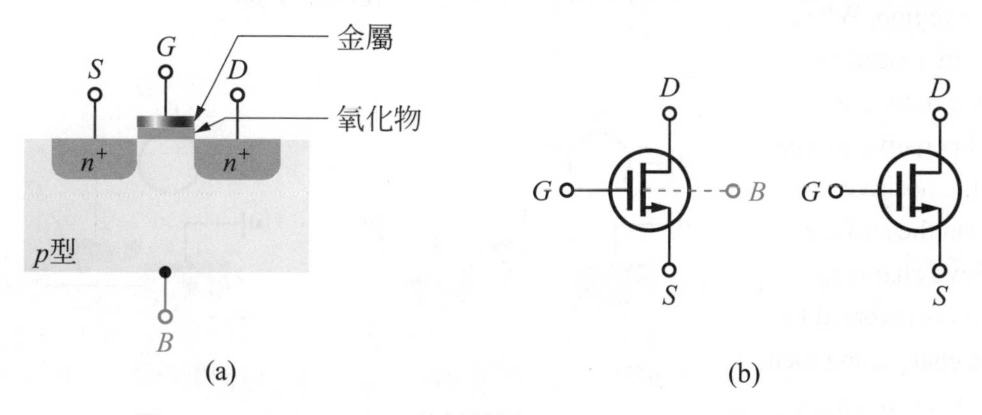

圖 5.2　(a) n MOSFET 的結構圖，(b) n MOSFET 的電路符號

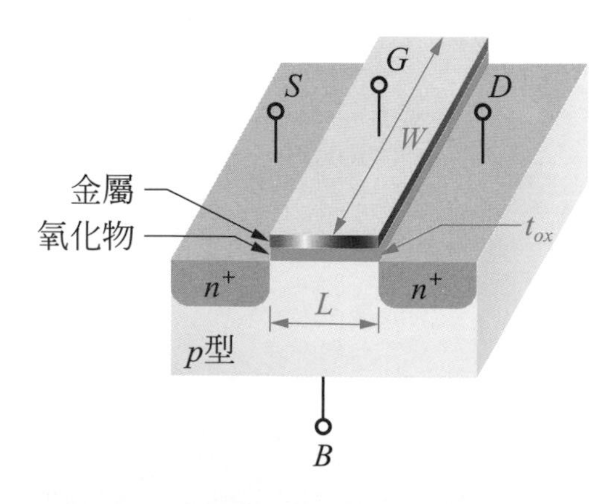

圖 5.3　n MOSFET 的一些重要尺寸

5.2 *n* MOSFET 的操作

5.2.1 定性分析

本小節將對 *n* MOSFET 以性質的分析來理解其操作，儘量避免使用過多的數學式。首先，在閘極上加上一個正電壓 V_G，如同 5.1 節所提到的，此正電壓將在金屬上累積正電荷，並且吸引 *p* 型基體中負電荷累積至接近氧化物的表面區域，如圖 5.4(a) 所示。若 V_G 值不夠大，這些吸引來的負電荷只能和表面的正電荷正負中和，而形成所謂的空乏區；當 V_G 大至一定程度，吸引來的負電荷多過表面的正電荷時，此區域的正電荷反轉成負電荷，進而形成一個通道，如圖 5.4(b) 所示，因此可稱之 *n* MOSFET 通了。(譯 5-3)

(譯 5-3)
If the value of V_G is not large enough, these attracted negative charges can only neutralize the positive charges on the surface to form a so-called depletion region. When the V_G is increased to a certain extent, the attracted negative charges exceed the positive charges on the surface, the positive charge in the region is reversed to negative charge, and then a channel is formed, as shown in Figure 5.4(b), so it can be said that the *n* MOSFET is turned on.

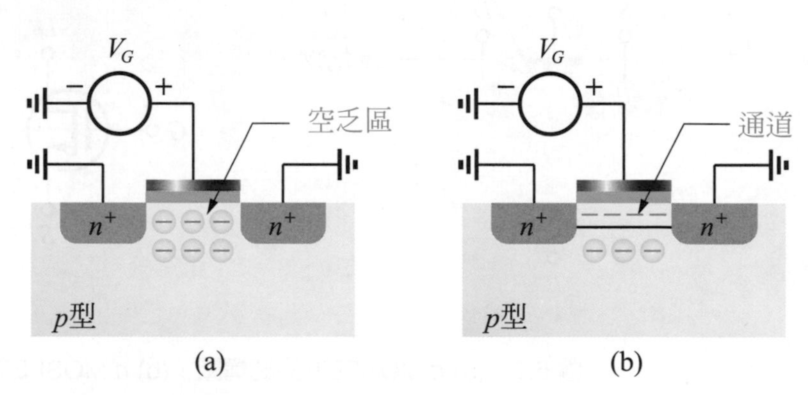

圖 5.4 (a) 空乏區形成，(b) 通道形成

上一段提到“當 V_G 大至一定程度⋯”，這句話其實是不科學的，到底多大呢？在此要定義一個電壓量稱之***臨界電壓***，它是讓 MOSFET 產生通道的最小電壓 (大約 0.3 V ～ 0.5 V 左右)，以 V_{th} 表示之。因此，n MOSFET 在閘極加上 V_G (正電壓) 用以產生通道，所以 **n MOSFET 的 V_{th} 值爲正的電壓**。(譯 5-4)

(譯 5-4)
The previous paragraph mentioned "When the V_G is large enough...", which is unscientific, how large is large enough? Here we need to define a voltage called the ***threshold voltage*(*臨界電壓*)**, which is the minimum voltage (about 0.3V ~ 0.5V) that allows the MOSFET to generate the channel, denoted by V_{th}. Therefore, V_G (positive voltage) is applied to the gate of the n MOSFET to generate a channel, so the V_{th} value of the n MOSFET is a positive voltage.

光是讓 n MOSFET 產生通道是不夠的，還要讓通道中的電子移動產生電流才算是完全的導通。因此，需要在汲極 (D 極) 再加上一個電壓 V_D，如圖 5.5 所示。

當 V_D (正) 加上後，通道中的電子被向右吸引而由 S 極向 D 極移動，因而產生了汲極電流 I_D。如此一來，電壓 V_G 負責產生通道，而電壓 V_D 用來產生通道中電子向右移動的引力，進而產生了汲極電流 I_D，這樣才是完整地導通了 n MOSFET。

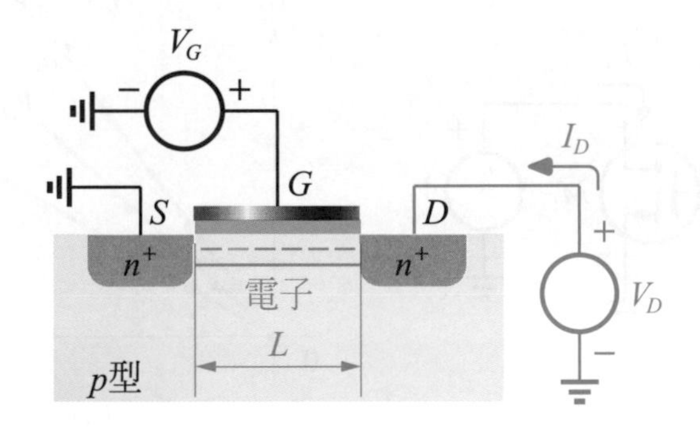

圖 5.5 n MOSFET 在汲極加上一個正電壓 V_D

那產生的電流 I_D 和外加的兩個電壓 V_G 和 V_D 有著何種關聯呢？接下來將把這些關聯分析闡明。

首先，先將電壓 V_D 固定，改變電壓 V_G，觀察電流 I_D 如何變化，電路如圖 5.6(a) 所示，量測出來的 I_D / V_G 特性曲線如圖 5.6(b) 所示。當 V_G 小於 V_{th} 時，電流 I_D 爲 0；當 V_G 大於 V_{th} 時，則 I_D 隨著 V_G 變大而變大。

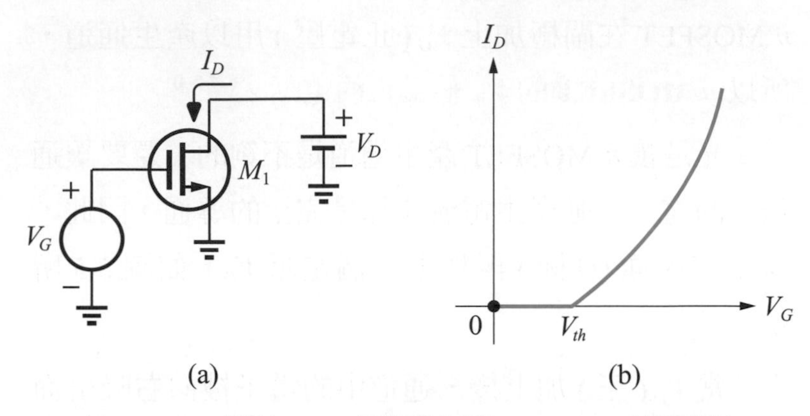

圖 5.6　(a) 量測 I_D / V_G 關係的電路，(b) I_D /V_G 特性曲線

再來，現在固定電壓 V_G 於某一電壓值 V_{G_1}，然後改變電壓 V_D，量測電流 I_D 如何變化，電路如圖 5.7(a) 所示，量測出來的 I_D / V_D 特性曲線如圖 5.7(b) 所示。

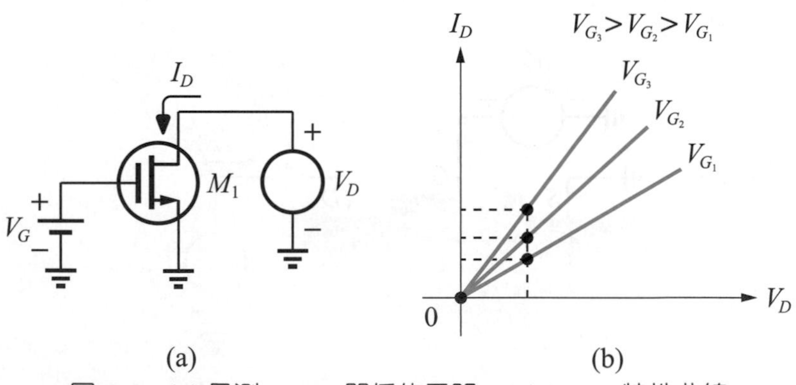

圖 5.7　(a) 量測 I_D / V_D 關係的電路，(b) I_D / V_D 特性曲線

當 V_D 爲 0 時，電流 I_D 亦爲 0，隨著 V_D 的增加而 I_D 亦增大。若電壓 V_G 改變成 V_{G_2} 或 V_{G_3} 時，電流 I_D 也變大，這意味著大的 V_G 值會使得通道也變“大”，所以電流 I_D 會變大，因此圖 5.7(b) 中的 V_G 大小順序應該是 $V_{G_3} > V_{G_2} > V_{G_1}$。

例題 5.1

請針對 (1) 不同的通道長度 L，(2) 不同的氧化物厚度 t_{ox}，(3) 不同的通道寬度 W，畫出 I_D / V_G 和 I_D / V_D 的特性曲線圖。

解答

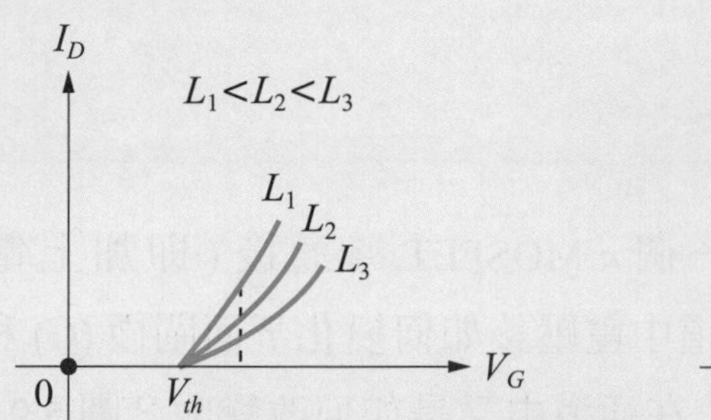

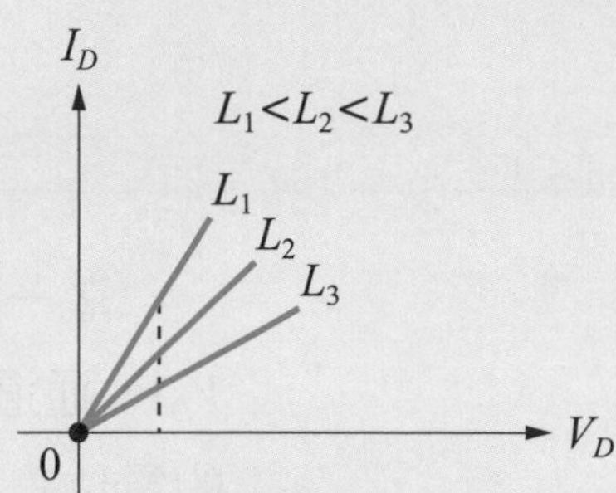

此 2 圖說明了固定電壓(V_G 或 V_D)時，愈長的通道，電流愈小

(1) 不同的通道長度 L

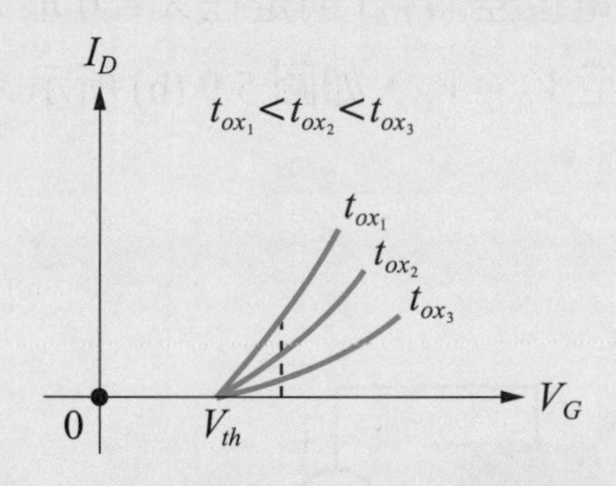

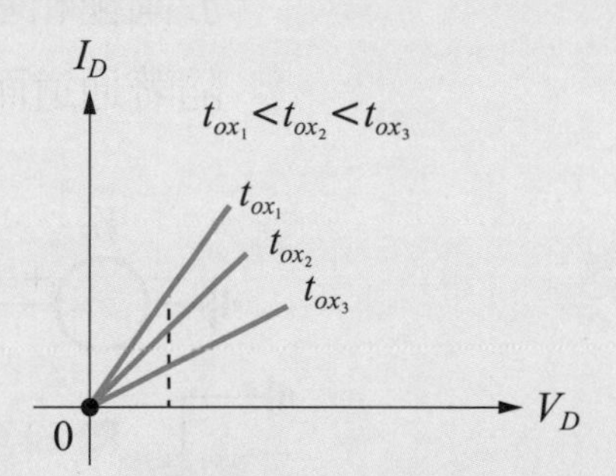

此 2 圖說明了固定電壓(V_G 或 V_D)時，愈厚的氧化層，電流愈小

(2) 不同的氧化物厚度 t_{ox}

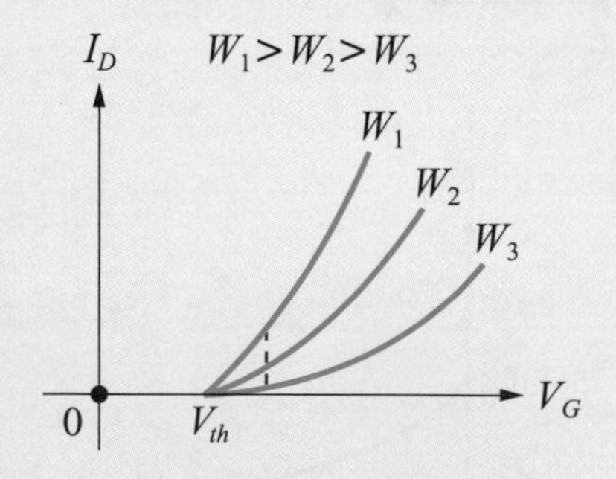

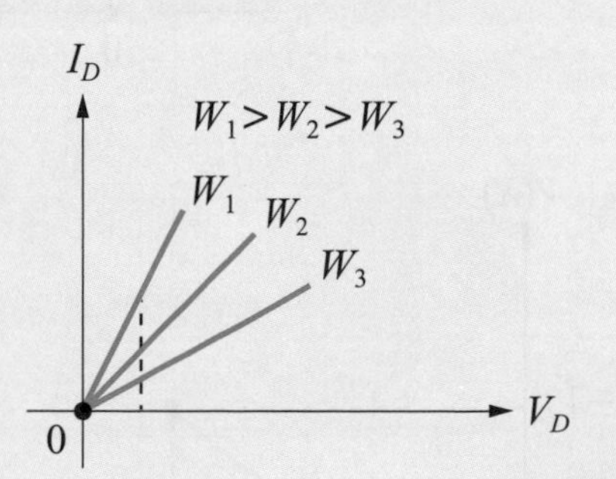

此 2 圖說明了固定電壓(V_G 或 V_D)時，愈窄的通道，電流愈小

(3) 不同的通道寬度 W

圖 5.8 各種條件所畫出 I_D / V_G 和 I_D / V_D 的特性曲線圖

立即練習

承例題 5.1，若溫度升高，則圖形是否會改變？將如何改變？

當一個 n MOSFET 導通後(即加上電壓 V_G 和 V_D)，通道中電壓該如何變化？而閘極 (G) 和基體 (B) 的電位差在通道中又是如何改變呢？圖 5.9 可解釋這些問題。圖 5.9(a) 說明了當 $X = 0$ (在 G 和 S 極交界) 時，電位 ($V(X)$) 爲 0，隨著通道而增加至 $V_G - V_D$；至於閘極和基體的電位差 (V_{GB}) 則是在 $X = 0$ 最大 (V_G)，隨著通道而變小至 $V_G - V_D$，如圖 5.9 (b) 所示。

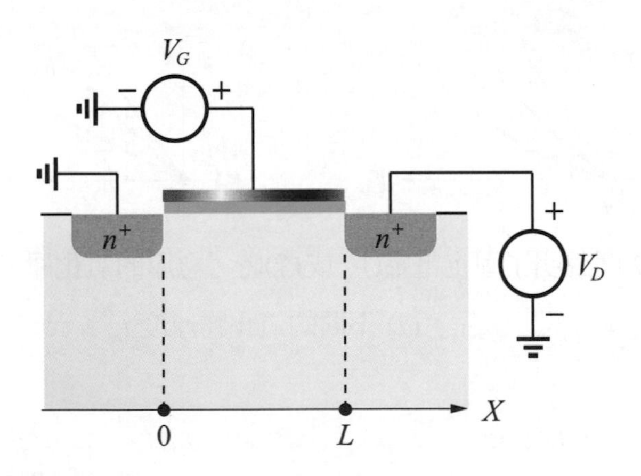

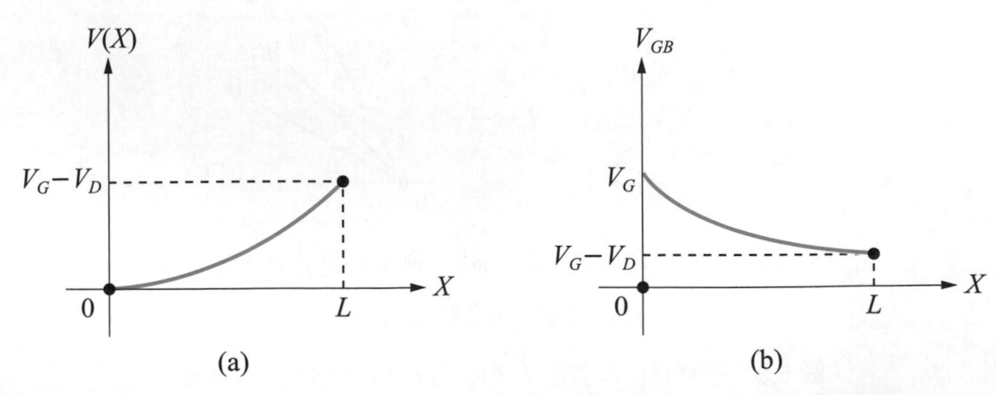

圖 5.9 (a) 通道中電位的變化，(b) 閘極和基體電位差在通道中的變化

MOSFET 的導通主要是由 V_G 來產生通道，由 V_D 來吸引通道中的載子移動。但是否可知 V_D 電壓會造成通道的變形？接下來將會來探討此現象。首先，圖 5.10 是說明此現象的示意圖，當電壓 V_G 大於臨界電壓 V_{th} 時，通道即產生 (此時 $V_D = 0$) 如圖 5.10 中的①所示，爲了要讓通道中的電子移動，進而產生電流 I_D，必須加上電壓 V_D；當 V_D 很小時，通道開始變形 (*S* 極端較寬，*D* 極端較窄) 如圖 5.10 中②所示，隨著 V_D 上升 (I_D 亦上升)，通道的形狀變形更大了，如圖 5.10 中的③所示；若 V_D 又繼續加大，那通道的變形就會如圖 5.10 中的④所示。

當 V_D 電壓大至一定程度，使通道變形成圖 5.10 中的③或④的形狀時，稱此現象爲***夾止***。當夾止發生時，會發現在圖 5.10 中③和④的通道會滿足 $V_G - V_D \le V_{th}$ 的條件，即 V_D 電壓夠大，使得 *G* 極和 *D* 極的電位差小於 V_{th} 時，夾止產生；而①和②的通道自然是 $V_G - V_D > V_{th}$。(譯 5-5)

(譯 5-5)
When the V_D voltage is increased to a certain degree so that it deforms the channel into the shape of ③ or ④ in Figure 5.10, this phenomenon is called ***pinch-off***(夾止). When pinch-off occurs, it will be found that the channels shown in ③ and ④ of Figure 5.10 will meet the condition of $V_G - V_D \le V_{th}$, that is, the V_D voltage is large enough so that the potential difference between the *G* and the *D* is less than V_{th}. The channels of ① and ② are naturally $V_G - V_D > V_{th}$.

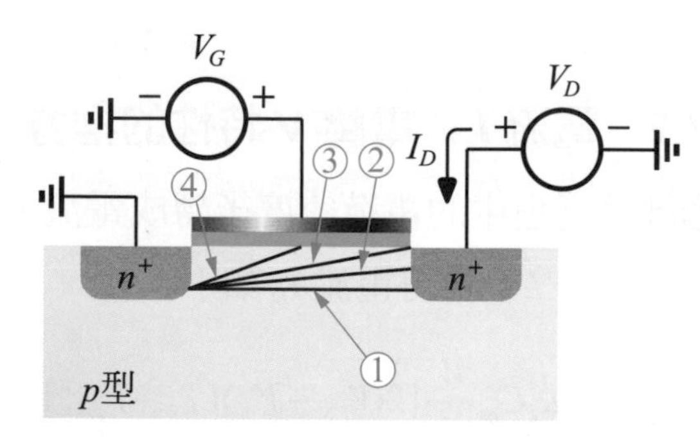

圖 5.10 *n* MOSFET 通道因加 V_D 電壓而變形的說明圖

發生夾止時，通道的長度會縮小，如圖 5.11(a) 中 $L' < L$。通道中的載子在夾止處是如何到達汲極的呢？原來，V_D 電壓在汲極形成一電場 E，此電場使得在夾止處的載子(電子)依舊可以因電場 E 的吸引，漂移至汲極產生電流 I_D，如圖 5.11(b) 局部放大圖，而不會因爲夾止讓載子受阻。

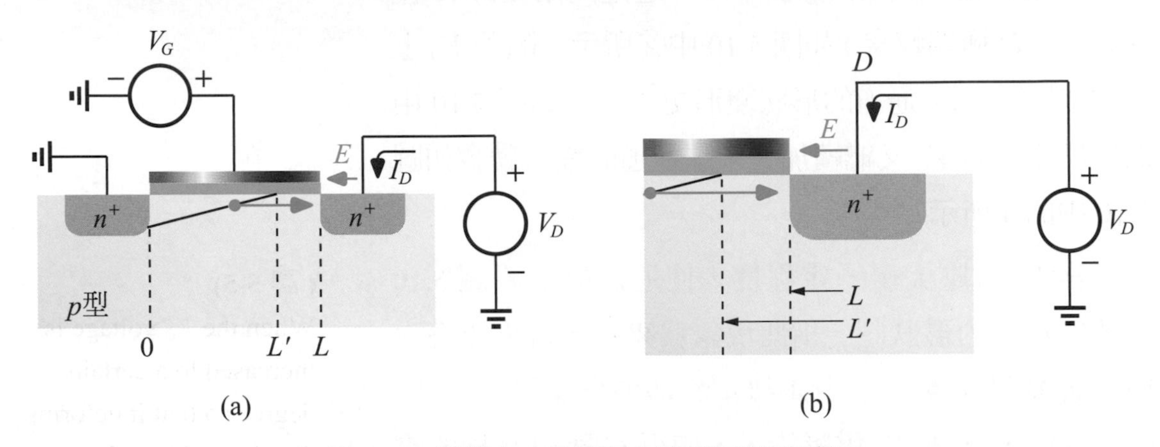

圖 5.11　通道夾止及通道中載子漂移至汲極

5.2.2 電流 I／電壓 V 特性的推導

電荷密度 (charge density)

經過計算通道中的***電荷密度***後轉成電流 I_D，再由 $X=0$ 積分至 $X=L$，可得電流 I_D 如下：

$$I_D = \frac{1}{2}\mu_n C_{ox}\frac{W}{L}[2(V_{GS}-V_{th})V_{DS}-{V_{DS}}^2] \tag{5.1}$$

其中 I_D 爲汲極電流，μ_n 爲電子的遷移率，C_{ox} 爲單位面積電容(氧化層)，W 爲通道寬度，L 爲通道長度，V_{th} 爲臨界電壓，V_{GS} 爲 G 極對 S 極電壓差，V_{DS} 爲 D 極對 S 極的電壓差。

觀察 (5.1) 式，若以 I_D 為縱軸、V_{DS} 為橫軸，可知其為一個***拋物線***方程式。以不同 V_{GS} 值來做圖，可得圖 5.12(a) 之曲線，此拋物線的最大值發生在 $V_{DS} = V_{GS} - V_{th}$，是發生夾止的起始，顯然 (5.1) 式所描述的是未夾止的電流。當把圖 5.12(a) 中小的 V_{DS} ($V_{DS} << 2(V_{GS} - V_{th})$) 附近的曲線放大，可得圖 5.12(b) 的曲線，為一直線。

拋物線 (parabola)

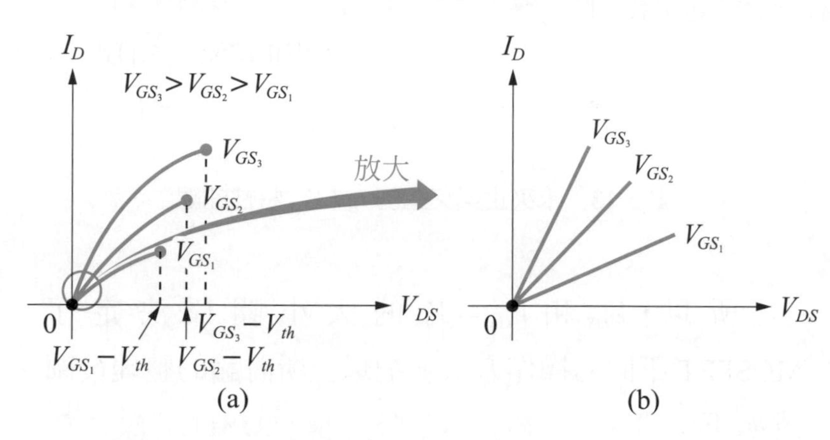

圖 5.12 (a)(5.1) 式的 I_D / V_D 特性曲線，
(b) 圖 (a) 中小的 V_{DS} [$V_{DS} << 2(V_{GS} - V_{th})$] 的放大圖

為了證明是直線無誤，將 $V_{DS} << 2(V_{GS} - V_{th})$ 代入 (5.1) 式，電流 I_D 可近似成

$$I_D \approx \mu_n C_{ox} \frac{W}{L}(V_{GS} - V_{th})V_{DS} \tag{5.2}$$

所以，可以定義一個電阻 R_{on} 為

$$R_{\text{on}} = \left.\frac{V_{DS}}{I_D}\right|_{V_{GS}=\text{定值}} = \frac{1}{\mu_n C_{ox} \dfrac{W}{L}(V_{GS} - V_{th})} \tag{5.3}$$

若把 $V_{DS} = V_{GS} - V_{th}$ 代入 (5.1) 式中，可以得到夾止時的電流 I_D 為

$$I_D = \frac{1}{2}\mu_n C_{ox} \frac{W}{L}(V_{GS} - V_{th})^2 \tag{5.4}$$

圖 5.13 為“未夾止”與“夾止”的 I_D / V_{DS} 特性曲線。

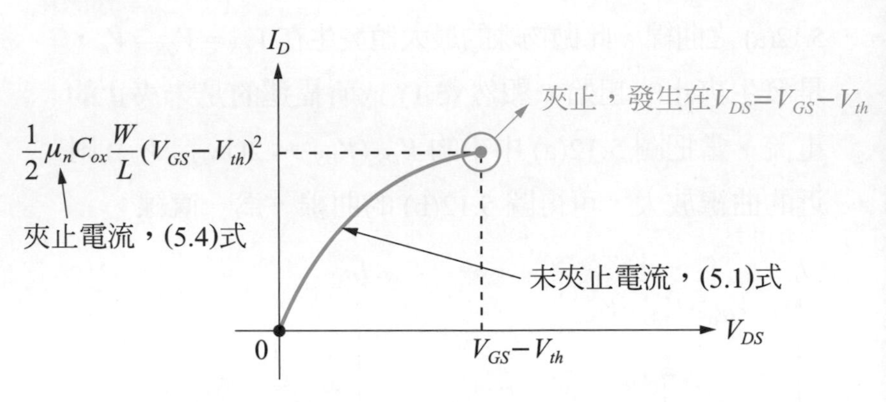

圖 5.13 未夾止與夾止的 I_D / V_{DS} 特性曲線

所以，V_{DS} 和 $V_{GS}-V_{th}$ 的大小關係決定了 MOSFET 不同的操作方式。把以上所討論的整理後闡述如下：當 $V_{DS} < V_{GS}-V_{th}$ 時，稱 **MOSFET** 操作於“***三極管區***”，其電流公式如 **(5.1)** 式所示；當 $V_{DS} \geq V_{GS}-V_{th}$ 時，稱 **MOSFET** 操作於“飽和區”，其電流公式如 **(5.4)** 式所示。(譯 5-6) 圖 5.14 則是 MOSFET 的輸出特性曲線，圖中清楚地標示了各位區域的條件與電流公式，其中 $V_{GS}-V_{th}$ 稱之***超載電壓***。

(譯 5-6)
The relationship between V_{DS} and $V_{GS}-V_{th}$ determines the different operating modes of MOSFET. The above discussion is summarized and elaborated as follows: When $V_{DS} < V_{GS}-V_{th}$, the MOSFET is said to operate in the “***triode region***(三極管區)”, and its current formula is shown in (5.1); when $V_{DS} \geq V_{GS}-V_{th}$, the MOSFET is said to operate in the "saturation region", the current formula is shown in (5.4).

超載電壓
(*overdrive voltage*)

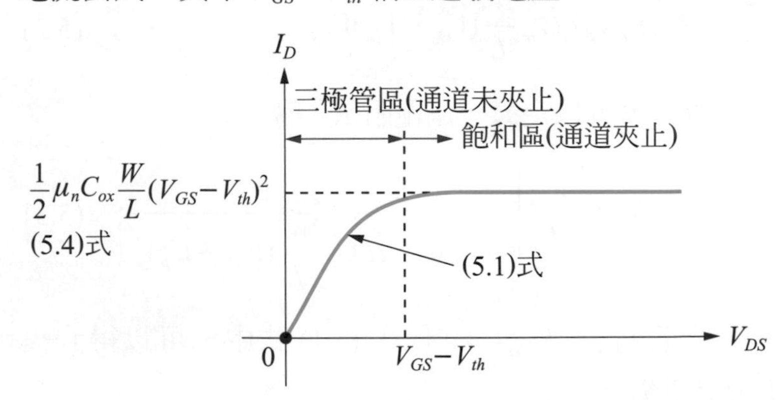

圖 5.14 MOSFET 的輸出特性曲線 (I_D / V_{DS} 圖)

例題 5.2

如圖 5.15(a)、(b)、(c)，請判斷操作在哪一個區域？假設 $V_{th} = 0.4$ V。

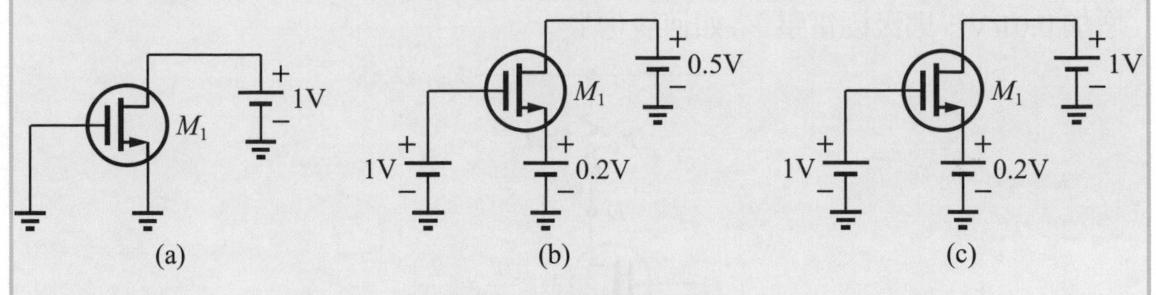

圖 5.15　MOSFET 電路

解答

(a) $V_{GS} = 0$，$V_{DS} = 1$ V

$\because V_{GS} < V_{th}$

$\therefore M_1$ 在截止區

(b) $V_{GS} = 1 - 0.2 = 0.8$ V，$V_{DS} = 0.5 - 0.2 = 0.3$ V

$\because V_{GS} > V_{th}$，$V_{DS} < V_{GS} - V_{th}$

$\therefore M_1$ 在三極管區

(c) $V_{GS} = 1 - 0.2 = 0.8$ V，$V_{DS} = 1 - 0.2 = 0.8$ V

$\because V_{GS} > V_{th}$，$V_{DS} > V_{GS} - V_{th}$

$\therefore M_1$ 在飽和區

立即練習

承例題 5.2，若 V_{th} 由 0.4V 變為 0.5V，請判斷操作在哪一個區域？

例題 5.3

如圖 5.16 所示，$\mu_n C_{ox} = 100\ \mu A/V^2$，$V_{th} = 0.35$ V。(1) 求 I_D 值，(2) 若閘極電壓增加 0.01 V，則汲極電壓 V_D 如何變化？

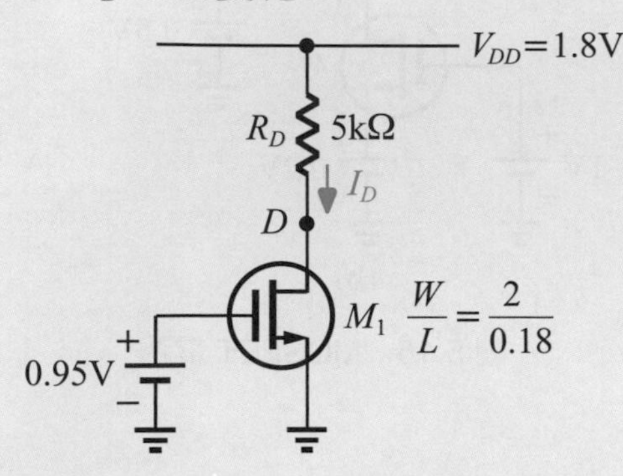

圖 5.16　MOSFET 計算電流 I_D 之電路

解答

(1) 先假設 M_1 操作在飽和區，所以

$$I_D = \frac{1}{2}\mu_n C_{ox}\frac{W}{L}(V_{GS} - V_{th})^2$$

$$= \frac{1}{2}(100\ \mu)\frac{2}{0.18}(0.95 - 0.35)^2$$

$$= 200\ \mu A$$

因為解題時，假設 M_1 操作在飽和區，所以解出 $I_D = 200\ \mu A$ 後要驗證 M_1 是否真的操作在飽和區

$V_D = V_{DD} - I_D R_D = 1.8 - (200\ \mu)(5k) = 0.8$ V

$V_{GS} = 0.95\ V > V_{th} = 0.35$ V

$\because V_{DS} = V_D - V_S = 0.8\ V > V_{GS} - V_{th} = 0.95 - 0.35 = 0.6$ V

$\therefore M_1$ 操作在飽和區

(2) $I_D = \frac{1}{2}(100\mu)\frac{2}{0.18}(0.96 - 0.35)^2 = 206.7\ \mu A$

$\because V_D = 1.8 - (206.7\mu)(5k) = 0.767$ V

$\therefore V_D$ 減少 $0.8 - 0.766 = 0.033\ V = 33$ mV

立即練習

承例題 5.3，若 M_1 操作在飽和區的邊界，則 R_D 的大小範圍為多少？

例題 5.4

承例題 5.3 和圖 5.16，若 M_1 操作在飽和區的邊界。則：

(1) $\frac{W}{L}$為多少？

(2) 利用 (1) 所求得值，V_G 變化 1 mV 則汲極電壓 V_D 變化多少？

解答

(1) 因為操作在飽和區的邊界，所以

$$V_{DS} = V_{GS} - V_{th} = 0.95 - 0.35 = 0.6 \text{ V} = V_D$$

$$I_D = \frac{V_{DD} - V_D}{R_D} = \frac{1.8 - 0.6}{5\text{k}} = 240\mu\text{A}$$

$$\because I_D = 240\mu = \frac{1}{2}(100\mu)\frac{W}{L}(0.95 - 0.35)^2$$

$$\therefore \frac{W}{L} = \frac{2.4}{0.18} = 13.33$$

(2) V_G 由 0.95 V 變化至 0.951 V

$$I_D = \frac{1}{2}(100\mu)\frac{2.4}{0.18}(0.951 - 0.35)^2 = 240.8\mu\text{A}$$

$$\because \Delta I_D = 240.8 - 240 = 0.8\mu\text{A}$$

$$\therefore \Delta V_D = \Delta I_D \cdot R_D = (0.8\mu)(5\text{k}) = 4 \text{ mV}$$

立即練習

承例題 5.4，若 R_D 值變為 1.5 倍大，其餘條件不變。則：

(1) $\frac{W}{L}$為多少？

(2) 利用 (1) 所求得值，若 V_G 變化 1mV，汲極電壓 V_D 將變化為多少？

例題 5.5

如圖 5.17 所示，$\mu_n C_{ox} = 100\ \mu\text{A/V}^2$，$V_{th} = 0.35\text{V}$。若 M_1 操作在飽和區的邊界，那閘極電壓 V_G 的最大值爲何？

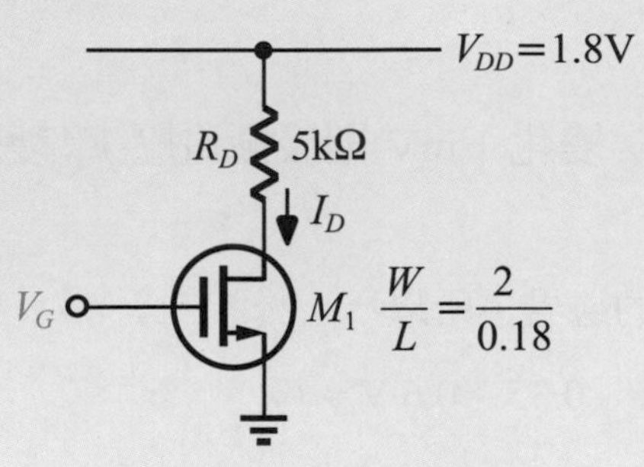

圖 5.17　MOSFET 電路

解答

因爲 M_1 操作在飽和區邊界，所以

$$V_{DS} = V_{GS} - V_{th} = V_{DD} - I_D R_D$$

$$V_{GS} - V_{th} = V_{DD} - \frac{R_D}{2}\mu_n C_{ox}\frac{W}{L}(V_{GS} - V_{th})^2 \Rightarrow \frac{R_D}{2}\mu_n C_{ox}\frac{W}{L}(V_{GS} - V_{th})^2 + (V_{GS} - V_{th}) - V_{DD} = 0$$

$$\because V_{GS} - V_{th} = \frac{-1 + \sqrt{1 + 2R_D V_{DD}\mu_n C_{ox}\frac{W}{L}}}{R_D \mu_n C_{ox}\frac{W}{L}}$$

$$\therefore V_{GS} = \frac{-1 + \sqrt{1 + 2(5\text{k})(1.8)(100\mu)\frac{2}{0.18}}}{(5\text{k})(100\mu)\frac{2}{0.18}} + 0.35 = 0.995\ \text{V}$$

立即練習

承例題 5.5，若 V_{th} 爲 0.4V，$\mu_n C_{ox} = 120\mu\text{A/V}^2$，其餘條件不變，則閘極電壓 V_G 的最大值爲何？

5.2.3 通道長度調變

在 5.2.2 節提到通道因加上 V_{DS} 的電壓後開始變形、夾止，使得通道比原本的來得短，這種現象稱之***通道長度調變***。(譯 5-7) 因此，造成通道長度調變的原因是 V_{DS} 電壓的加入，當 V_{DS} 愈大時通道先是變形、夾止，到通道縮短，此時汲極電流 I_D 不只與 V_{GS} 有關，更是隨著 V_{DS} 增加而變大，因此 I_D 將修正如下：

(譯 5-7)
In Section 5.2.2, it is mentioned that the channel begins to deform and pinch off after applying the V_{DS} voltage, making the channel shorter than the original one. This phenomenon is called ***channel length modulation***(***通道長度調變***).

$$I_D = \frac{1}{2}\mu_n C_{ox}\frac{W}{L}(V_{GS} - V_{th})^2(1 + \lambda V_{DS}) \qquad (5.5)$$

其中 λ 稱爲通道長度調變係數，且 $\lambda \propto \frac{1}{L}$。$I_D$ / V_{DS} 特性曲線也會如圖 5.18 修正。

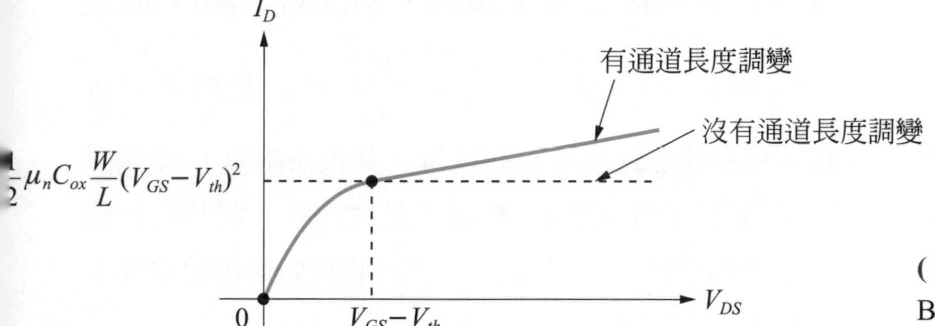

圖 5.18 有無通道長度調變的 I_D / V_{DS} 特性曲線

又因爲 λ 與通道長度 (L) 的倒數成正比 ($\lambda \propto \frac{1}{L}$)，所以短通道時，$\lambda$ 比較大，通道長度調變的效應比較明顯；反之長通道時，λ 會比較小，通道長度調變的效應就比較“不”明顯。(譯 5-8)

(譯 5-8)
Because λ is proportional to the reciprocal of the channel length L ($\lambda \propto \frac{1}{L}$), when the channel is short, λ is relatively large, and the effect of channel length modulation is more obvious; on the contrary, when the channel is long, λ will be relatively small, and the effect of channel length modulation is "not" obvious.

圖 5.19(a) 中，因短通道造成飽和區中 ΔI_D / ΔV_{DS} 的斜率較大 (效應較大)，反之圖 5.19(b) 中 ΔI_D / ΔV_{DS} 的斜率較小 (效率較小)。

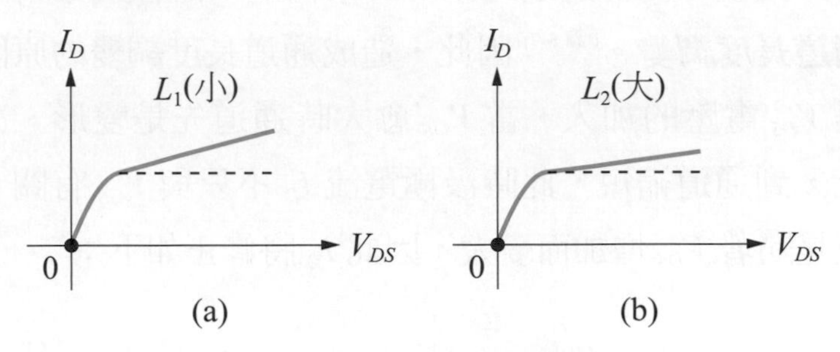

圖 5.19　(a) 短通道的長度調變效應較大，
(b) 長通道的長度調變效應較小

I_D / V_{DS} 特性曲線中飽和區呈水平線或具斜率皆有所含意。當呈水平線時，$\Delta I_D/\Delta V_{DS} = 0$，即是 $\Delta V_{DS}/\Delta I_D = \infty$。若定義 $r_o = \dfrac{\Delta V_{DS}}{\Delta I_D}$ 爲一個輸出阻抗時，沒有通道長度調變的狀況，其輸出阻抗 r_o 爲無限大 (r_o 不存在的意思)；有通道長度調變，則其輸出阻抗 r_o 不爲無限大 (r_o 存在)，那 r_o 值該如何被定義和求出呢？

$$r_o = \left(\frac{\partial I_D}{\partial V_{DS}}\right)^{-1} = \frac{1}{\frac{1}{2}\mu_n C_{ox}\frac{W}{L}(V_{GS}-V_{th})^2\cdot\lambda}$$

$$\cong \frac{1}{\lambda I_D} \tag{5.6}$$

(5.6) 式可以得知，當 $\lambda = 0$ 時，$r_o = \infty$，沒有通道長度調變效應；而 $\lambda \neq 0$ 時，$r_o \neq \infty$ (存在)，所以有通道長度調變效應。(譯 5-9)

(譯 5-9)
From (5.6),
when $\lambda = 0$, then $r_o = \infty$, there is no channel length modulation effect;
and when $\lambda \neq 0$, then $r_o \neq \infty$ (exists), so there is a channel length modulation effect.

例題 5.6

一個 MOSFET 操作在飽和區，$\lambda = 0.1\ V^{-1}$，$I_D = 1$ mA，$V_{DS} = 0.6$ V。若把 V_{DS} 上升至 1 V 時，求 (1) I_D 變化多少？，(2) r_o 爲多少？

解答

(1) $$I_{D_1} = \frac{1}{2}\mu_n C_{ox}\frac{W}{L}(V_{GS}-V_{th})^2(1+\lambda V_{DS_1})$$

$$I_{D_2} = \frac{1}{2}\mu_n C_{ox}\frac{W}{L}(V_{GS}-V_{th})^2(1+\lambda V_{DS_2})$$

$$\frac{I_{D_1}}{I_{D_2}} = \frac{1+\lambda V_{DS_1}}{1+\lambda V_{DS_2}}$$

$$\frac{1\text{mA}}{I_{D_2}} = \frac{1+(0.1)(0.6)}{1+(0.1)(1)}$$

$$\because I_{D_2} = 1.038\text{ mA}$$

$$\therefore \Delta I_D = I_{D_2} - I_{D_1} = 0.038\text{ mA} = 38\mu\text{A}$$

(2) $$r_o = \frac{\Delta V_{DS}}{\Delta I_D} = \frac{1-0.6}{38\mu} = 10526.32\ \Omega = 10.53\text{ k}\Omega$$

立即練習

承例題 5.6，W 如何影響其結果？

5.2.4 MOS 的轉導

MOSFET 是一個電壓控制電流的元件，因此 MOSFET 可以用電壓如何控制電流的概念來定義它的特性。此特性稱之轉導 g_m，定義如下：

$$g_m = \frac{\Delta I_D}{\Delta V_{GS}} = \frac{\partial I_D}{\partial V_{GS}} \tag{5.7}$$

將 (5.4) 式代入 (5.7) 式，可得

$$g_m = \mu_n C_{ox}\frac{W}{L}(V_{GS}-V_{th}) \tag{5.8}$$

將 (5.8) 式做一下變換，可得

$$g_m = \sqrt{2\mu_n C_{ox} \frac{W}{L} I_D} \tag{5.9}$$

$$= \frac{2I_D}{V_{GS} - V_{th}} \tag{5.10}$$

此時一定會感到困惑，爲何 g_m 以 3 條公式來計算？其實仔細觀察後可發現，當條件缺少 I_D 值時，用 (5.8) 式求 g_m；當條件缺少 $V_{GS} - V_{th}$ 值時，用 (5.9) 式求 g_m；當條件缺少 $\mu_n C_{ox} \frac{W}{L}$ 值時，則用 (5.10) 式求出 g_m。

5.2.5 基體效應

其實 MOSFET 的端點應該是 4 個，除了先前提到的 G、D 和 S 極外，還有 B 極，如圖 5.20 所示。

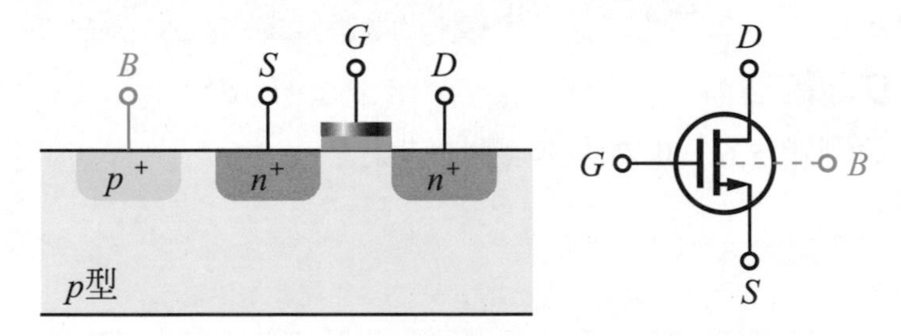

圖 5.20 MOSFET 的結構圖和電路符號 (4 端點)

當 S 極和 B 極間的電位差不爲 0 時 ($V_{SB} \neq 0$)，就形成了***基體效應***，會使得臨界電壓 V_{th} 值上升。(譯 5-10) 臨界電壓 V_{th} 可描述如下：

$$V_{th} = V_{th_0} + \gamma(\sqrt{|2\phi_F + V_{SB}|} - \sqrt{|2\phi_F|}) \tag{5.11}$$

其中 V_{th_0} 爲沒有基體效應 ($V_{SB} = 0$) 的臨界電壓，γ 爲基體效應係數 (大約 $0.4\sqrt{V}$)，ϕ_F 爲功函數 (大約 0.4 V)。由 (5.11) 式知，當 $V_{SB} = 0$，$V_{th} = V_{th_0}$。當 $V_{SB} \neq 0$，$V_{th} > V_{th_0}$。

(譯 5-10)
Body effect
When the potential difference between the S and the B is not 0 ($V_{SB} \neq 0$), a ***body effect***(***基體效應***) is formed, which will increase the threshold voltage V_{th}.

例題 5.7

一個 MOSFET 的 $\frac{W}{L}$ 和 I_D 都變為原來的 3 倍，則 g_m 會如何變化？

解答

由 (5.9) 式知，當 $\frac{W}{L}$ 和 I_D 皆變為原來的 3 倍，g_m 則會變為原來的 3 倍。

立即練習

承例題 5.7，輸出阻抗 r_o 又會如何變化？

例題 5.8

如圖 5.21，若 $V_S = 0.4$ V，$V_G = V_D = 1.4$ V，$\mu_n C_{ox} = 100\ \mu\text{A/V}^2$，$\frac{W}{L} = 50$，$V_{th_0} = 0.5$ V，$\lambda = 0$，求汲極電流 I_D。

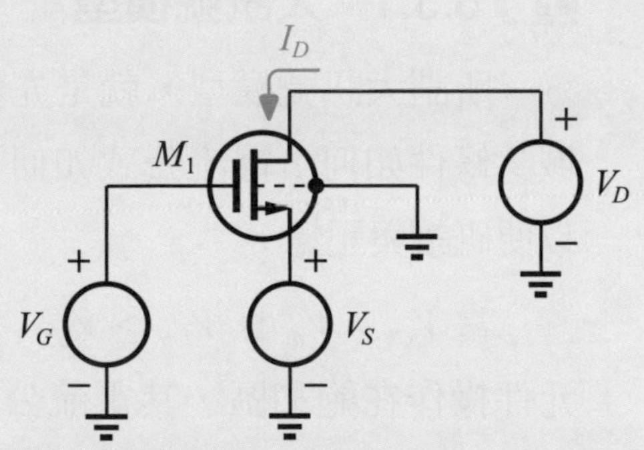

圖 5.21　具基體效應的 MOSFET 電路

解答

$$V_{SB} = V_S - V_B = 0.4 - 0 = 0.4\ \text{V} \neq 0$$

$$V_{th} = V_{th_0} + \gamma\left(\sqrt{|2\phi_F + V_{SB}|} - \sqrt{|2\phi_F|}\right) = 0.5 + 0.4\left(\sqrt{2\times0.4+0.4} - \sqrt{2\times0.4}\right) = 0.58\ \text{V}$$

$V_{DS} = 1.4 - 0.4 = 1$ V，$V_{GS} = 1.4 - 0.4 = 1$ V

$\because V_{DS} = 1\ \text{V} > V_{GS} - V_{th} = 1 - 0.58 = 0.42\ \text{V}$　$\therefore M_1$ 操作在飽和區

$$I_D = \frac{1}{2}(100\mu)50(1-0.58)^2 = 0.441\ \text{mA} = 441\ \mu\text{A}$$

立即練習

承例題 5.8，若 V_S 由 0 變化至 1.5V，請畫出汲極電流 I_D 對 V_S 的關係圖。

5.3 MOS 元件的模型

本節將針對 MOS 元件的大訊號模型和小訊號模型加以討論，這些模型在往後做電路分析時皆會使用。

5.3.1 大訊號模型

所謂大訊號模型，就是先前所學的操作在什麼區域？條件如何？電流公式如何？在此把它做個整理，以便研讀與記憶。

當 $V_{GS} > V_{th}$ 且 $V_{DS} \geq V_{GS} - V_{th}$ 時，此時 MOSFET 元件操作在飽和區，其電流公式如 (5.12) 式所示，模型則如圖 5.22 所示。(譯 5-11)

(譯 5-11)
When $V_{GS} > V_{th}$ and $V_{DS} \geq V_{GS} - V_{th}$, the MOSFET device is operating in the saturation region, and the current formula is shown in (5.12), and the model is shown in Figure 5.22.

$$I_D = \frac{1}{2}\mu_n C_{ox}\frac{W}{L}(V_{GS} - V_{th})^2(1 + \lambda V_{DS}) \qquad (5.12)$$

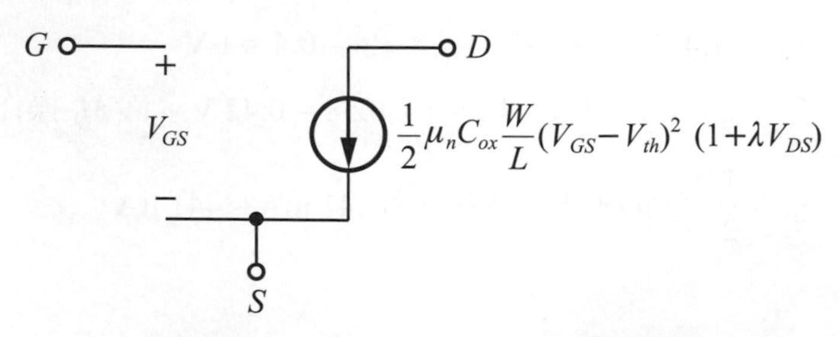

圖 5.22　MOS 操作在飽和區的模型

當 $V_{GS} > V_{th}$，且 $V_{DS} < V_{GS} - V_{th}$ 時，MOSFET 元件操作在三極管區，其電流公式如 (5.13) 式所示，模型則如圖 5.23 所示。(譯 5-12)

$$I_D = \frac{1}{2}\mu_n C_{ox}\frac{W}{L}[2(V_{GS} - V_{th})V_{th} - V_{DS}^{\ 2}] \qquad (5.13)$$

(譯 5-12)
When $V_{GS} > V_{th}$ and $V_{DS} < V_{GS} - V_{th}$, the MOSFET device operates in the triode region, and the current formula is shown in (5.13), and the model is shown in Figure 5.23.

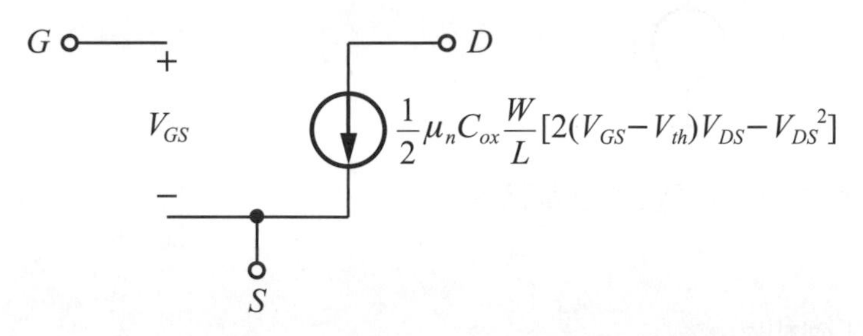

圖 5.23 MOS 操作在三極管區的模型

當 $V_{GS} > V_{th}$， 且 $V_{DS} << 2(V_{GS} - V_{th})$ 時，MOSFET 元件操作在深三極管區，其元件行爲如同電阻 R_{on} 一般，其公式如 (5.14) 式所示，模型則如圖 5.24 所示。(譯 5-13)

$$R_{\text{on}} = \frac{1}{\mu_n C_{ox}\frac{W}{L}(V_{GS} - V_{th})} \qquad (5.14)$$

(譯 5-13)
When $V_{GS} > V_{th}$, and $V_{DS} << 2(V_{GS} - V_{th})$, the MOSFET device operates in the deep triode region. Its behavior is like the resistance R_{on}, its formula is as shown in (5.14), and the model is shown in Figure 5.24.

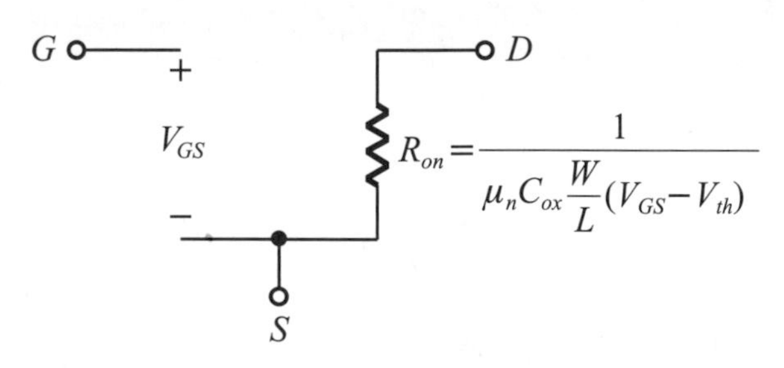

圖 5.24 MOSFET 操作在深三極管區的模型

例題 5.9

如圖 5.25 所示，請畫出汲極電流 I_D 對 V_1 的特性曲線圖。其中 V_1 由 0 變化至 V_{DD}，且假設 $\lambda = 0$。

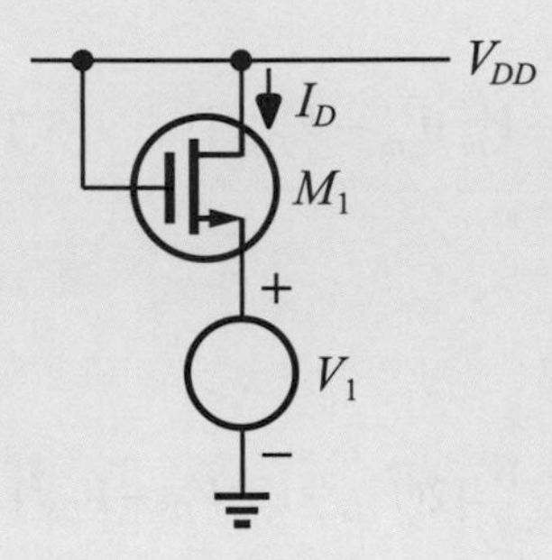

圖 5.25　例題 5.9 的電路圖

解答

(1) 當 $V_1 = 0$ 時，M_1 操作在飽和區。

$\because V_{GS} = V_{DD} - 0 = V_{DD} > V_{th}$；$V_{DS} = V_{DD} > V_{GS} - V_{th} = V_{DD} - V_{th}$

$$\therefore I_D = \frac{1}{2}\mu_n C_{ox}\frac{W}{L}(V_{GS} - V_{th})^2 = \frac{1}{2}\mu_n C_{ox}\frac{W}{L}(V_{DD} - V_1 - V_{th})^2 = \frac{1}{2}\mu_n C_{ox}\frac{W}{L}(V_{DD} - V_{th})^2$$

(2) 當 V_1 愈來愈大時，I_D 愈來愈小，M_1 由飽和區往三極管區移動。

(3) 當 $V_1 = V_{DD} - V_{th}$ 時，$I_D = 0$（截止）

所以 $I_D - V_1$ 的特性曲線如圖 5.26 所示。

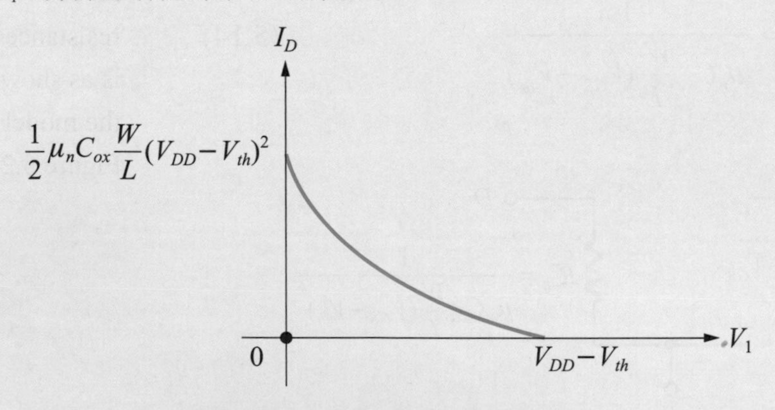

圖 5.26　$I_D - V_1$ 的特性曲線圖

立即練習

例題 5.9，若 M_1 的 $V_G = 2\text{V}$，$V_D = 2.5\text{V}$，其餘條件不變，請畫出汲極電流 I_D 對 V_1 的特性曲線圖。

5.3.2 小訊號模型

MOSFET 的小訊號模型分 2 種情況討論。

當沒有通道長度調變時，$\lambda = 0$，所以沒有輸出阻抗 r_o (即 $r_o = \infty$)，小訊號模型如圖 5.27(a) 所示；當有通道長度調變時，$\lambda \neq 0$，所以有輸出阻抗 r_o (即 $r_o \neq \infty$)，r_o 出現在 D 極與 S 極之間，小訊號模型如圖 5.27(b) 所示。(譯 5-14)

(譯 5-14)
When there is no channel length modulation, $\lambda = 0$, there is no output impedance r_o (i.e., $r_o = \infty$). The small signal model is shown in Figure 5.27(a); when there is a channel length modulation, $\lambda \neq 0$, there is a output impedance r_o (i.e., $r_o \neq \infty$), r_o appears between the D and the S, and the small signal model is shown in Figure 5.27(b).

其中 g_m 如 (5.7) 式所定義，其值如 (5.8) 式、(5.9) 式和 (5.10) 式所示，至於 r_o 的定義和公式如 (5.6) 式所示，g_m 和 r_o 稱為小訊號模型的參數。

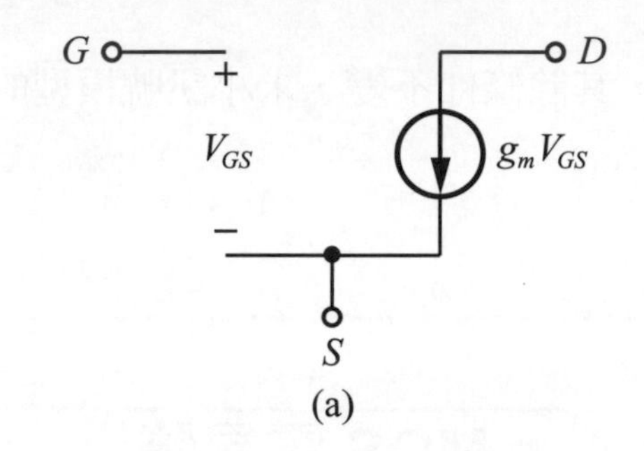

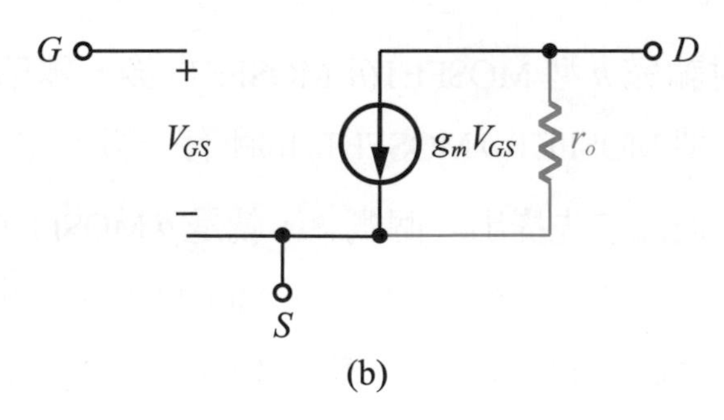

圖 5.27 (a) 沒有通道長度調變的小訊號模型，
(b) 有通道長度調變的小訊號模型

例題 5.10

一個 MOSFET 的 $I_D = 0.4$ mA，$\mu_n C_{ox} = 100\mu\text{A/V}^2$，$\frac{W}{L} = 12.5$，$\lambda = 0.1\ \text{V}^{-1}$，求小訊號模型的參數。

解答

根據題目所提供的數據，可判斷計算 g_m 需使用 (5.9) 式。

$$\therefore g_m = \sqrt{2(100\mu)\cdot 12.5\cdot 0.4\text{m}} = \frac{1}{1\text{k}\Omega} = 10^{-3}\ \mho^{-1}\ (\text{S})$$

$$r_o = \frac{1}{\lambda I_D} = \frac{1}{0.1\cdot 0.4\text{m}} = 25\ \text{k}\Omega$$

立即練習

承例題 5.10，若 $\frac{W}{L}$ 變為原來的 3 倍，其餘條件不變，求小訊號模型的參數。

5.4 *p* MOS 電晶體

討論完 *n* 型 MOSFET(*n* MOSFET) 後，本節將接著討論 *p* 型 MOSFET(*p* MOSFET) 的所有一切。

在討論前先提出一個概念，就是 *p* MOSFET 的所有一切(包含結構和特性)將和 *n* MOSFET 完全相反，相信有了這個初步的想法後，學習本節將事半功倍。

首先，先了解 *p* MOSFET 的結構(時常惦記和 *n* MOSFET 相反)，如圖 5.28(a) 所示。它的基體是 *n* 型半導體，上面有著 2 個 p^+ 的擴散區，分別為 *S* 極和 *D* 極，這 2 區間長著氧化物和金屬，是 *G* 極所在。再包含基體的一個極，共有 4 個極點 (*S*、*D*、*G* 和 *B* 極)，圖 5.28(b) 則是 *p* MOSFET 的電路符號。(譯 5-15)

(譯 5-15)
First understand the structure of *p* MOSFET (which is the opposite of *n* MOSFET), as shown in Figure 5.28(a). Its substrate is an *n*-type semiconductor, with two p^+ diffusion regions on it, which are *S* and *D*. Oxide and metal are grown between these two regions, that is the *G* located. It also includes the substrate as *B*. Therefore, it consists of 4 terminals (*S*, *D*, *G*, and *B*). Figure 5.28(b) is the circuit symbol of the *p* MOSFET.

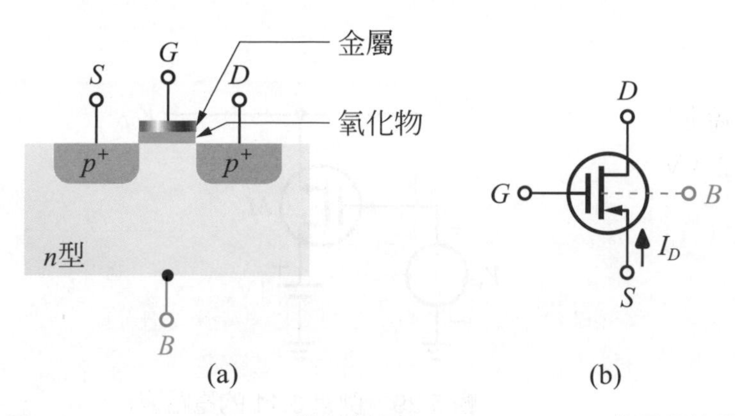

圖 5.28 (a) p MOSFET 的結構圖，(b) p MOSFET 的電路符號

至於 p MOSFET 的操作區域和 n MOSFET 一樣有 3 個區域——飽和區、三極管區和截止區 (不討論之)。當 p MOSFET 操作在飽和區的條件和電流公式如下：

$$且\begin{cases} V_{SG} > |V_{th_p}| & (5.15) \\ V_{SD} \geq V_{SG} - |V_{th_p}| & (5.16) \end{cases}$$

$$I_D = \frac{1}{2}\mu_p C_{ox} \frac{W}{L}(V_{SG} - |V_{th_p}|)^2 \quad (5.17)$$

其中 V_{th_p} 為 p MOSFET 的臨界電壓，其值為負的。注意，(5.15) 式～ (5.17) 式的寫法和 n MOSFET 的型式一樣，唯一的差別就是電壓極性的相反 (例如 V_{GS} 換成 V_{SG})。當 p MOSFET 操作在三極管區的條件和電流公式如下：

$$且\begin{cases} V_{SG} > |V_{th_p}| & (5.18) \\ V_{SD} < V_{SG} - |V_{th_p}| & (5.19) \end{cases}$$

$$I_D = \frac{1}{2}\mu_p C_{ox} \frac{W}{L}[2(V_{SG} - |V_{th_p}|)V_{SD} - V_{SD}^2] \quad (5.20)$$

至於 p MOSFET 的小訊號模型和 n MOSFET 一模一樣 (如圖 5.27)。

例題 5.11

如圖 5.29，決定 M_1 操作的區域。
當 V_1 由 V_{DD} 降至 0，$V_{DD} = 2.4$ V，
$|V_{th_p}| = 0.4$ V。

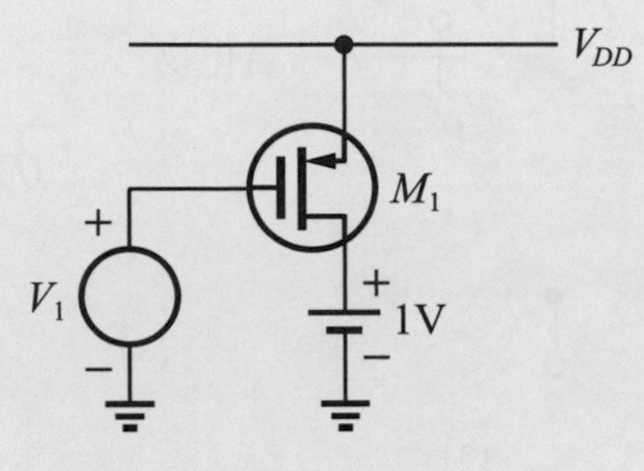

圖 5.29　例題 5.11 的電路圖

解答

(1) 當 $V_1 = 2.4$V 時

$V_{SG} = V_S - V_G = 2.4 - 2.4 = 0$　$\therefore M_1$ 截止

(2) 當 V_1 下降至 2V

$V_{SG} = 2.4 - 2 = 0.4$ V，此時 $V_{SG} = |V_{th_p}|$　$\therefore M_1$ 開始要導通

(3) 當 V_1 下降至 2V 以下 (例 $V_1 = 1.8$)

$V_{SG} = V_S - V_G = 2.4 - 1.8 = 0.6$ V　$\therefore V_{SG} > |V_{th_p}|$

$V_{SD} = 2.4 - 1 = 1.4 \text{ V} > V_{SG} - |V_{th_p}| = 0.6 - 0.4 = 0.2$ V　$\therefore M_1$ 操作在飽和區

(4) 當 V_1 下降至 0.6V 時

$V_{SG} = V_S - V_G = 2.4 - 0.6 = 1.8$ V，$V_{SG} > |V_{th_p}|$

$V_{SD} = 2.4 - 1 = 1.4 \text{ V} = V_{SG} - |V_{th_p}| = 1.8 - 0.4 = 1.4$ V　$\therefore M_1$ 在飽和區邊界

(5) 當 V_1 下降至 0.6V 以下 (例如 $V_1 = 0.3$ V)

$V_{SG} = 2.4 - 0.3 = 2.1$ V，$V_{SG} > |V_{th_p}|$

$V_{SD} = 2.4 - 1 = 1.4 \text{ V} < V_{SG} - |V_{th_p}| = 2.1 - 0.4 = 1.7$ V　$\therefore M_1$ 在三極管區

$\therefore$ 當 $V_1 = 2.4$V 時 $\Rightarrow M_1$ 在截止區

當 $2 \text{ V} \le V_1 < 2.4$V 時 $\Rightarrow M_1$ 在截止區

當 $0.6\text{V} \le V_1 < 2$V 時 $\Rightarrow M_1$ 在飽和區

當 $0 \le V_1 < 0.6$V 時 $\Rightarrow M_1$ 在三極管區

立即練習

承例題 5.11，當 1V 降為 0.8V 時，決定 M_1 操作的區域。

例題 5.12

畫出圖 5.30 的小訊號模型電路，假設 $\lambda \neq 0$。

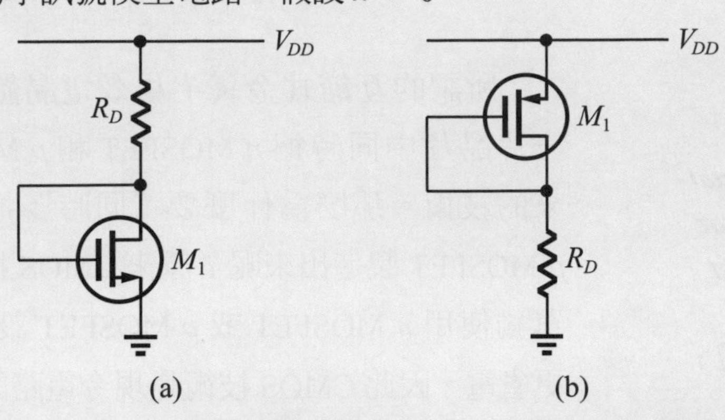

圖 5.30 例題 5.12 的電路圖

解答

畫小訊號模型電路時，在電路中的電源 (V_{DD})，畫在小訊號電路中就是接地 (**GND**)。而在電路中的接地，在小訊號電路中依舊是接地。圖 5.30 (a)、(b) 的小訊號模型電路皆同，如圖 5.31 所示。

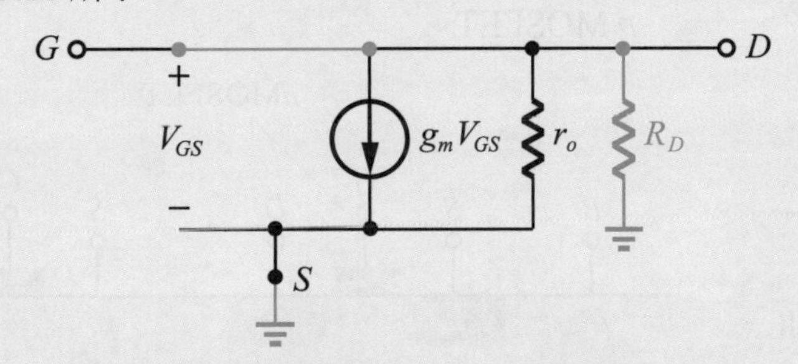

圖 5.31 圖 5.30 的小訊號模型電路

立即練習

承例題 5.12，若在圖 5.30(a) 中加入一個電阻 R_S 於 M_1 的 S 極與地之間，在圖 5.30(b) 中加入一個電阻 R_S 於 M_1 的 S 極與 V_{DD} 之間，其餘條件不變，請畫出其小訊號模型電路。

5.5 互補式金氧半場效電晶體技術

所謂的***互補式金氧半場效電晶體***技術，是指在一片***晶片***中同時把 *n* MOSFET 和 *p* MOSFET 製造出來的技術。那麼爲什麼要"同時"把 *n* MOSFET 和 *p* MOSFET 製造出來呢？原來 CMOS 技術的電路會比單獨使用 *n* MOSFET 或 *p* MOSFET 設計出來的電路更省電，因此 CMOS 技術是現今電路設計與製造的主流。(譯 5-16)

(譯 5-16)
The so-called ***complementary metal-oxide-semiconductor (CMOS) field-effect transistor*** (***互補式金氧半場效電晶體***) technology refers to the technology of simultaneously manufacturing *n* MOSFET and *p* MOSFET in a ***wafer***(***晶片***). So why should *n* MOSFET and *p* MOSFET be manufactured "simultaneously"? The original CMOS technology circuit will save more power than the circuit designed using *n* MOSFET or *p* MOSFET alone, so CMOS technology is the mainstream of current circuit design and manufacturing.

圖 5.32 是 CMOS 技術的剖面圖，其中有一個重要技術稱之 *n* 井，即是把 *n* 井建立在 *p* 型的基體上；*p* 型基體上製作 *n* MOSFET，而在 *n* 井上製作 *p* MOSFET。

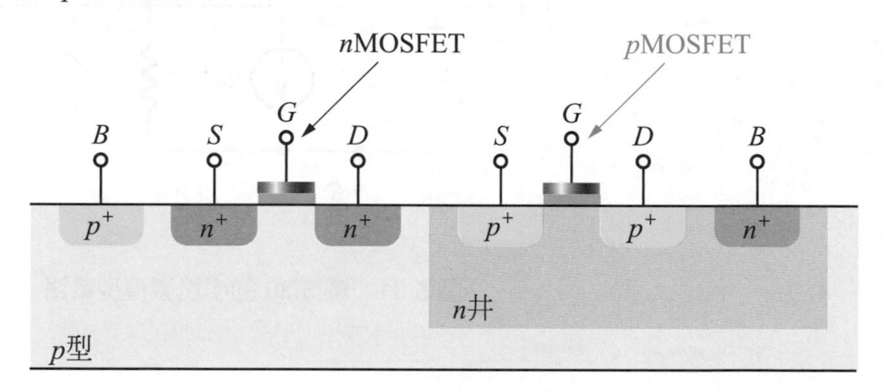

圖 5.32 CMOS 技術

5.6 BJT 元件和 MOS 元件的比較

到目前爲止，已經將 BJT 和 MOSFET 兩個元件各自做了完整的介紹。在本章節結束前，把此 2 元件的重要特性和參數做一個比較，以期能更加了解此 2 元件的相同與相異之處，爲後續章節研讀打下更好的基礎。

表 5.1 即是此 2 元件的比較表，以電流／電壓特性、操作區域、I_B / I_G 電流、二次效應、電流機制、電阻、轉導和開關等角度來做一個完整的比較。

表 5.1 BJT 和 MOSFET 電晶體的比較表

	BJT	MOSFET
電流 / 電壓特性	指數關係	二次方關係
操作區域	主動區：$V_{BE} > 0$，$V_{BC} < 0$	飽和區：$V_{GS} > V_{th}$，$V_{DS} \geq V_{GS} - V_{th}$
	飽和區：$V_{BE} > 0$，$V_{BC} > 0$	三極管區：$V_{GS} > V_{th}$，$V_{DS} < V_{GS} - V_{th}$
I_B / I_G 電流	I_B 很小 (~ 10^{-6} A)	$I_G = 0$
二次效應	厄利效應	通道長度調變效應
電流機制	擴散	漂移
電阻	（尚未討論暫不列入）	壓控電阻
轉導	大	小
開關	（尚未討論暫不列入）	非常適合

由表 5.1 可知：

1. BJT 的電流／電壓特性是指數關係，如 (4.3) 式所示；而 MOSFET 的電流／電壓特性是二次方關係，如 (5.1) 式所示。
2. BJT 的操作區域為主動區和飽和區，其條件分別為 $V_{BE} > 0$ 且 $V_{BC} < 0$ 及 $V_{BE} > 0$ 且 $V_{BC} > 0$；而 MOSFET 的操作區為飽和區和三極管區，其條件分別為 $V_{GS} > V_{th}$ 且 $V_{DS} \geq V_{GS} - V_{th}$ 及 $V_{GS} > V_{th}$ 且 $V_{DS} < V_{GS} - V_{th}$。
3. BJT 的基極電流 I_B 雖存在但很小，大約為 10^{-6}A 等級；而 MOSFET 的閘極電流 I_G 為 0 並不存在此電流。
4. BJT 的二次效應為厄利效應，它會造成集極電流 I_C 需要做修正；而 MOSFET 的二次效應為通道長度調變效應，它同樣會造成汲極電流 I_D 需要做修正。
5. BJT 的電流流動機制是擴散；而 MOSFET 的電流流動機制是漂移。
6. BJT 元件很難當成一個電阻來使用；而 MOSFET 則可成為一個壓控電阻，由 V_{GS} 來控制其電阻的大小，如 (5.3) 式所示。
7. BJT 的轉導值 g_m 比起 MOSFET 的轉導值來得大；而 MOSFET 的 g_m 值相對來說比較小。
8. BJT 不適合當成開關，而 MOSFET 非常適合當成開關使用。

5.7 實例挑戰

例題 5.13

若關於 MOSFET，請回答以下問題：

(1) 請畫出 p MOSFET 和 n MOSFET 之物理結構剖面圖，假設皆使用 p 型基板。

(2) 請以 n MOSFET 爲例，解釋何謂通道調變效應以及基體效應。

【107 中山大學 - 光電所碩士】

解答

(1) 如圖 5.33 所示，分別爲 p MOSFET 和 n MOSFET 之物理結構剖面圖。

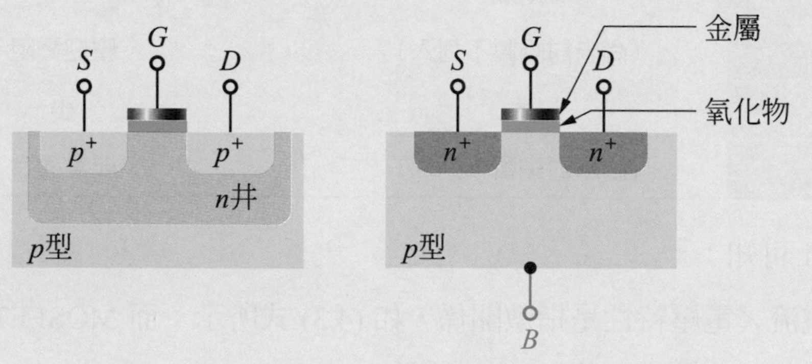

圖 5.33　p MOSFET 和 n MOSFET 之物理結構剖面圖

(2) 通道調變效應爲 V_D 電壓所造成，I_D 不只和 V_{GS} 有關，也與 V_{DS} 有關；基體效應，則爲源極和基體極間不短路所造成的效應。

例題 5.14

增強型 MOSFET，$V_{th}=-1.5\text{V}$，$K=2\text{mA/V}^2$，$\lambda=0$，若 $V_{DS}=4\text{V}$。則：

(1) 此 MOSFET 是屬於 n 通道或 p 通道之電晶體？

(2) 當 V_{GS} 的範圍為多少時，會使 FET 呈飽和狀態？

(3) 當 $I_D=3\text{mA}$ 時，且 FET 飽和，則 V_{GS} 為多少？

【109 聯合大學 - 光電工程學系碩士】

解答

(1) 因 $V_{th}=-1.5\text{V}<0$，故屬於 p 通道之電晶體。

(2) $V_{SD}>V_{SG}-|V_{th}| \Rightarrow V_{DS}<V_{GS}-V_{th}$，$V_{GS}>V_{DS}+V_{th}=4-1.5=2.5\text{V}$

(3) $$I_D=\frac{1}{2}\mu_n C_{ox}\frac{W}{L}(V_{SG}-|V_{tp}|)$$

$$3\cancel{m}=\frac{1}{2}\times 2\cancel{m}(V_{SG}-1.5)^2$$

$$V_{SG}=3.23\text{V}$$

$$\therefore V_{GS}=-3.23\text{V}$$

重點回顧

1. n MOSFET 的操作就是在 G 極加上一個正的 V_G 電壓產生通道，在 D 極加上一個正的 V_D 電壓讓通道中的電子移動，進而產生電流 I_D。
2. 產生通道的最小電壓稱之臨界電壓。
3. V_D 電壓會使得通道變形，進而產生夾止 (當 $V_G - V_D \le V_{th}$ 時)，而 $V_G - V_D > V_{th}$ 時通道則未夾止。
4. n MOSFET 操作在三極管區時，條件為 $V_{GS} > V_{th}$ 且 $V_{DS} < V_{GS} - V_{th}$(通道未夾止時)，其電流公式如 (5.1) 式所示。

$$I_D = \frac{1}{2}\mu_n C_{ox}\frac{W}{L}[2(V_{GS}-V_{th})V_{DS}-V_{DS}{}^2] \tag{5.1}$$

5. 當 n MOSFET 操作在三極管區時，且 $V_{DS} \ll 2(V_{GS} - V_{th})$ 時，電晶體的行為像一個電阻，其阻值如 (5.3) 式所示。

$$R_{\text{on}} = \left.\frac{V_{DS}}{I_D}\right|_{V_{GS}=\text{定值}} = \frac{1}{\mu_n C_{ox}\dfrac{W}{L}(V_{GS}-V_{th})} \tag{5.3}$$

6. n MOSFET 操作在飽和區時，條件為 $V_{GS} > V_{th}$ 且 $V_{DS} \ge V_{GS} - V_{th}$(通道夾止時)，其電流公式如 (5.4) 式所示。

$$I_D = \frac{1}{2}\mu_n C_{ox}\frac{W}{L}(V_{GS}-V_{th})^2 \tag{5.4}$$

7. V_{DS} 電壓會使得通道開始變形，進而夾止，造成通道變短，此現象稱之為通道長度調變效應。
8. 通道長度調變會使得電流公式須修正成 (5.5) 式所示，且會產生一個輸出阻抗 r_o(小訊號參數) 於 D 極和 S 極之間，其公式如 (5.6) 式所示。

$$I_D = \frac{1}{2}\mu_n C_{ox}\frac{W}{L}(V_{GS}-V_{th})^2(1+\lambda V_{DS}) \tag{5.5}$$

$$r_o = \left(\frac{\partial I_D}{\partial V_{DS}}\right)^{-1} = \frac{1}{\dfrac{1}{2}\mu_n C_{ox}\dfrac{W}{L}(V_{GS}-V_{th})^2\cdot\lambda} \cong \frac{1}{\lambda I_D} \tag{5.6}$$

9. 另一個小訊號參數是轉導 g_m，定義為電流 I_D 變化量除以電壓 V_{GS} 變化量，如 (5.7) 式所示。

$$g_m = \frac{\Delta I_D}{\Delta V_{GS}} = \frac{\partial I_D}{\partial V_{GS}} \tag{5.7}$$

10. g_m 的公式有 3 個，如 (5.8) 式、(5.9) 式和 (5.10) 式所示。

$$g_m = \mu_n C_{ox} \frac{W}{L}(V_{GS} - V_{th}) \tag{5.8}$$

$$g_m = \sqrt{2\mu_n C_{ox} \frac{W}{L} I_D} \tag{5.9}$$

$$g_m = \frac{2I_D}{V_{GS} - V_{th}} \tag{5.10}$$

11. 若 S 極和 B 極之間的電位差不為 0，將引起基體效應，此時臨界電壓會因 $V_{SB} \neq 0$ 而上升。

12. n MOSFET 的大訊號模型即是操作在什麼區？條件為何？電流公式為何？等稱之。

13. n MOSFET 的小訊號模型可分為 $\lambda = 0$ 和 $\lambda \neq 0$ 二種，分別畫於圖 5.27，其中 r_o 和 g_m 為小訊號參數。

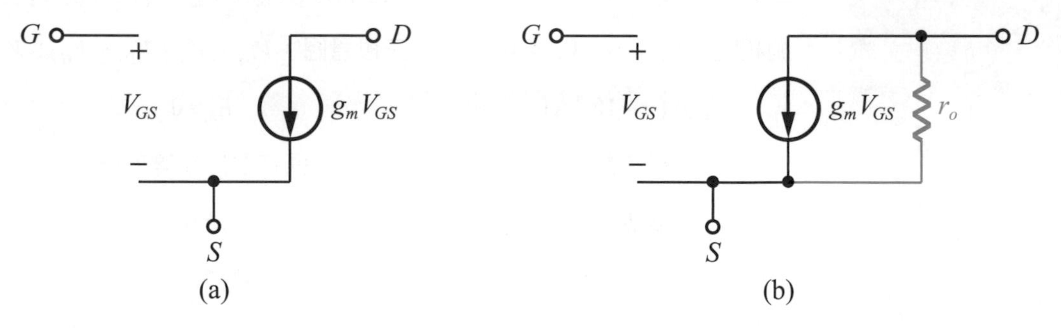

圖 5.27 (a) 沒有通道長度調變的小訊號模型，(b) 有通道長度調變的小訊號模型

14. 將 n MOSFET 的結構、電流方向和電壓極性完全“相反”，即形成 p MOSFET 的物理特性。

15. p MOSFET 的飽和區條件及電流公式如 (5.15) 式、(5.16) 式和 (5.17) 式所示，三極管區條件及電流公式則如 (5.18) 式、(5.19) 式和 (5.20) 式所示。

$$V_{SG} > |V_{th_p}| \tag{5.15}$$

$$V_{SD} \geq V_{SG} - |V_{th_p}| \tag{5.16}$$

$$I_D = \frac{1}{2}\mu_p C_{ox}\frac{W}{L}(V_{SG} - |V_{th_p}|)^2 \tag{5.17}$$

$$V_{SG} > |V_{th_p}| \tag{5.18}$$

$$V_{SD} < V_{SG} - |V_{th_p}| \tag{5.19}$$

$$I_D = \frac{1}{2}\mu_p C_{ox}\frac{W}{L}[2(V_{SG} - |V_{th_p}|)V_{SD} - V_{SD}^{\ 2}] \tag{5.20}$$

16. n MOSFET 和 p MOSFET 具有一樣的小訊號模型，如圖 5.27 所示。

17. BJT 和 MOSFET 特性的比較，如表 5.1 所示。

表 5.1　BJT 和 MOSFET 電晶體的比較表

	BJT	MOSFET
電流／電壓特性	指數關係	二次方關係
操作區域	主動區：$V_{BE} > 0$，$V_{BC} < 0$	飽和區：$V_{GS} > V_{th}$，$V_{DS} \geq V_{GS} - V_{th}$
	飽和區：$V_{BE} > 0$，$V_{BC} > 0$	三極管區：$V_{GS} > V_{th}$，$V_{DS} < V_{GS} - V_{th}$
I_B / I_G 電流	I_B 很小（～10^{-6} A）	$I_G = 0$
二次效應	厄利效應	通道長度調變效應
電流機制	擴散	漂移
電阻	（尚未討論暫不列入）	壓控電阻
轉導	大	小
開關	（尚未討論暫不列入）	非常適合

Chapter 6 雙極性電晶體放大器

生活電子學

雙極性電晶體依電壓條件件，可分為截止、主動及飽和區，沿續消防器材「水龍」為喻，不推拉槓桿時，無法引水出管，為截止區；常速推拉槓桿時，可正常引水出管，為主動區；高速推拉槓桿時，雖可引水出管，但因管徑影響水量上限，為飽和區。因此，若欲將水流擴大，尚須調整水壓，相當於加入偏壓，便能達放大之效。

本章將延續第 4 章所提到之雙極性電晶體的物理特性，探討其放大器的電路組態。本章的重點分述如下：

1 一般性考量
(1) 輸入與輸出阻抗的求法
(2) 偏壓(Biasing)
(3) 直流(Direct Current)與小訊號分析(Small-signal Analysis)

2 操作點的分析
(1) 簡單偏壓電路
(2) 電阻分壓偏壓
(3) 射極退化偏壓
(4) 自我偏壓電路
(5) *pnp*型的偏壓

3 放大器組態
(1) 共射極組態
(2) 共基極組態
(3) 射極隨耦器

6.1 一般性的考量

輸入阻抗
(*input impedance*)

輸出阻抗
(*output impedance*)

本節將解釋如何求一個電路的***輸入阻抗***和***輸出阻抗***，再闡述何謂偏壓，最後則是直流分析和小訊號分析。

6.1.1 輸入和輸出阻抗

以下將呈現輸入阻抗 R_{in} 和輸出阻抗 R_{out} 的求解方法。首先，先講述輸入阻抗 R_{in} 的解法：

(譯 6-1)
Figure 6.1 is an arbitrary circuit. In the process of solving the input impedance, a voltage source V_X is generally added to the input terminal. This voltage source will generate a current I_X to flow into the circuit, and the output terminal will remain open at this time.

圖 6.1 是任意的一個電路，求解輸入阻抗時，一般會在輸入端加上一個電壓源 V_X，此電壓源會產生一個電流 I_X 流入此電路，輸出端此時保持開路。(譯 6-1) 再將電壓源 V_X 和電流 I_X 的關係(即 $\frac{V_X}{I_X}$)找出來，即可得到輸入阻抗 $R_{in}(=\frac{V_X}{I_X})$。

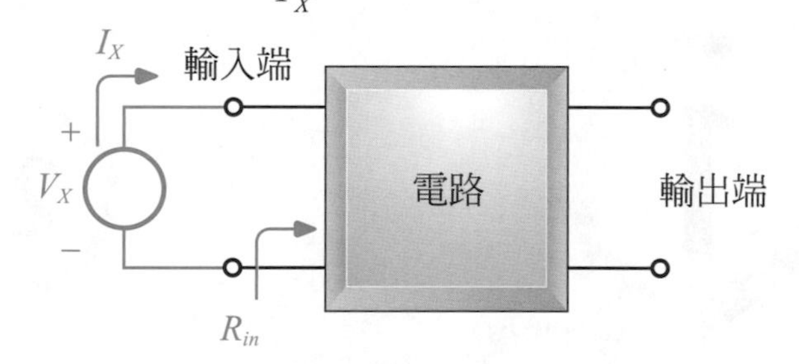

圖 6.1　量測輸入阻抗的電路圖

(譯 6-2)
Solving the output impedance R_{out} is almost the same as the input impedance, the only difference is that the input terminal is "short-circuited" when solving. In Figure 6.2 is the circuit diagram for solving the output impedance.

而輸出阻抗 R_{out} 的解法和輸入阻抗幾乎一樣，唯一不同之處在於輸入端在求解時要"短路"，如圖 6.2 是求解輸出阻抗的電路圖。(譯 6-2) 爲了求解輸出阻抗 R_{out}，在輸出端加上一個電壓源 V_X，此電壓源會產生一個電流 I_X 流入輸出端，此時輸入端要"短路"，最後將電壓源 V_X 和電流 I_X 的關係(即 $\frac{V_X}{I_X}$)找出來，即可得到所謂的輸出阻抗 $R_{out}(=\frac{V_X}{I_X})$。

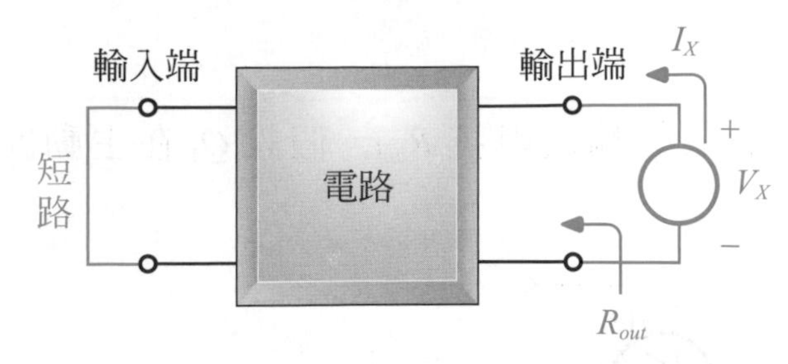

圖 6.2 量測輸出阻抗的電路圖

例題 6.1

如圖 6.3 所示，求其輸入阻抗 R_{in}，假設 Q_1 操作在主動區，$V_A \neq \infty$。

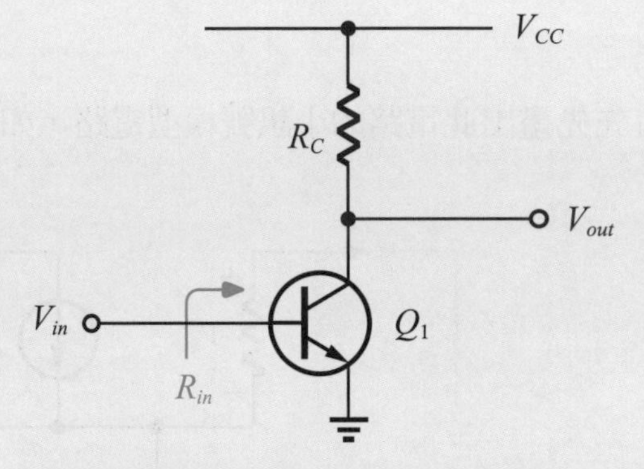

圖 6.3 例題 6.1 的電路圖

解答

首先將此電路的小訊號模型畫出，注意電路中的 V_{CC} 畫到小訊號模型中要接地，如圖 6.4 所示。

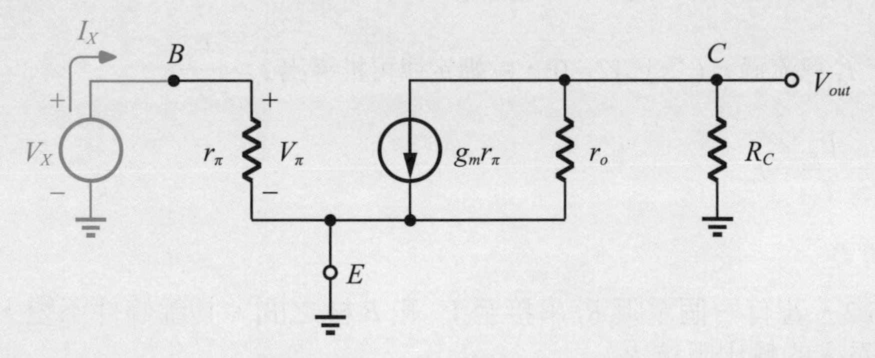

圖 6.4 圖 6.3 的小訊號模型電路

由克希荷夫電壓定律 (KVL) 可知 $V_X = V_\pi$

由歐姆定律可知 $I_X = \dfrac{V_\pi}{r_\pi} = \dfrac{V_X}{r_\pi}$ $\quad \therefore R_{in} = \dfrac{V_X}{I_X} = r_\pi$

立即練習

承例題 6.1，若將 R_C 值變為 3 倍，則其輸入阻抗 R_{in} 變為多少？

例題 6.2

如圖 6.5 所示，求由集極往 Q_1 看入的輸出阻抗 R_{out}，假設 Q_1 在主動區且 $V_A \neq \infty$。

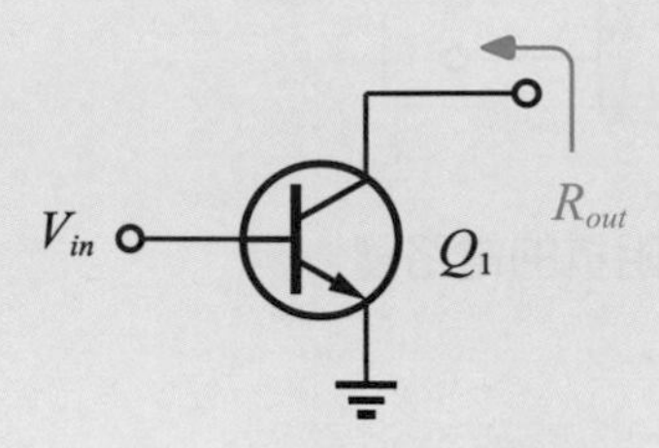

圖 6.5 例題 6.2 的電路圖

解答

首先先畫出此電路的小訊號模型電路，如圖 6.6 所示。

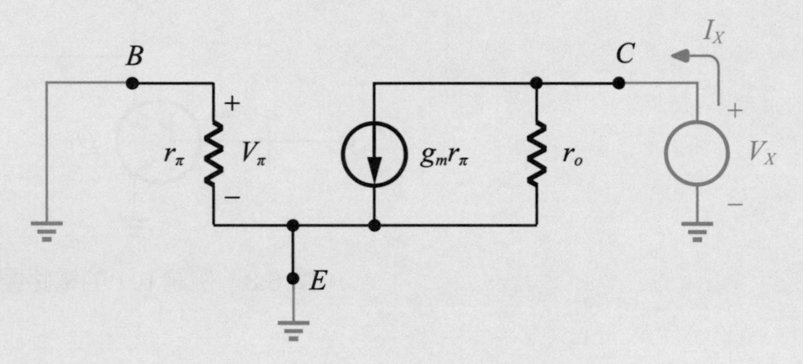

圖 6.6 圖 6.5 的小訊號模型電路

r_π 電阻兩端接地，所以 $V_\pi = 0$，即 $g_m V_\pi = 0$

$\therefore$電流 I_X 只流過 r_o ($\because g_m V_\pi = 0$)，歐姆定律可推導出 $I_X = \dfrac{V_X}{r_o}$

$\therefore R_{out} = \dfrac{V_X}{I_X} = r_o$

立即練習

承例題 6.2，若有一個電阻 R_1 串接至 V_{in} 和 B 極之間，其餘條件不變，求由集極往 Q_1 看入的輸出阻抗 R_{out}。

例題 6.3

如圖 6.7 所示，求由射極往 Q_1 看入的輸出阻抗 R_{out}，假設 Q_1 在主動區且 $V_A=\infty$。

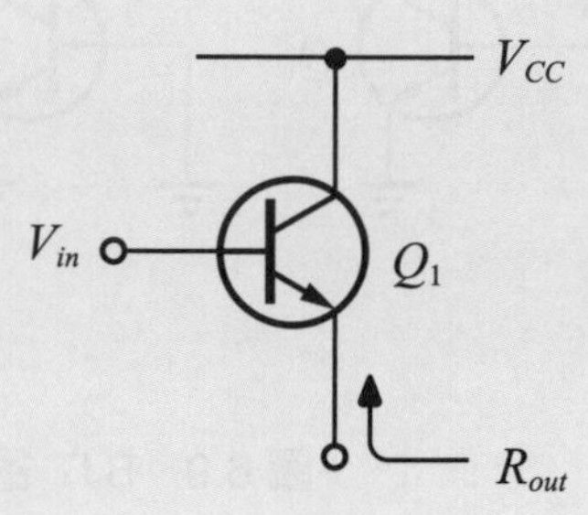

圖 6.7 例題 6.3 的電路圖

解答

首先先畫出此電路的小訊號模型電路，如圖 6.8 所示。

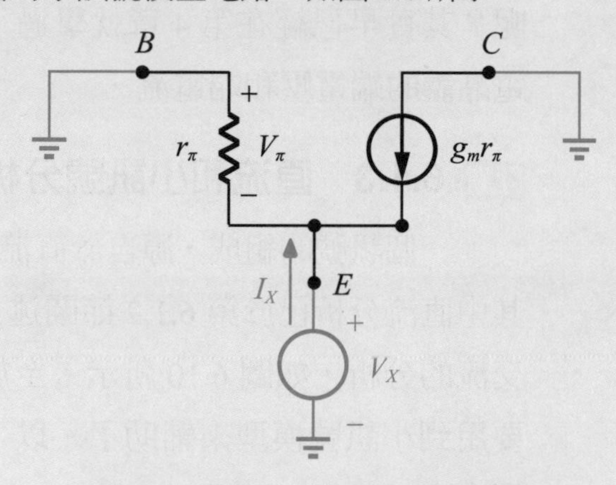

圖 6.8 圖 6.7 的小訊號模型電路

流經 r_π 電阻的電流為 $\frac{V_\pi}{r_\pi}$ (歐姆定律)，所以 E 點的克希荷夫電流定律 (KCL) 可知

$$\frac{V_\pi}{r_\pi}+g_mV_\pi+I_X=0 \quad \therefore -I_X=(g_m+\frac{1}{r_\pi})V_\pi$$

又 KVL 可知 $V_X+V_\pi=0\rightarrow \therefore V_\pi=-V_X$

$$\therefore -I_X=-(g_m+\frac{1}{r_\pi})V_X \quad \therefore R_{out}=\frac{V_X}{I_X}=\frac{1}{g_m+\frac{1}{r_\pi}}=\frac{1}{g_m}\ //\ r_\pi$$

立即練習

承例題 6.3，若有一個電阻 R_2 串接至 V_{CC} 和 C 極之值，其餘條件不變，求由射極往 Q_1 看入的輸出阻抗 R_{out}。

綜合以上 3 個例題，整理如圖 6.9 所示。

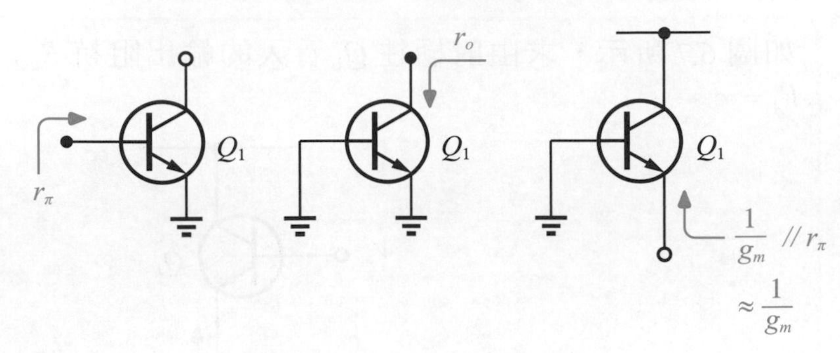

圖 6.9 BJT 各端點所看到之阻抗

6.1.2 偏壓

所謂偏壓就是直流分析，那直流分析又是什麼呢？其實早已經在第 4 章就學過了——沒錯，就是求電晶體的端電壓和端電流。

6.1.3 直流和小訊號分析

一個訊號的組成，源自於直流值加上交流的訊號，其中直流分析已於第 6.1.2 節闡述，而小訊號分析即為交流的分析，如圖 6.10 所示。至於交流訊號的分析就要用到小訊號模型來輔助了，以下將列出用小訊號模型來分析電路的步驟：

第一步先畫出電晶體 BJT 的小訊號模型，並確認是否有 r_o；第二步把其他元件加到小訊號模型中，並注意電路中的電源(含直流電)畫到小訊號中，要以“接地”表示之；第三步加上外加的電源 V_X 和產生的電流 I_X(若有需要的話)；第四步則利用歐姆定律、克希荷夫電流定律 (KCL) 和克希荷夫電壓定律 (KVL) 來求解出想要的電壓增益 A_v、輸入阻抗 R_{in} 和輸出阻抗 R_{out}。(譯 6-3)

(譯 6-3)
The first step is to draw the small signal model of the transistor BJT and confirm whether there is r_o; the second step is to add other components to the small signal model, and note that the power supply (including direct voltage) in the circuit should be drawn in the small signal model as "grounded"; the third step adds the external power supply V_X and the generated current I_X (if necessary); the fourth step uses Ohm's law, Kirchhoff's current law (KCL) and Kirchhoff's voltage law (KVL) to solve the desired voltage gain A_v, input impedance R_{in} and output impedance R_{out}.

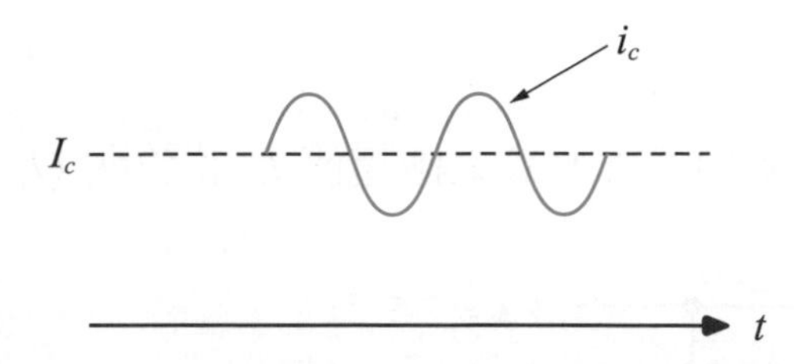

圖 6.10 訊號包含直流值 (I_C) 和交流訊號 (i_C)

6.2 操作點的分析

本節的主題操作點分析，其實就是直流分析，那該如何分析呢？當然是利用電路接法來產生所需要的端電壓和端電流。所以本節將介紹 **4 種電路的接法以利直流分析，它們分別爲簡單偏壓、電阻分壓偏壓、射極退化偏壓和自我偏壓。**

6.2.1 簡單偏壓

圖 6.11 是***簡單偏壓***的電路，它僅利用電源 V_{CC} 來提供 Q_1 所需的 V_{BE} 電壓，因此稱之簡單偏壓。(譯 6-4)

(譯 6-4)
Figure 6.11 is a ***simple bias*(*簡單偏壓*)** circuit, which only uses the power supply V_{CC} to provide the voltage V_{BE} required by Q_1, so it is called simple bias.

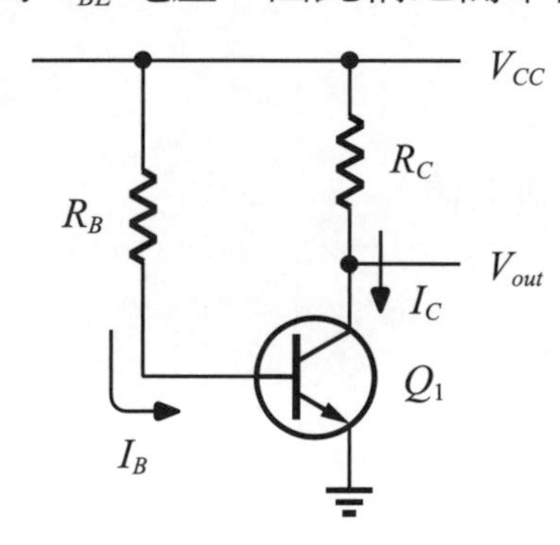

圖 6.11 簡單偏壓電路

其分析如下：

$$I_B = \frac{V_{CC} - V_{BE}}{R_B} \tag{6.1}$$

$$I_C = \beta I_C = \beta \frac{V_{CC} - V_{BE}}{R_B} \tag{6.2}$$

$$V_{out} = V_{CC} - I_C R_C \tag{6.3}$$

例題 6.4

如圖 6.12 所示，若 $\beta = 100$，$I_S = 5 \times 10^{-16}$ A，求集極電流 I_C 並證明 Q_1 操作在主動區。

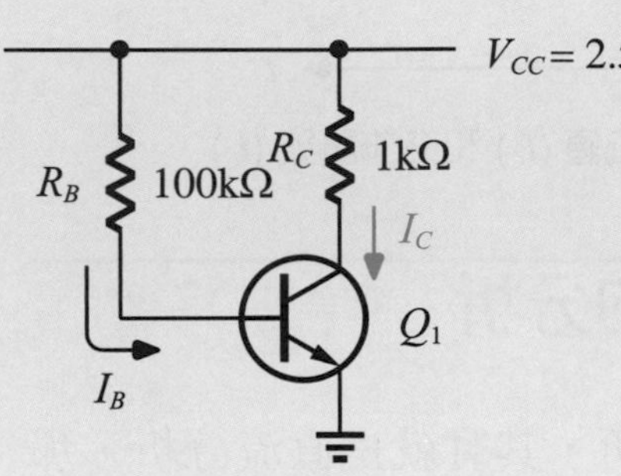

圖 6.12　例題 6.4 的電路圖

解答

由於 V_{BE} 值爲未知數，因此只能“猜”$V_{BE} = 0.8$V，事後再來驗證是否正確。

$$I_B = \frac{2.5 - 0.8}{100\text{k}} = 17\ \mu\text{A}$$

$$I_C = \beta I_B = 1.7\ \text{mA}$$

將求到的 I_C 倒回去求 $V_{BE} = V_T \ln \dfrac{I_C}{I_S}$

$$\therefore V_{BE} = (26\text{m}) \ln \frac{1.7m}{5 \times 10^{-16}} = 750\ \text{mV}$$

再以求得的 V_{BE} 代一次公式，以求得較正確的值

$$\therefore I_B = \frac{2.5 - 0.75}{100\text{k}} = 17.5\ \mu\text{A}$$

$$\therefore I_C = \beta I_B = 1.75\ \text{mA}$$

$$V_{CE} = 2.5 - (1.75\text{m})(1\text{k}) = 0.75\text{V}$$

$$\therefore V_{BC} = V_B - V_C = 0.75 - 0.75 = 0\text{V}$$

$\therefore Q_1$ 操作在主動區的邊界

立即練習

承例題 6.4，若 R_B 降爲 90kΩ，R_C 升爲 1.2kΩ，其餘條件不變，求集極電流 I_C 並證明 Q_1 操作在主動區。

以上的例題 (例題 6.4)，很明顯地證明了簡單偏壓的方式有著以下的缺點：第一，該電路無法明確知道 V_{BE} 的值是多少，只能以猜測爲輔，進而造成電路的不確定性；第二，因爲 I_C 完全依賴 I_B 來決定 (先求 I_B，再由 $I_C = \beta I_B$ 決定 I_C)，若 I_B 值太大，I_C 值也會太大，造成 V_{CE} 值太小，如此一來非常容易使電路離開主動區而進入飽和區；第三，綜合以上兩點，此電路的操作點非常不確定。

6.2.2 電阻分壓偏壓

第二個偏壓電路稱爲***電阻分壓偏壓***，如圖 6.13 所示。它是改良簡單偏壓電路，在 B 極到地 (GND) 間加上一個電阻 R_2 形成電阻分壓，來提供一個確定的 V_{BE} 值。(譯 6-5)

(譯 6-5)
The second bias circuit is called ***resistor divider bias*(*電阻分壓偏壓*)**, as shown in Figure 6.13. It is an improved simple bias circuit. A resistor R_2 is added between the B and thc ground (GND) to form a resistor divider to provide a definite V_{BE} value.

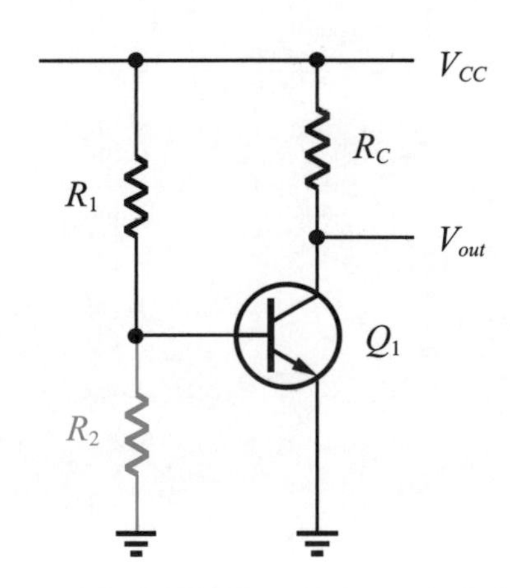

圖 6.13　電阻分壓偏壓，使用 R_2 來確定 V_{BE} 值

其分析如下：

$$V_B = V_{CC}\frac{R_2}{R_1 + R_2} = V_{BE} \tag{6.4}$$

$$I_C = I_S e^{\frac{V_{BE}}{V_T}} \tag{6.5}$$

$$V_{out} = V_{CE} = V_{CC} - I_C R_C \tag{6.6}$$

例題 6.5

如圖 6.14 所示，若 $I_S = 1.2 \times 10^{-17}$A，$\beta = 100$，求 I_C 之值並且證明 I_B 值很小可忽略和 Q_1 操作在主動區。

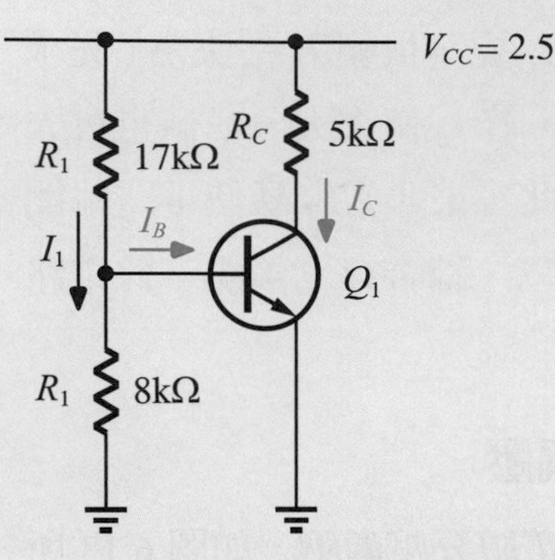

圖 6.14　例題 6.5 的電路圖

解答

$$V_{BE} = V_B = 2.5 \times \frac{8k}{17k + 8k} = 0.8V$$

$$I_C = 1.2 \times 10^{-17} e^{\frac{0.8}{0.026}} = 0.277 \text{ mA}$$

$$I_B = \frac{I_C}{100} = 2.77 \ \mu\text{A}$$

$$I_1 \cong \frac{2.5}{17k + 8k} = 0.1 \text{ mA}$$

$\because I_1 >> I_B \quad \therefore I_B$ 可忽略

$V_{CE} = V_C = 2.5 - (0.277m)(5k) = 1.115$ V

$\because V_{BC} = V_B - V_C = 0.8 - 1.115 = -0.315 \text{ V} < 0$

$\therefore Q_1$ 操作在主動區

立即練習

承例題 6.5，若 Q_1 操作在軟飽和區，則 R_C 的最大值為多少？

6.2.3 射極退化偏壓

第三個偏壓電路，則是將電壓分壓偏壓電路 (圖 6.13) 的 Q_1 射極，加上一個電阻 R_E (稱射極退化電阻)，即形成***射極退化偏壓***電路，如圖 6.15 所示。(譯 6-6)

(譯 6-6)
The third bias circuit is to add a resistor R_E (called emitter degeneration resistor) to the Q_1 emitter of the voltage divider bias circuit (Figure 6.13) to form an ***emitter degeneration bias*(射極退化偏壓)** circuit, as shown in Figure 6.15.

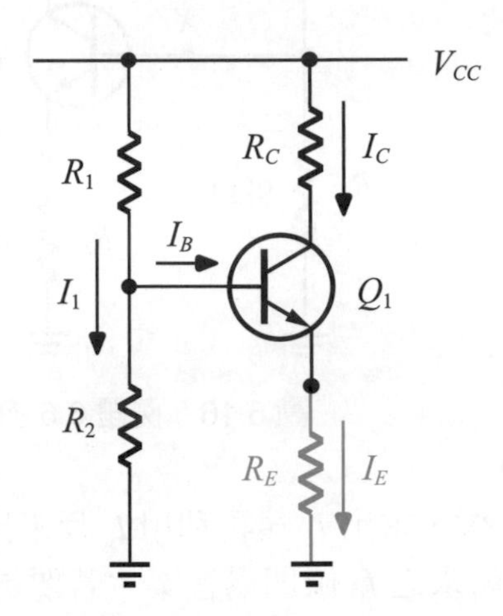

圖 6.15 射極退化偏壓，加上 Q_1 射極電阻 R_E

其分析如下：

$$V_B = V_{CC}\frac{R_2}{R_1 + R_2} \tag{6.7}$$

$$V_E = V_B - V_{BE} \tag{6.8}$$

$$I_E = \frac{V_E}{R_E} = \frac{V_B - V_{BE}}{R_E}$$

$$= \frac{1}{R_E}(V_{CC}\frac{R_2}{R_1 + R_2} - V_{BE})$$

$$\approx I_C \tag{6.9}$$

因為 $I_1 >> I_B$，所以 $I_E \approx I_C$。

此電路除了具備電阻分壓偏壓的優點以外，電阻 R_E 會吸收來自 GND 的雜訊，使得 V_{BE} 避免被雜訊干擾，而使得電路更加穩定。(譯 6-7)

(譯 6-7)
In addition to the advantage of circuit with the bias of the resistor divider, the resistor R_E will absorb the noise from the GND, so that the V_{BE} is more stable without being interfered by the noise.

例題 6.6

如圖 6.16 所示，$\beta = 100$，$I_S = 4 \times 10^{-17}$ A。則：

(1) 試求 I_C 之值。

(2) 證明 Q_1 操作在主動區。

(3) 若 R_2 增加 1%，則 I_C 變化多少？

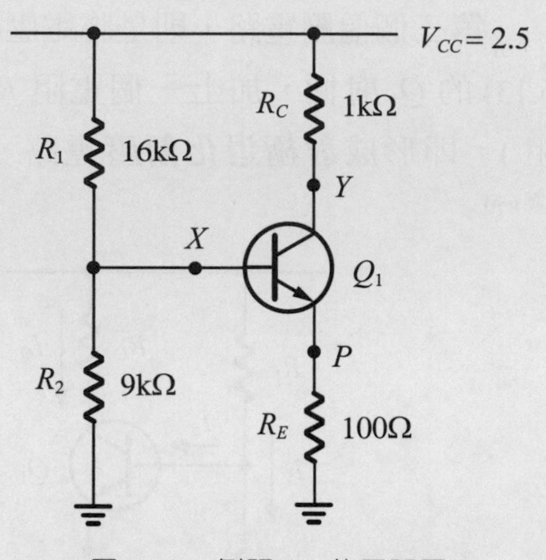

圖 6.16　例題 6.6 的電路圖

解答

(1) 因爲 V_{BE} 未給定，所以先猜 $V_{BE} = 0.8$V，求出 I_C 後再利用 I_C 反求出 V_{BE} 值，驗證和 $V_{BE} = 0.8$V 是否相近？若是則所求之 I_C 值即爲答案。若要更精確，則是將新求的 V_{BE} 值再代入 I_C 公式求出新的 I_C 值。

$$V_X = 2.5 \times \frac{9\text{k}}{16\text{k} + 9\text{k}} = 0.9 \text{ V}，$$

猜 $V_{BE} = 0.8$ V　$\therefore V_P = 0.9 - 0.8 = 0.1$ V

歐姆定律 $I_E \approx I_C = \dfrac{0.1}{100} = 1$ mA，用 $I_C = 1$ mA 反求 $V_{BE} = V_T \ln\dfrac{I_C}{I_S} = 802$ mV

算出來的 $V_{BE} = 0.802$ V 非常接近 0.8 V　$\therefore I_C = 1$ mA

(2) $V_Y = 2.5 - (1\text{m})(1\text{k}) = 1.5$ V

$\because V_{BE} = 0.8 \text{ V} > 0$，$V_{BC} = V_X - V_Y = 0.9 - 1.5 = -0.6 \text{ V} < 0$　$\therefore Q_1$ 在主動區

(3) R_2 增加 1%　$\therefore R_2 = 9\text{k} \times 1.01 = 9.09$ kΩ

$$V_X = 2.5 \times \frac{9.09\text{k}}{16\text{k} + 9.09\text{k}} = 0.906 \text{ V}，$$

猜 $V_{BE} = 0.8$ V　$\therefore V_P = 0.906 - 0.8 = 0.106$ V

$\therefore I_C \approx I_E = \dfrac{0.106}{100} = 1.06$ mA　$\therefore I_C$ 改變 $\dfrac{1.06\text{m} - 1\text{m}}{1\text{m}} \times 100\% = 6\%$

立即練習

承例題 6.6，若 Q_1 操作在飽和區的邊緣，則 R_2 的值爲多少？

例題 6.7

如圖 6.17 所示，$V_{CC}=2.5\text{V}$，$\beta=100$，$I_S=4\times10^{-17}\text{ A}$，$Q_1$ 的 $g_m=\dfrac{1}{52\Omega}$，請設計該電路，並且求 R_C 的最大值，假設 R_E 上的壓降至少 0.2V。

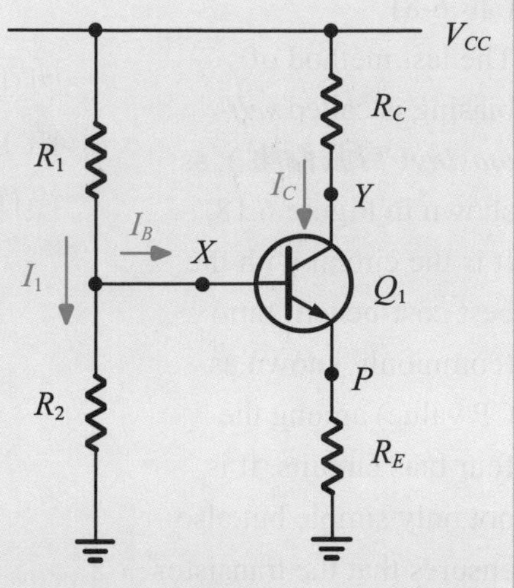

圖 6.17 例題 6.7 的電路圖

解答

(1) $g_m=\dfrac{1}{52\Omega}=\dfrac{I_C}{V_T}=\dfrac{I_C}{26\text{m}}\Rightarrow I_C=0.5\text{ mA}$

$$V_{BE}=V_T\ln\frac{I_C}{I_S}=(26\text{m})\ \ln\frac{0.5\text{m}}{4\times10^{-17}}=0.784\text{ V}$$

$\because R_E$ 上的壓降 V_{RE} 至少 0.2V　$\therefore$取 $V_{RE}=0.2\text{ V}$

$\because V_P=V_{RE}=0.2=I_CR_E=(0.5\text{m})R_E$　$\therefore R_E=400\ \Omega$

$V_X=V_P+V_{BE}=0.2+0.784=0.984\text{V}$，又 $V_X=2.5\times\dfrac{R_2}{R_1+R_2}$

$$0.984=2.5\times\frac{R_2}{R_1+R_2}\tag{6.10}$$

$\because I_1>>I_B$，$I_B=\dfrac{I_C}{\beta}=5\ \mu\text{A}$　$\therefore I_1=50\ \mu\text{A}$(工程上遠大於 (>>) 是 10 倍的概念)

$$I_1=V_{CC}\frac{1}{R_1+R_2}\Rightarrow 50\ \mu=2.5\times\frac{1}{R_1+R_2}\Rightarrow R_1+R_2=50\text{ k}\Omega$$

所以將 $R_1+R_2=50\text{ k}\Omega$ 代入 (6.10) 式可得 $R_2=19.68\text{ k}\Omega$，而 $R_1=30.32\text{ k}\Omega$

(2) 因為 Q_1 操作在主動區，所以 $V_{BC}\le0$，即 $V_X\le V_Y$

$0.984\le V_{CC}-I_CR_C$，$0.984\le2.5-(0.5\text{m})R_C$

$\because R_C\le3.032\text{ k}\Omega$　$\therefore R_C$ 的最大值為 $3.032\text{k}\Omega$

立即練習

承例題 6.7，若整個電路消耗的功率為 1.2mW，而 g_m 之值未知，其餘條件不變，請設計該電路，並且求 R_C 的最大值。

6.2.4 自我偏壓

(譯 6-8)
The last method of biasing is called ***self-biasing*(自我偏壓)**, as shown in Figure 6.18. It is the circuit with the best cost-benefit ratio (commonly known as CP value) among the four bias circuits. It is not only simple but also ensures that the transistor operates in the active region.

最後一個偏壓的方式，稱之***自我偏壓***，如圖 6.18 所示。它是這 4 個偏壓電路中，成本效益比(俗稱 CP 值)最好的一個電路，不僅電路簡單，且保證電晶體操作在主動區。(譯 6-8) 此電路的解法如下：

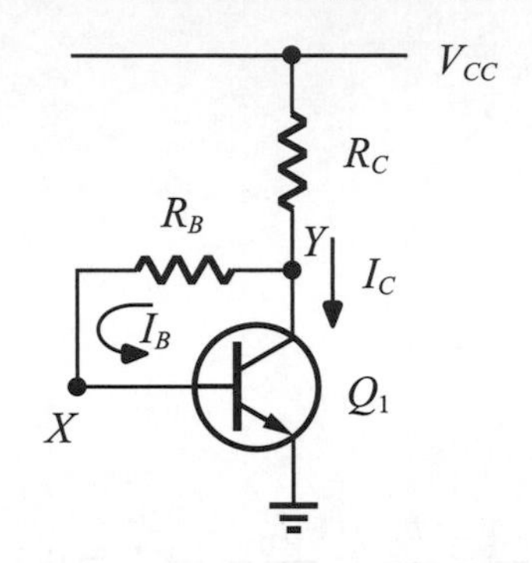

圖 6.18 自我偏壓電路

$$V_Y = V_{CC} - I_C R_C \tag{6.11}$$

$$V_Y = V_{BE} + I_B R_B = V_B + \frac{I_C R_B}{\beta} \tag{6.12}$$

又 (6.11) 式等於 (6.12) 式

$$\therefore V_{CC} - I_C R_C = V_{BE} + \frac{I_C}{\beta} R_B$$

$$I_C = \frac{V_{CC} - V_{BE}}{R_C + \dfrac{R_B}{\beta}} \tag{6.13}$$

(譯 6-9)
This circuit has the following two characteristics: first, the V_C (V_Y) voltage can provide voltage V_X (V_{BE}) and current I_B; second, because $V_B < V_C$, Q_1 always operates in the active region.

此電路有以下 2 個特點：第一，利用 $V_C(V_Y)$ 電壓可以提供電壓 $V_X(V_{BE})$ 和電流 I_B；第二，因為 $V_B < V_C$，所以 Q_1 永遠操作在主動區。(譯 6-9)

例題 6.8

如圖 6.18 所示，$R_C = 1\ \text{k}\Omega$，$R_B = 10\ \text{k}\Omega$，$V_{CC} = 2.5\ \text{V}$，$\beta = 100$，$I_S = 4\times10^{-17}\ \text{A}$，$V_{BE} = 0.8\text{V}$，求集極電流 I_C 和電壓 V_C。

解答

$$V_Y = 2.5 - I_C\,(1\text{k}) = 0.8 + \frac{I_C\times(10\text{k})}{100} \qquad \therefore I_C = 1.55\ \text{mA}$$

$$\therefore V_C = V_Y = 2.5 - (1.55\text{m})(1\text{k}) = 0.95\ \text{V}$$

立即練習

承例題 6.8，若 R_C 和 R_B 值皆增為 2.5 倍，其餘條件不變，求集極電流 I_C 和電壓 V_C。

例題 6.9

若 $g_m = \dfrac{1}{13\Omega}$，$V_{CC} = 1.8\ \text{V}$，$I_S = 4\times10^{-16}\ \text{A}$，$\beta = 100$ 且 $R_C >> \dfrac{R_B}{\beta}$，請設計如圖 6.18 之自我偏壓電路。

解答

$$g_m = \frac{1}{13\Omega} = \frac{I_C}{26\text{m}} \Rightarrow I_C = 2\ \text{mA}$$

$$V_{BE} = V_T \ln\frac{I_C}{I_S} = (26\text{m})\ \ln\frac{2\text{m}}{4\times10^{-16}} = 0.76\ \text{V}$$

$$I_B = \frac{I_C}{\beta} = 20\ \mu\text{A}，V_Y = 1.8 - (2\text{m})R_C = 0.76 + (20\ \mu)R_B$$

$$\because R_C >> \frac{R_B}{\beta} \Rightarrow R_C = \frac{10R_B}{\beta} \qquad \therefore 1.8 - (2\text{m})\ \frac{10R_B}{100} = 0.76 + (20\ \mu)R_B$$

$$\because R_B = 4.73\ \text{k}\Omega \quad \therefore R_C = \frac{10R_B}{100} = 473\ \Omega$$

立即練習

承例題 6.9，若 $V_{CC} = 2.5\text{V}$，其餘條件不變，請設計如圖 6.18 之自我偏壓電路。

最後將上述 4 個偏壓技術做一個整理，如圖 6.19 所示。

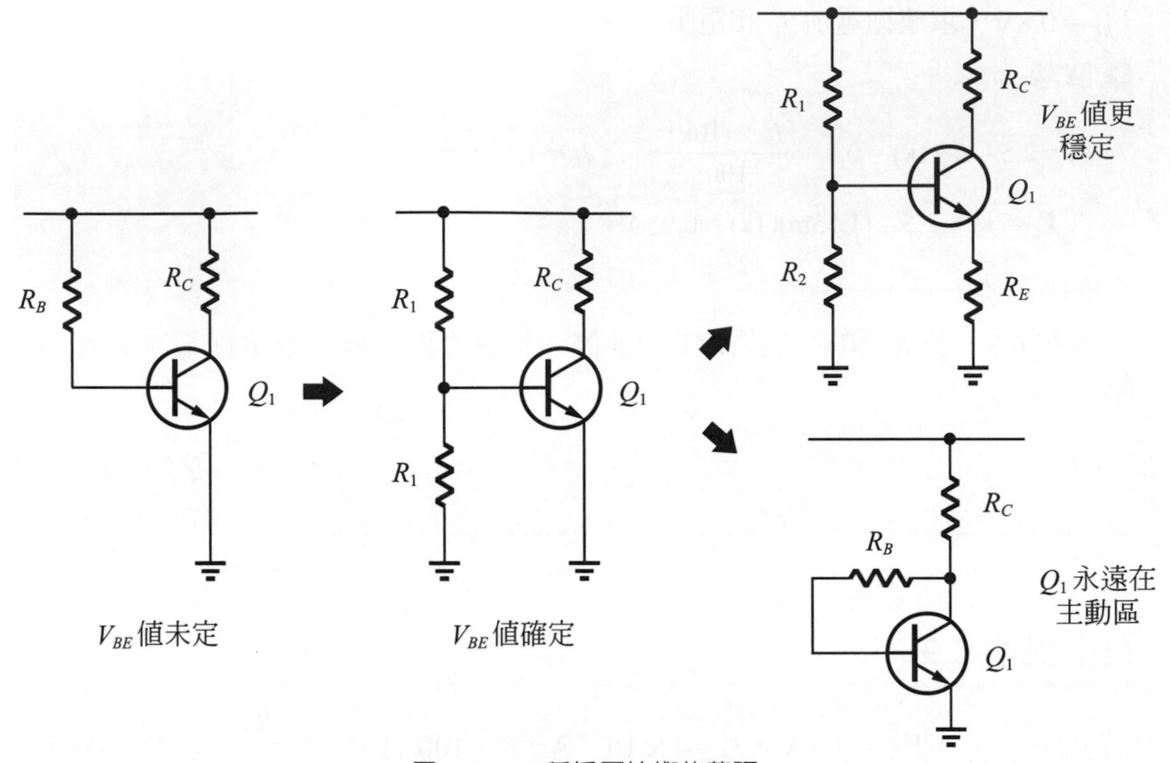

圖 6.19　4 種偏壓技術的整理

6.2.5　*pnp* 型的偏壓

pnp 型的偏壓技術和 *npn* 型一樣有 4 個，首先，第一種偏壓電路爲 *pnp* 型的簡單偏壓，如圖 6.20 所示。

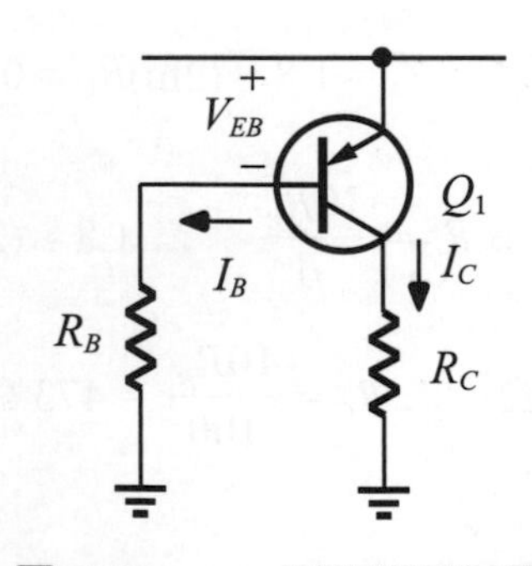

圖 6.20　*pnp* 型的簡單偏壓

其分析如下：

$$V_{CC} = V_{EB} + I_B R_B \tag{6.14}$$

$$I_B = \frac{V_{CC} - V_{EB}}{R_B} \tag{6.15}$$

$$I_C = \beta I_B = \beta \frac{V_{CC} - V_{EB}}{R_B} \tag{6.16}$$

那 R_C 的最大值該如何求得？利用 Q_1 在主動區的條件 —— $V_{EB} > 0$ 和 $V_{CB} \le 0$ 即可求得，分析如下：

$$V_C \le V_B \tag{6.17}$$

$$I_C R_C \le I_B R_B \tag{6.18}$$

$$R_C \le \frac{I_B}{I_C} R_B \tag{6.19}$$

$$R_C \le \frac{\cancel{R_B}}{I_C} \cdot \frac{V_{CC} - V_{EB}}{\cancel{R_B}} \tag{6.20}$$

$$R_C \le \frac{V_{CC} - V_{EB}}{I_C} \tag{6.21}$$

第 2 個偏壓分析稱爲電阻分壓偏壓，如圖 6.21 所示。

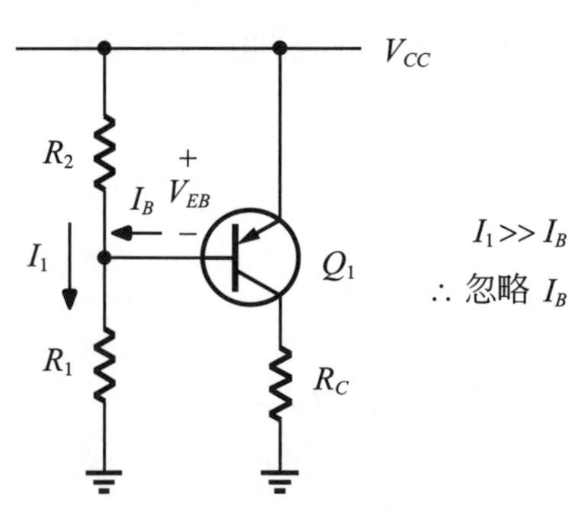

圖 6.21　*pnp* 型的電阻分壓偏壓

其分析如下：

$$V_B = V_{CC}\frac{R_1}{R_1+R_2} \tag{6.22}$$

$$V_{EB} = V_E - V_B = V_{CC} - V_{CC}\frac{R_1}{R_1+R_2}$$

$$= V_{CC}\frac{R_2}{R_1+R_2} \tag{6.23}$$

$$I_C = I_S e^{\frac{V_{EB}}{V_T}} \tag{6.24}$$

$$V_C = I_C R_C = I_S R_C e^{\frac{V_{EB}}{V_T}} \tag{6.25}$$

第 3 種偏壓分析稱為射極退化偏壓，如圖 6.22 所示。

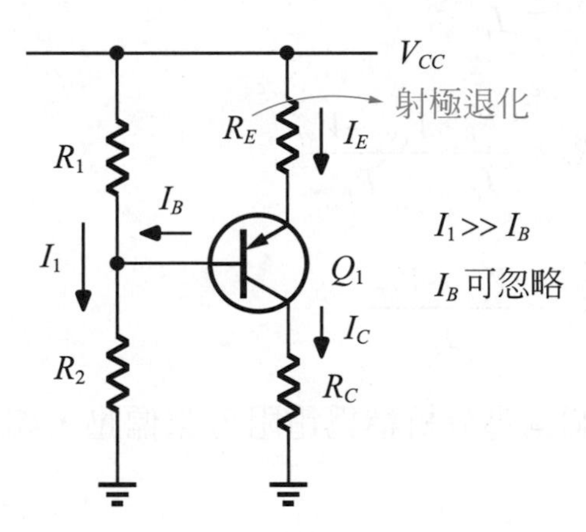

圖 6.22　*pnp* 型的射極退化偏壓

其分析如下：

$$V_B = V_{CC}\frac{R_1}{R_1+R_2} \tag{6.26}$$

$$V_{CC} = V_B + V_{EB} + I_E R_E \tag{6.27}$$

$$\therefore I_E = \frac{1}{R_E}(V_{CC} - V_B - V_{EB}) \tag{6.28}$$

$$= \frac{1}{R_E}(V_{CC} - V_{CC}\frac{R_1}{R_1 + R_2} - V_{EB})$$

$$= \frac{1}{R_E}(V_{CC}\frac{R_2}{R_1 + R_2} - V_{EB}) \tag{6.29}$$

$$\approx I_C$$

至於 R_C 的最大值爲多少？可以由 Q_1 操作在主動區的條件來求得，分析如下 ($\because V_{EB} > 0$，$V_{CB} \leq 0$)：

$$V_C \leq V_B \tag{6.30}$$

$$I_C R_C \leq V_{CC}\frac{R_1}{R_1 + R_2} \tag{6.31}$$

$$R_C \leq \frac{V_{CC} R_1}{I_C (R_1 + R_2)} \tag{6.32}$$

第 4 種偏壓稱之自我偏壓，如圖 6.23 所示。其分析如下：

$$V_C = I_C R_C \tag{6.33}$$

$$V_{CC} = V_{EB} + I_B R_B + V_C$$

$$= V_{EB} + \frac{I_C}{\beta} R_B + I_C R_C \tag{6.34}$$

$$I_C = \frac{V_{CC} - V_{EB}}{R_C + \frac{R_B}{\beta}} \tag{6.35}$$

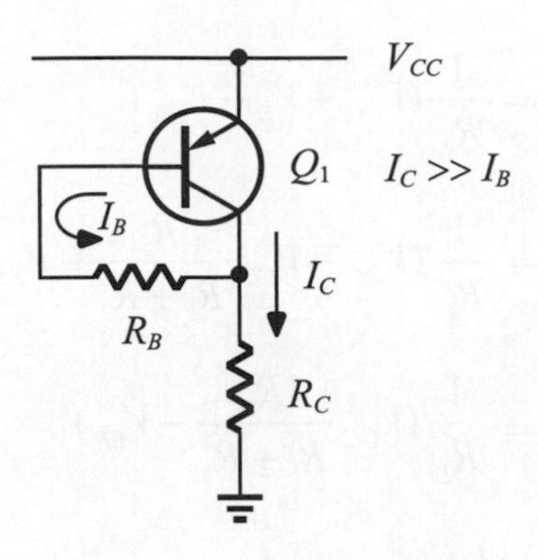

圖 6.23 *pnp* 型的自我偏壓

6.3 BJT 的放大組態

接下來本節將介紹 BJT 的放大***組態***，首先檢視 BJT 的三個接腳——*B*、*C* 和 *E* 極。*B* 極只可以當輸入端，*C* 極只可以當輸出端，而 *E* 極可以當輸入端亦可以當輸出端，綜合以上所述，可以組合成 3 種組態，如圖 6.24 所示。

圖 6.24(a) 中 *B* 極當輸入端，*C* 極當輸出端，*E* 極共用所以接地，此組態稱之***共射極***組態；圖 6.24(b) 中 *E* 極當輸入端，*C* 極為輸出端，*B* 極共用所以可以接地或接一個直流電壓來偏壓，此組態稱之***共基極***組態；圖 6.24(c) 中 *B* 極當輸入端，*E* 極為輸出端，*C* 極共用所以接電源 V_{CC}，此組態稱之***共集極***組態，而共集極組態又有另一個名稱為***射極隨耦器***。(譯 6-10)

組態 (***configuration***)

(譯 6-10)
In Figure 6.24(a), the *B* is the input terminal, the *C* is the output terminal, and the *E* is shared and grounded. This configuration is called the ***common emitter*** (***CE***) (***共射極***) configuration. In Figure 6.24(b) the *E* is the input terminal, and the *C* is the output. The *B* is common, so it can be grounded or connected to a DC voltage for bias. This configuration is called the ***common base*** (***CB***) (***共基極***) configuration. In Figure 6.24(c), the *B* is the input terminal, the *E* is the output terminal, and the *C* is common so it is connected to power supply V_{CC}. This configuration is called the ***common collector*** (***CC***) (***共集極***) configuration. The *CC* configuration has another name called the ***emitter follower***(***射極隨耦器***).

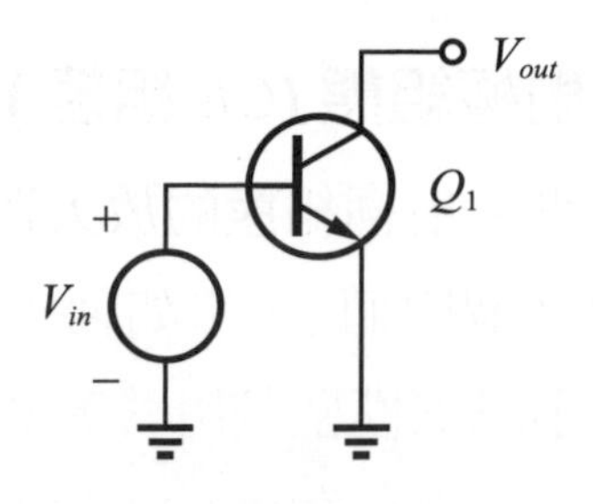

(a) 共射極組態

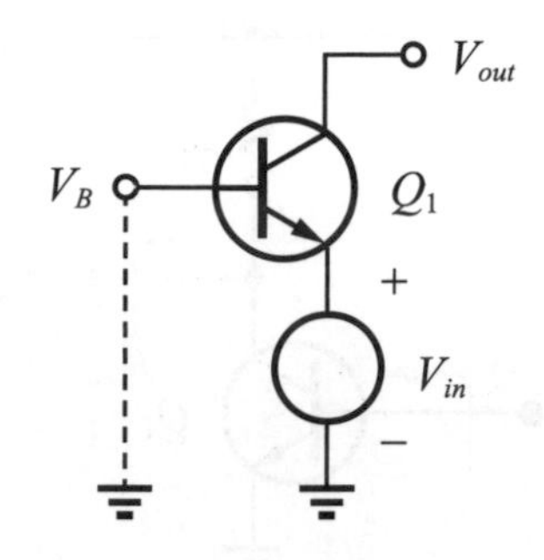

(b) 共基極組態

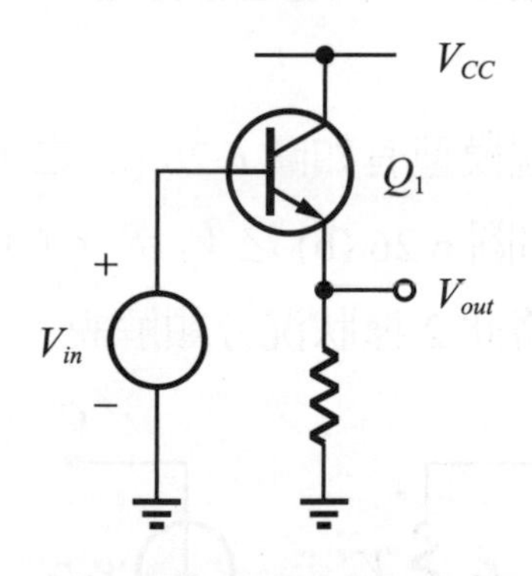

(c) 共集極組態(射極隨偶器)

圖 6.24 BJT 的 3 種放大器組態

那有了此 3 種組態當成放大器後，要對這些放大器求些什麼呢？是的，當一個放大器最重要的是它的放大倍率，即增益 A_v (= V_{out} / V_{in}，輸出電壓和輸入電壓的比值)。另外，輸入阻抗 R_{in} 和輸出阻抗 R_{out} 也是另外 2 個求解的重點，因為阻抗匹配對一個放大器而言也是一個重要的議題。所以，總結而言要**對這 3 個組態——** ***CE*****、*****CB*** **和** ***CC*** **組態各求出它們的電壓增益** $\boldsymbol{A_v}$**、輸入阻抗** $\boldsymbol{R_{in}}$ **和輸出阻抗** $\boldsymbol{R_{out}}$。

6.3.1 共射極組態 (CE 組態)

圖 6.25 是一個共射極組態的放大器電路(圖上刻意標示需求解之 3 個數值),那如何求此 3 個數值解呢?當然是利用小訊號模型畫出其等效電路,再依歐姆定律、克希荷夫電流定律 (KCL) 和克希荷夫電壓定律 (KVL) 求得。

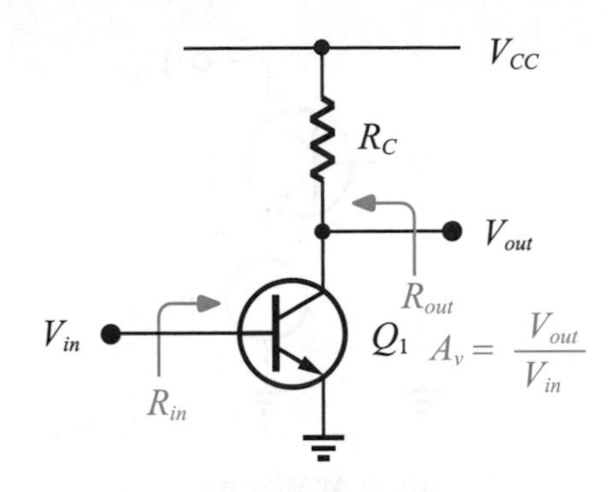

圖 6.25 共射極組態的放大器

至於小訊號模型有如圖 6.26 (a) 之 $V_A = \infty$ (沒有厄利效應)以及如圖 6.26 (b) 之 $V_A \neq \infty$ (有厄利效應)兩種狀況,因此將此 2 種狀況分類解說。

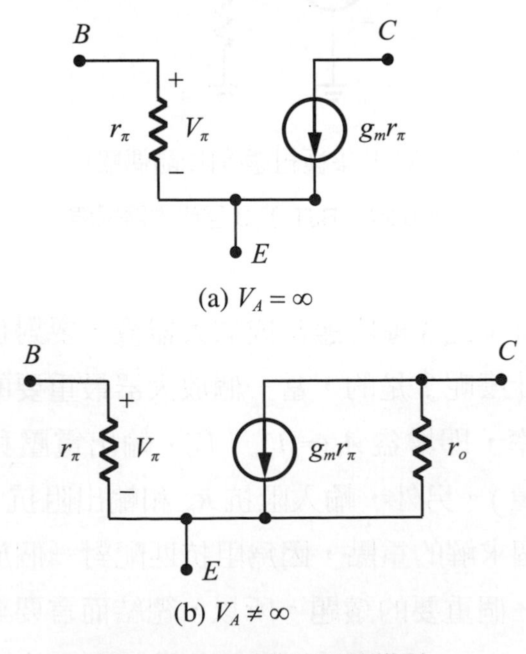

圖 6.26 BJT 的小訊號模型

首先，考慮 $V_A = \infty$ 的情形，將分別求 A_v、R_{in} 和 R_{out}。

① 求 A_v

小訊號模型電路如圖 6.27 所示，先畫出 Q_1 的小訊號，接下來再補上其他元件，至於電路中的“電源”(包含直流電壓)轉到小訊號模型電路中就要成爲“接地”，電路中的“接地”轉到小訊號模型電路中依舊維持“接地”即可。(譯 6-11)

(譯 6-11)
The small signal model circuit is shown in Figure 6.27. First draw the small signal model of Q_1, and then add other components. As for the "power" (including DC voltage) in the circuit, it becomes "grounded" when it is converted to the small signal model circuit. The "ground" in the circuit can still be maintained as "ground" in the small signal model circuit.

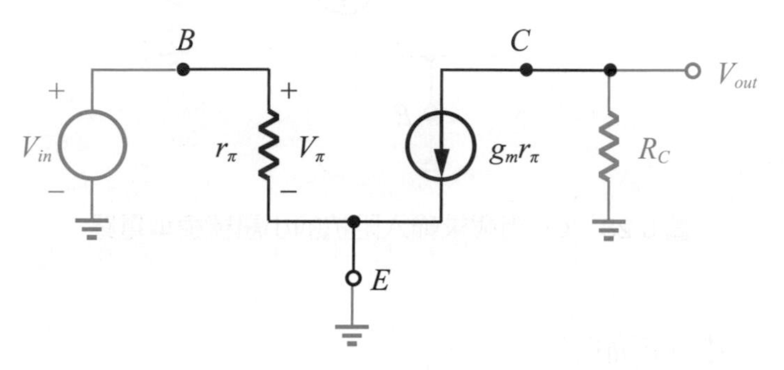

圖 6.27 *CE* 組態 ($V_A = \infty$) 求電壓增益的小訊號模型電路

其分析如下：

$$\text{KVL} \Rightarrow V_{in} = V_\pi \tag{6.36}$$

$$\text{KCL}(C\text{ 點}) \Rightarrow g_m V_\pi + \frac{V_{out}}{R_C} = 0 \tag{6.37}$$

$$\therefore g_m V_\pi = -\frac{V_{out}}{R_C} \tag{6.38}$$

將 (6.36) 式代入 (6.38) 式得

$$g_m V_{in} = -\frac{V_{out}}{R_C} \tag{6.39}$$

$$\therefore A_v = \frac{V_{out}}{V_{in}} = -g_m R_C \tag{6.40}$$

② 求 R_{in}

小訊號模型電路如圖 6.28 所示，因爲要求輸入阻抗，所以在輸入灌入一個電壓 V_X(當然把 V_{in} 去掉)，流入的電流爲 I_X，求出 V_X 和 I_X 的關係即爲要求的輸入阻抗 R_{in}。當然，輸出端此時爲開路。(譯 6-12)

(譯 6-12)
The small signal model circuit is shown in Figure 6.28. Because we need to find out the input impedance, a voltage V_X is added to the input (of course, V_{in} is removed). The current flowing in is I_X. The relationship between V_X and I_X is the required input impedance R_{in}. Of course, the output terminal is open currently.

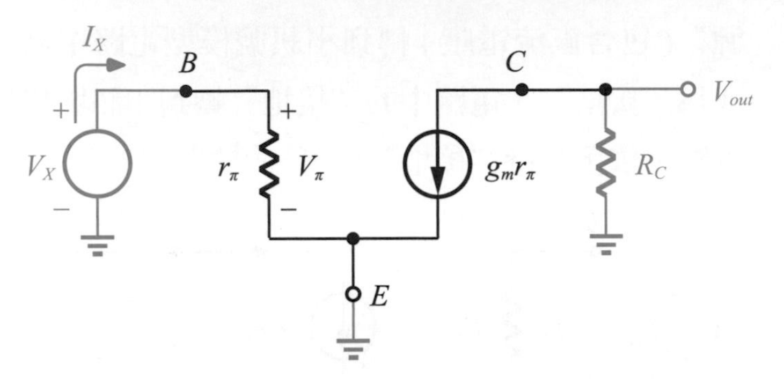

圖 6.28 *CE* 組態求輸入阻抗的小訊號模型電路

其分析如下：

$$\text{歐姆定律} \Rightarrow I_X = \frac{V_\pi}{r_\pi} \tag{6.41}$$

$$\text{KVL} \Rightarrow V_X = V_\pi \tag{6.42}$$

將 (6.42) 式代入 (6.41) 式得

$$I_X = \frac{V_X}{r_\pi} \tag{6.43}$$

$$\therefore R_{in} = \frac{V_X}{I_X} = r_\pi \tag{6.44}$$

③ 求 R_{out}

小訊號模型電路如圖 6.29 所示，爲了求輸出阻抗所以在輸出端加上一個電源 V_X，流入的電流爲 I_X，求出 V_X 和 I_X 的關係即爲輸出阻抗 R_{out}。至於輸入端則短路(同爲單端信號的另一端爲接地)至另一端，所以輸入端爲接地。(譯 6-13)

(譯 6-13)
The small signal model circuit is shown in Figure 6.29. In order to find the output impedance, a voltage V_X is added to the output terminal. The current flowing in is I_X. The relationship between V_X and I_X is the output impedance R_{out}. As for the input end, it is short-circuited (the other end of the same single-ended signal is grounded) to the other end, so the input end is grounded.

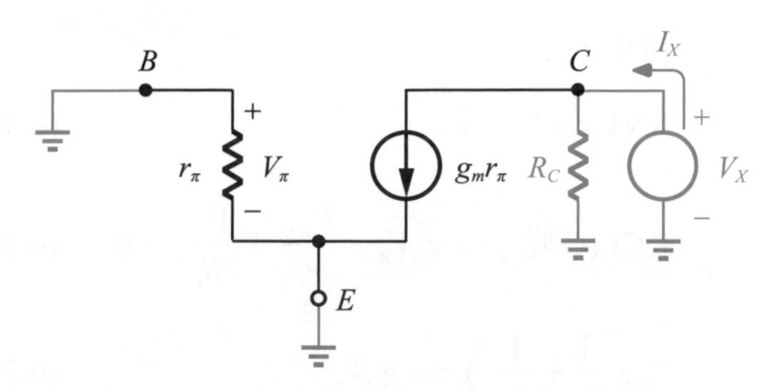

圖 6.29 *CE* 組態求輸出阻抗的小訊號模型電路

其分析如下：

$$r_\pi \text{ 兩端接地} \Rightarrow V_\pi = 0 \tag{6.45}$$

$$\therefore g_m V_\pi = 0 \tag{6.46}$$

$$\therefore I_X = \frac{V_X}{R_C} \tag{6.47}$$

$$\therefore R_{out} = \frac{V_X}{I_X} = R_C \tag{6.48}$$

接下來，再考慮 $V_A \neq \infty$ 的情況，將分別求 A_v、R_{in} 和 R_{out}。

① 求 A_v

圖 6.30 是求解 A_v ($V_A \neq \infty$) 的小訊號模型電路，畫出此小訊號模型電路的方法和 $V_A = \infty$ 情況一樣，在此不再重複敘述。

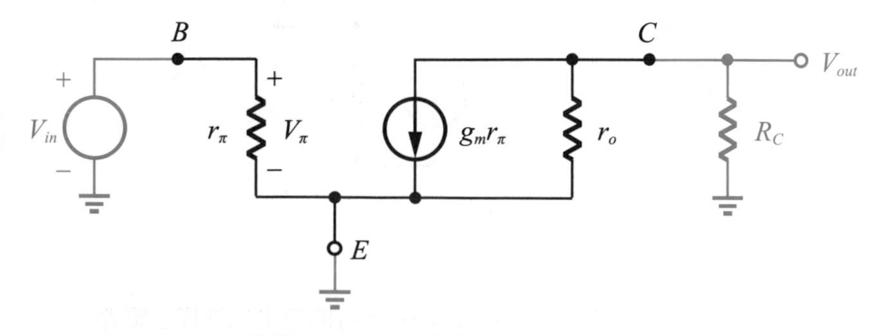

圖 6.30 *CE* 組態 ($V_A \neq \infty$) 求解電壓增益的小訊號模型電路

其分析如下：

$$\text{KVL} \Rightarrow V_{in} = V_{\pi} \tag{6.49}$$

$$\text{KCL}(C\text{ 點}) \Rightarrow g_m V_{\pi} + \frac{V_{out}}{r_o} + \frac{V_{out}}{R_C} = 0 \tag{6.50}$$

$$V_{out}\left(\frac{1}{r_o} + \frac{1}{R_C}\right) = -g_m V_{\pi} \tag{6.51}$$

將 (6.49) 式代入 (6.51) 式可得

$$V_{out}\left(\frac{1}{r_o} + \frac{1}{R_C}\right) = -g_m V_{in} \tag{6.52}$$

$$\therefore A_v = \frac{V_{out}}{V_{in}} = -g_m\left(\frac{1}{\frac{1}{r_o} + \frac{1}{R_C}}\right) \tag{6.53}$$

$$= -g_m(r_o /\!/ R_C) \tag{6.54}$$

② 求 R_{in}

由於 $V_A \neq \infty$ 的情況只是在輸出端加一個電阻 r_o，並不影響求解輸入阻抗的任何過程。所以，和 $V_A = \infty$ 的情況一樣，$R_{in} = r_{\pi}$。

③ 求 R_{out}

求解 R_{out} 的小訊號模型電路如圖 6.31 所示，畫出此圖的方法和前述一致。

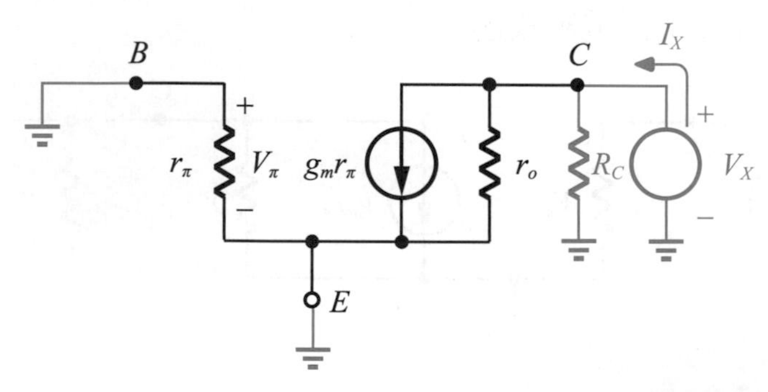

圖 6.31　CE 組態 ($V_A \neq \infty$) 求解輸出阻抗的小訊號模型電路

其分析如下：

$$r_\pi \text{的兩端都接地} \Rightarrow V_\pi = 0 \tag{6.55}$$

$$\therefore g_m V_\pi = 0 \tag{6.56}$$

$$\text{歐姆定律} \Rightarrow I_X = \frac{V_X}{r_o // R_C} \tag{6.57}$$

$$\therefore R_{out} = \frac{V_X}{I_X} = r_o // R_C \tag{6.58}$$

求解完 $V_A = \infty$ 和 $V_A \neq \infty$ 兩種情況的 A_v、R_{in} 和 R_{out} 後，在此做個整理。如圖 6.32 所示，**輸出阻抗 R_{out} 可以寫成 R_{out_1} 和 R_{out_2} 的並聯 (即 $R_{out} = R_{out_1} // R_{out_2}$)**。(譯 6-14)

(譯 6-14)
After solving the A_V, R_{in} and R_{out} for the two cases of $V_A = \infty$ and $V_A \neq \infty$, let's sort them out here. As shown in Figure 6.32, the output impedance R_{out} can be written as the parallel connection of R_{out_1} and R_{out_2} (i.e., $R_{out} = R_{out_1} // R_{out_2}$).

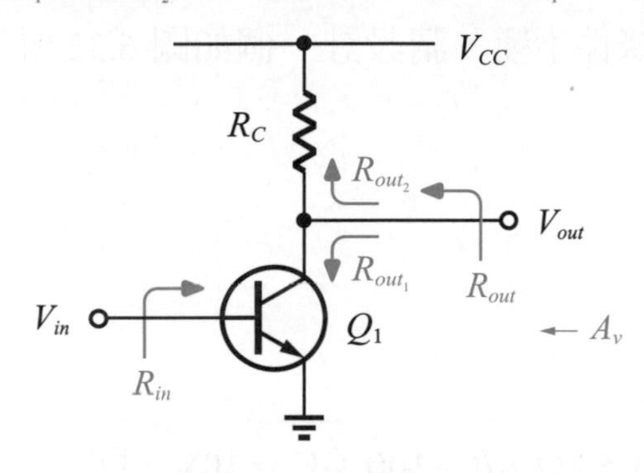

圖 6.32　*CE* 組態的放大器

所以：

$$R_{out_1} = \begin{cases} \infty & V_A = \infty \\ r_o & V_A \neq \infty \end{cases} \tag{6.59}$$

$$R_{out_2} = R_C \tag{6.60}$$

$$R_{out} = R_{out_1} // R_{out_2}$$

$$= \begin{cases} R_C // \infty = R_C & V_A = \infty \\ R_C // r_o & V_A \neq \infty \end{cases} \tag{6.61}$$

$$R_{in} = r_\pi \tag{6.62}$$

$$A_v = -g_m R_{out}$$

$$= \begin{cases} -g_m R_C & V_A = \infty \\ -g_m (R_C // r_o) & V_A \neq \infty \end{cases} \tag{6.63}$$

例題 6.10

設計一個如圖 6.32 所示之 *CE* 組態電路，$V_{CC} = 1.8$ V，功率 = 1mW，且使得 A_v 達到最大。

解答

功率 $= V_{CC} \times I_C$，$1\text{m} = 1.8 \times I_C \Rightarrow I_C = 0.556$ mA

∵電晶體要操作在主動區 $\therefore \begin{cases} V_{BE} = 0.8\text{V} > 0 \\ V_{BC} \leq 0 \end{cases}$

∴取 $V_B = V_{BE} = 0.8 \text{ V} \leq V_C$

$\therefore V_{CC} - I_C R_C \geq 0.8$，$1.8 - (0.556\text{m})R_C \geq 0.8 \quad \therefore R_C \leq 1.8 \text{ k}\Omega$

$g_m = \dfrac{I_C}{V_T} = \dfrac{0.556\text{m}}{26\text{m}} = \dfrac{1}{46.8\Omega} \quad \therefore A_v$ 的最大值 $= -g_m R_C = -\dfrac{1}{46.8} \times 1.8\text{k} = -38.5$

立即練習

承例題 6.10，若 $V_{CC} = 2.4$V，其餘條件不變，請設計一個如圖 6.32 所示之 *CE* 組態電路。

例題 6.11

如圖 6.32 所示，$I_C = 1.2$ mA，$R_C = 1.5$ kΩ，$\beta = 100$，$V_A = 10$V。則：

(1) 求 R_{in} 之值。

(2) 求 R_{out} 之值。

(3) 求 A_v 之值。

解答

$$g_m = \frac{I_C}{V_T} = \frac{1.2\text{m}}{26\text{m}} = \frac{1}{21.7\Omega}$$

(1) $R_{in} = r_\pi = \dfrac{\beta}{g_m} = \dfrac{100}{\dfrac{1}{21.7}} = 2.17 \text{ k}\Omega$

(2) $r_o = \dfrac{V_A}{I_C} = \dfrac{10}{1.2\text{m}} = 8.3 \text{ k}\Omega$

$\therefore R_{out} = R_C \,//\, r_o = 1.5 \text{ k}\Omega \,//\, 8.3 \text{ k}\Omega = 1.27 \text{ k}\Omega$

(3) $A_v = -g_m R_{out} = -\dfrac{1}{21.7} \times 1.27\text{k} = -58.5$

立即練習

承例題 6.11，若 $V_A = 8\text{V}$，其餘條件不變。則：

(1) 求 R_{in} 之值。

(2) 求 R_{out} 之值。

(3) 求 A_v 之值。

分析完 *CE* 組態放大器後，再接下來分析它另一個"變形"的組態，稱"具射極退化的 *CE* 組態"放大器。而所謂的射極退化其實是一個電阻，即是在 *CE* 組態中的射極端加上一個電阻 R_E 而形成此變形的放大器，如圖 6.33 所示。而此時一定會困惑加上 R_E 的目的爲何？是的，加上 R_E 最主要的目的在於阻擋由接地端的雜訊來干擾 V_{BE} 電壓，而使得 V_{BE} 更加穩定；但加上 R_E 後會使得小訊號模型的計算變爲更複雜，這是主要的缺點。(譯 6-15)

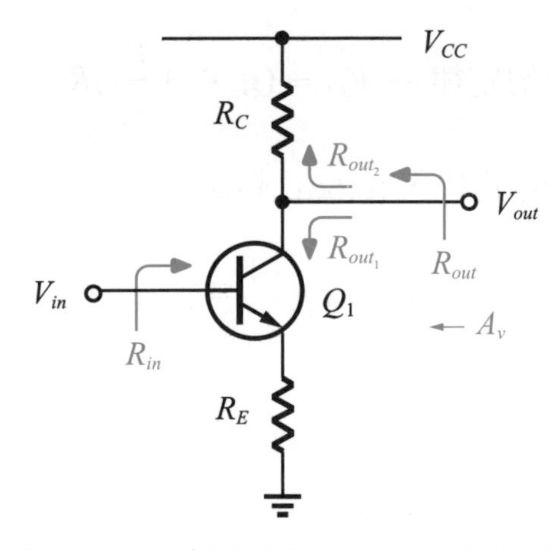

圖 6.33 具射極退化的 *CE* 組態放大器

(譯 6-15)

After analyzing the *CE* configuration amplifier, the next step is to analyze its "deformed" configuration, called the "*CE* configuration with emitter degeneration" amplifier. The so-called emitter degeneration is a resistor R_E added to the emitter terminal in the *CE* configuration to form a deformed amplifier, as shown in Figure 6.33. At this time, the confused readers will ask what is the purpose of R_E? The main purpose of adding R_E is to block the noise from the ground terminal to interfer with the voltage V_{BE}, making V_{BE} more stable; but adding R_E will make the calculation of the small signal model more complicated, which is the main disadvantage.

以下將求出組態的 A_v、R_{in} 和 R_{out}：

① 求 A_v ($V_A = \infty$)

首先畫出其小訊號模型電路，如圖 6.34 所示。

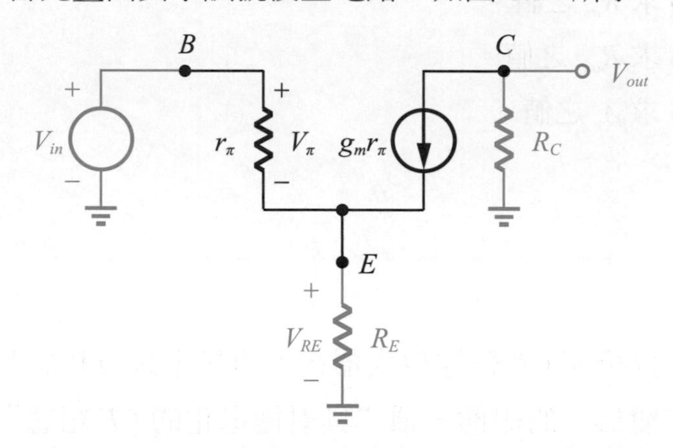

圖 6.34　具射極退化 *CE* 組態的小訊號模型電路

其分析如下：

$$\text{KCL}(C\text{點}) \Rightarrow g_m V_\pi + \frac{V_{out}}{R_C} = 0 \tag{6.64}$$

$$\therefore V_\pi = \frac{-V_{out}}{g_m R_C} \tag{6.65}$$

$$\text{歐姆定律} \Rightarrow V_{RE} = (g_m V_\pi + \frac{V_\pi}{r_\pi})R_E \tag{6.66}$$

將 (6.65) 式代入 (6.66) 式得

$$V_{RE} = (g_m + \frac{1}{r_\pi})R_E(\frac{-V_{out}}{g_m R_C}) \tag{6.67}$$

$$= \frac{-(g_m + \frac{1}{r_\pi})R_E}{g_m R_C} V_{out} \tag{6.68}$$

$$\text{KVL} \Rightarrow V_{in} = V_\pi + V_{RE} \tag{6.69}$$

將 (6.65) 式和 (6.68) 式代入 (6.69) 式得

$$V_{in} = \frac{-V_{out}}{g_m R_C} + \frac{-(g_m + \frac{1}{r_\pi})R_E}{g_m R_C} V_{out} \qquad (6.70)$$

$$= -V_{out}[\frac{1+(g_m + \frac{1}{r_\pi})R_E}{g_m R_C}] \qquad (6.71)$$

$$\therefore A_v = \frac{V_{out}}{V_{in}} = \frac{-g_m R_C}{1+(g_m + \frac{1}{r_\pi})R_E} \qquad (6.72)$$

電壓增益 A_v 的值如 (6.72) 式所示。以下將對 CE 組態和具射極退化 CE 組態的 A_v 做更進一步討論，以利了解這 2 個組態的差異。

(a) 具射極退化 CE 組態的 A_v 值變小了

$(|\frac{-g_m R_C}{1+(g_m + \frac{1}{r_\pi})R_E}|\nu < |-g_m R_C|)$。

(b) 因為 g_m 遠大於 $\frac{1}{r_\pi}$，所以 (6.72) 式可得

$$A_v \approx \frac{-g_m R_C}{1+g_m R_E} \qquad (6.73)$$

$$A_v \approx -\frac{R_C}{R_E + \frac{1}{g_m}} \qquad (6.74)$$

(c) 由 (6.74) 式知，具射極退化 CE 組態的 A_v 為 Q_1 以上的電阻 R_C 除以 Q_1 以下的電阻 R_E 和 $\frac{1}{g_m}$ 的總和。

② 求 R_{out} ($V_A = \infty$)

和 CE 組態一樣，$R_{out} = R_C // \infty = R_C$。

③ 求 R_{out} ($V_A \neq \infty$)

由圖 6.33 可知，$R_{out} = R_{out_1} // R_{out_2}$。其中 $R_{out_2} = R_C$ 而 R_{out_1} 因為 $V_A \neq \infty$，Q_1 有輸出阻抗 r_o，所以 R_{out_1} 無法看出其值為何。因此利用小訊號模型來求其小訊號模型電路，如圖 6.35 所示。

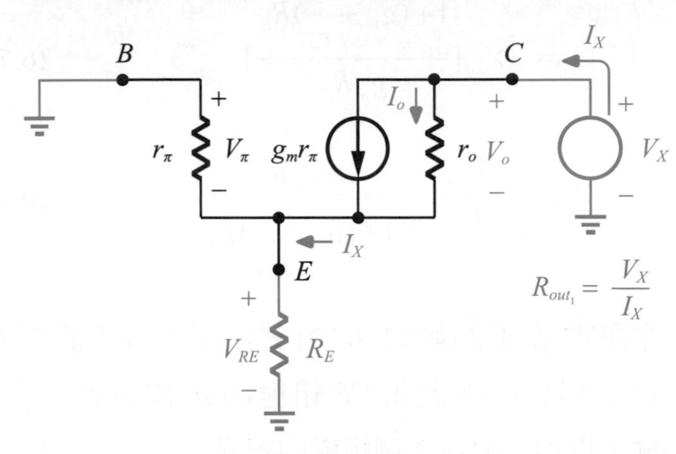

圖 6.35　計算由 C 極看入 Q_1 的輸出阻抗 R_{out_1} 之小訊號模型電路

其分析如下：

電阻 r_π 和 R_E 為並聯，所以

$$V_\pi = -V_{RE} \tag{6.75}$$

$$\text{歐姆定律} \Rightarrow V_{RE} = I_X(r_\pi // R_E) = -V_\pi \tag{6.76}$$

$$\text{KCL}(C\text{ 點}) \Rightarrow I_X = I_o + g_m V_\pi \tag{6.77}$$

將 (6.76) 式代入 (6.77) 式，可得

$$I_o = I_X + g_m I_X (r_\pi // R_E) \tag{6.78}$$

$$= I_X[1 + g_m(r_\pi // R_E)] \tag{6.79}$$

$$\text{歐姆定律} \Rightarrow V_o = I_o r_o = I_X r_o[1 + g_m(r_\pi // R_E)] \tag{6.80}$$

$$\text{KVL} \Rightarrow V_X = V_o + V_{RE} \tag{6.81}$$

將 (6.76) 式和 (6.80) 式代入 (6.81) 式可得

$$V_X = I_X r_o[1 + g_m(r_\pi // R_E)] + I_X(r_\pi // R_E) \qquad (6.82)$$

$$= I_X \{[1 + g_m(r_\pi // R_E)]r_o + (r_\pi // R_E)\} \qquad (6.83)$$

$$\therefore R_{out_1} = \frac{V_X}{I_X} = [1 + g_m(r_\pi // R_E)]r_o + (r_\pi // R_E) \qquad (6.84)$$

所以輸出阻抗 $R_{out} = R_{out_1} // R_{out_2}$。

④ 求 R_{in} $(V_A = \infty)$

圖 6.36 是求輸入阻抗 R_{in} 的小訊號模型電路。

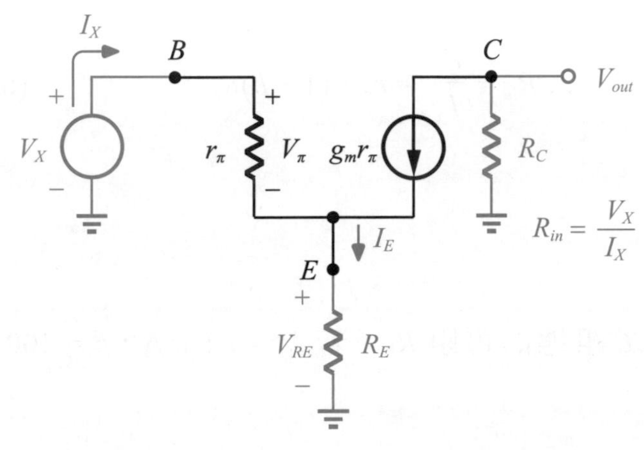

圖 6.36 計算輸入阻抗 R_{in} 的小訊號模型電路

其分析如下：

$$\text{歐姆定律} \Rightarrow V_\pi = I_X r_\pi \qquad (6.85)$$

$$\text{KCL}(E\text{ 點}) \Rightarrow I_E = I_X + g_m V_\pi \qquad (6.86)$$

將 (6.85) 式代入 (6.86) 式可得

$$I_E = I_X + g_m I_X r_\pi \qquad (6.87)$$

$$= I_X (1 + g_m r_\pi) \qquad (6.88)$$

$$歐姆定律 \Rightarrow V_{RE} = I_E R_E \quad (6.89)$$

$$= I_X(1 + g_m r_\pi)R_E \quad (6.90)$$

$$\text{KVL} \Rightarrow V_X = V_\pi + V_{RE} \quad (6.91)$$

將 (6.85) 式和 (6.90) 式代入 (6.91) 式可得

$$V_X = I_X r_\pi + I_X(1 + g_m r_\pi)R_E \quad (6.92)$$

$$= I_X[r_\pi + (1 + \beta)R_E] \quad (6.93)$$

$$\therefore R_{in} = \frac{V_X}{I_X} = r_\pi + (1 + \beta)R_E \quad (6.94)$$

例題 6.12

設計如圖 6.33 具射極退化 CE 組態的電阻 R_E，若 $I_C = 1.1$ mA，$\beta = 100$，$V_A = 11$ V，$R_{out_1} = 25$ kΩ，$R_E << r_\pi$。

解答

因為 $r_\pi >> R_E$，所以

$$R_{out_1} = [1 + g_m(r_\pi // R_E)]r_o + (r_\pi // R_E) \approx [1 + g_m R_E]r_o + R_E = 25\text{ k}\Omega$$

$$r_o = \frac{V_A}{I_C} = \frac{11}{1.1\text{m}} = 10\text{ k}\Omega$$

$$g_m = \frac{I_C}{V_T} = \frac{1.1\text{m}}{26\text{m}} = \frac{1}{23.6\Omega}$$

$$\because 25\text{k} = [1 + \frac{1}{23.6}R_E](10\text{k}) + R_E = 10\text{k} + 424R_E + R_E$$

$$\therefore R_E = 35.3\Omega$$

立即練習

承例題 6.12，若 $V_A = 16.5$V，$R_{out_1} = 30$kΩ，其餘條件不變，請設計如圖 6.33 具射極退化 CE 組態的電阻 R_E。

例題 6.13

如圖 6.37 所示，若 C_1 非常大，求輸出阻抗 R_{out}。

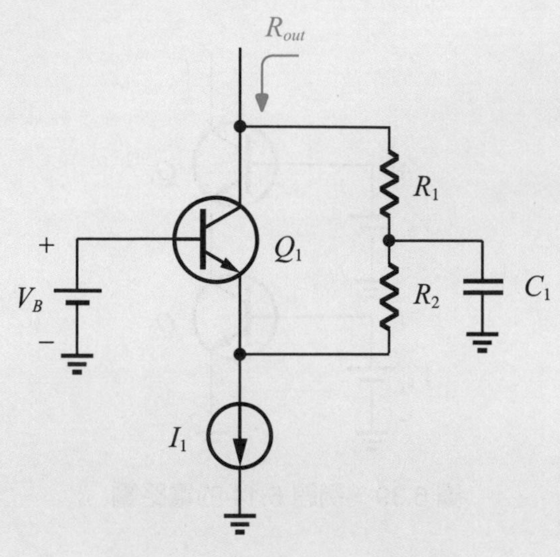

圖 6.37 例題 6.13 的電路圖

解答

求輸出阻抗 R_{out} 需要使用小訊號模型。而此模型是在解決交流狀態時電路信號，因此 C_1 會“短路”，I_1 會“斷路”，所以圖 6.37 可以重畫如圖 6.38 所示。

因 $R_{out_2} = R_1$ 和 $R_{out_1} = [1 + g_m (r_\pi // R_2)]r_o + (r_\pi // R_2)$

所以 $R_{out} = R_{out_1} // R_{out_2}$

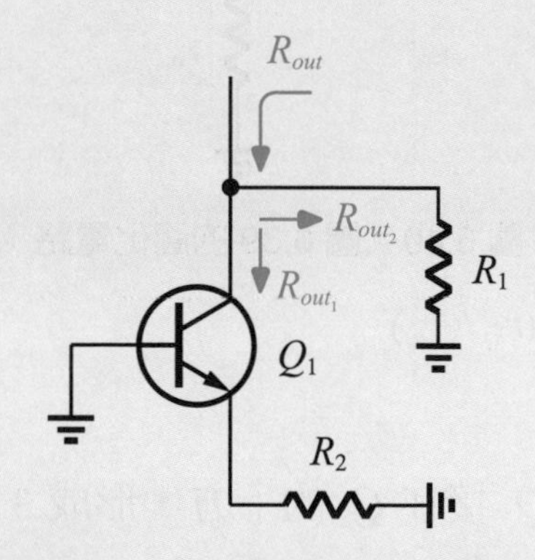

圖 6.38 圖 6.37 簡化後的電路圖

立即練習

承例題 6.13，若 C_1 接於 Q_1 的 E 極到地之間，求輸出阻抗 R_{out}。

例題 6.14

如圖 6.39 所示，若 $V_A \neq \infty$，求輸出阻抗 R_{out}。

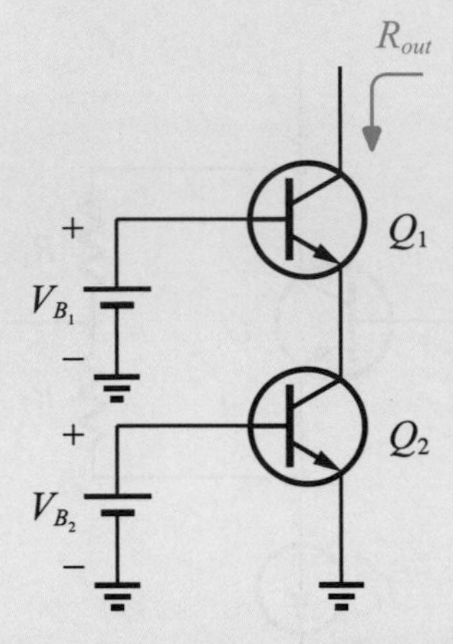

圖 6.39　例題 6.14 的電路圖

解答

因為 $V_A \neq \infty$，所以 Q_1 和 Q_2 的輸出阻抗 r_{o_1} 和 r_{o_2} 存在，圖 6.39 可以重畫為圖 6.40。

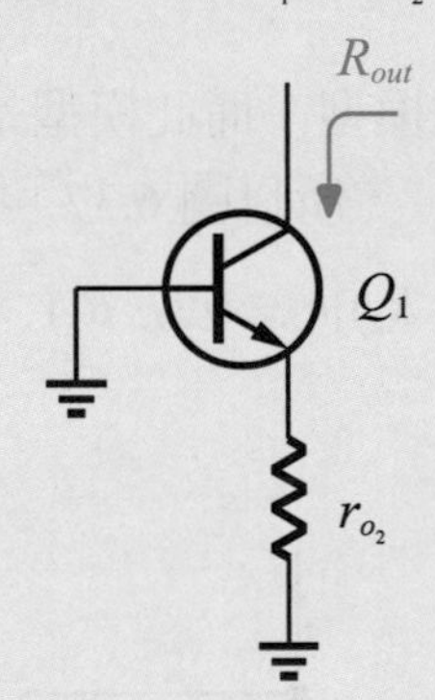

圖 6.40　圖 6.39 的簡化電路

$$R_{out} = [1 + g_{m_1}(r_{\pi_1} // r_{o_2})]r_{o_1} + (r_{\pi_1} // r_{o_2})$$

立即練習

承例題 6.14，若有另一個 Q_3 接在 Q_2 的下方，形成 3 個電晶體疊接，其餘條件不變，求輸出阻抗 R_{out}。

6.3.2 共基極組態 (*CB* 組態)

如圖 6.41 為共基極組態放大器電路，其輸入信號由 *E* 極輸入，*C* 極是輸出端，而 *B* 極共用，接一個直流電壓 V_B 以提供偏壓。(譯 6-16)

(譯 6-16)
As shown in Figure 6.41, it is a common base configuration amplifier circuit. The signal is input by *E* terminal, *C* terminal is the output port, and *B* terminal is a common port, and a DC voltage V_D is connected to provide bias.

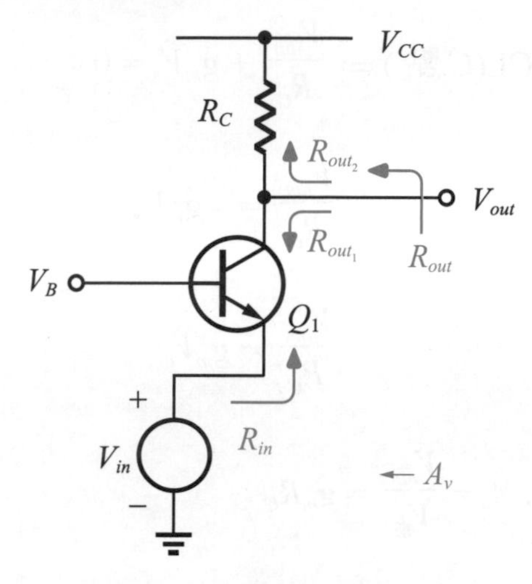

圖 6.41　共基極組態放大器

和上一個組態一樣，求 *CB* 組態的電壓增益 A_v、輸入阻抗 R_{in} 和輸出阻抗 R_{out}。

① 求 A_v ($V_A = \infty$)

圖 6.42 是求 A_v 的小訊號模型電路，記得在電路中的電源和接地在小訊號模型電路都必須接地。

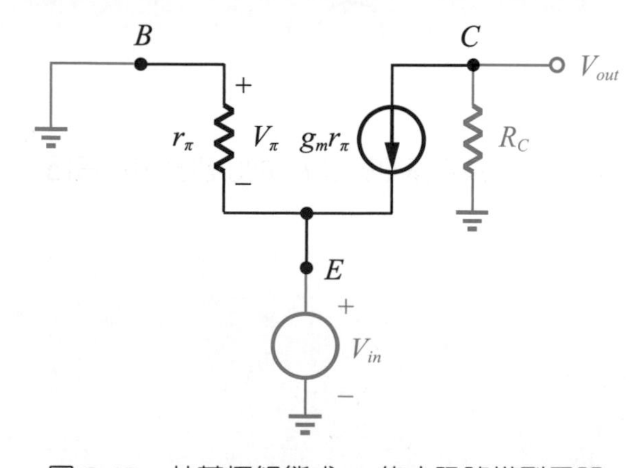

圖 6.42　共基極組態求 A_v 的小訊號模型電路

其分析如下：

$$KVL \Rightarrow V_\pi + V_{in} = 0 \tag{6.95}$$

$$\therefore V_\pi = -V_{in} \tag{6.96}$$

$$KCL(C\text{點}) \Rightarrow \frac{V_{out}}{R_C} + g_m V_\pi = 0 \tag{6.97}$$

$$\frac{V_{out}}{R_C} = -g_m V_\pi \tag{6.98}$$

$$\frac{V_{out}}{R_C} = g_m V_{in} \tag{6.99}$$

$$\therefore A_v = \frac{V_{out}}{V_{in}} = g_m R_C \tag{6.100}$$

② 求 R_{in} $(V_A = \infty)$

圖 6.43 是求 R_{in} 所畫出的小訊號模型電路。

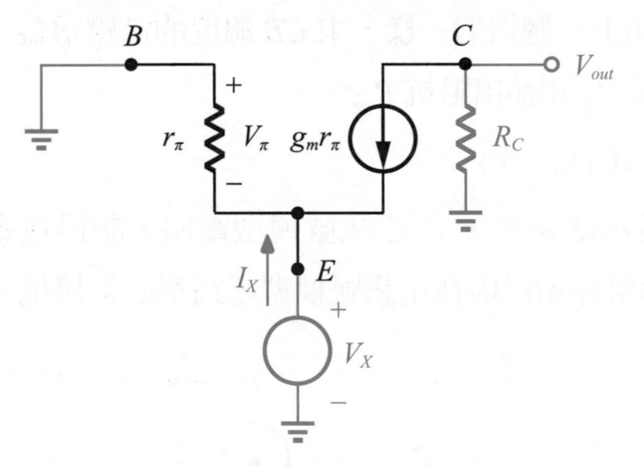

圖 6.43　共基極組態求 R_{in} 的小訊號模型電路

其分析如下：

$$\text{KVL} \Rightarrow V_\pi + V_X = 0 \tag{6.101}$$

$$\therefore V_\pi = -V_X \tag{6.102}$$

$$\text{KCL}(E\text{ 點}) \Rightarrow \frac{V_\pi}{r_\pi} + I_X + g_m V_\pi = 0 \tag{6.103}$$

$$V_\pi(\frac{1}{r_\pi} + g_m) = -I_X \tag{6.104}$$

將 (6.102) 式代入 (6.104) 式可得

$$-V_X(\frac{1}{r_\pi} + g_m) = -I_X \tag{6.105}$$

$$\therefore R_{in} = \frac{V_X}{I_X} = \frac{1}{\dfrac{1}{r_\pi} + g_m} \tag{6.106}$$

$$= r_\pi \,//\, \frac{1}{g_m} \tag{6.107}$$

$$\approx \frac{1}{g_m} \tag{6.108}$$

③ 求 R_{out} ($V_A = \infty$ 或 $V_A \neq \infty$)

由圖 6.41 可知，$R_{out} = R_{out_1} \,//\, R_{out_2}$。其中 $R_{out_2} = R_C$，而 $R_{out_1} = \infty$ 當 $V_A = \infty$ 或是 $R_{out_1} = r_o$ 當 $V_A \neq \infty$。所以

$$R_{out} = R_{out_1} \,//\, R_{out_2}$$

$$= \begin{cases} \infty \,//\, R_C = R_C \\ r_o \,//\, R_C \end{cases} \tag{6.109}$$

(譯 6-17)
Now the common base configuration of Figure 6.41 adds a resistor R_S to the input to form another type of common base configuration amplifier, as shown in Figure 6.44.

現在圖 6.41 的共基極組態在輸入端加上一個電阻 R_S，形成另一型式的共基極組態放大器，如圖 6.44 所示。(譯 6-17)

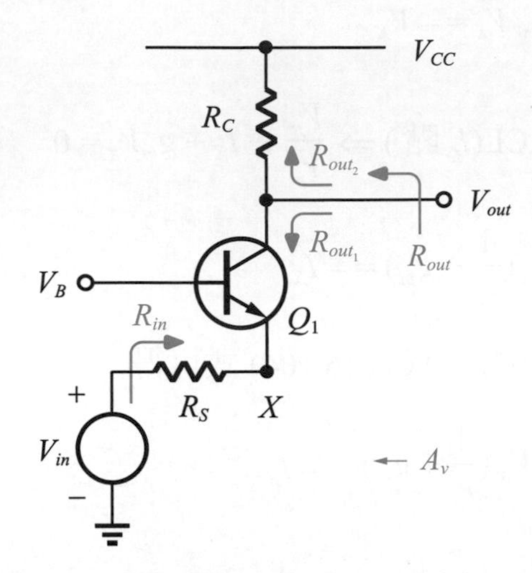

圖 6.44　輸入端加上電阻 R_S 的共基極組態

同樣求其 A_v、R_{in} 和 R_{out}：

① 求 A_v ($V_A = \infty$)

圖 6.45 是求 A_v 的小訊號模型電路。

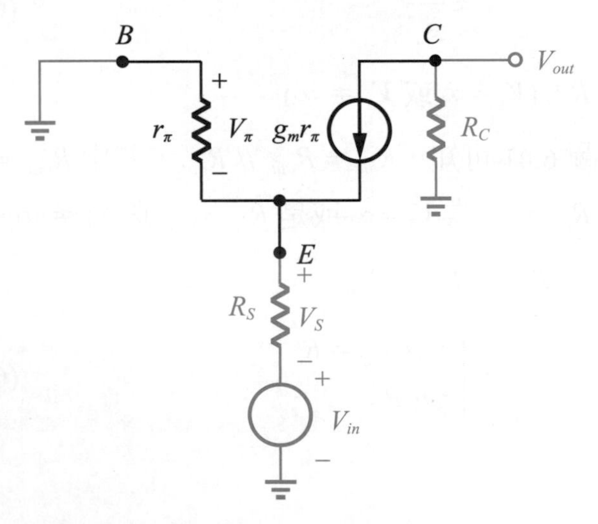

圖 6.45　圖 6.44 求 A_v 的小訊號模型電路

其分析如下：

$$\text{歐姆定律} \Rightarrow V_S = (\frac{V_\pi}{r_\pi} + g_m V_\pi) R_S \tag{6.110}$$

$$= V_\pi (\frac{R_S}{r_\pi} + g_m R_S) \tag{6.111}$$

$$\text{KVL} \Rightarrow V_\pi + V_S + V_{in} = 0 \tag{6.112}$$

將 (6.111) 式代入 (6.112) 式可得

$$V_\pi + V_\pi (\frac{R_S}{r_\pi} + g_m R_S) = -V_{in} \tag{6.113}$$

$$V_\pi (1 + \frac{R_S}{r_\pi} + g_m R_S) = -V_{in} \tag{6.114}$$

$$\therefore V_\pi = \frac{-V_{in}}{1 + g_m R_S + \frac{R_S}{r_\pi}} \tag{6.115}$$

$$\text{KCL}(C\text{ 點}) \Rightarrow \frac{V_{out}}{R_C} + g_m V_\pi = 0 \tag{6.116}$$

$$\frac{V_{out}}{R_C} = -g_m V_\pi \tag{6.117}$$

將 (6.115) 式代入 (6.117) 式可得

$$\frac{V_{out}}{R_C} = \frac{g_m V_{in}}{1 + g_m R_S + \frac{R_S}{r_\pi}} \tag{6.118}$$

$$\therefore A_v = \frac{V_{out}}{V_{in}} = \frac{g_m R_C}{1 + g_m R_S + \frac{R_S}{r_\pi}} \tag{6.119}$$

② 求 $R_{in}(V_A=\infty)$

先前已求過圖 6.44 由 X 點往 Q_1 看入的輸入阻抗 R_{in} 為 $r_\pi // \dfrac{1}{g_m} \approx \dfrac{1}{g_m}$，而現在是由輸入信號 V_{in} 往 Q_1 看入，多串聯一個 R_S 電阻，所以圖 6.44 的輸入阻抗 R_{in} 應該是 $R_S + (\dfrac{1}{g_m} // r_\pi) \approx R_S + \dfrac{1}{g_m}$。

③ 求 $R_{out}\ (V_A \neq \infty)$

由圖 6.44 可知，$R_{out} = R_{out_1} // R_{out_2}$。其中 $R_{out_2} = R_C$，而 R_{out_1} 可由圖 6.46 看得更清楚，它是前面曾經提到的具射極退化 CE 組態 $(V_A \neq \infty)$ 的輸出阻抗。

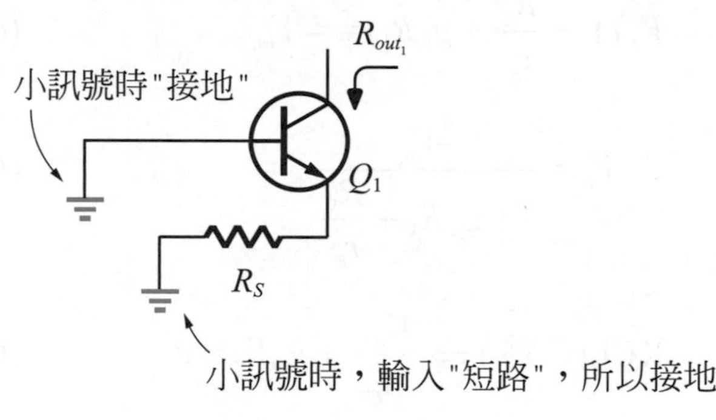

圖 6.46　圖 6.44 的簡化 (一部份) 圖

所以 R_{out_1} 是

$$R_{out_1} = [1 + g_m(r_\pi // R_S)]r_o + (r_\pi // R_S) \qquad (6.120)$$

輸出阻抗 $R_{out} = R_{out_1} // R_{out_2}$。

最後，再將圖 6.44 的共基極組態於 B 極處加上一個電阻 R_B，而形成相對複雜度的共基極組態放大器，如圖 6.47 所示。(譯 6-18)

(譯 6-18)
Finally, add a resistor R_B to the common base configuration of Figure 6.44 at the B terminal to form a relatively complex common base configuration amplifier, as shown in Figure 6.47.

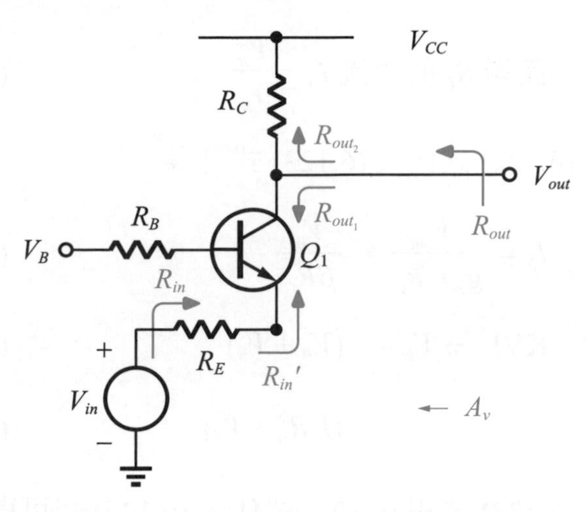

圖 6.47　在 B 極加上電阻 R_B 的共基極組態放大器

如同前述組態一樣，求圖 6.46 組態的 A_v、R_{in} 和 R_{out}。

① 求 A_v ($V_A = \infty$)

圖 6.48 是求解 A_v 的小訊號模型電路。

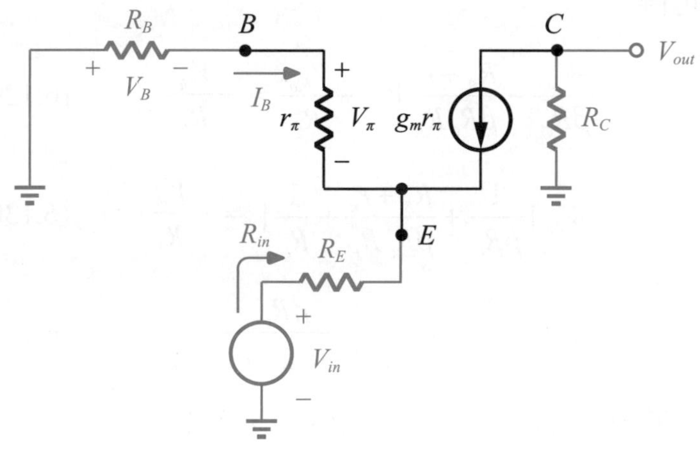

圖 6.48　求解 A_v 的小訊號模型電路

其分析如下：

$$\text{KCL}(C\text{ 點}) \Rightarrow g_m V_\pi + \frac{V_{out}}{R_C} = 0 \tag{6.121}$$

$$\therefore V_\pi = -\frac{V_{out}}{g_m R_C} \tag{6.122}$$

$$\text{流過 } R_B \text{ 的電流 } I_B = \frac{V_\pi}{r_\pi} \tag{6.123}$$

將 (6.122) 式代入 (6.123) 式可得

$$I_B = \frac{-V_{out}}{g_m r_\pi R_C} = \frac{-V_{out}}{\beta R_C} \tag{6.124}$$

$$\text{KVL} \Rightarrow V_E = -(V_B + V_\pi) \tag{6.125}$$

$$= -(I_B R_B + V_\pi) \tag{6.126}$$

將 (6.122) 式和 (6.124) 式代入 (6.126) 式可得

$$V_E = \frac{R_B + r_\pi}{\beta R_C} V_{out} \tag{6.127}$$

$$\text{KCL}(E\text{ 點}) \Rightarrow I_B + \frac{V_{in} - V_E}{R_E} + g_m V_\pi = 0 \tag{6.128}$$

將 (6.122) 式、(6.124) 式和 (6.127) 式代入 (6.128) 式可得

$$\frac{-V_{out}}{\beta R_C} - \frac{R_B + r_\pi}{\beta R_C R_E} V_{out} - \frac{V_{out}}{R_C} = -\frac{V_{in}}{R_E} \tag{6.129}$$

$$-V_{out}\left[\frac{1}{\beta R_C} + \frac{R_B + r_\pi}{\beta R_C R_E} + \frac{1}{R_C}\right] = -\frac{V_{in}}{R_E} \tag{6.130}$$

$$\therefore A_v = \frac{V_{out}}{V_{in}} = \frac{\beta R_C}{(\beta+1) R_E + R_B + r_\pi} \tag{6.131}$$

將 (6.131) 式上下除以 $(\beta + 1)$,可得

$$A_v = \frac{\frac{\beta}{\beta+1} R_C}{R_E + \frac{R_B}{\beta+1} + \frac{r_\pi}{\beta+1}} \tag{6.132}$$

$$\approx \frac{R_C}{R_E + \frac{R_B}{\beta+1} + \frac{1}{g_m}} \tag{6.133}$$

② 求 $R_{in}(V_A=\infty)$

由圖 6.47 可知，$R_{in}=R_{in}'+R_E$，R_{in}' 在沒有電阻 R_B 時是 $r_\pi // \dfrac{1}{g_m}$，即 (6.107) 式，可近似成 $\dfrac{1}{g_m}$，即 (6.108) 式，而現在有電阻 R_B，就不會是 (6.107) 式和 (6.108) 式之值。因此，畫出求解 R_{in}' 的小訊號模型電路，如圖 6.49 所示。

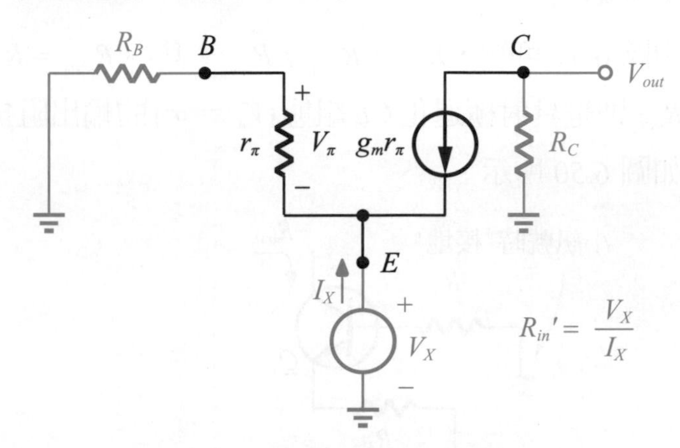

圖 6.49 求解 R_{in}' 的小訊號模型電路

其分析如下：

$$分壓\ V_\pi=-V_X\frac{r_\pi}{r_\pi+R_B} \tag{6.134}$$

$$\text{KCL}(E\ 點)\Rightarrow \frac{V_\pi}{r_\pi}+I_X+g_mV_\pi=0 \tag{6.135}$$

$$\therefore V_\pi\left(\frac{1}{r_\pi}+g_m\right)=-I_X \tag{6.136}$$

將 (6.134) 式代入 (6.136) 式可得

$$-V_X\left(\frac{1+g_mr_\pi}{r_\pi+R_B}\right)=-I_X \tag{6.137}$$

$$\therefore R_{in}' = \frac{V_X}{I_X} = \frac{r_\pi + R_B}{1+\beta} \tag{6.138}$$

$$= \frac{r_\pi}{1+\beta} + \frac{R_B}{1+\beta} \tag{6.139}$$

$$\approx \frac{1}{g_m} + \frac{R_B}{1+\beta} \tag{6.140}$$

③ 求 R_{out} $(V_A \neq \infty)$

由圖 6.47 可知，$R_{out} = R_{out_1} \,//\, R_{out_2}$。其中 $R_{out_2} = R_C$，R_{out_1} 則是具射極退化 CE 組態 $(V_A \neq \infty)$ 的輸出阻抗，如圖 6.50 所示。

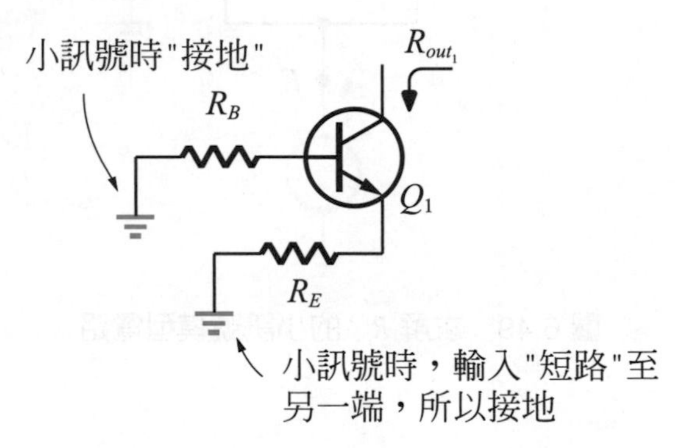

圖 6.50　圖 6.46 的簡化(一部份)圖

其中 R_B 的出現並不會影響 R_{out_1} 的值，所以

$$R_{out_1} = [1 + g_m(r_\pi \,//\, R_E)]r_o + (r_\pi \,//\, R_E) \tag{6.141}$$

輸出阻抗 $R_{out} = R_{out_1} \,//\, R_{out_2}$。

最後，將前面求過的輸入阻抗 R_{in} 做個總結，以期計算分析更加熟練，進而可以深刻記憶。

圖 6.51(a) 的輸入阻抗 R_{in} 是由 B 極看入，其值爲 r_π 加上 E 極的射極退化電阻 R_E 的 $(1+\beta)$ 倍；而圖 6.51(b) 的輸入阻抗 R_{in} 是由 E 極看入的，其值爲 $\frac{1}{g_m}$ 加上 B 極電阻 R_B 的 $\frac{1}{1+\beta}$ 倍。(譯 6-19)

(譯 6-19)
The input impedance R_{in} of Figure 6.51(a) is seen from the B terminal, and its value is r_π plus $(1+\beta)$ times the emitter degradation resistance R_E of the E terminal. The input impedance R_{in} of Figure 6.51(b) is seen from the E terminal, its value is $\frac{1}{g_m}$ plus $\frac{1}{1+\beta}$ times of the B terminal resistance R_B.

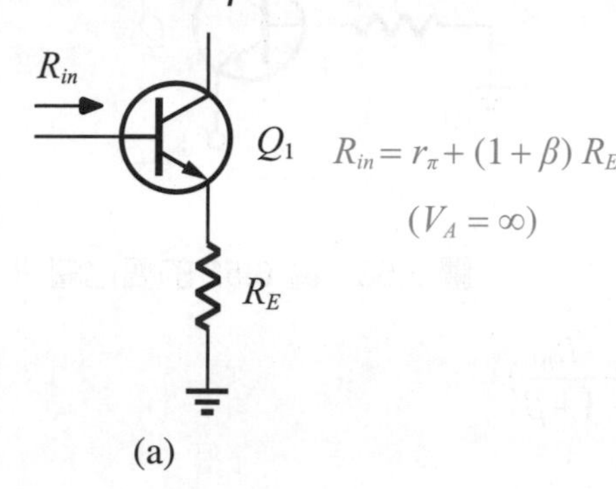

(b)

圖 6.51 (a) 由 B 極看入 Q_1 的輸入阻抗 R_{in}，(b) 由 E 極看入 Q_1 的輸入阻抗 R_{in}

例題 6.15

如圖 6.52 所示，若 $V_A = \infty$，求 R_X 爲多少。

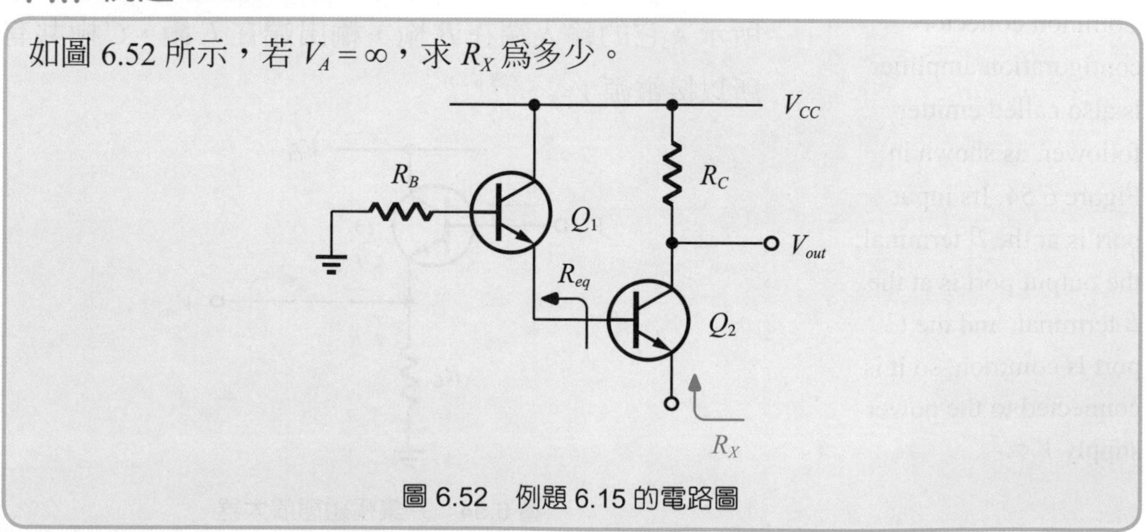

圖 6.52 例題 6.15 的電路圖

解答

根據前段總結可知，$R_{eq}=\dfrac{1}{g_{m_1}}+\dfrac{R_B}{1+\beta}$，圖 6.52 可重畫成圖 6.53。

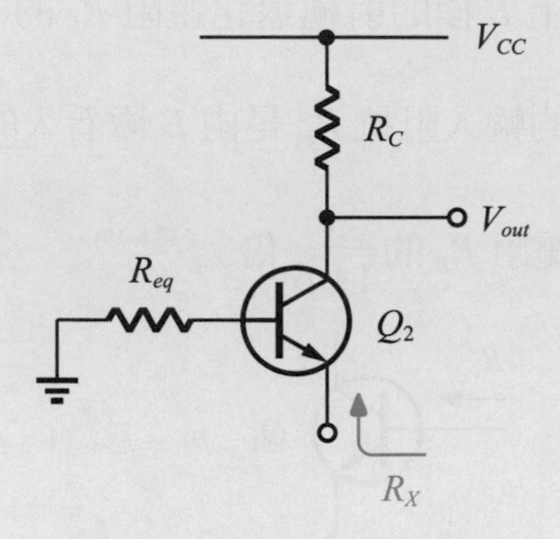

圖 6.53　圖 6.52 的簡化圖

所以 $R_x=\dfrac{1}{g_{m_2}}+\dfrac{R_{eq}}{1+\beta}=\dfrac{1}{g_{m_2}}+\dfrac{1}{1+\beta}\left(\dfrac{1}{g_{m_1}}+\dfrac{R_B}{1+\beta}\right)$

立即練習

承例題 6.15，若有一個電阻 R_X 串接於 Q_1 的 C 極與 V_{CC} 之間，其餘條件不變，試求其值。

6.3.3 共集極組態 (CC 組態)

共集極組態放大器又稱爲射極隨耦器，如圖 6.54 所示。它的輸入端在 B 極，輸出端在 E 極，C 極共有所以接電源 V_{CC}。(譯 6-20)

(譯 6-20)
Common collector configuration amplifier is also called emitter follower, as shown in Figure 6.54. Its input port is at the B terminal, the output port is at the E terminal, and the C port is common, so it is connected to the power supply V_{CC}.

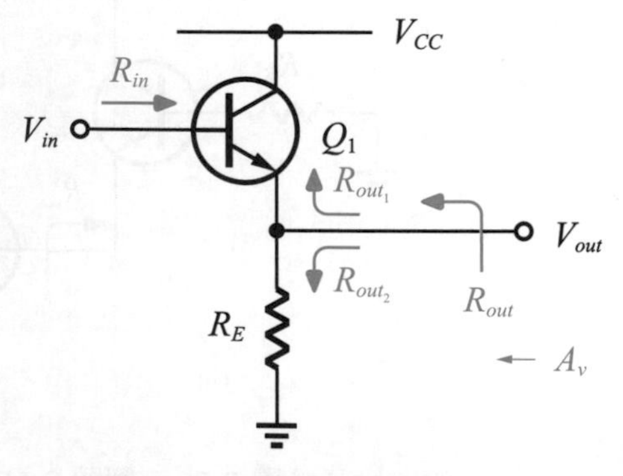

圖 6.54　共集極組態放大器

接下來將求解它的 A_v、R_{in} 和 R_{out}。

① 求 A_v ($V_A = \infty$)

圖 6.55 是求解 A_v 的小訊號模型電路。

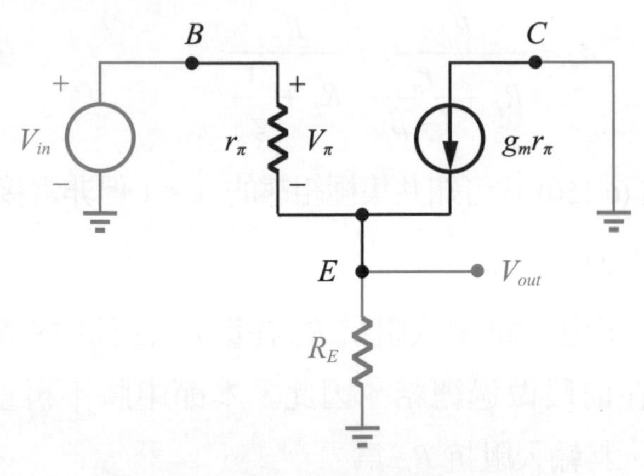

圖 6.55 求解 A_v 的小訊號模型電路

其分析如下：

$$\text{KCL}(E\text{ 點}) \Rightarrow \frac{V_\pi}{r_\pi} + g_m V_\pi = \frac{V_{out}}{R_E} \tag{6.142}$$

$$V_\pi\left(\frac{1}{r_\pi} + g_m\right) = \frac{V_{out}}{R_E} \tag{6.143}$$

$$\therefore V_\pi = \frac{V_{out}}{R_E\left(\frac{1}{r_\pi} + g_m\right)} \tag{6.144}$$

$$\text{KVL} \Rightarrow V_{in} = V_\pi + V_{out} \tag{6.145}$$

將 (6.144) 式代入 (6.145) 式可得

$$V_{in} = \frac{V_{out}}{R_E\left(\frac{1}{r_\pi} + g_m\right)} + V_{out} \tag{6.146}$$

$$V_{in} = V_{out}\left[\frac{r_\pi}{R_E(1 + g_m r_\pi)} + 1\right] \tag{6.147}$$

$$= V_{out}\frac{r_\pi + R_E(1+\beta)}{R_E(1+\beta)} \tag{6.148}$$

$$\therefore A_v = \frac{V_{out}}{V_{in}} = \frac{R_E(1+\beta)}{r_\pi + R_E(1+\beta)} \tag{6.149}$$

將 (6.149) 式上下除以 $1+\beta$，可得

$$A_v = \frac{R_E}{R_E + \frac{r_\pi}{1+\beta}} \approx \frac{R_E}{R_E + \frac{1}{g_m}} \tag{6.150}$$

由 (6.150) 式可知共集極組態的 $A_v < 1$ 但非常接近 1。

② 求 $R_{in}(V_A = \infty)$

共集極組態的輸入阻抗 R_{in} 在第 6.3.2 節中求解過，也在前段做過總結。因此，本節中將不再重覆求解，其輸入阻抗 R_{in} 為

$$R_{in} = r_\pi + (1+\beta)R_E \tag{6.151}$$

③ 求 $R_{out}(V_A = \infty)$

由圖 6.54 可知，$R_{out} = R_{out_1} // R_{out_2}$。其中 $R_{out_2} = R_E$，$R_{out_1} = r_\pi // \frac{1}{g_m} \approx \frac{1}{g_m}$，所以輸出阻抗 R_{out} 為 $R_E // \frac{1}{g_m}$。

例題 6.16

如圖 6.56 所示，若 $V_A = \infty$，求其電壓增益 A_v。

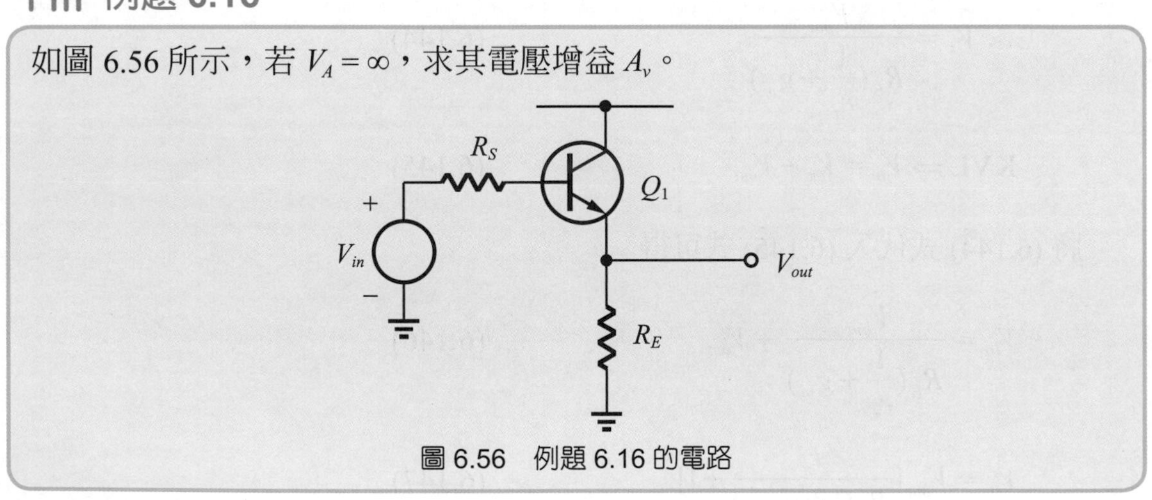

圖 6.56　例題 6.16 的電路

解答

首先先求由 Q_1 的 E 極看入之等效電阻 R_X，如圖 6.57 所示。

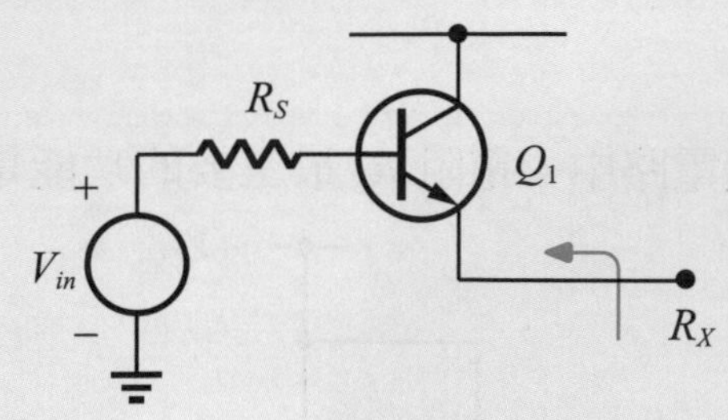

圖 6.57　求由 Q_1 的 E 極看入之等效電路

其值如同 (6.140) 式，可得

$$R_X = \frac{1}{g_m} + \frac{R_S}{1+\beta} \tag{6.152}$$

所以圖 6.56 又可重畫成圖 6.58。

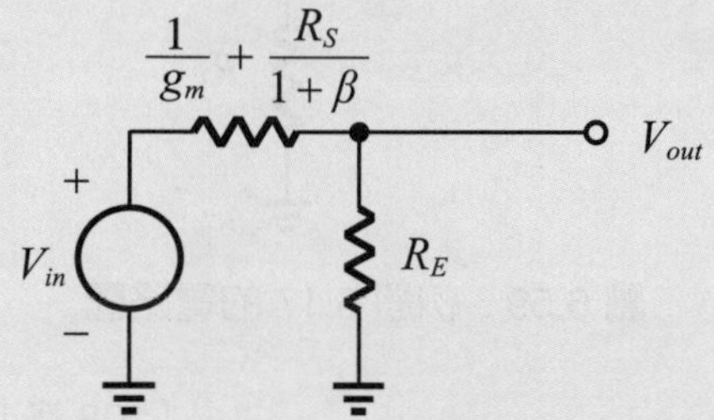

圖 6.58　由圖 6.56 重畫的等效電路

$$A_v = \frac{V_{out}}{V_{in}} = \frac{R_E}{\frac{1}{g_m} + \frac{R_S}{1+\beta} + R_E} \tag{6.153}$$

立即練習

承例題 6.16，若 $R_E = \infty$，其餘條件不變，則 A_v 將變爲多少？

6.4 實例挑戰

例題 6.17

如圖 6.59 所示之電晶體電路中，電阻 R_E 最主要的功能是什麼？為什麼？

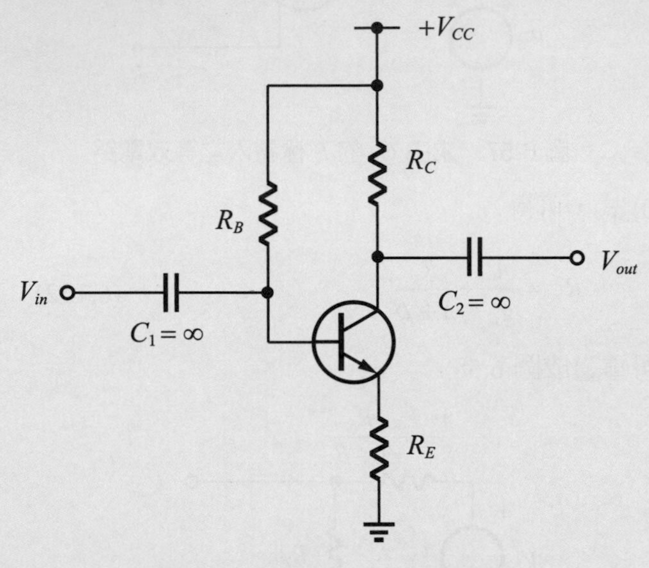

圖 6.59 例題 6.17 的電路圖

【108 臺北科技大學 - 光電工程碩士】

解答

R_E 是射極退化電阻，主要用來阻擋來自接地的雜訊，以防止影響 V_{BE} 值，使得電路更加穩定，但缺點是電壓增益 A_v 將會變小。

例題 6.18

請利用 *npn* 型之 BJT 電晶體，繪出射極隨耦器 (Emitter Follower) 電路圖。則：

(1) 試說明該元件為何種負回授電路？

(2) 試說明該元件用於何種情況？

【106 聯合大學 - 光電工程學系碩士】

解答

如圖 6.60 為 *npn* 型之 BJT 射極隨耦器電路。

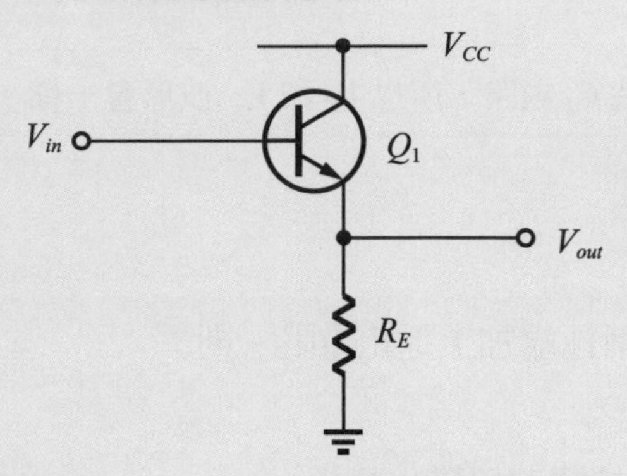

圖 6.60 *npn* 型之 BJT 射極隨耦器電路圖

(1) 此電路沒有回授

(2) 適用於放大電路之輸出級

例題 6.19

如圖 6.61 所示之電路。則：

(1) 使用直流電壓表測量集極電壓 V_C 和輸出電壓 V_{out} 的數值是否相同？

(2) 使用示波器觀察 V_C 和 V_{out} 端的波形是否相同？請說明之。

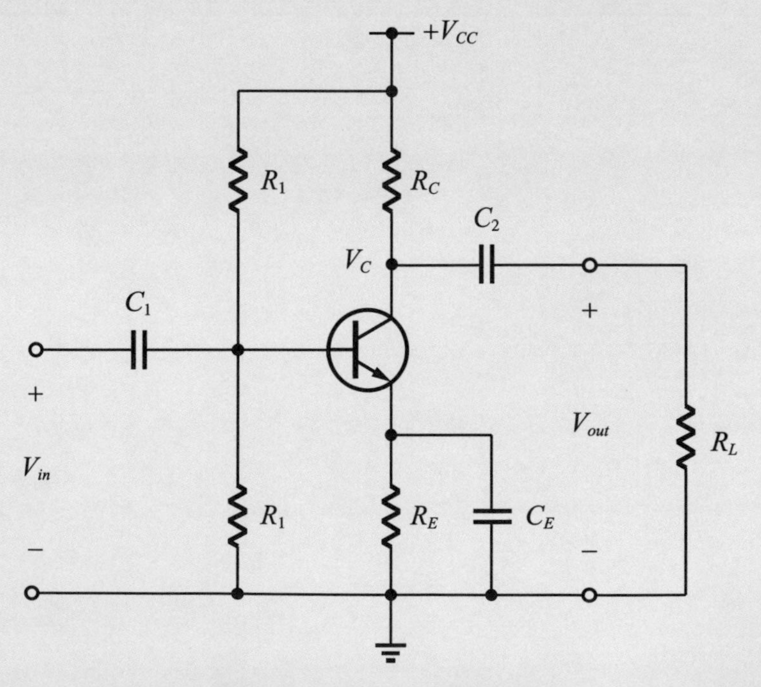

圖 6.61 例題 6.19 的電路圖

【106 聯合大學 - 光電工程學系碩士】

解答

(1) 不同

(2) 相同，因為交流時 C_2 短路，所以 V_C 和 V_{out} 波形會一樣。

例題 6.20

在共射極放大電路之射極端加上退化電阻。則：

(1) 何謂退化電阻？

(2) 此時輸入及輸出阻抗將有何變化？

(3) 試問加入退化電阻有何好處？

(4) 試問加入退化電阻有何壞處？

【106 聯合大學 - 光電工程學系碩士】

解答

(1) 阻隔射極直接接地，可有效防止雜訊影響 V_{BE} 值，使電路更穩定。

(2) 輸入電阻 R_{in} 變大、輸出電阻 R_{out} 變大。

(3) 阻隔來自接地的雜訊以防止影響 V_{BE} 值。

(4) 電壓增益 A_v 變小。

重點回顧

1. 輸入阻抗的求法是在輸入端放一電源 V_X，流入電流 I_X，求 $R_{in}=\frac{V_X}{I_X}$ 即爲答案，輸出端此時爲開路。

2. 輸出阻抗的求法是在輸出端放一電源 V_X，流入電流 I_X，求 $R_{out}=\frac{V_X}{I_X}$ 即爲答案，輸入端此時爲短路。

3. BJT 操作點的分析有 4 種電路：

   (1) 簡單偏壓

   (2) 電阻分壓偏壓

   (3) 射極退化偏壓

   (4) 自我偏壓

   四種偏壓技術整理如圖 6.19 所示。

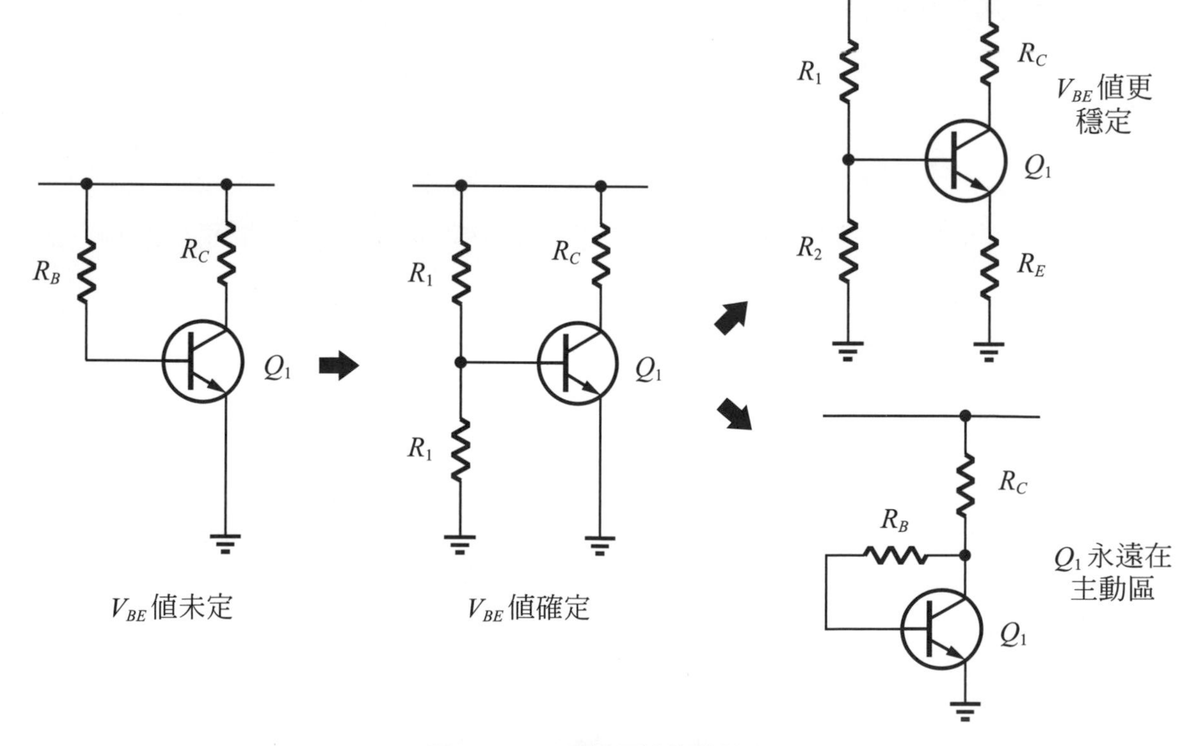

圖 6.19　4 種偏壓技術的整理

4. 共射極組態 (*CE* 組態) 放大器是具有“放大”的功能，其增益為 $-g_mR_{out}$，其中 R_{out} 為其輸出阻抗。

5. 具射極退化的 *CE* 組態能阻止來至接地的雜訊，使電路更加穩定，缺點為增益變小，如 (6.72) 式或 (6.73) 式所示。

$$A_v = \frac{V_{out}}{V_{in}} = \frac{-g_mR_C}{1+(g_m+\frac{1}{r_\pi})R_E} \tag{6.72}$$

$$A_v \approx \frac{-g_mR_C}{1+g_mR_E} \tag{6.73}$$

6. 共基極組態 (*CB* 組態) 放大器亦具有“放大”的功能，只是其增益為正值，而非 *CE* 組態的負值。

7. 共集極組態 (*CC* 組態) 放大器又稱為射極隨耦器，它的增益略小於 1，非常接近 1，不具“放大”功能，適合當作輸出級使用。

Chapter 7 金氧半場效電晶體放大器

場效電晶體依電壓條件，可分為截止、三極管及飽和區，若以水龍頭為喻，不轉動閥門時，水流無法流出，為截止區；稍微轉動閥門時，水流潺潺流出，為三極管區；轉動閥門到底時，水流噴濺而出，但因管徑影響水量上限，為飽和區。因此，和雙極性電晶體同樣，也僅需調整水壓，亦即加入偏壓，便能達放大之效。

本章將介紹 MOS 放大器的組態，計算每一個組態的電壓增益 A_v (= $\frac{V_{out}}{V_{in}}$)、輸入阻抗 R_{in} 和輸出阻抗 R_{out}。首先，先從 MOS 的偏壓電路談起，再分析和描述 MOS 電晶體如何實現爲電流源，最後分析與計算 MOS 放大器組態的 A_v、R_{in} 和 R_{out}。

1 一般性考量

(1) MOS操作點的分析 — 直流偏壓
(2) 電流源的實現

2 MOS的放大組態—有3大類

(1) 共源極組態
(2) 共基極組態
(3) 共汲極組態(源極隨耦器)

7.1 一般性的考量

7.1.1 MOSFET 放大器的組態

MOSFET 共有 4 個端點── *G*、*D*、*S* 和 *B* 極(第 5 章已經詳細介紹過)。*B* 極用來調整臨界電壓用，不做輸入或輸出端、*G* 極只能做輸入端、*D* 極只能做輸出端、*S* 極可做輸入端亦可做輸出端。所以，把上述極的特性做組合後可得 3 種組態：

第 1 種組態稱爲***共源極***組態，在此組態中 *G* 極爲輸入端、*D* 極爲輸出端、*S* 極爲共用端，所以接地，如圖 7.1 所示。(譯 7-1)

(譯 7-1)
The first configuration is called the ***common source*(*共源極*)** configuration. In this configuration, the *G* is the input terminal, the *D* is the output terminal, and the *S* is the common terminal, so it is grounded, as shown in Figure 7.1.

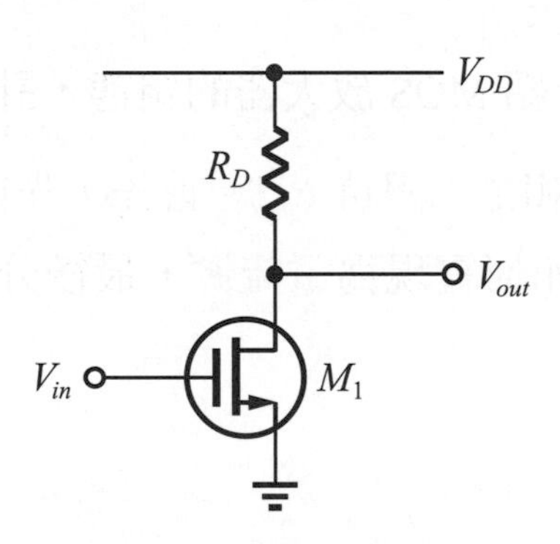

圖 7.1　共源極組態

第 2 種組態稱爲***共閘極***組態，在此組態中 *S* 極爲輸入端、*D* 極爲輸出端、*G* 極爲共用端，接一個直流電壓 V_b 以確保直流偏壓，如圖 7.2 所示。(譯 7-2)

(譯 7-2)
The second configuration is called the ***common gate*(*共閘極*)** configuration. In this configuration, the *S* is the input terminal, the *D* is the output terminal, and the *G* is the common terminal. Connect a DC voltage V_b to ensure DC bias, as shown in Figure 7.2.

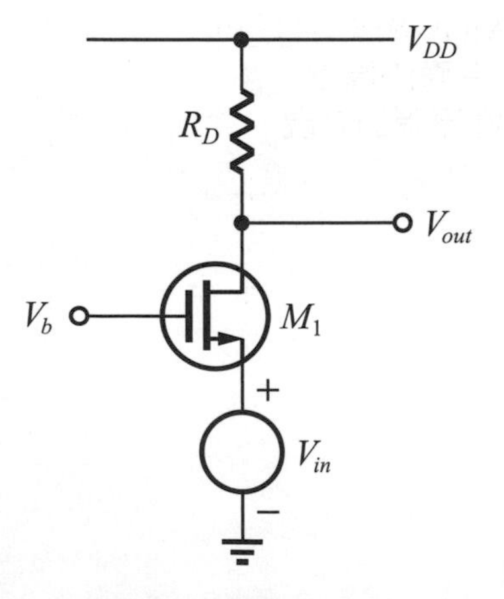

圖 7.2　共閘極組態

第 3 種組態稱爲***共汲極***組態，亦稱爲***源極隨耦器***，在此組態中 G 極爲輸入端、S 極爲輸出端、D 極爲共用端，所以接電源 V_{DD}，如圖 7.3 所示。(譯 7-3)

(譯 7-3)
The third configuration is called the ***common drain***(***共汲極***) configuration, also known as the ***source follower***(***源極隨耦器***). In this configuration, the G is the input terminal, the S is the output terminal, and the D is the common terminal, so connect to the power supply V_{DD}, as shown in Figure 7.3.

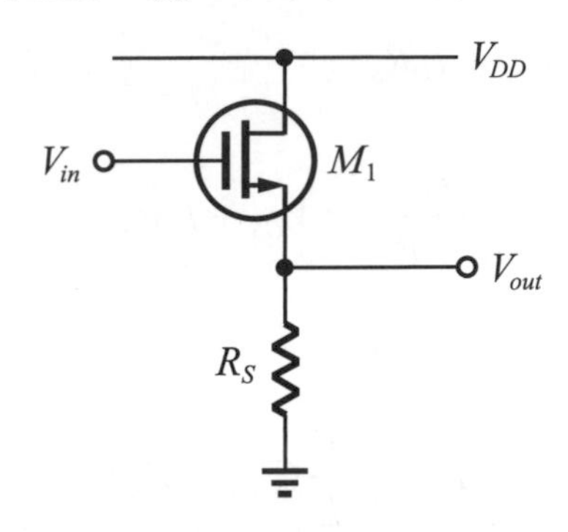

圖 7.3　共汲極 (源極隨耦器) 組態

7.1.2　直流偏壓

和上一章的 BJT 電晶體一樣，MOSFET 電晶體也需要直流偏壓來產生所需電流 (I_D) 與電壓 (V_{DS})，以下將介紹 2 種偏壓的方式：

(1) 源極退化之電阻分壓偏壓

(2) 自我偏壓

圖 7.4 爲源極退化之電阻分壓偏壓的電路圖，顧名思義就是在 S 極加上一個退化電阻 R_S，用來阻隔接地端的雜訊，保持 V_{GS} 電壓的穩定而不受雜訊干擾，而 R_1 和 R_2 形成一個電壓分壓以提供 V_{GS} 電壓。(譯 7-4)

(譯 7-4)
Figure 7.4 is the circuit diagram of the resistance divider bias of the source degeneration. As the name suggests, a degeneration resistor R_S is added to the S terminal to block the noise from the ground and keep the V_{GS} voltage stable without noise interference. R_1 and R_2 forms a voltage divider to provide the V_{GS} voltage.

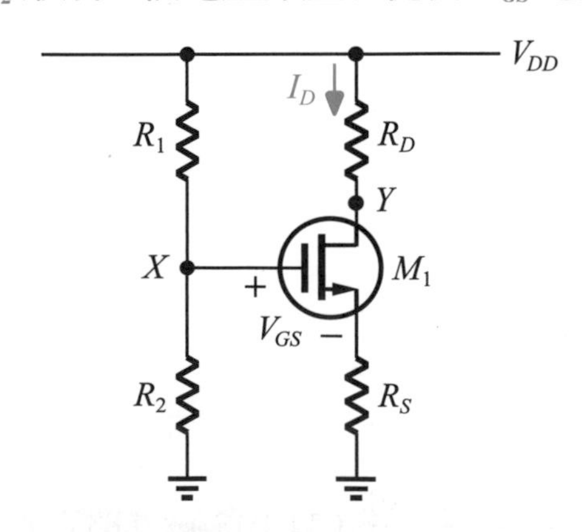

圖 7.4　源極退化之電阻分壓偏壓電路

求解 I_D 的分析如下：

$$V_X = V_{DD}\frac{R_2}{R_1+R_2} \tag{7.1}$$

$$= V_{GS} + I_D R_S \tag{7.2}$$

$$\therefore V_{DD}\frac{R_2}{R_1+R_2} = V_{GS} + I_D R_S \tag{7.3}$$

又 M_1 操作在飽和區

$$\therefore I_D = \frac{1}{2}\mu_n C_{ox}\frac{W}{L}(V_{GS}-V_{th})^2 \tag{7.4}$$

將 (7.3) 式和 (7.4) 式聯立求解可得 I_D 或 V_{GS} 的一元二次方程式，求出其一變數代入 (7.3) 式或 (7.4) 式亦可得到另一個變數。

例題 7.1

如圖 7.4 所示，$V_{th} = 0.4\text{V}$，$\mu_n C_{ox} = 100\ \mu\text{A/V}^2$，$\frac{W}{L} = \frac{5}{0.18}$，$\lambda = 0$，$R_1 = 5\ \text{k}\Omega$，$R_2 = 10\ \text{k}\Omega$，$R_S = 1\ \text{k}\Omega$，$V_{DD} = 1.8\text{V}$。(1) 求 I_D 之值，(2) 當 M_1 保持在飽和區時，R_D 的最大值為何？

解答

(1) $V_X = 1.8 \times \frac{10\text{k}}{10\text{k}+5\text{k}} = 1.2\text{V}$

$$\therefore 1.2 = V_{GS} + I_D\,(1\text{k}) \tag{7.5}$$

$$I_D = \frac{1}{2}\times(100\mu)\times\frac{5}{0.18}\times(V_{GS}-0.4)^2 \tag{7.6}$$

將 (7.6) 式代入 (7.5) 式中可得

$$1.2 = V_{GS} + 1.39\times10^{-3}\times(V_{GS}-0.4)^2\times(1\text{k})$$

$$= V_{GS} + 1.39\times(V_{GS}^2 - 0.8V_{GS} + 0.16)$$

$$\therefore 1.39V_{GS}{}^2 - 0.112V_{GS} - 0.9776 = 0$$

$$\therefore V_{GS} = \frac{0.112 \pm \sqrt{(0.112)^2 - 4\times1.39\times(-0.9776)}}{2\times1.39}\ (\text{負不合}) = 0.88\text{V}$$

將 $V_{GS} = 0.88\text{V}$ 代入 (7.5) 式可得 $I_D = 0.32\ \text{mA}$

(2) 飽和區的條件：$\begin{cases} V_{GS} > 0 \\ V_{DS} > V_{GS} - V_{th} \end{cases}$

$V_D - \cancel{V_S} > V_X - \cancel{V_S} - V_{th}$

$1.8 - (0.32\text{m})R_D > 1.2 - 0.4$，$R_D < 3.125\ \text{k}\Omega$

$\therefore R_D$ 的最大值為 3.125 kΩ，此時 M_1 在飽和區的邊界

立即練習

承例題 7.1，若 M_1 操作在飽和區邊界，則 R_2 應變為多少？

圖 7.5 為自我偏壓的電路圖，它是利用 D 極的電壓透過電阻 R_G 來偏壓 G 極，所以 M_1 會“永遠”操作在飽和區，因為 $V_{DS} > V_{GS} - V_{th}$ 可以寫成 $V_{DS} > V_{DS} - V_{th}$，故此條件永遠成立。(譯 7-5)

(譯 7-5)
Figure 7.5 is the circuit diagram of self-biasing. It uses the voltage of the D terminal to bias the G terminal through the resistor R_G, so M_1 will "always" operate in the saturation region, and because $V_{DS} > V_{GS} - V_{th}$ can be written as $V_{DS} > V_{DS} - V_{th}$. So, this condition always holds.

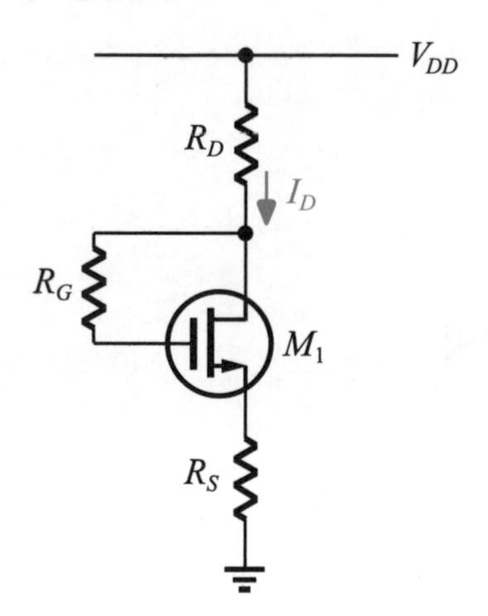

圖 7.5　自我偏壓

求解 I_D 的分析如下：

$\because R_G$ 上沒有電流，$\therefore R_G$ 沒有壓降

$$V_{DS} = V_{GS} \tag{7.7}$$

$$V_{DD} = I_D R_D + V_{DS} + I_D R_S \tag{7.8}$$

$$= I_D(R_D + R_S) + V_{GS} \tag{7.9}$$

$$I_D = \frac{1}{2}\mu_n C_{ox} \times \frac{W}{L}(V_{GS} - V_{th})^2 \quad (7.10)$$

將 (7.9) 式和 (7.10) 式聯立求解，可得 I_D 或 V_{GS} 的一元二次方程式，求出其一變數代入 (7.9) 式或 (7.10) 式亦可得到另一變數。

例題 7.2

如圖 7.5 所示，$\mu_n C_{ox} = 100\ \mu\text{A/V}^2$，$V_{th} = 0.4\text{V}$，$V_{DD} = 1.8\text{V}$，$\lambda = 0$，$\frac{W}{L} = \frac{5}{0.18}$，$R_D = 1\ \text{k}\Omega$，$R_G = 40\ \text{k}\Omega$，$R_S = 200\ \Omega$。則：

(1) 求 I_D 之值。

(2) 若 I_D 降爲一半，則 R_D 爲多少？

解答

(1) $$1.8 = I_D(1\text{k} + 200) + V_{GS} \quad (7.11)$$

$$I_D = \frac{1}{2} \times (100\mu) \times \frac{5}{0.18} \times (V_{GS} - 0.4)^2 \quad (7.12)$$

由 (7.11) 式可得

$$V_{GS} = 1.8 - (1.2\text{k})I_D \quad (7.13)$$

將 (7.13) 式代入 (7.12) 式可得

$$I_D = 1.39 \times 10^{-3} \times [1.8 - (1.2\text{k}) \times I_D - 0.4]^2 \quad (7.14)$$

$$= 1.39 \times 10^{-3} \times (1.4 - (1.2\text{k}) \times I_D)^2$$

$$= 1.39 \times 10^{-3} \times (1.96 - 3360 I_D + 1.44 \times 10^6 \times {I_D}^2)$$

$$= 2001.6{I_D}^2 - 4.67 I_D + 2.72 \times 10^{-3}$$

$$\because 2001.6{I_D}^2 - 5.67 I_D + 2.72 \times 10^{-3} = 0$$

$$\therefore I_D = \frac{5.67 \pm \sqrt{(5.67)^2 - 4 \times 2001.6 \times 2.72 \times 10^{-3}}}{2 \times 2001.6} = 0.61\ \text{mA 或 } 2.22\ \text{mA}$$

將 I_D 值代入 (7.13) 式可得

$V_{GS} = 1.068\ \text{V}$ 或 $-0.864\ \text{V}$(不合)

$\therefore I_D = 0.61\ \text{mA}$，$V_{GS} = 1.068\ \text{V}$

(2) I_D 由 0.61 mA 降爲 0.305 mA，代入 (7.14) 式。但 R_D 此時爲未知，所以

$$0.305\text{ m} = 1.39 \times 10^{-3} \times [1.8 - (R_D + 200) \times 0.305\text{m} - 0.4]^2$$

$$0.22 = [1.4 - (R_D + 200) \times 0.305\text{m}]^2$$

$$0.47 = 1.4 - (R_D + 200) \times 0.305\text{m}$$

$$\therefore R_D = 2.849\text{ k}\Omega$$

立即練習

承例題 7.2，若 V_{DD} 降爲 1.5V，其餘條件不變。則：

(1) 求 I_D 之值。

(2) 若 I_D 降爲一半，則 R_D 爲多少？

7.1.3 電流源的實現

MOS 電晶體在飽和區操作時，可以視爲一個電流源，如圖 7.6(a) 之 n MOS 電晶體，其電流是由 X 點流入“接地”端；圖 7.6(b) 則爲 p MOS 電晶體，其電流是由電源 V_{DD} 流向 Y 點。(譯 7-6)

(譯 7-6)
The MOS transistor can be regarded as a current source when operating in the saturation region, as shown in Figure 7.6(a) for the n MOS transistor, the current flows from point X to the "ground" terminal. Figure 7.6(b) is for the p MOS transistor, the current flows from the power supply V_{DD} to the Y point.

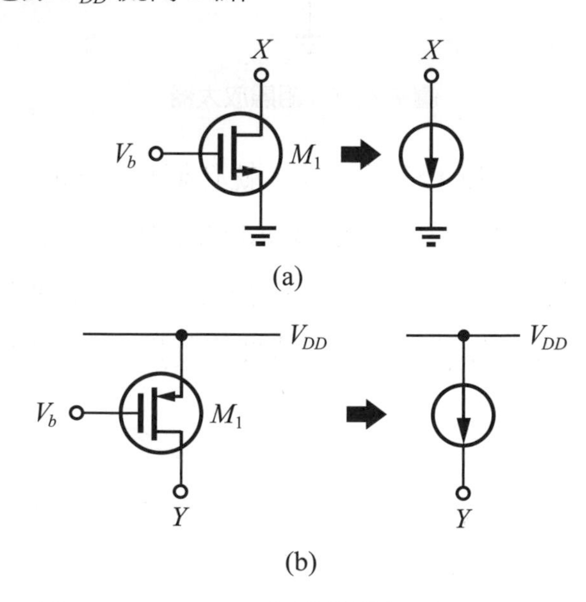

圖 7.6 (a) n MOS 電晶體視為一個電流源，
(b) p MOS 電晶體視為一個電流源。

7.2 共源極組態 (*CS* 組態)

型態 (*type*)

本節將會討論 4 種不同**型態**的 *CS* 組態。包含基本的 *CS* 組態、具電流源負載的 *CS* 組態、具二極體連接負載之 *CS* 組態和具源極退化之 *CS* 組態。

7.2.1 基本的 CS 組態

圖 7.7 是一個 *CS* 組態放大器，它的輸入端在 *G* 極、輸出端在 *D* 極、*S* 極爲共用端，所以接地。和 BJT 放大器一樣，以下將求解每一個組態放大器的三項特性——電壓增益 ($A_v = \frac{V_{out}}{V_{in}}$)、輸入阻抗 R_{in} 和輸出阻抗 R_{out}。

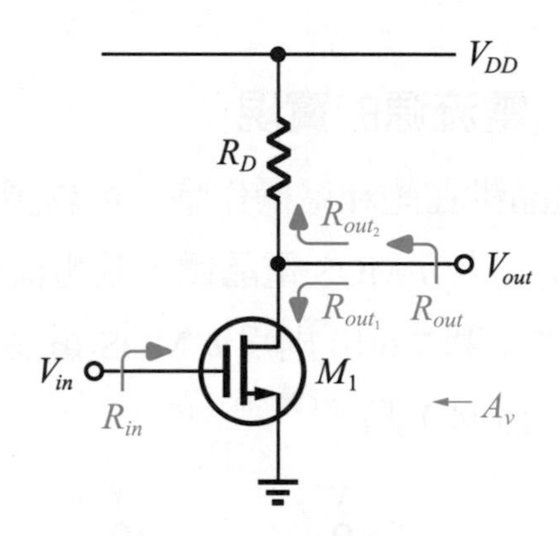

圖 7.7 *CS* 組態放大器

那要分析以上三項特性，就必須利用 MOSFET 的小訊號模型來求解。雖然 MOSFET 的小訊號模型已經於第 5 章闡述過了，但在此仍需再次複習 MOSFET 的小訊號模型，以利後續三項特性的分析、計算和求解。

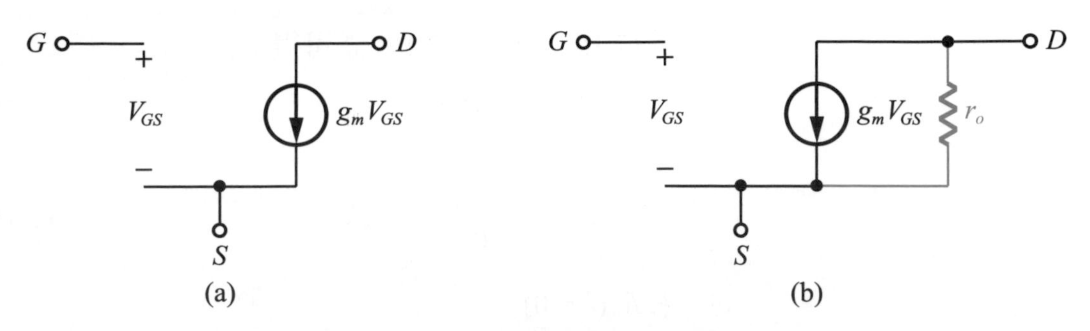

圖 7.8 (a) $\lambda = 0$ 時的 MOSFET 小訊號模型，(b) $\lambda \neq 0$ 時的 MOSFET 小訊號模型電路。

圖 7.8(a) 是 MOSFET 於沒有通道長度調變效應 ($\lambda = 0$) 下的小訊號模型電路；而圖 7.8(b) 則是 MOSFET 於有通道長度調變效應 ($\lambda \neq 0$) 下的小訊號模型電路，兩者的差別在於 $\lambda \neq 0$ 時，輸出端多了一個輸出電阻 r_o。(譯 7-7)

(譯 7-7)
Figure 7.8(a) is the small signal model circuit of MOSFET without channel length modulation effect ($\lambda = 0$). Figure 7.8(b) is the small signal model circuit of MOSFET with channel length modulation effect ($\lambda \neq 0$). In the small signal model circuit, the difference between the two is that when $\lambda \neq 0$, there is an additional output resistance r_o at the output.

首先，先求解 $\lambda = 0$ 的 A_v、R_{in} 和 R_{out}：

① 求 $A_v(\lambda = 0)$

圖 7.9 是求解 A_v 的小訊號模型電路。

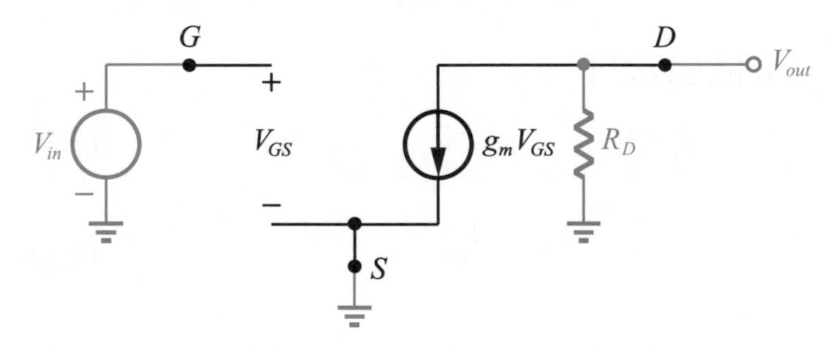

圖 7.9 求解 $A_v(\lambda = 0)$ 的小訊號模型電路

分析過程如下：

$$\text{KVL} \Rightarrow V_{in} = V_{GS} \tag{7.15}$$

$$\text{KCL}(D\text{ 點}) \Rightarrow g_m V_{GS} + \frac{V_{out}}{R_D} = 0 \tag{7.16}$$

$$\therefore V_{out} = -g_m R_D V_{GS} \tag{7.17}$$

將 (7.15) 式代入 (7.17) 式可得

$$V_{out} = -g_m R_D V_{in} \tag{7.18}$$

$$\therefore A_v = \frac{V_{out}}{V_{in}} = -g_m R_D \tag{7.19}$$

② 求 $R_{in}(\lambda = 0)$

圖 7.10 是求解 R_{in} 的小訊號模型電路。在輸入端加上一個電源 V_X，它會流出一個電流 I_X，此時輸出端開路，求出 V_X 與 I_X 之間的關係即為輸入阻抗 R_{in}。

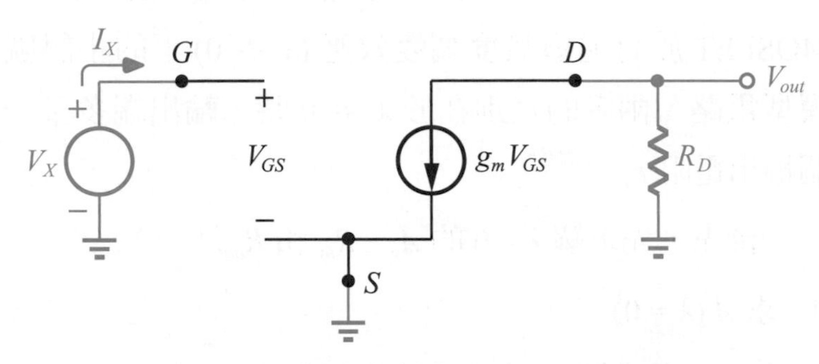

圖 7.10　求解 $R_{in}(\lambda = 0)$ 的小訊號模型電路

分析過程如下：

$$I_X = 0 \tag{7.20}$$

$$\therefore R_{in} = \frac{V_X}{I_X} = \frac{V_{in}}{0} = \infty \tag{7.21}$$

以上的結果 $R_{in} = \infty$，提供了一個思考方向：在第 5 章的討論中，從未特別強調 G 極上的電流 I_G 為多少，直到最後在做 BJT 與 MOS 特性比較時，才提到 $I_G = 0$。所以，由 G 極看入的阻抗為無限大 **(因為電流為 0)**，這點其實由小訊號模型電路也可以看出來 (G 和 S 極是開路的)。**因此爾後只要碰到要求從 G 極看入的阻抗時，將不再做計算，因為它是"無限大"**。(譯 7-8)

(譯 7-8)
The above result, $R_{in} = \infty$, provides a direction for thinking: In the discussion of Chapter 5, the current I_G on the G terminal has never been particularly emphasized. It was not mentioned that $I_G = 0$ until when we compare BJT and MOS characteristics. Therefore, the impedance seen by the G terminal is infinite (because the current is 0), which can also be seen by the small signal model circuit (the G and S terminals are open). Therefore, if the impedance required to be seen from the G terminal, it will no longer be calculated because it is "infinite".

③ 求 $R_{out}(\lambda=0)$

由圖 7.7 可知 $R_{out}=R_{out_1}\,//\,R_{out_2}$。其中 $R_{out_2}=R_D$，R_{out_1} 正是要用小訊號模型來求解之值，圖 7.11 即爲其小訊號模型電路。它是在輸出端加上一個電源 V_X，流入電流爲 I_X，此時輸入端短路至另一端 (因另一端接地，所以輸入端亦接地)，求出 V_X 與 I_X 之間的關係即爲 R_{out_2} 之值。

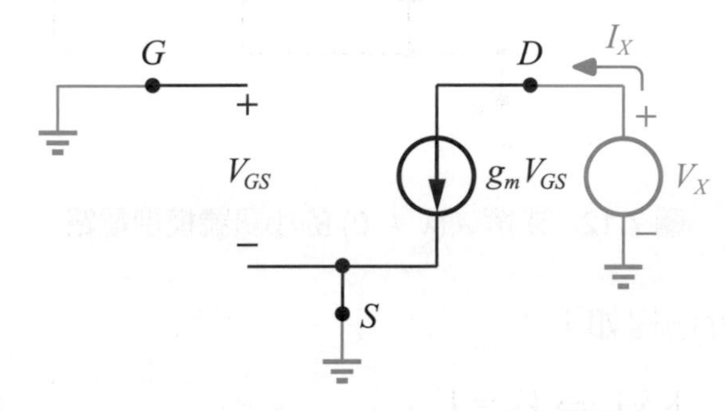

圖 7.11　求解 $R_{out_2}(\lambda=0)$ 的小訊號模型電路

分析過程如下：

因 G 極和 S 極皆接地，可得

$$V_{GS}=0 \tag{7.22}$$

$$g_m V_{GS}=0 \tag{7.23}$$

$$I_X=0 \tag{7.24}$$

$$R_{out_1}=\frac{V_X}{I_X}=\frac{V_X}{0}=\infty \tag{7.25}$$

$$R_{out}=R_{out_1}\,//\,R_{out_2}=\infty\,//\,R_D=R_D \tag{7.26}$$

接下來，考慮 $\lambda \neq 0$ 時，求解 CS 組態的 A_v、R_{in} 和 R_{out}：

① 求 $A_v(\lambda \neq 0)$

圖 7.12 是求解 $A_v(\lambda \neq 0)$ 的小訊號模型電路。

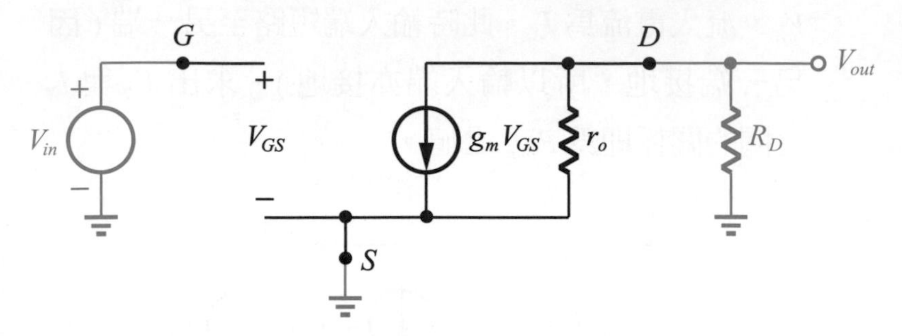

圖 7.12　求解 $A_v(\lambda \neq 0)$ 的小訊號模型電路

分析過程如下：

$$\text{KVL} \Rightarrow V_{in} = V_{GS} \tag{7.27}$$

$$\text{KCL}(D\text{ 點}) \Rightarrow g_m V_{GS} + \frac{V_{out}}{r_o} + \frac{V_{out}}{R_D} = 0 \tag{7.28}$$

$$\therefore V_{out}\left(\frac{1}{r_o} + \frac{1}{R_D}\right) = -g_m V_{GS} \tag{7.29}$$

將 (7.27) 式代入 (7.29) 式可得

$$V_{out}\left(\frac{1}{r_o} + \frac{1}{R_D}\right) = -g_m V_{in} \tag{7.30}$$

$$\therefore A_v = \frac{V_{out}}{V_{in}} = -\frac{g_m}{\dfrac{1}{r_o} + \dfrac{1}{R_D}} \tag{7.31}$$

$$= -g_m(r_o \mathbin{//} R_D) \tag{7.32}$$

② 求 $R_{in}(\lambda \neq 0)$

輸入阻抗 R_{in} 不會因爲 $\lambda \neq 0$ 增加了一個輸出電阻 r_o 而改變，所以 R_{in} 持續“無限大”(∞)。

③ 求 $R_{out}(\lambda \neq 0)$

由圖 7.7 可知 $R_{out} = R_{out_1} \,//\, R_{out_2}$。其中 $R_{out_2} = R_D$，而 R_{out_1} 正是要用小訊號模型來求解之值，圖 7.13 即爲其小訊號模型電路。電路的接法已於前段說明，在此不再贅述。

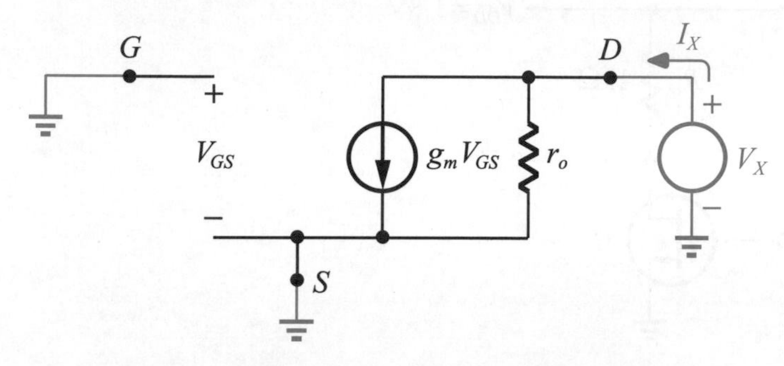

圖 7.13 求解 $R_{out_2}(\lambda \neq 0)$ 的小訊號模型電路

分析過程如下：

因 G 極和 S 極皆接地，可得

$$V_{GS} = 0 \tag{7.33}$$

$$g_m V_{GS} = 0 \tag{7.34}$$

$$\text{歐姆定律} \Rightarrow I_X = \frac{V_X}{r_o} \tag{7.35}$$

$$R_{out_1} = \frac{V_X}{I_X} = r_o \tag{7.36}$$

$$R_{out} = R_{out_1} \,//\, R_{out_2} = r_o \,//\, R_D \tag{7.37}$$

求解完 CS 組態的三項重大特性後，可以求得一個重大的結果，即 **CS 組態放大器的電壓增益 A_v** 爲

$$A_v = -g_m R_{out} \tag{7.38}$$

例題 7.3

如圖 7.14 所示，$I_D = 1\ \text{mA}$，$\mu_n C_{ox} = 100\ \mu\text{A/V}^2$，$V_{th} = 0.4\ \text{V}$，$\lambda = 0$，$\dfrac{W}{L} = \dfrac{10}{0.18}$。

(1) 求 A_v 爲多少，(2) 證明 M_1 操作在飽和區。

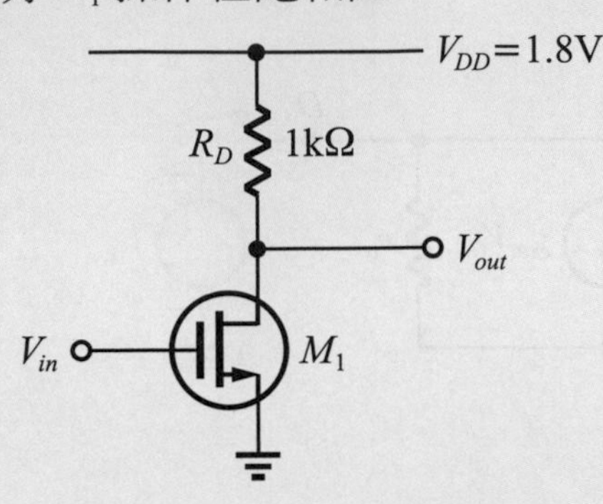

圖 7.14 例題 7.3 的電路圖

解答

(1) $g_m = \sqrt{2\mu_n C_{ox}\dfrac{W}{L}I_D} = \sqrt{2\cdot(100\mu)\cdot\dfrac{10}{0.18}\cdot(1\text{m})} = \dfrac{1}{300\Omega}$

$\therefore A_v = -g_m R_D = -\dfrac{1}{300} \times 1\text{k} = -3.33$

(2) $g_m = \dfrac{2I_D}{V_{GS}-V_{th}}$

$\dfrac{1}{300} = \dfrac{2\times 1\text{m}}{V_{GS}-0.4}$

$\therefore V_{GS} = 1\ \text{V}$

$V_D = V_{DD} - I_D R_D = 1.8 - (1\text{m}) \times 1\text{k} = 0.8\text{V}$

$\therefore V_{GS} = 1\ \text{V} > V_{th} = 0.4\ \text{V}$

$V_{DS} = 0.8\text{V} > V_{GS} - V_{th} = 1 - 0.4 = 0.6\ \text{V}$

$\therefore M_1$ 操作在主動區

立即練習

承例題 7.3，若 M_1 操作在飽和區邊界，則 V_{th} 應爲多少？

7.2.2 具電流源負載之 CS 組態

CS 組態放大器 (圖 7.7) 中的電阻 R_D 以一個 *p* MOS 取代之，即形成所謂的具電流源負載之 *CS* 組態，如圖 7.15 所示。(譯 7-9) 考慮 $\lambda \neq 0$，和其他組態一樣，求解 A_v、R_{in} 和 R_{out}。

(譯 7-9)
The resistor R_D in the *CS* configuration amplifier (Figure 7.7) can be replaced by a *p* MOS, which forms a so-called *CS* configuration with a current source load, as shown in Figure 7.15.

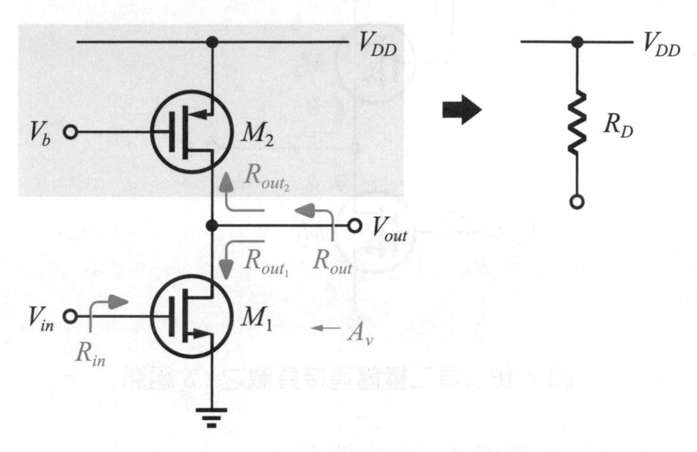

圖 7.15 具電流源負載之 *CS* 組態

① 求 $R_{in}(\lambda \neq 0)$

在第 7.2.1 節已經討論及計算過，由 *G* 極看入會看到一個"開路"，所以 $R_{in} = \infty$。

② 求 $R_{out}(\lambda \neq 0)$

$R_{out} = R_{out_1} // R_{out_2}$，其中 $R_{out_1} = r_{o_1}$，$R_{out_2} = r_{o_2}$，所以 $R_{out} = r_{o_1} // r_{o_2}$。

③ 求 $A_v(\lambda \neq 0)$

根據第 7.2.1 節求得的結果，可以得知 *CS* 組態的 $A_v = -g_m R_{out}$，所以

$$A_v = -g_m(r_{o_1} // r_{o_2}) \tag{7.39}$$

7.2.3 具二極體連接負載之 CS 組態

二極體連接
(diode-connected)

圖 7.16 是一個具二***極體連接***負載(圖中的 M_2)之 CS 組態。以下將考慮 $\lambda = 0$ 和 $\lambda \neq 0$ 共 2 種情況，求解其 A_v、R_{in} 和 R_{out}。

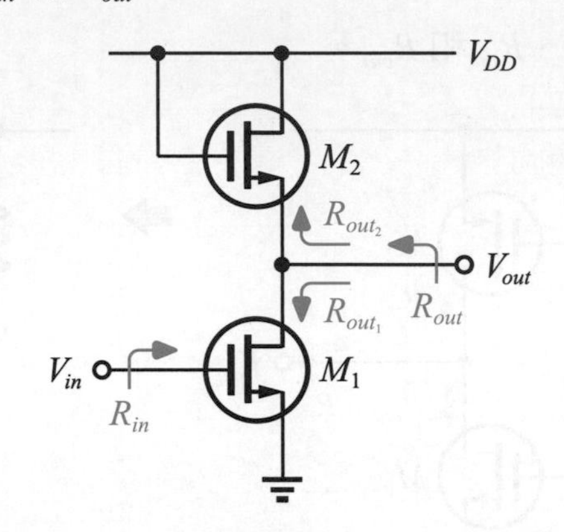

圖 7.16　具二極體連接負載之 CS 組態

首先，先考慮 $\lambda = 0$ 的情況：

① 求 $R_{in}(\lambda = 0)$

如同前面所討論，由 G 極看入的 R_{in} 為無限大，即 $R_{in} = \infty$。

② 求 $R_{out}(\lambda = 0)$

由圖 7.16 可知，$R_{out} = R_{out_1} // R_{out_2}$。其中 $R_{out_1} = \infty$，R_{out_2} 是由 M_2 的 S 極看入的輸出阻抗，需要以小訊號模型來求解，如圖 7.17 為求解 R_{out_2} 的小訊號模型電路。

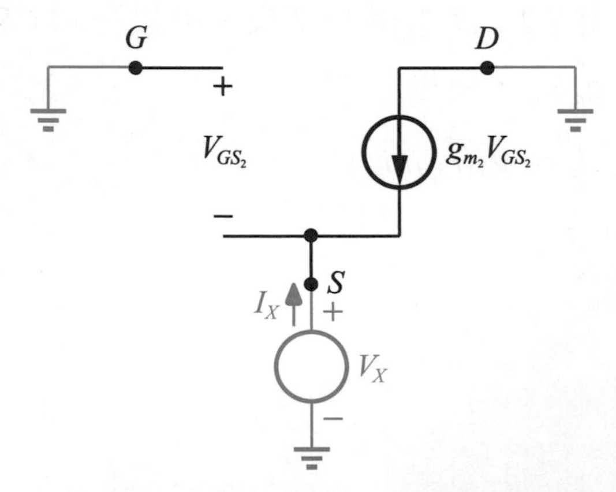

圖 7.17　求解 R_{out_2} 的小訊號模型電路

分析過程如下：

$$\text{KVL} \Rightarrow V_X + V_{GS_2} = 0 \tag{7.40}$$

$$\therefore V_{GS_2} = -V_X \tag{7.41}$$

$$\text{KCL}(S\text{點}) \Rightarrow I_X + g_m V_{GS_2} = 0 \tag{7.42}$$

$$\therefore I_X = -g_{m_2} V_{GS_2} = g_{m_2} V_X \tag{7.43}$$

$$\therefore R_{out_2} = \frac{V_X}{I_X} = \frac{1}{g_{m_2}} \tag{7.44}$$

所以，$R_{out} = R_{out_1} // R_{out_2} = \infty // \dfrac{1}{g_{m_2}} = \dfrac{1}{g_{m_2}}$。

③ 求 $A_v(\lambda = 0)$

由前面分析可知，CS 組態的 $A_v = -g_m R_{out}$。所以

$$A_v = -g_{m_1} R_{out} = -g_{m_1} \frac{1}{g_{m_2}} = -\frac{g_{m_1}}{g_{m_2}} \tag{7.45}$$

接下來考慮 $\lambda \neq 0$ 的情況：

① 求 $R_{in}(\lambda \neq 0)$

$\lambda \neq 0$ 並不會影響 R_{in}，如同前面所討論，由 G 極看入的 R_{in} 為無限大，即 $R_{in} = \infty$。

② 求 $R_{out}(\lambda \neq 0)$

由圖 7.16 可知，$R_{out} = R_{out_1} // R_{out_2}$。其中 $R_{out_1} = r_{o_1}$，R_{out_2} 是由 M_2 的 S 極看入的輸出阻抗，需要以小訊號模型來求解，如圖 7.18 為求解 R_{out_2} 的小訊號模型電路。

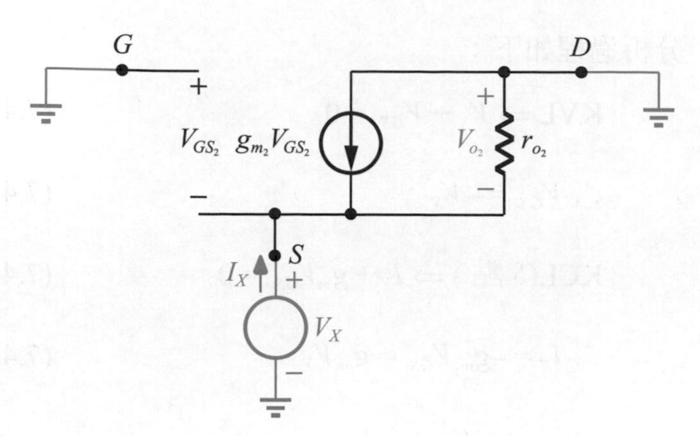

圖 7.18 求解 $R_{out_2}(\lambda \neq 0)$ 的小訊號模型電路

分析過程如下：

$$\text{KVL} \Rightarrow V_{GS_2} + V_X = 0 \tag{7.46}$$

$$\therefore V_{GS_2} = -V_X \tag{7.47}$$

$$\text{KVL} \Rightarrow V_{o_2} + V_X = 0 \tag{7.48}$$

$$\therefore V_{o_2} = -V_X \tag{7.49}$$

$$\text{KCL}(S\text{ 點}) \Rightarrow I_X + g_{m_2}V_{GS_2} + \frac{V_{o_2}}{r_{o_2}} = 0 \tag{7.50}$$

$$\therefore I_X = -g_{m_2}V_{GS_2} - \frac{V_{o_2}}{r_{o_2}} \tag{7.51}$$

將 (7.47) 式和 (7.49) 式代入 (7.51) 式，可得

$$I_X = V_X(g_{m_2} + \frac{1}{r_{o_2}}) \tag{7.52}$$

$$\therefore R_{out_2} = \frac{V_X}{I_X} = \frac{1}{g_{m_2} + \frac{1}{r_{o_2}}} = (\frac{1}{g_{m_2}} \,//\, r_{o_2}) \tag{7.53}$$

所以，$R_{out} = R_{out_1} // R_{out_2}$，其值為

$$R_{out} = r_{o_1} \,//\, r_{o_2} \,//\, \frac{1}{g_{m_2}} \tag{7.54}$$

③ 求 $A_v(\lambda \neq 0)$

由前面分析可知，CS 組態的 $A_v = -g_m R_{out}$。所以

$$A_v = -g_{m_1} R_{out} = -g_{m_1}\left(r_{o_1} \,//\, r_{o_2} \,//\, \frac{1}{g_{m_2}} \right) \tag{7.55}$$

例題 7.4

如圖 7.19 所示，若 $\lambda \neq 0$，求其 A_v。

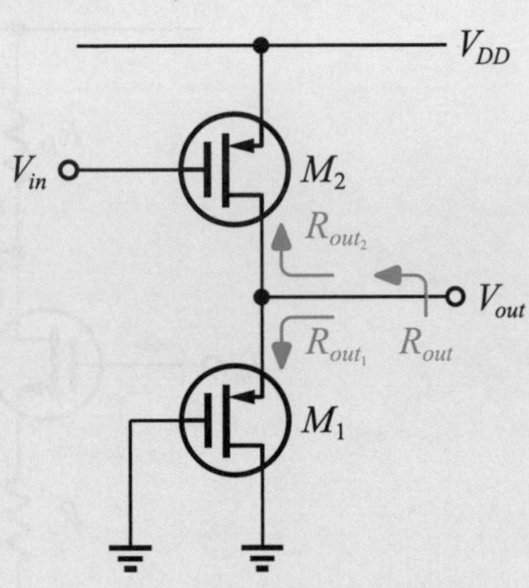

圖 7.19 例題 7.4 的電路圖

解答

$R_{out_2} = r_{o_2}$

$R_{out_1} = \dfrac{1}{g_{m_1}} \,//\, r_{o_1}$

$\therefore R_{out} = R_{out_1} \,//\, R_{out_2} = \dfrac{1}{g_{m_1}} \,//\, r_{o_1} \,//\, r_{o_2}$

$\therefore A_v = -g_{m_2} R_{out} = -g_{m_2}\left(\dfrac{1}{g_{m_1}} \,//\, r_{o_1} \,//\, r_{o_2} \right)$

立即練習

承例題 7.4，若 M_1 的 G 極接至一個直流電壓 0.8V，其餘條件不變，求其 A_v。

7.2.4 具源極退化之 CS 組態

所謂具***源極退化***之 *CS* 組態即是在 *S* 極加上一個電阻(稱爲源極退化電阻)。它的目的和第 6 章討論的具射極退化之 *CE* 組態是一樣的，主要用以阻隔來自“接地”的雜訊，使得電壓 V_{GS} 更加穩定避免被雜訊干擾，圖 7.20 即爲具源極退化之 *CS* 組態放大器。
(譯 7-10)

(譯 7-10)
The so-called *CS* configuration with ***source degeneration*****(源極退化)** is to add a resistor to the *S* terminal (called source degeneration resistance). Its purpose is the same as the *CE* configuration with emitter degeneration discussed in Chapter 6. It is mainly used to block noise from "ground" and make the voltage V_{GS} more stable to avoid interference by noise. Figure 7.20 is the *CS* configuration with source degeneration amplifier.

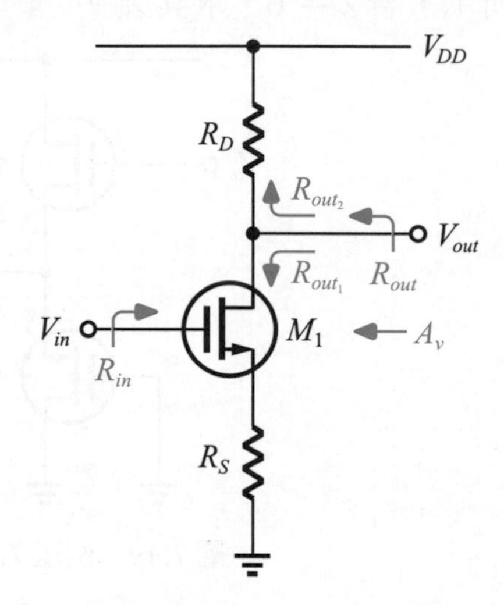

圖 7.20 具源極退化之 *CS* 組態放大器

接下來將考慮 $\lambda = 0$ 和 $\lambda \neq 0$ 共 2 種情況，求解其 A_v、R_{in} 和 R_{out} 之值。

首先先考慮 $\lambda = 0$ 的情況：

① 求 $R_{in}(\lambda = 0)$

如同前面所討論，由 *G* 極看入的 R_{in} 爲無限大，即 $R_{in} = \infty$。

② 求 $R_{out}(\lambda = 0)$

由圖 7.20 可知，$R_{out} = R_{out_1} // R_{out_2}$。其中 $R_{out_1} = \infty$，$R_{out_2} = R_D$，所以 $R_{out} = \infty // R_D = R_D$。

③ 求 $A_v(\lambda = 0)$

具源極退化之 *CS* 組態的 A_v 並“不適用”於 $A_v = -g_m R_{out}$。所以，必須以小訊號模型直接求解，如圖 7.21 即爲具源極退化之 *CS* 組態求解 $A_v(\lambda = 0)$ 的小訊號模型電路。

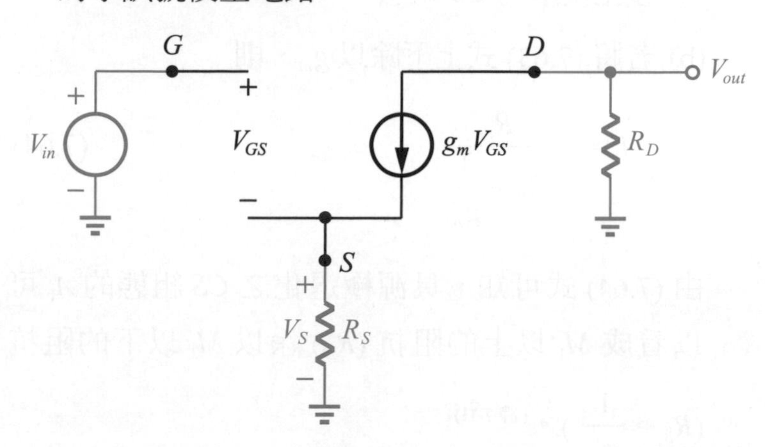

圖 7.21 具源極退化之 *CS* 組態求解 $A_v(\lambda = 0)$ 的小訊號模型電路

分析過程如下：

$$\text{KCL}(D\text{ 點}) \Rightarrow g_m V_{GS} + \frac{V_{out}}{R_D} = 0 \tag{7.56}$$

$$\therefore V_{GS} = -\frac{V_{out}}{g_m R_D} \tag{7.57}$$

$$\text{歐姆定律} \Rightarrow V_S = g_m V_{GS} R_S \tag{7.58}$$

$$\text{KVL} \Rightarrow V_{in} = V_{GS} + V_S \tag{7.59}$$

$$= V_{GS} + g_m R_S V_{GS} \tag{7.60}$$

$$= V_{GS}(1 + g_m R_S) \tag{7.61}$$

將 (7.57) 式代入 (7.61) 式可得

$$V_{in} = -\frac{V_{out}}{g_m R_D}(1 + g_m R_S) \tag{7.62}$$

$$\therefore A_v = \frac{V_{out}}{V_{in}} = \frac{-g_m R_D}{1 + g_m R_S} \tag{7.63}$$

針對具源極退化之 *CS* 組態的 A_v 值 (7.63) 式，將做以下之討論：

(a) 若將 $R_S = 0$ 則 $A_v = -g_m R_D$，即 (7.63) 式會回到 (7.19) 式，$R_S = 0$ 時具源極退化之 *CS* 組態就回復至基本的 *CS* 組態。

(b) 若將 (7.63) 式上下除以 g_m，則

$$A_v = -\frac{R_D}{R_S + \dfrac{1}{g_m}} \tag{7.64}$$

由 (7.64) 式可知，具源極退化之 *CS* 組態的 A_v 可以看成 M_1 以上的阻抗 (R_D) 除以 M_1 以下的阻抗 ($R_S + \dfrac{1}{g_m}$)。(譯 7-11)

(譯 7-11)
From (7.64), the A_v of the *CS* configuration with source degeneration can be seen as the impedance above M_1 (R_D) divided by the impedance below M_1 ($R_S + \dfrac{1}{g_m}$).

接下來，要討論考慮 $\lambda \neq 0$ 時，具源極退化之 *CS* 組態的 A_v、R_{in} 和 R_{out}。

① 求 $R_{in}(\lambda \neq 0)$

如同前面所討論，由 *G* 極看入的輸入阻抗 R_{in} 爲無限大，即 $R_{in} = \infty$。

② 求 $A_v(\lambda \neq 0)$

此部份將保留爲課後練習的題目，有興趣可嘗試以小訊號模型求解。

③ 求 $R_{out}(\lambda \neq 0)$

由圖 7.20 可知，$R_{out} = R_{out_1} // R_{out_2}$，其中 $R_{out_2} = R_D$，R_{out_1} 則需要以小訊號模型來求解，如圖 7.22 即爲求解 R_{out_1} 的小訊號模型電路。

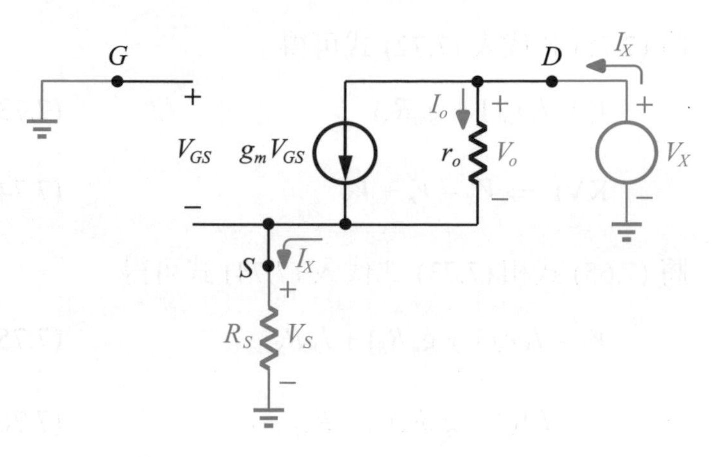

圖 7.22　求解 R_{out_1} 的小訊號模型電路

分析過程如下：

$$\text{歐姆定律} \Rightarrow V_S = I_X R_S \tag{7.65}$$

$$\text{KVL} \Rightarrow V_{GS} + V_S = 0 \tag{7.66}$$

$$\therefore V_{GS} = -V_S = -I_X R_S \tag{7.67}$$

$$\text{KCL}(D\text{ 點}) \Rightarrow I_X = I_o + g_m V_{GS} \tag{7.68}$$

$$\therefore I_o = I_X - g_m V_{GS} \tag{7.69}$$

將 (7.67) 式代入 (7.69) 式可得

$$I_o = I_X + g_m I_x R_S \tag{7.70}$$

$$= I_X (1 + g_m R_S) \tag{7.71}$$

$$\text{歐姆定律} \Rightarrow V_o = I_o r_o \tag{7.72}$$

將 (7.71) 式代入 (7.72) 式可得

$$V_o = I_X r_o(1 + g_m R_S) \tag{7.73}$$

$$\text{KVL} \Rightarrow V_X = V_o + V_S \tag{7.74}$$

將 (7.65) 式和 (7.73) 式代入 (7.74) 式可得

$$V_X = I_X r_o(1 + g_m R_S) + I_X R_S \tag{7.75}$$

$$= I_X[(1 + g_m R_S)r_o + R_S] \tag{7.76}$$

$$\therefore R_{out_1} = \frac{V_X}{I_X} = (1 + g_m R_S)r_o + R_S \tag{7.77}$$

若 $R_S = 0$ 則 $R_{out_1} = r_o$,回復到基本 CS 組態的狀況,即 (7.37) 式。所以,輸出阻抗 R_{out} 為 R_{out_1} 和 R_{out_2} 並聯,即 $R_{out} = R_{out_1} // R_{out_2}$。

例題 7.5

如圖 7.23 所示,若 $\lambda = 0$,求其 A_v。

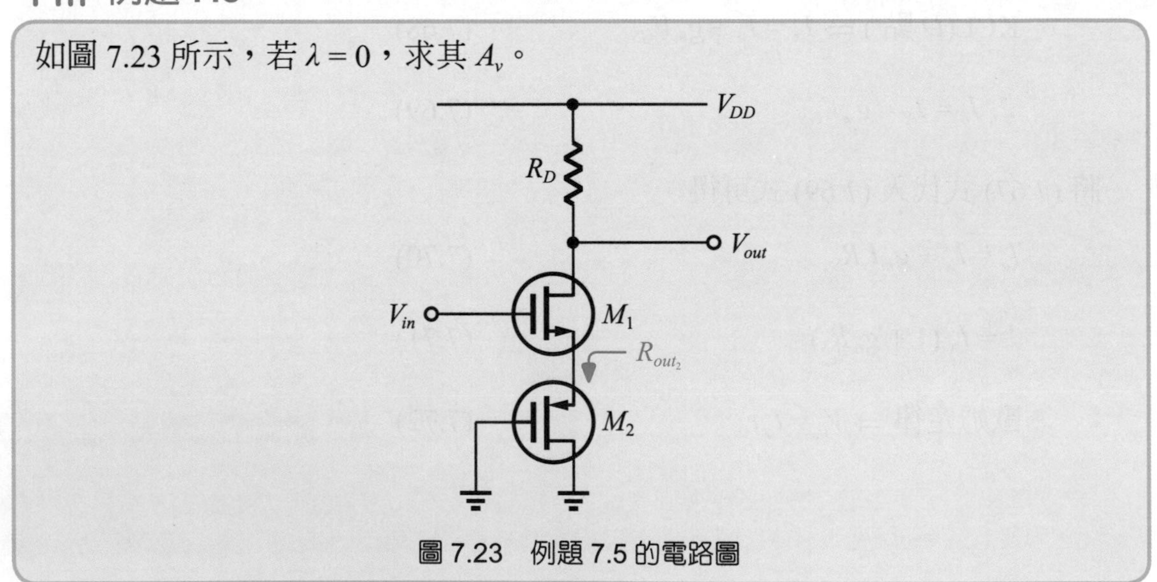

圖 7.23 例題 7.5 的電路圖

解答

由 M_1 的 S 極往 M_2 的 S 極看入的輸出阻抗 R_{out_2} 為 $\dfrac{1}{g_{m_2}}$，

所以圖 7.23 可以重畫成圖 7.24。

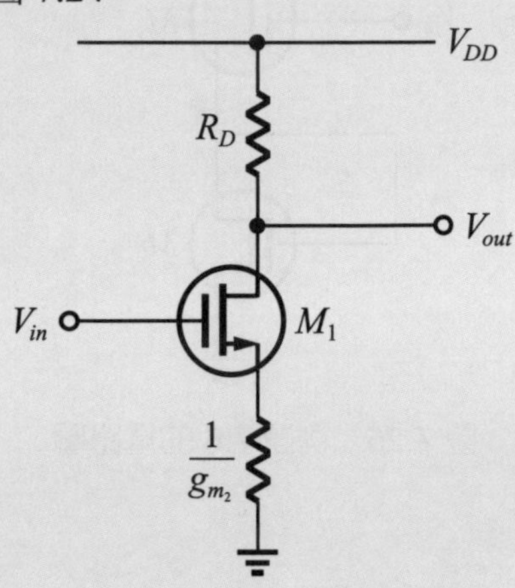

圖 7.24 圖 7.23 的簡化圖

$$A_v = -\frac{g_{m_1} R_D}{1 + g_{m_1}\dfrac{1}{g_{m_2}}} \tag{7.78}$$

$$= -\frac{R_D}{\dfrac{1}{g_{m_1}} + \dfrac{1}{g_{m_2}}} \tag{7.79}$$

立即練習

承例題 7.5，若 M_2 的 $\lambda \neq 0$，求其 A_v。

例題 7.6

如圖 7.25 所示，若 M_1 和 M_2 是相同的電晶體，且 $\lambda \neq 0$，求其 R_{out}。

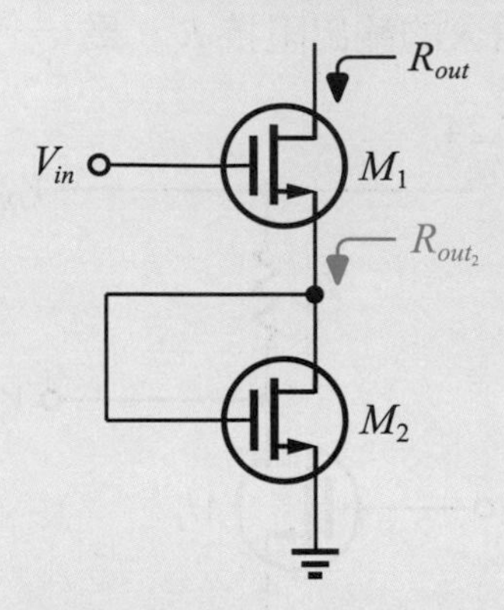

圖 7.25　例題 7.6 的電路圖

解答

先求解 R_{out_2}，如圖 7.26 為求解 R_{out_2} 的小訊號模型電路。

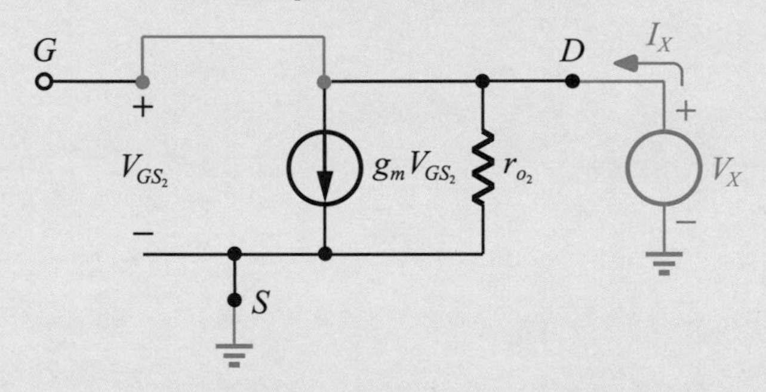

圖 7.26　求解圖 7.25 中 R_{out_2} 的小訊號模型電路

$$\text{KVL} \Rightarrow V_X = V_{GS_2} \tag{7.80}$$

$$\text{KCL}(D\text{ 點}) \Rightarrow I_X = g_{m_2} V_{GS_2} + \frac{V_{GS_2}}{r_{o_2}} \tag{7.81}$$

$$= V_{GS_2}\left(g_{m_2} + \frac{1}{r_{o_2}}\right) \tag{7.82}$$

將 (7.80) 式代入 (7.82) 式可得

$$I_X = V_X\left(g_{m_2} + \frac{1}{r_{o_2}}\right) \tag{7.83}$$

$$\therefore R_{out_2} = \frac{V_X}{I_X} = \frac{1}{g_{m_2} + \frac{1}{r_{o_2}}} \tag{7.84}$$

$$= \frac{1}{g_{m_2}} // r_{o_2} \tag{7.85}$$

此時圖 7.25 可重畫成圖 7.27

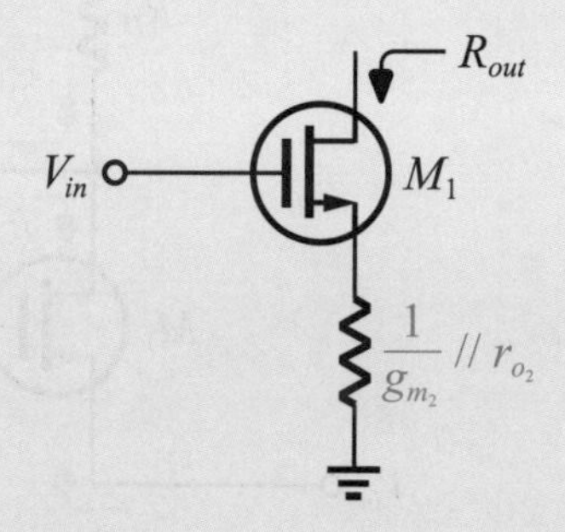

圖 7.27　圖 7.25 的簡化圖

$$\therefore R_{out} = [1 + g_{m_1}(\frac{1}{g_{m_2}} // r_{o_2})]r_{o_1} + (\frac{1}{g_{m_2}} // r_{o_2}) \tag{7.86}$$

立即練習

承例題 7.6，若 M_2 換成 p MOS 且維持是“二極體連接”(Diode-Connected)，其餘條件不變，求其 R_{out}。

7.3 共閘極組態 (*CG* 組態)

圖 7.28 是一個基本的 *CG* 組態，輸入由 *S* 極進入、輸出端在 *D* 極、*G* 極共用所以接一個直流電 V_b 來偏壓。

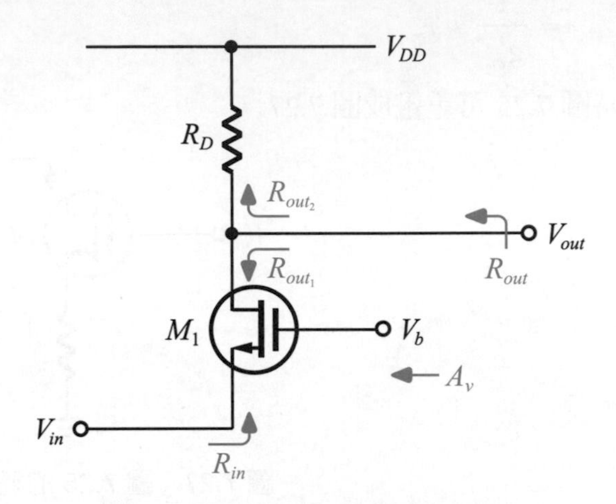

圖 7.28 基本的 *CG* 組態放大器

接下來將考慮 $\lambda = 0$ 時，求解其 A_v、R_{in} 和 R_{out}。

① 求 $R_{in}(\lambda = 0)$

由 *S* 極看入的輸入阻抗 R_{in} 且 $\lambda = 0$ 之情況，已於第 7.2.3 節之圖 7.16 的 R_{out_2} 中計算過，其結果如同 (7.44) 式所示。因此，R_{in} 值爲

$$R_{in} = \frac{1}{g_{m_1}} \tag{7.87}$$

② 求 $R_{out}(\lambda = 0)$

由圖 7.28 可知，$R_{out} = R_{out_1} // R_{out_2}$，其中 $R_{out_1} = \infty$，$R_{out_2} = R_D$。所以 R_{out} 爲無限大並聯 R_D，等於 R_D，即 $R_{out} = \infty // R_D = R_D$。

③ 求 $A_v(\lambda = 0)$

圖 7.29 爲求解 *CG* 組態 A_v 的小訊號模型電路。

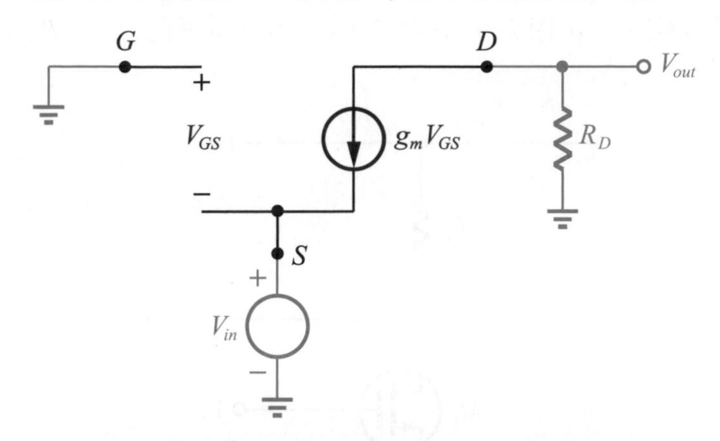

圖 7.29 求解 *CG* 組態 A_v 的小訊號模型電路

分析過程如下：

$$\text{KVL} \Rightarrow V_{GS} + V_{in} = 0 \tag{7.88}$$

$$\therefore V_{GS} = -V_{in} \tag{7.89}$$

$$\text{KCL}(D\text{ 點}) \Rightarrow g_m V_{GS} + \frac{V_{out}}{R_D} = 0 \tag{7.90}$$

$$\therefore \frac{V_{out}}{R_D} = -g_m V_{GS} \tag{7.91}$$

將 (7.89) 式代入 (7.91) 式可得

$$\frac{V_{out}}{R_D} = g_m V_{in} \tag{7.92}$$

$$\therefore A_v = \frac{V_{out}}{V_{in}} = g_m R_D \tag{7.93}$$

若將圖 7.28 的電路在輸入端加上一個電阻 R_S，則如圖 7.30 所示，即為接下來要討論的 CG 組態，以下將考慮 $\lambda = 0$ 和 $\lambda \neq 0$ 共 2 種情況，求解其 A_v、R_{in} 和 R_{out}。

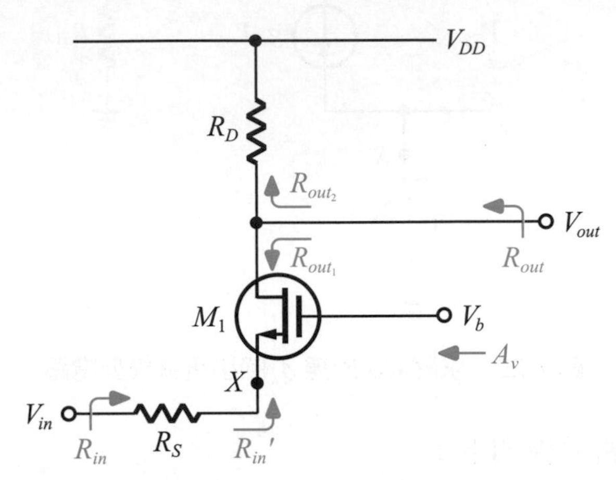

圖 7.30 輸入端加上 R_S 的 CG 組態

首先考慮 $\lambda = 0$ 的情況：

① 求 $R_{in}(\lambda = 0)$

由圖 7.30 和前面的討論 (圖 7.28) 可知，$\lambda = 0$ 時，

R_{in}' 的值應該是 $\dfrac{1}{g_m}$，即 $R_{in}' = \dfrac{1}{g_m}$。則由圖 7.30 可知，R_{in} 為 R_{in}' 和 R_S 串聯，即

$$R_{in} = R_{in}' + R_S = \frac{1}{g_m} + R_S \tag{7.94}$$

② 求 $R_{out}(\lambda = 0)$

由圖 7.30 可知，$R_{out} = R_{out_1} \,//\, R_{out_2}$，其中 $R_{out_1} = \infty$，$R_{out_2} = R_D$。所以 R_{out} 為無限大並聯 R_D，即 $R_{out} = \infty \,//\, R_D = R_D$。

③ 求 $A_v(\lambda = 0)$

求解 $A_v(\lambda = 0)$ 有 2 個方式可進行。當然，第 1 個方法是利用小訊號模型來求解，此方法將在此保留，留待課後練習的題目；第 2 個方法則是利用電阻分壓的概念來求解，如圖 7.30 中 $A_v = \dfrac{V_{out}}{V_{in}}$，此時若將 A_v 寫成

$$A_v = \frac{V_X}{V_{in}}\frac{V_{out}}{V_X} \tag{7.95}$$

其中 $\dfrac{V_{out}}{V_X}$ 的值在 (7.93) 式的推導中求解過，即 $g_m R_D$；而 $\dfrac{V_X}{V_{in}}$ 則可用圖 7.31 的分壓定理求得。

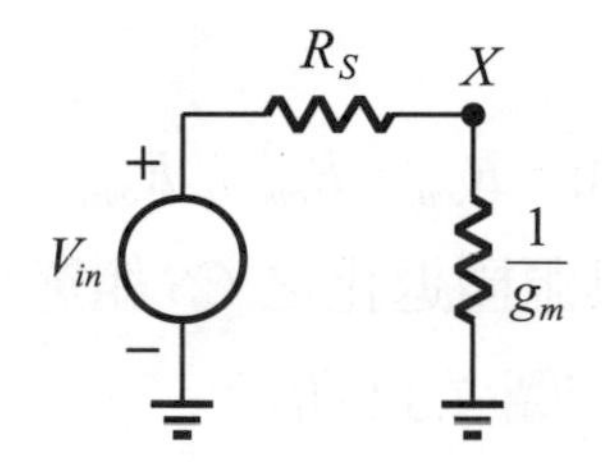

圖 7.31　電阻分壓電路

$$\therefore V_X = V_{in}\frac{\dfrac{1}{g_m}}{\dfrac{1}{g_m}+R_S} \tag{7.96}$$

$$\therefore \frac{V_X}{V_{in}} = \frac{1}{1+g_m R_S} \tag{7.97}$$

$$\therefore A_v = \frac{1}{1+g_m R_S}\cdot g_m R_D = \frac{g_m R_D}{1+g_m R_S} \tag{7.98}$$

若將 (7.98) 式上下各除 g_m，則

$$A_v = \frac{R_D}{\dfrac{1}{g_m}+R_S} \tag{7.99}$$

由 (7.99) 式可知 A_v 為 M_1 以上的阻抗 (R_D) 除以 M_1 以下的阻抗 ($\frac{1}{g_m}+R_S$)。

再者，考慮 $\lambda \neq 0$ 的情況：

① 求 $R_{in}(\lambda \neq 0)$

由圖 7.30 和前面的討論可知，由 S 極看入電晶體的阻抗 ($\lambda \neq 0$) 是 $\frac{1}{g_m} // r_o$。所以 R_{in}' 是 $\frac{1}{g_m}$ 和 r_o 的並聯，即 $\frac{1}{g_m} // r_o$。則 R_{in} 為 R_{in}' 和 R_S 串聯，即

$$R_{in} = (\frac{1}{g_m} // r_o) + R_S \tag{7.100}$$

② 求 $R_{out}(\lambda \neq 0)$

由圖 7.30 可知，$R_{out} = R_{out_1} // R_{out_2}$，其中 $R_{out_2} = R_D$，而 R_{out_1} 則是具源極退化之 CS 組態由 D 極看入的阻抗 ($\lambda \neq 0$)，如圖 7.32 所示。

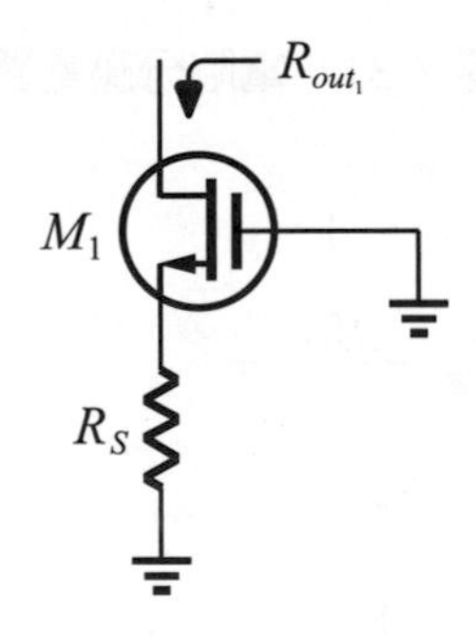

圖 7.32　CG 組態由 D 極看入的阻抗

因此 R_{out_1} 的值為

$$R_{out_1} = (1 + g_m R_S) r_o + R_S \tag{7.101}$$

所以，輸出阻抗 R_{out} 為 R_{out_1} 和 R_{out_2} 的並聯，即 $R_{out} = R_{out_1} // R_{out_2}$。

例題 7.7

如圖 7.33 所示，(1) 若 $\lambda = 0$，求 A_v 為多少，(2) 若 $\lambda \neq 0$，求 R_{out} 為多少。

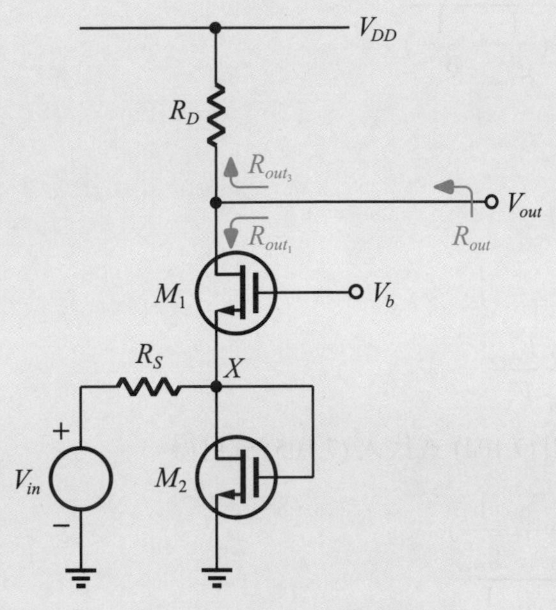

圖 7.33 例題 7.7 的電路圖

解答

(1) 由 X 點往上看 (M_1) 的阻抗為 $\dfrac{1}{g_{m_1}}$。

由 X 點往下看 (M_2) 的阻抗為 $\dfrac{1}{g_{m_2}}$，參考 (7.85) 式。

所以，圖 7.33 可重畫成圖 7.34。因此

$$V_X = V_{in}\frac{\left(\dfrac{1}{g_{m_1}} // \dfrac{1}{g_{m_2}}\right)}{R_S + \left(\dfrac{1}{g_{m_1}} // \dfrac{1}{g_{m_2}}\right)} \tag{7.102}$$

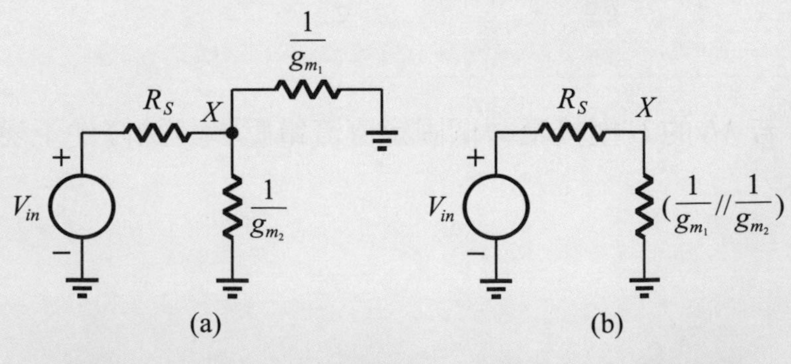

圖 7.34 (a) 圖 7.33 的簡化圖，(b) 圖 7.34(a) 的等效圖

$$\therefore \frac{V_X}{V_{in}} = \frac{(\frac{1}{g_{m_1}} // \frac{1}{g_{m_2}})}{R_S + (\frac{1}{g_{m_1}} // \frac{1}{g_{m_2}})} \tag{7.103}$$

而

$$\frac{V_{out}}{V_X} = g_m R_D \tag{7.104}$$

所以

$$A_v = \frac{V_{out}}{V_{in}} = \frac{V_X}{V_{in}} \frac{V_{out}}{V_X} \tag{7.105}$$

將 (7.103) 式和 (7.104) 式代入 (7.105) 式可得

$$A_v = \frac{g_{m_1} R_D (\frac{1}{g_{m_1}} // \frac{1}{g_{m_2}})}{R_S + (\frac{1}{g_{m_1}} // \frac{1}{g_{m_2}})} \tag{7.106}$$

(2) 由圖 7.33 可知，$R_{out} = R_{out_1} // R_{out_3}$，其中 $R_{out_3} = R_D$，而 R_{out_1} 如圖 7.35 所示，爲具源極退化之 CS 組態由 D 極看入的阻抗。

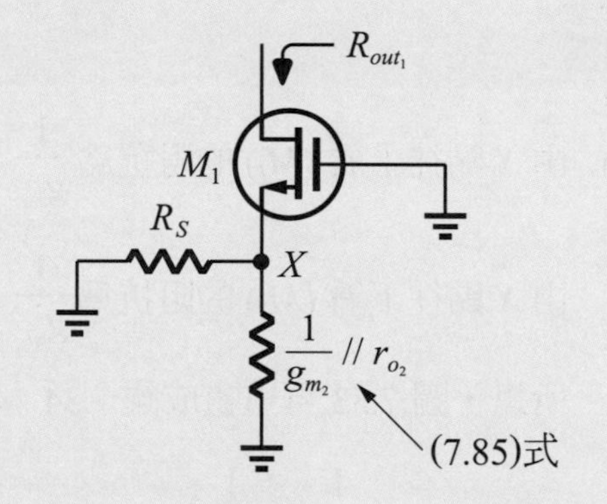

圖 7.35　求解 $R_{out_1}(\lambda \neq 0)$ 之電路圖

因此，R_{out_1} 爲

$$R_{out_1} = [1 + g_{m_1}(R_S // \frac{1}{g_{m_2}} // r_{o_2})]r_{o_1} + (R_S // \frac{1}{g_{m_2}} // r_{o_2}) \tag{7.107}$$

立即練習

承例題 7.7，若 M_2 的 G 極接至一個固定直流電壓，其餘條件不變，求 R_{out} 爲多少。

7.4 共汲極組態 (*CD* 組態)

CD 組態又稱爲源極隨耦器，如圖 7.36 所示。它的輸入端在 *G* 極、輸出端於 *S* 極、*D* 極共用所以接電源 V_{DD}。一樣考慮 $\lambda = 0$ 和 $\lambda \neq 0$ 共 2 種情況，求解其 A_v、R_{in} 和 R_{out}。

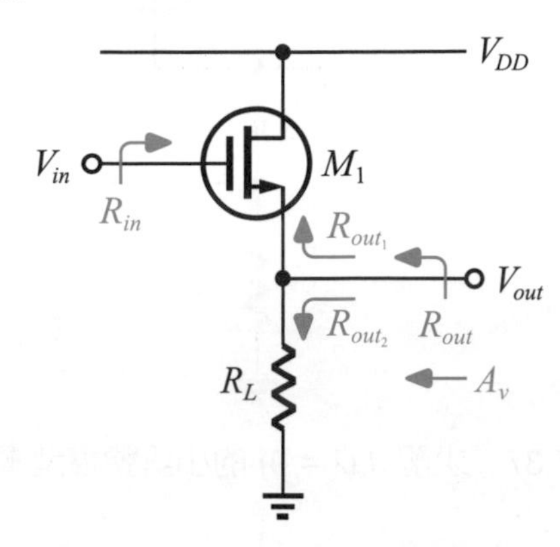

圖 7.36 *CD* 組態 (源極隨耦器)

首先考慮 $\lambda = 0$ 的情況：

① 求 $R_{in}(\lambda = 0)$

如同前面所討論，由 *G* 極看入的輸入阻抗 R_{in} 爲無限大，即 $R_{in} = \infty$。

② 求 $R_{out}(\lambda = 0)$

由圖 7.36 可知，$R_{out} = R_{out_1} \,//\, R_{out_2}$，其中 $R_{out_2} = R_L$，

而 R_{out_1} 爲 $\dfrac{1}{g_{m_1}}$ (由 *S* 極看入的輸出阻抗，在前面章節已經討論)。

所以，R_{out} 爲 $\dfrac{1}{g_{m_1}}$ 與 R_L 的並聯，即

$R_{out} = \dfrac{1}{g_{m_1}} \,//\, R_L$。

③ 求 $A_v(\lambda = 0)$

求解 A_v 需要藉由小訊號模型的協助，如圖 7.37 為其小訊號模型電路。

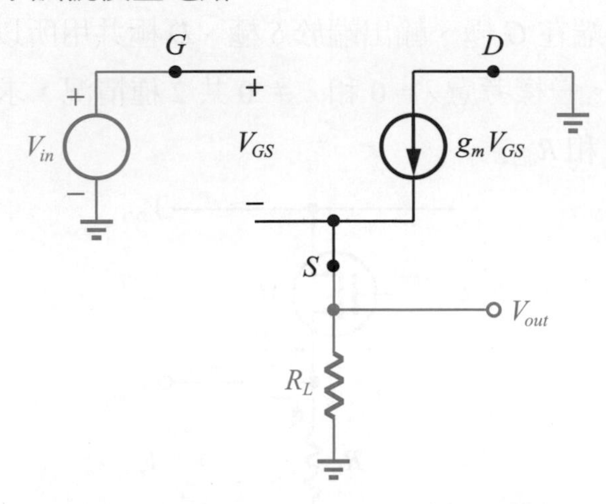

圖 7.37　求解 $A_v(\lambda = 0)$ 的小訊號模型電路

分析過程如下：

$$\text{歐姆定律} \Rightarrow V_{out} = g_m V_{GS} R_L \tag{7.108}$$

$$\therefore V_{GS} = \frac{V_{out}}{g_m R_L} \tag{7.109}$$

$$\text{KVL} \Rightarrow V_{in} = V_{GS} + V_{out} \tag{7.110}$$

將 (7.109) 式代入 (7.110) 式可得

$$V_{in} = V_{out}(1 + \frac{1}{g_m R_L}) \tag{7.111}$$

$$\therefore A_v = \frac{V_{out}}{V_{in}} = \frac{1}{1 + \frac{1}{g_m R_L}} \tag{7.112}$$

$$= \frac{g_m R_L}{1 + g_m R_L} \tag{7.113}$$

$$= \frac{R_L}{R_L + \frac{1}{g_m}} \tag{7.114}$$

由 (7.113) 式和 (7.114) 式可以看出，A_v 的值小於 1，但非常接近 1。

接下來，考慮 $\lambda \neq 0$ 的情況：

① 求 $R_{in}(\lambda \neq 0)$

如同前面所討論，也不會因爲 $\lambda \neq 0$ 而有所影響，由 S 極看入的輸入阻抗 R_{in} 爲無限大，即 $R_{in} = \infty$。

② 求 $R_{out}(\lambda \neq 0)$

由圖 7.36 可知，$R_{out} = R_{out_1} \,//\, R_{out_2}$，其中 $R_{out_2} = R_L$，

而 R_{out_1} 的值爲 $\dfrac{1}{g_{m_1}} \,//\, r_{o_1}$ (前面章節已分析過)。

所以 R_{out} 爲 ($\dfrac{1}{g_{m_1}} \,//\, r_{o_1}$) 和 R_L 並聯，即 $R_{out} = \dfrac{1}{g_{m_1}} \,//\, r_{o_1} \,//\, R_L$。

③ 求 $A_v(\lambda \neq 0)$

圖 7.38 是求解 $A_v(\lambda \neq 0)$ 的小訊號模型電路圖。

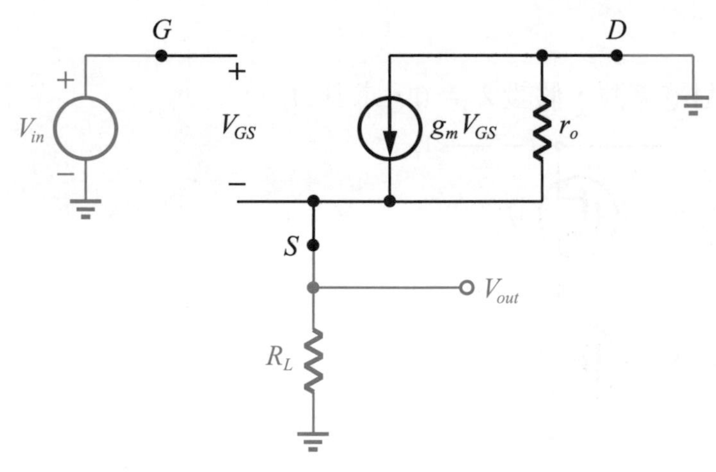

圖 7.38 求解 A_v ($\lambda \neq 0$) 的小訊號模型電路

細看圖 7.38 可以發現 R_L 與 r_o 並聯，因此，圖 7.38 可以重畫成圖 7.39。

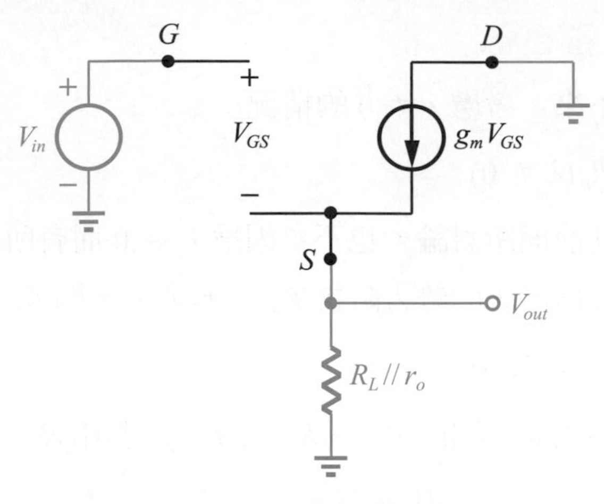

圖 7.39　圖 7.38 的簡化圖

根據 (7.113) 式或 (7.114) 式，可得 A_v 為

$$A_v = \frac{g_m(R_L // r_o)}{1 + g_m(R_L // r_o)} \tag{7.115}$$

同樣，(7.115) 式的值依舊小於 $1(A_v < 1)$。

例題 7.8

如圖 7.40 所示，M_2 當成一個電流源，假設 $\lambda \neq 0$，求其 A_v。

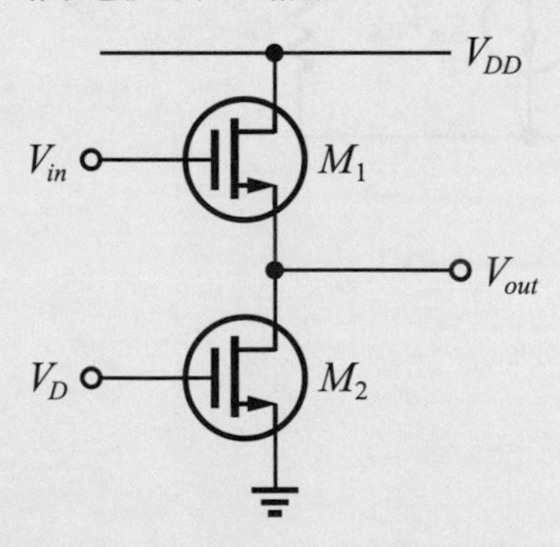

圖 7.40　例題 7.8 的電路圖

解答

因為 $\lambda \neq 0$，所以有 r_o 的存在，圖 7.40 可以重畫成圖 7.41。

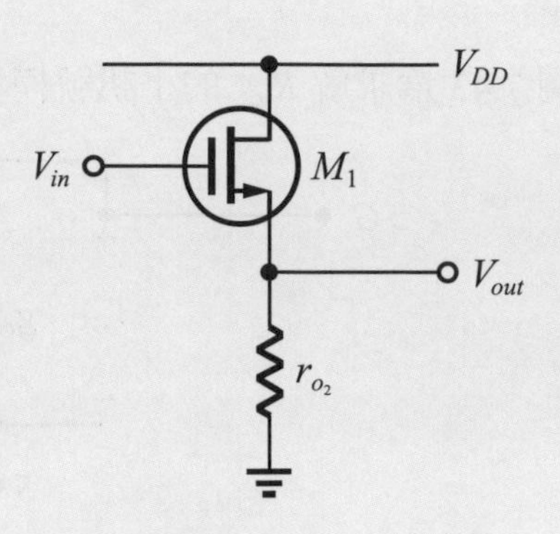

圖 7.41 圖 7.40 的簡化圖

因此，A_v 值為

$$A_v = \frac{g_{m_1}(r_{o_1} // r_{o_2})}{1 + g_{m_1}(r_{o_1} // r_{o_2})} \tag{7.116}$$

立即練習

承例題 7.8，若 M_2 用一個電阻 R_1 來取代，其餘條件不變，求其 A_v。

7.5 實例挑戰

例題 7.9

如圖 7.42 所示之電路，$g_m = 1\text{mA/V}$，$r_o = 20\text{k}\Omega$，試求輸出電阻 R_{out} 為多少。

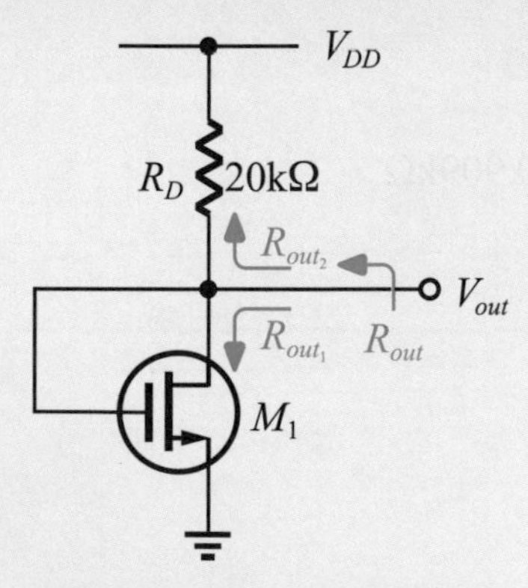

圖 7.42 例題 7.9 的電路圖

【101 虎尾科技大學 - 光電與材料科技碩士】

解答

如圖 7.43 爲求解 R_{out_1} 的小訊號模型電路。

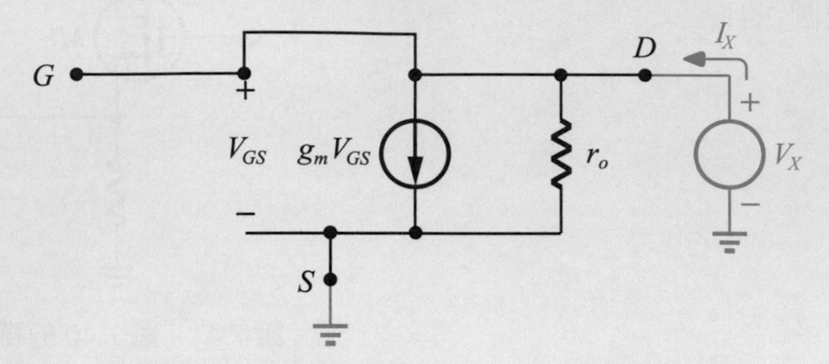

圖 7.43　求解圖 7.42 中 R_{out} 的小訊號模型電路

$$R_{out_2} = 20\text{k}\Omega$$

$$V_{GS} = V_X$$

$$I_X = \frac{V_X}{r_o} + g_m V_{GS} = V_X\left(\frac{1}{r_o} + g_m\right)$$

$$R_{out_1} = \frac{V_X}{I_X} = \frac{1}{\frac{1}{r_o} + g_m} = r_o \,//\, \frac{1}{g_m}$$

$$\therefore R_{out} = R_{out_1} \,//\, R_{out_2}$$

$$= r_o \,//\, \frac{1}{g_m} \,//\, 20\text{k}\Omega$$

$$= 20\text{k}\Omega \,//\, 1\text{k}\Omega \,//\, 20\text{k}\Omega$$

$$= 10\text{k}\Omega \,//\, 1\text{k}\Omega$$

$$= \frac{10\text{k} \times 1\text{k}}{10\text{k} + 1\text{k}} = \frac{10}{11}\text{k}\Omega = 0.909\text{k}\Omega$$

例題 7.10

一個 n MOSFET 其 $\mu_n C_{ox} = 100\mu A/V^2$，$\dfrac{W}{L} = 40$，$V_t = 1V$，$V_A = 10V$，則：

(1) 若 $V_{GS} = 2V$，試求 g_m 和 r_o 之值。

(2) 若 $I_D = 1mA$，試求 g_m 和 r_o 之值。

【100 勤益科技大學 - 電子工程碩士】

解答

$$\lambda = \frac{1}{V_A} = 0.1V^{-1}$$

(1) $$g_m = \mu_n C_{ox} \frac{W}{L}(V_{GS} - V_t) = (100\mu) \times 40 \times (2-1) = 0.004℧^{-1} = \frac{1}{250\Omega}$$

$$r_o = \frac{1}{\frac{1}{2}\mu_n C_{ox} \frac{W}{L}(V_{GS} - V_t)^2 \times \lambda} = \frac{1}{\frac{1}{2}(100\mu) \times 40 \times (2-1)^2 \times 0.1} = 5k\Omega$$

(2) $$g_m = \sqrt{2\mu_n C_{ox} \frac{W}{L} I_D} = \sqrt{2(100\mu) \times 40 \times 1m} = 2.83m℧^{-1} = \frac{1}{354\Omega}$$

$$r_o = \frac{1}{\lambda I_D} = \frac{1}{0.1 \times 1m} = 10k\Omega$$

重點回顧

1. MOSFET 的直流偏壓方式有兩種：

   (1) 源極退化之電阻分壓偏壓

   (2) 自我偏壓

   其電路圖分別如圖 7.4 和 7.5 所示。

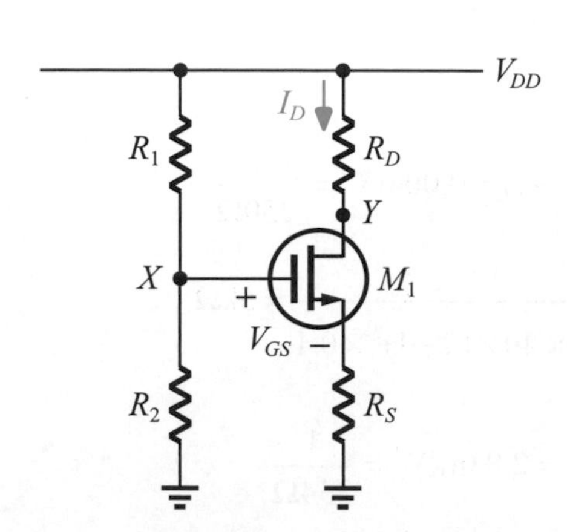

圖 7.4　源極退化之電阻分壓偏壓電路

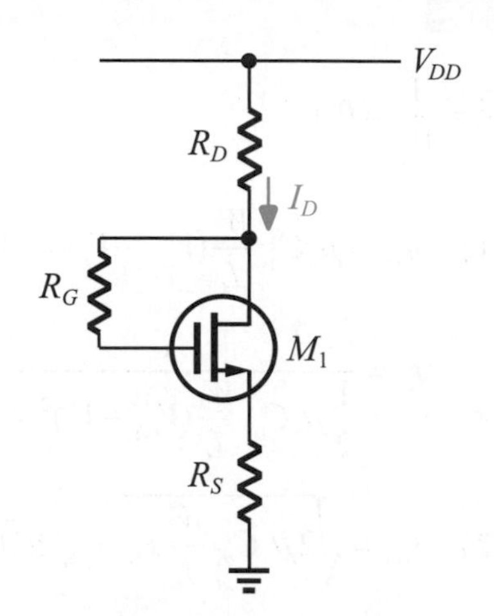

圖 7.5　自我偏壓

2. *n* MOS 電晶體可以實現電路任一點至地的電流源。
3. *p* MOS 電晶體可以實現電路中，電源至電路任一點的電流源。
4. 共源極組態 (*CS* 組態) 放大器是具有“放大”的功能，其增益爲 $-g_m R_{out}$，其中 R_{out} 爲其輸出阻抗。
5. 具電流源負載之 *CS* 組態、具二極體連接負載之 *CS* 組態、和具源極退化之 *CS* 組態是基本 *CS* 組態的“變形”組態，一樣具有“放大”的功能。
6. 共閘極組態 (*CG* 組態) 放大器亦具有“放大”的功能，只是其增益爲正值，而非 *CS* 組態的負值。
7. 共汲極組態 (*CD* 組態) 放大器又稱爲源極隨耦器，它的增益略小於 1，非常接近 1，不具“放大”功能，適合當作輸出級使用。

Chapter 8 運算放大器——當成一個元件使用

弓箭曾是人類為求溫飽而狩獵的工具、是冷兵器時代最可怕的致命武器，隨著世代變遷，它也由生存手段逐漸變為運動，成為現今奧運的競賽項目之一。而運算放大器最基本的功能為放大，其原理是將兩輸入端之電壓差加以放大，可以想像成拉弓時弓弦與弓身的位差，釋放弦時產生的力量即如放大器的效果。

運算放大器當成一個元件來使用，已經是現代電路設計的一大趨勢，透過其他的元件，例如電阻、電容、二極體、BJT 電晶體和 MOSFET 電晶體，可與運算放大器連接形成各式各樣的電路設計。這些電路當然包括較簡單的線性電路和較複雜的非線性電路，在完整介紹本章內容之前，整理重點分列如下：

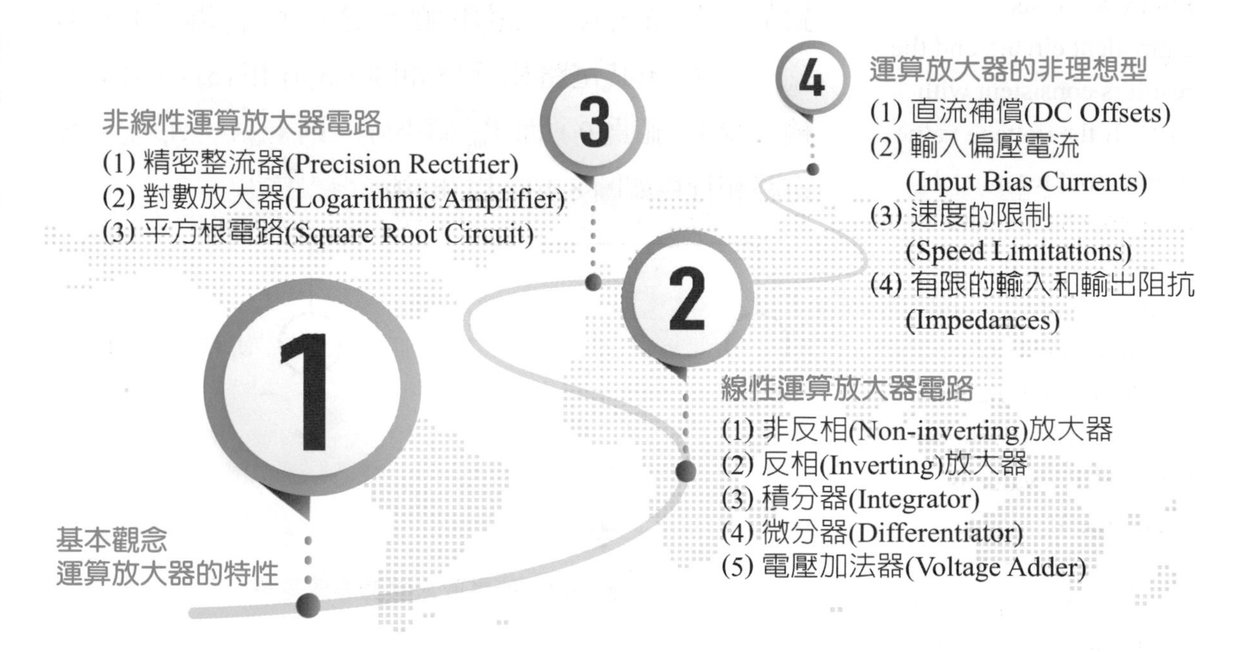

8.1 一般性的觀念

圖 8.1 是**運算放大器**的電路符號。它有 2 個輸入端 V_{in_1} 和 V_{in_2}，其中 V_{in_1} 接至標記為“+”的輸入端，稱之非反相端；而 V_{in_2} 接至標記為“–”的輸入端，稱之反相端。(譯 8-1)

(譯 8-1)
Figure 8.1 is the circuit symbol of the ***operational amplifier*(運算放大器)**. It has two input terminals V_{in_1} and V_{in_2}, among which V_{in_1} is connected to the input terminal marked "+", called the non-inverting terminal; and V_{in_2} is connected to the input terminal marked "–", called the inverting terminal.

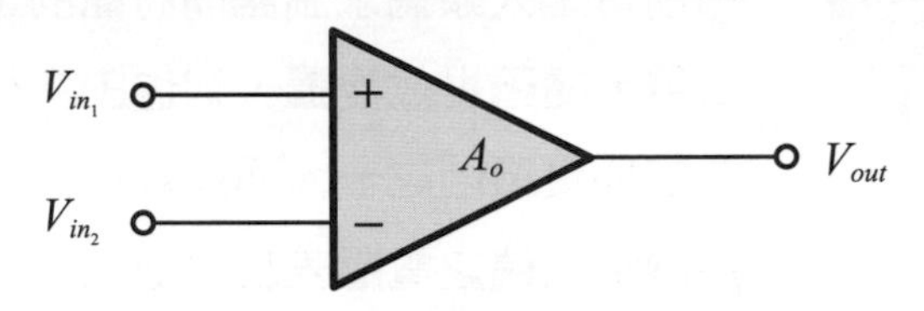

圖 8.1 運算放大器的電路符號

至於輸出端 V_{out} 之值則為 V_{in_1} 減去 V_{in_2} 後，再乘以運算放大器的增益 A_o，即

$$V_{out} = A_o(V_{in_1} - V_{in_2}) \tag{8.1}$$

圖 8.2 是其等效電路，其結果和 (8.1) 式是一致的。若輸入端 V_{in_1} 電壓值不變，而 V_{in_2} 端為 0，則 $V_{out} = A_oV_{in_1}$，其電路和行為如圖 8.3(a) 和 (b) 所示；若輸入端 V_{in_1} 值為 0，而 V_{in_2} 值不變，則 $V_{out} = -A_oV_{in_2}$。其電路和行為如圖 8.4(a) 和 (b) 所示。(譯 8-2)

(譯 8-2)
Figure 8.2 is its equivalent circuit, and the result is consistent with (8.1). If the voltage value of the input terminal V_{in_1} does not change, and the V_{in_2} terminal is 0, then $V_{out} = A_oV_{in_1}$, and its circuit and behavior are shown in Figure 8.3 (a) and (b); if the input terminal V_{in_1} value is 0, and the V_{in_2} value does not change, then $V_{out} = -A_oV_{in_2}$. Its circuit and behavior are shown in Figure 8.4 (a) and (b).

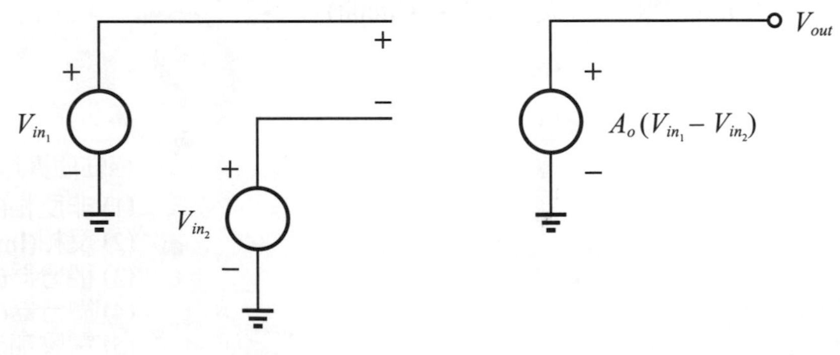

圖 8.2 運算放大器的等效電路

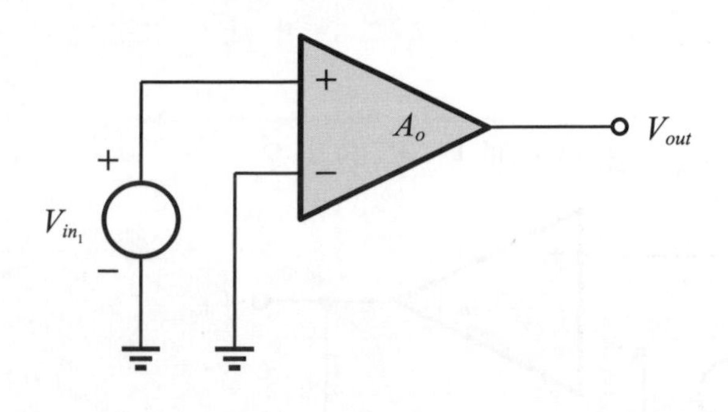

(a)

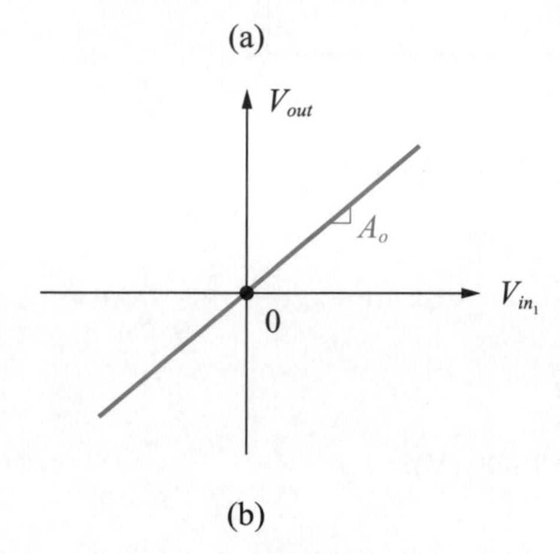

(b)

圖 8.3 (a) 非反相端有輸入的電路，
(b) 輸入 V_{in_1} 對輸出 V_{out} 的特性曲線

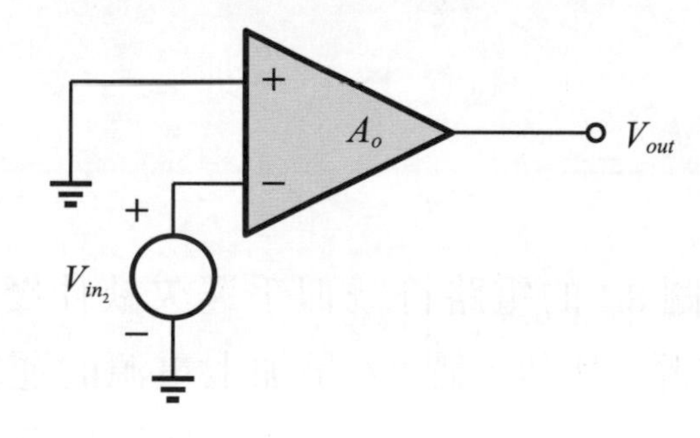

(a)

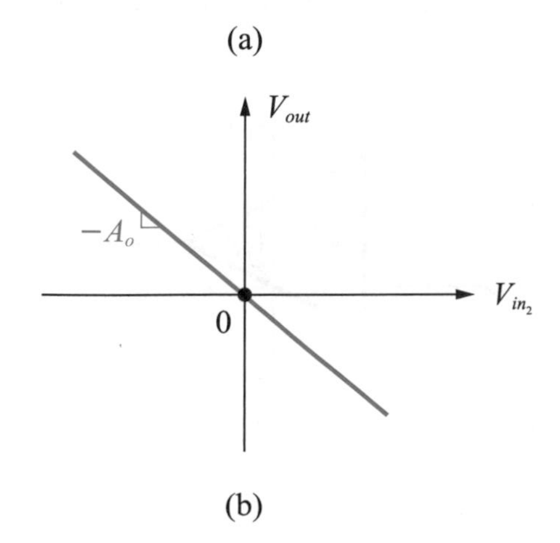

(b)

圖 8.4 (a) 反相端有輸入的電路，
(b) 輸入 V_{in_2} 對輸出 V_{out} 的特性曲線

例題 8.1

如圖 8.5 所示，若 $V_{in_1} = 1.1\text{V}$，$A_o = 2000$，則 V_{out} 爲多少？

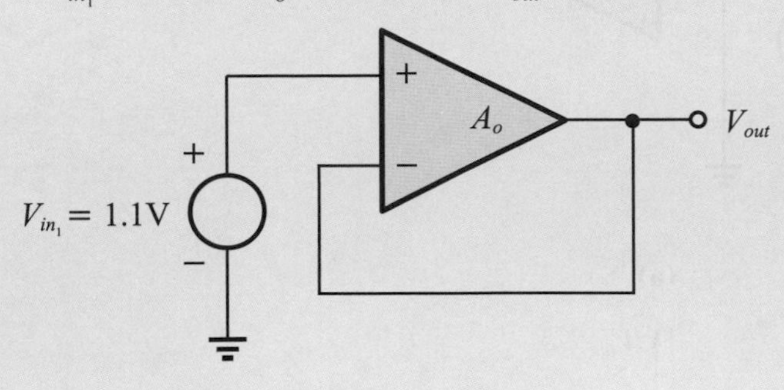

圖 8.5 例題 8.1 的電路圖

解答

$$V_{out} = A_o(V_{in_1} - V_{in_2}) = A_o(V_{in_1} - V_{out})$$

$$\therefore V_{out}(1 + A_o) = A_o V_{in_1}$$

$$\therefore V_{out} = V_{in_1}\frac{A_o}{1+A_o} = 1.1 \times \frac{2000}{1+2000} = 1.099\ (\text{V}) \approx V_{in_1}$$

立即練習

若 $V_{out} = 1.09999\text{V}$ 時，A_o 爲多少？

圖 8.1 的電路符號似乎還欠缺什麼？是的，少了電源。所以，圖 8.6 是加上電源的運算放大器符號，其中 V_{CC} 爲正電源、V_{EE} 爲負電源，一般而言 $V_{CC} = -V_{EE}$。(譯 8-3)

(譯 8-3)
What is missing in the circuit symbol of Figure 8.1? Yes, the power supply is missing. Therefore, Figure 8.6 is the symbol of the operational amplifier with power supply. V_{CC} is the positive power supply and V_{EE} is the negative power supply. Typically, $V_{CC} = -V_{EE}$.

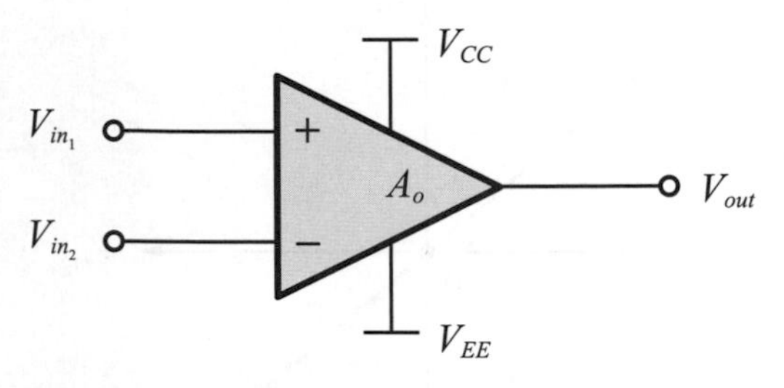

圖 8.6 加上電源的運算放大器電路符號

8.2 線性的運算放大器電路

在本節中，將討論利用運算放大器所設計出來的線性電路。包括非反相放大器、反相放大器、積分器、微分器和電壓加法器。

8.2.1 非反相放大器

顧名思義，***非反相放大器***就是輸入信號由運算放大器的“+”輸入端輸入，而“–”輸入端則由輸出端透過電阻 R_1 和 R_2 的分壓回授回來，電路如圖 8.7 所示。(譯 8-4)

(譯 8-4)
As the name implies, the ***non-inverting amplifier*(非反相放大器)** means that the input signal is input from the "+" input terminal of the operational amplifier, and the "–" input terminal is fed back from the output terminal through the voltage divider of the resistors R_1 and R_2. Thc circuit is shown in Figure 8.7.

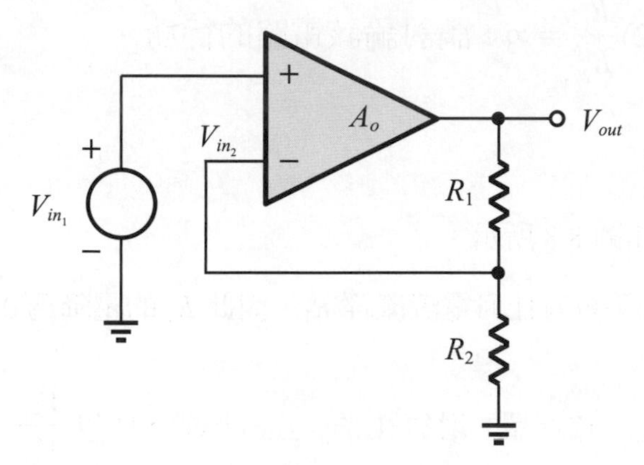

圖 8.7 非反相放大器

其 $V_{in_2} = V_{out}\dfrac{R_2}{R_1+R_2}$。因爲運算放大器的增益 A_o 很大，所以 $V_{in_1} \approx V_{in_2}$(此特性稱之***虛接地***)，因此

虛接地
(*virtual ground*)

$$V_{in_1} \approx V_{in_2} \tag{8.2}$$

$$= V_{out}\frac{R_2}{R_1+R_2} \tag{8.3}$$

$$\therefore \frac{V_{out}}{V_{in_1}} = \frac{R_1+R_2}{R_2} \tag{8.4}$$

$$= 1 + \frac{R_1}{R_2} \tag{8.5}$$

(譯 8-5)
This non-inverting amplifier is basically the ***negative feedback*(負回授)** of a ***closed-loop*(閉迴路)** system, and its gain is shown in (8.5).

此非反相放大器基本上是一個***閉迴路***系統的***負回授***，其增益如 (8.5) 式所示。(譯 8-5) 與運算放大器自身的增益 A_o 無關，只與電阻 R_1 和 R_2 的比值有關，若電阻本身有誤差，也會藉由相比而去除掉其誤差，因此 $1+\frac{R_1}{R_2}$ 的值可以保持一定的精確度。

例題 8.2

如圖 8.7 所示，若 (1) $\frac{R_1}{R_2}=0$，(2) $\frac{R_1}{R_2}=\infty$，請討論該電路的行為。

解答

(1) 當 $\frac{R_1}{R_2}=0$ 時，即是 $R_2=\infty$，如圖 8.8 所示。

此時由於 $R_2=\infty$，所以輸出端不會有任何電流流經 R_1，因此 R_1 的壓降為 0 (即為短路)。

如同圖 8.5 所示 (例題 8.1)，$V_{out}\approx V_{in_1}$，單一增益 (Unity-gain) 形成，所以 $\frac{V_{out}}{V_{in_1}}=1$。

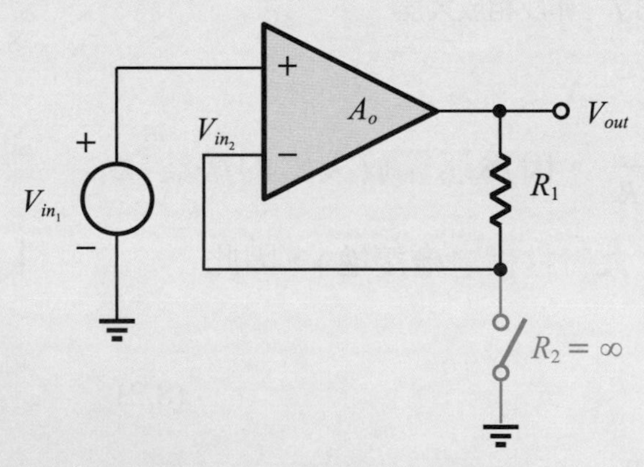

圖 8.8　$R_2=\infty$ 時的非反相放大器

(2) 當 $\frac{R_1}{R_2}=\infty$ 時，即是 $R_2=0$，如圖 8.9 所示。此時 R_1 和 R_2 沒有回授至"–"輸入端，就如同只有運算放大器本身而已，因此 $\frac{V_{out}}{V_{in_1}}=\infty$。

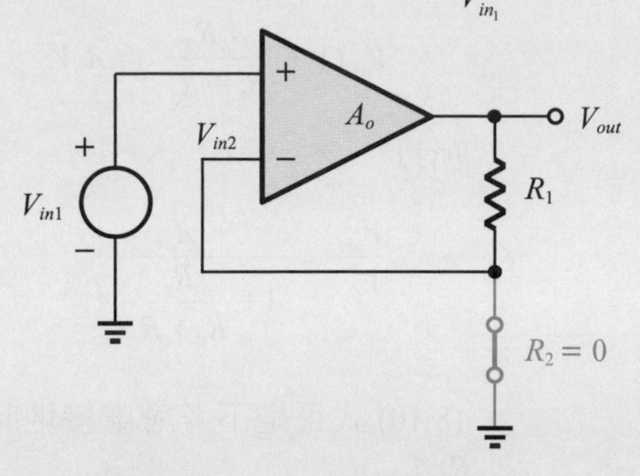

圖 8.9 $R_2 = 0$ 時的非反相放大器

立即練習

承例題 8.2，若增益為 3(即 $1+\frac{R_1}{R_2}=3$)，且 $R_1=(1\pm 0.03)R_2$，則其眞實增益為多少？

為了避免觀念混淆，在此再次辨析：運算放大器的增益 A_o 稱為***開迴路***增益，如圖 8.1 的 A_o；而運算放大器接成迴路，如圖 8.7 的非反相放大器的增益，則稱之為閉迴路增益。(譯 8-6)

(譯 8-6)
In order to avoid confusion, here is another discrimination: the gain A_o of the operational amplifier is called the ***open-loop(開迴路)*** gain, as shown in A_o in Figure 8.1; while the operational amplifier is connected into a loop, the gain of the non-inverting amplifier in Figure 8.7 is called closed-loop gain.

前面提到"虛接地"若採用時會得到閉迴路增益如 (8.5) 式所示。那如果虛接地不用時，閉迴路增益又會是如何呢？分析如下 (參考圖 8.7)。

$$V_{out}=A_o(V_{in_1}-V_{in_2}) \tag{8.6}$$

$$V_{in_2}=V_{out}\frac{R_2}{R_1+R_2} \tag{8.7}$$

將 (8.7) 式代入 (8.6) 式，可得

$$V_{out} = A_o(V_{in} - V_{out}\frac{R_2}{R_1+R_2}) \tag{8.8}$$

$$V_{out}(1+\frac{A_o R_2}{R_1+R_2}) = A_o V_{in_1} \tag{8.9}$$

所以

$$\frac{V_{out}}{V_{in_1}} = \frac{A_o}{1+\frac{R_2}{R_1+R_2}A_o} \tag{8.10}$$

(8.10) 式正是不考慮虛接地時的增益值。但是，當 $\frac{R_2 A_o}{R_1+R_2} >> 1$ 時，**(8.10) 式就化簡成 (8.5) 式了。**

現在將 (8.10) 式上下除以 $(\frac{R_2}{R_1+R_2})$ 後，再除以 A_o，可得

$$\frac{V_{out}}{V_{in_1}} = \frac{1+\frac{R_1}{R_2}}{1+(1+\frac{R_1}{R_2})\frac{1}{A_o}} \tag{8.11}$$

數學上有個近似的公式：$(1+\varepsilon)^{-1} \approx 1-\varepsilon$，$\varepsilon << 1$。所以 (8.11) 式套用這個近似公式可得

$$\frac{V_{out}}{V_{in1}} \approx (1+\frac{R_1}{R_2})[1-(1+\frac{R_1}{R_2})\frac{1}{A_o}] \tag{8.12}$$

增益誤差 (*gain error*)

而 (8.12) 式中的 $(1+\frac{R_1}{R_2})\frac{1}{A_o} << 1$，即 (8.12) 式亦可以化簡成 (8.5) 式，其中 $(1+\frac{R_1}{R_2})\frac{1}{A_o}$ 稱爲***增益誤差***。

例題 8.3

若非反相放大器 (如圖 8.7) 的開迴路增益是 2000，閉迴路增益 (考慮虛接地) 是 (1) 10；(2) 100 時，請分別求其增益誤差。

解答

(1) $1+\dfrac{R_1}{R_2}=10$。所以

$$(1+\frac{R_1}{R_2})\frac{1}{A_o}=\frac{10}{2000}=0.005=0.5\%$$

(2) $1+\dfrac{R_1}{R_2}=100$。所以

$$(1+\frac{R_1}{R_2})\frac{1}{A_o}=\frac{100}{2000}=0.05=5\%$$

立即練習

承例題 8.3，若開迴路增益降爲 1200，請分別求其增益誤差。

8.2.2 反相放大器

如同第 8.2.1 節的定義，***反相放大器***是輸入信號由“–”輸入端輸入，並且將輸出端回授信號也回授到“–”輸入端，至於“+”輸入端則接地，這樣的安排形成的放大器稱之反相放大器，如圖 8.10 所示。(譯 8-7)

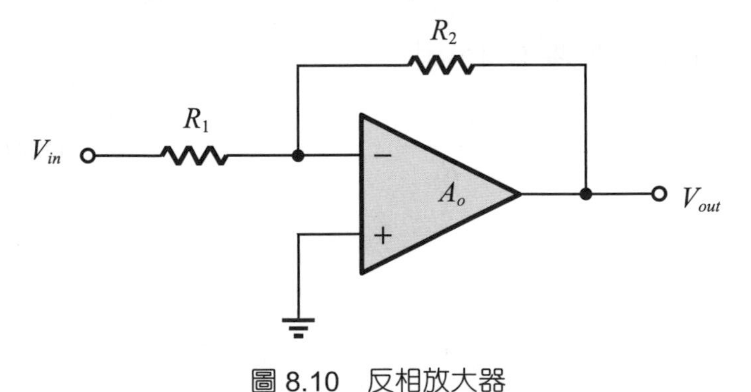

圖 8.10　反相放大器

(譯 8-7)
As defined in Section 8.2.1, the ***inverting amplifier***(***反相放大器***) is the input signal from the "–" input terminal, and the feedback signal of output terminal is also fed back to the "–" input terminal, and the "+" input terminal is grounded. The amplifier formed by this kind of arrangement is called an inverting amplifier, as shown in Figure 8.10.

(譯 8-8)
The concept of virtual ground is mentioned, namely $V_{in}^{+} \approx V_{in}^{-}$, so the current generated by V_{in} and R_1 will flow into R_2 to V_{out} (there will not be any current flowing into the input terminal of the operational amplifier), as shown in Figure 8.11.

其中提到虛接地觀念，即是 $V_{in}^{+} \approx V_{in}^{-}$，所以 V_{in} 和 R_1 產生的電流會流入 R_2 至 V_{out}(運算放大器的輸入端不會有任何電流流入)，如圖 8.11 所示。(譯 8-8)

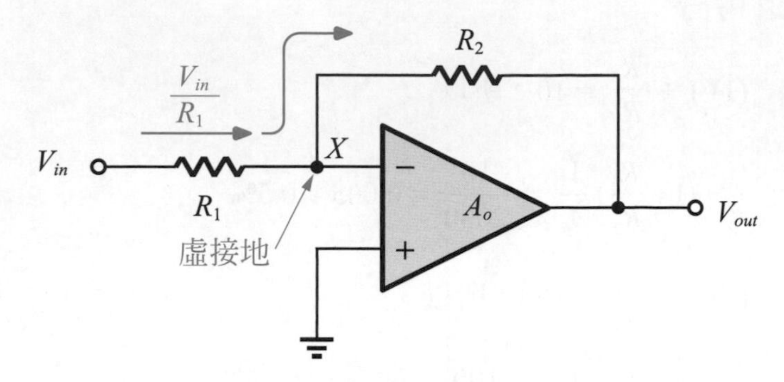

圖 8.11　反相放大器的電流流向

$$\frac{V_{in}-0}{R_1}=\frac{0-V_{out}}{R_2} \tag{8.13}$$

$$\therefore \frac{V_{out}}{V_{in}}=-\frac{R_2}{R_1} \tag{8.14}$$

同樣，(8.14) 式是採用“虛接地”所推導出來的閉迴路增益。若不考慮虛接地時，閉迴路增益又會是如何呢？分析如下(參考圖 8.11)。

$$\frac{V_{in}-V_X}{R_1}=\frac{V_X-V_{out}}{R_2} \tag{8.15}$$

化簡且整理 (8.15) 式，可得

$$V_X=\frac{V_{out}R_1+V_{in}R_2}{R_1+R_2} \tag{8.16}$$

又

$$V_{out} = A_o(V_{in_1} - V_{in_2}) \tag{8.17}$$

$$= -A_o V_X \tag{8.18}$$

將 (8.16) 式代入 (8.18) 式，可得

$$V_{out} = -A_o \frac{V_{out}R_1 + V_{in}R_2}{R_1 + R_2} \tag{8.19}$$

化簡且整理 (8.19) 式，可得

$$\frac{V_{out}}{V_{in}} = -\frac{\frac{R_2}{R_1 + R_2}A_o}{1 + \frac{R_1}{R_1 + R_2}A_o} \tag{8.20}$$

將 (8.20) 式上下乘 $(R_1 + R_2)$，除 R_2 後，再除 A_o，可得

$$\frac{V_{out}}{V_{in}} = -\frac{1}{\frac{R_1}{R_2} + (1 + \frac{R_1}{R_2})\frac{1}{A_o}} \tag{8.21}$$

同樣運用近似公式：$(1 + \varepsilon)^{-1} = 1 - \varepsilon$，$\varepsilon << 1$，(8.21) 式可以寫成

$$\frac{V_{out}}{V_{in1}} = -\frac{R_2}{R_1}[1 - \frac{1}{A_o}(1 + \frac{R_2}{R_1})] \tag{8.22}$$

而 $\frac{1}{A_o}(1 + \frac{R_2}{R_1}) << 1$，即 (8.22) 式可簡化成 (8.14) 式。其中 $\frac{1}{A_o}(1 + \frac{R_2}{R_1})$ 亦稱爲增益誤差。

例題 8.4

如圖 8.11 所示，閉迴路增益為 6，增益誤差為 0.1%，請設計該電路。

解答

$\frac{R_2}{R_1}=6$，可得

$$\frac{1}{A_o}(1+\frac{R_2}{R_1}) = \frac{1}{A_o}(1+6)=0.1\%$$

$\therefore A_o = 7000$

又令 $R_1 = 10\ \text{k}\Omega$，所以 $R_2 = 60\ \text{k}\Omega$。

立即練習

承例題 8.4，若增益誤差為 0.5%，請設計該電路。

8.2.3 積分器

(譯 8-9)
If the resistor R_2 in Figure 8.10 is replaced by a capacitor C_1, a so-called *integrator*(積分器) is formed, as shown in Figure 8.12.

若將圖 8.10 中的電阻 R_2 換成電容 C_1，則形成所謂的***積分器***，如圖 8.12 所示。(譯 8-9)

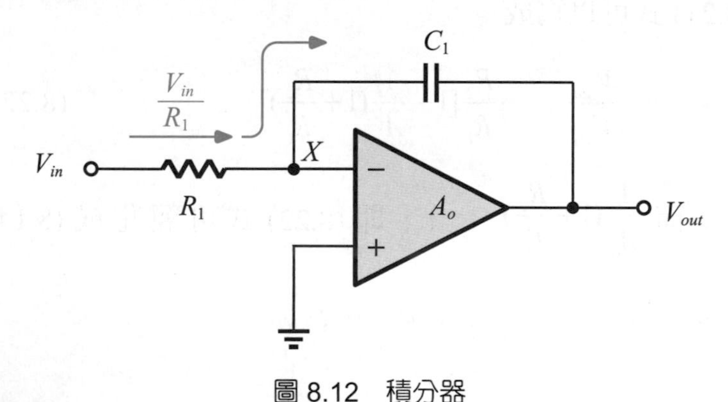

圖 8.12 積分器

$$\frac{V_{in}-0}{R_1}=\frac{0-V_{out}}{\frac{1}{sC_1}} \tag{8.23}$$

$$\therefore \frac{V_{out}}{V_{in}}=-\frac{1}{R_1C_1s} \tag{8.24}$$

(8.24) 式的結果是***頻率域***的增益；若是***時間域***的方式，則

頻率域 (*frequency domain*)

時間域 (*time domain*)

$$\frac{V_{in}}{R_1} = -C_1 \frac{dV_{out}}{dt} \tag{8.25}$$

所以

$$V_{out} = -\frac{1}{R_1C_1}\int V_{in}\,dt \tag{8.26}$$

(8.26) 式即是將輸入信號 V_{in} 積分後，加上負號 (反向) 形成輸出信號 V_{out}。

例題 8.5

有一積分器，其輸入信號 V_{in} 為一個週期 t_d 且大小為 V_d 的信號，如圖 8.13 所示，請畫出輸出 V_{out} 的波形。

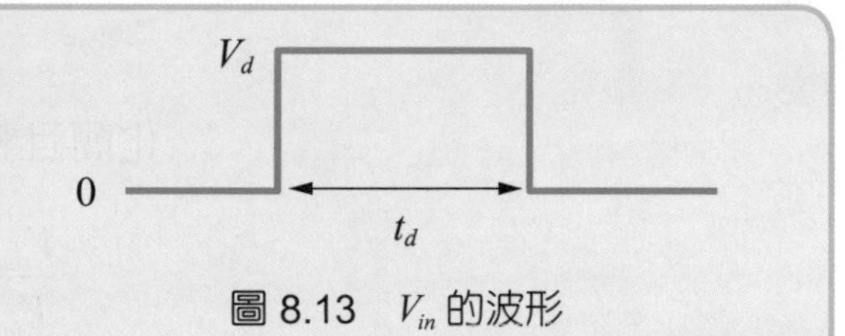

圖 8.13　V_{in} 的波形

解答

$$V_{out} = -\frac{1}{R_1C_1}\int V_{in}\,dt = -\frac{1}{R_1C_1}\int_0^{t_d} V_d\,dt = -\frac{V_d}{R_1C_1}t \text{，} 0 < t < t_d$$

所以，V_{in} 和 V_{out} 的圖形如圖 8.14 所示。

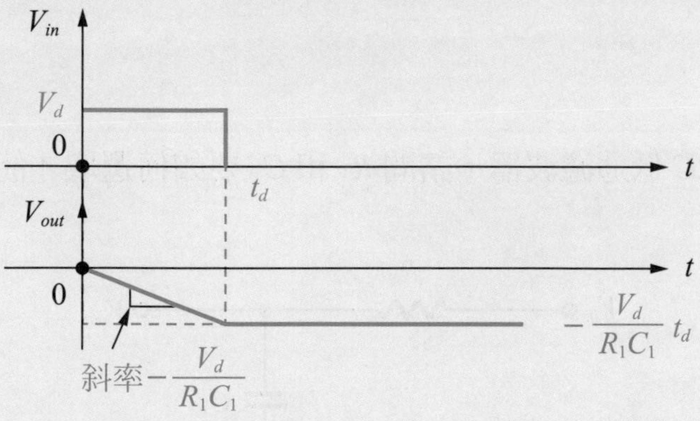

圖 8.14　例題 8.5 之 V_{in} 和 V_{out} 的波形

立即練習

承例題 8.5，若 V_{in} 變為負的波形，請畫出輸出 V_{out} 的波形。

同樣，使用虛接地的閉迴路增益如 (8.24) 式所示，極點是在 $S_p = 0$ 的位置。若不使用虛接地的特性，其閉迴路增益又會是如何呢？分析如下 (參考圖 8.12)。

$$\frac{V_{in} - V_X}{R_1} = \frac{V_X - V_{out}}{\dfrac{1}{sC_1}} \tag{8.27}$$

$$V_X = \frac{V_{out}}{-A_o} \tag{8.28}$$

將 (8.28) 式代入 (8.27) 式，可得

$$\frac{V_{in} + \dfrac{V_{out}}{A_o}}{R_1} = \frac{-\dfrac{V_{out}}{A_o} - V_{out}}{\dfrac{1}{sC_1}} \tag{8.29}$$

化簡且整理 (8.29) 式，可得

$$\frac{V_{out}}{V_{in}} = \frac{-1}{\dfrac{1}{A_o} + (1 + \dfrac{1}{A_o})sR_1C_1} \tag{8.30}$$

(8.30) 式的極點位於 $S_p = \dfrac{-1}{(A_o + 1)R_1C_1}$，此電路稱之***耗損***的積分器。

| ***耗損 (lossy)***

例題 8.6

如圖 8.15 所示 RC 低通濾波器，請問 R_X 和 C_X 要如何選取才能夠和 (8.30) 式具有相同的極點？

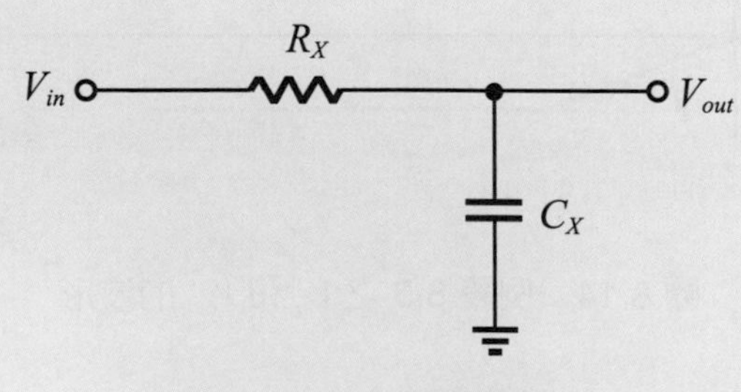

圖 8.15　RC 低通濾波器

解答

$$V_{out}=V_{in}\frac{\frac{1}{sC_X}}{R_X+\frac{1}{sC_X}}=V_{in}\frac{1}{1+sC_XR_X}$$

$$\therefore\frac{V_{out}}{V_{in}}=\frac{1}{1+sC_XR_X}\text{，極點 }S_p=-\frac{1}{R_XC_X}$$

所以

$$-\frac{1}{R_XC_X}=-\frac{1}{(A_o+1)R_1C_1}$$

因此，取 $R_X=R_1$，$C_X=(A_o+1)C_1$

立即練習

承例題 8.6，若 $C_X=2C_1$，則 R_1 應爲多少？

8.2.4 微分器

若將積分器 (圖 8.12) 中的 R_1 和 C_1 位置交換，即形成所謂的***微分器***，如圖 8.16 所示。(譯 8-10)

(譯 8-10) If the positions of R_1 and C_1 in the integrator (Figure 8.12) are exchanged, a so-called ***differentiator***(微分器) is formed, as shown in Figure 8.16.

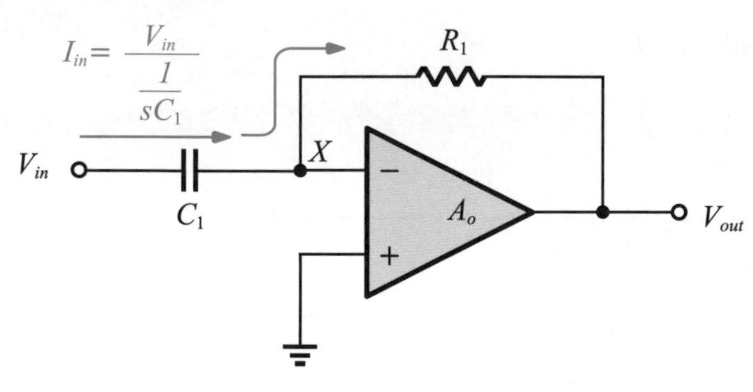

圖 8.16 微分器

$$\frac{V_{in}-0}{\frac{1}{sC_1}}=\frac{0-V_{out}}{R_1}\tag{8.31}$$

所以

$$\frac{V_{out}}{V_{in}}=-sR_1C_1\tag{8.32}$$

(8.32) 式是頻率域的增益，它沒有極點，但有一個零點 $S_z = 0$；若取時間域的話，則

$$C_1 \frac{dV_{in}}{dt} = \frac{0 - V_{out}}{R_1} \tag{8.33}$$

因此

$$V_{out} = -R_1 C_1 \frac{dV_{in}}{dt} \tag{8.34}$$

(8.34) 式即是將輸入信號 V_{in} 微分，乘上 R_1C_1 再取負號(反向)後形成輸出信號 V_{out}。

例題 8.7

如圖 8.16 所示微分器，輸入信號 V_{in} 如圖 8.17 所示，請畫出輸出 V_{out} 的波形。

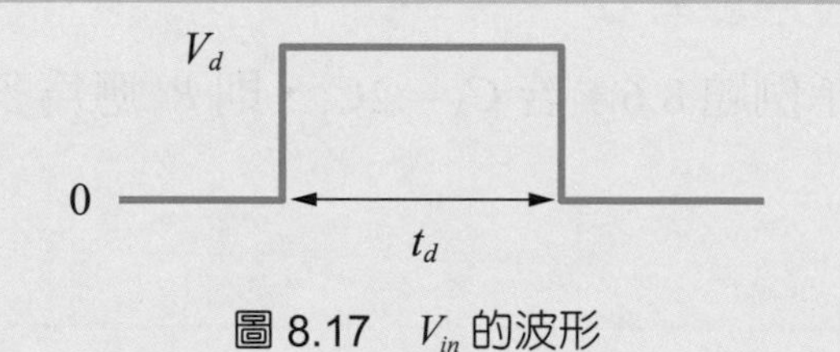

圖 8.17 V_{in} 的波形

解答

$$I_{in} = C_1 \frac{dV_{in}}{dt} = C_1 V_d \delta(t)$$

所以，$V_{out} = -I_{in} R_1 = -R_1 C_1 V_d \delta(t)$，$t = 0$

$V_{out} = -I_{in} R_1 = R_1 C_1 V_d \delta(t)$，$t = t_d$

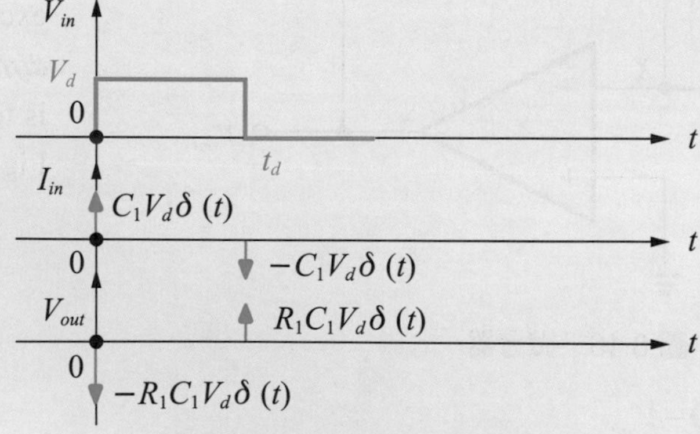

圖 8.18 V_{in}、I_{in} 和 V_{out} 的波形

立即練習

承例題 8.7，若 V_{in} 為負的波形，請畫出輸出 V_{out} 的波形。

同樣，使用虛接地特性的閉迴路增益如 (8.32) 式所示，若不使用虛接地特性，其閉迴路增益又會是如何呢？分析如下 (參考圖 8.16)。

$$\frac{V_{in}-V_X}{\dfrac{1}{sC_1}}=\frac{V_X-V_{out}}{R_1} \tag{8.35}$$

又 $V_X=\dfrac{-V_{out}}{A_o}$ 代入 (8.35) 式，可得

$$\frac{V_{in}+\dfrac{V_{out}}{A_o}}{\dfrac{1}{sC_1}}=\frac{-\dfrac{V_{out}}{A_o}-V_{out}}{R_1} \tag{8.36}$$

化簡且整理 (8.36) 式，可得

$$\frac{V_{out}}{V_{in}}=\frac{-R_1C_1s}{1+\dfrac{1}{A_o}+\dfrac{R_1C_1s}{A_o}} \tag{8.37}$$

(8.37) 式有一個零點 $S_z=0$，以及一個極點 $S_p=-\dfrac{A_o+1}{R_1C_1}$。相較於 (8.32) 式，有共同的零點 ($S_z=0$)，可是 (8.37) 式卻比 (8.32) 式多了一個極點 ($S_p=-\dfrac{A_o+1}{R_1C_1}$)。

例題 8.8

如圖 8.19 所示 RC 高通濾波器，請問 R_X 和 C_X 要如何選取才能夠和 (8.37) 式一樣具有相同的極點？

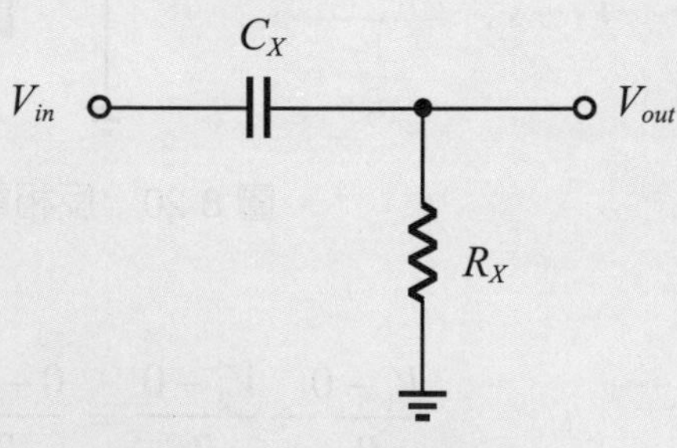

圖 8.19 RC 高通濾波器

解答

$$V_{out} = V_{in}\frac{R_X}{R_X + \frac{1}{sC_X}} = V_{in}\frac{sC_XR_X}{1+sC_XR_X}$$，極點 $S_p = -\frac{1}{R_XC_X}$

所以

$$-\frac{1}{R_XC_X} = -\frac{A_o+1}{R_1C_1}$$

因此，取 $R_X = R_1$，則 $C_X = \frac{C_1}{A_o+1}$

立即練習

承例題 8.8，若 $R_X = 2R_1$，則 C_X 應爲多少？

8.2.5 電壓加法器

(譯 8-11)
As the name implies, the ***voltage adder*(*電壓加法器*)** is to add the two input voltages, and then they can be amplified or attenuated. Figure 8.20 is an inverted voltage adder.

顧名思義，***電壓加法器***就是將輸入的 2 個電壓做相加後，可以再加以放大或縮小，圖 8.20 即是一個反相的電壓加法器。(譯 8-11) 它的 2 個輸入 V_1 和 V_2 以“並聯式”加到“–”輸入端，分析如下。

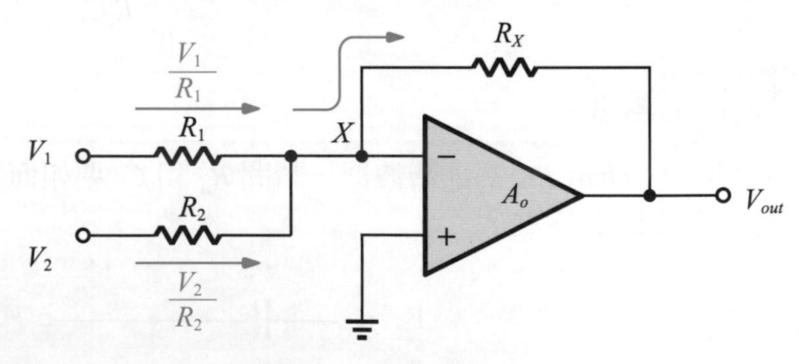

圖 8.20　反相電壓加法器

$$\frac{V_1-0}{R_1} + \frac{V_2-0}{R_2} = \frac{0-V_{out}}{R_X} \tag{8.38}$$

所以

$$V_{out} = -R_X(\frac{V_1}{R_1} + \frac{V_2}{R_2}) \tag{8.39}$$

若 $R_1 = R_2 = R$，則

$$V_{out} = -\frac{R_X}{R}(V_1 + V_2) \tag{8.40}$$

(8.40) 式就是將輸入電壓 V_1 和 V_2 相加後，再乘上一個倍數 $-\frac{R_X}{R}$。

8.3 非線性的運算放大器電路

本節將討論用運算放大器設計出來的非線性電路，包括精密的整流器、對數放大器和平方根放大器。

8.3.1 精密整流器

圖 8.21 為一個***精密整流器***電路，它是將一個二極體 D_1 放在回授路徑上所形成的電路，而輸出端則在反相端的位置。令人感到困惑的是，為何利用運算放大器和二極體連接的整流器就是精密的？(譯 8-12)

(譯 8-12)
Figure 8.21 is a ***precision rectifier***(***精密整流器***) circuit, which is a circuit formed by placing a diode D_1 on the feedback path, and the output terminal is at the inverting terminal. It is confusing, why is the rectifier connected with the operational amplifier and the diode so precise?

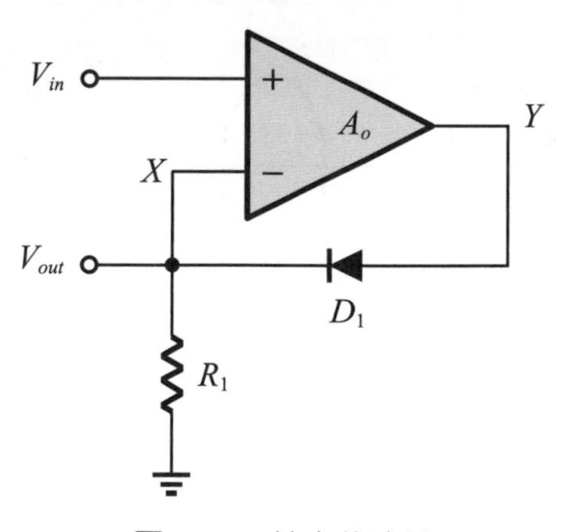

圖 8.21　精密整流器

(譯 8-13)
First, review the rectifier circuit in Chapter 3 and find that the diode needs a minimum conduction voltage $V_{D,on}$ when it is turned on, that is, the voltage must be greater than $V_{D,on}$ to make the diode conduct. So, when the voltage is in the ***dead zone*(死區)** i.e., between 0 and $V_{D,on}$ (≈ 0.7V), clearly there is voltage but the circuit still does not operate, which is the source of the so-called "inaccuracy". Therefore, the purpose of the precision rectifier in this section is to remove the trouble caused by $V_{D,on}$. Compared to the previous circuit (Chapter 3), it is called a precision rectifier.

首先，回顧第 3 章的整流器電路發現，二極體在導通時需要一個導通的最小電壓 $V_{D,on}$，即電壓要大於 $V_{D,on}$ 才可使二極體導通，所以電壓介於 0 和 $V_{D,on}$ (≈ 0.7V) 之間的***死區***時，明明有電壓但電路仍不動作，亦即所謂“不精確”的來源。因此，本節中的精密整流器之目的在於去除 $V_{D,on}$ 所造成的困擾，故相較於之前(第 3 章)的電路，稱之精密整流器。**(譯 8-13)**

接下來將分析此電路：先假設 $V_{in} = 0$，由於虛接地的特性，$V_X = 0$ 所以 $V_{out} = 0$。當 V_{in} 開始變有點正電壓時，V_Y 等於 $V_X + V_{D,on}$，有電流經 D_1 流入 R_1 至地，此時 $V_{out} = V_{in}$(虛接地)；若當 V_{in} 變成負電壓時，V_X 也變成負電位，此時 D_1 不導通，所以不會有電流流入 R_1，X 點的電位為 0 (即 $V_X = 0 = V_{out}$)。將以上所討論以圖形表示出來，如圖 8.22 所示。

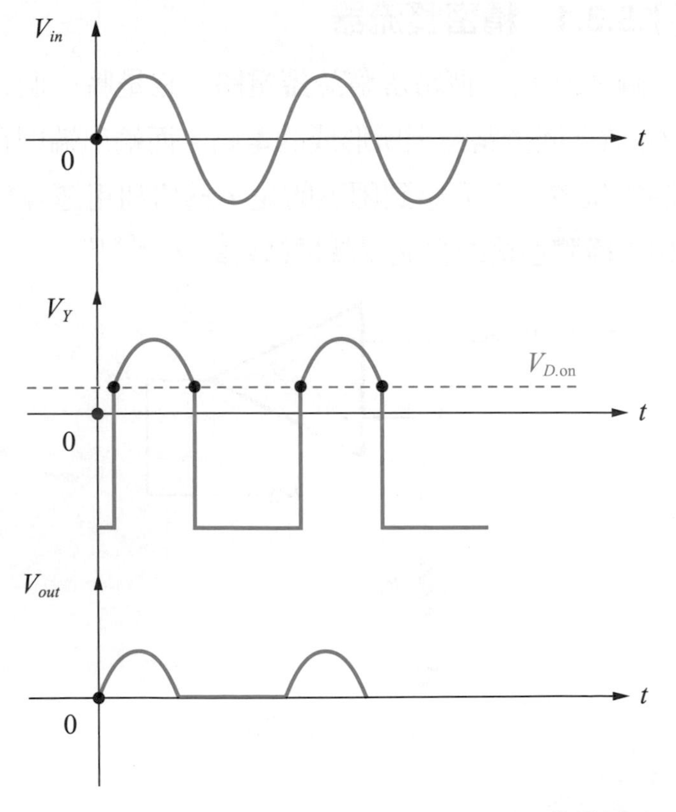

圖 8.22　精密整流器的波形圖(假設輸入 V_{in} 為弦波)

例題 8.9

如圖 8.23 所示，輸入 V_{in} 為弦波，請畫出 V_{in}、V_X 和 V_{out} 的波形。

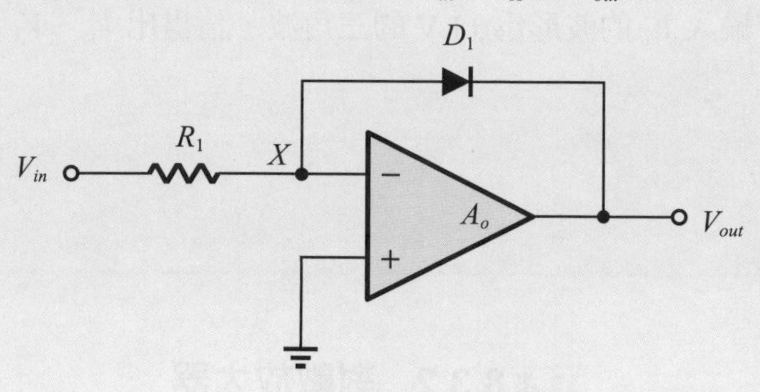

圖 8.23 例題 8.9 的電路圖

解答

(1) 當 $V_{in}=0$ 時，$V_X=0$(虛接地)，$V_{out}=0-V_{D,on}=-V_{D,on}$，$D_1$ 不導通 (因為沒有電流流過 R_1 和 D_1)。

(2) 當 V_{in} 變成正電壓時，V_X 依舊為 0，R_1 的電流增加，以致 D_1 導通，所以 $V_{out}=-V_{D,on}$，$V_X=0$。

(3) 當 V_{in} 變成負電壓時，D_1 不導通 (逆偏)，R_1 不會有電流，所以 $V_X=V_{in}$，此時 V_{out} 為正電壓。

總結上述 3 點討論，即可畫出如圖 8.24 所示之波形圖。

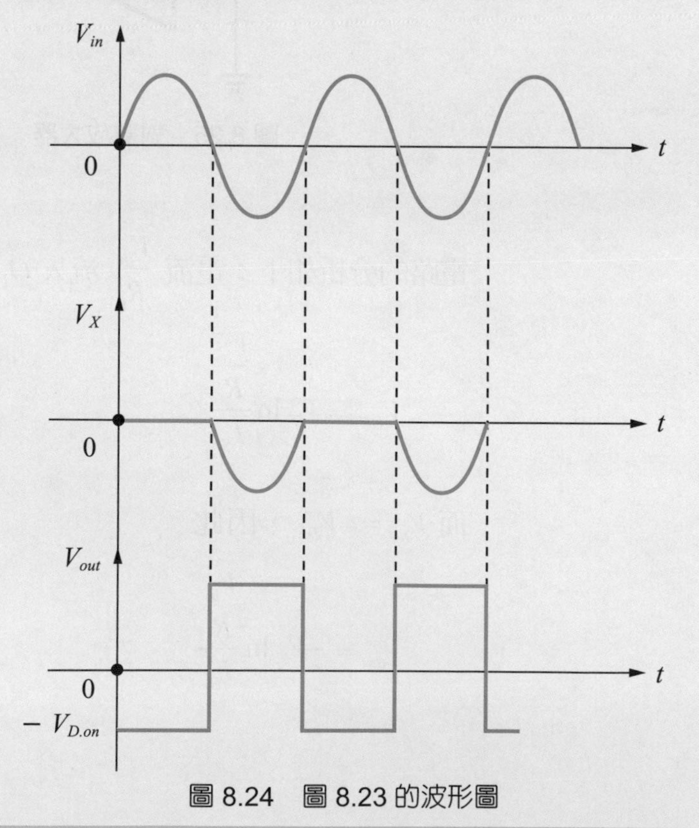

圖 8.24 圖 8.23 的波形圖

立即練習

承例題 8.9，若輸入 V_{in} 的波形為 ±1 V 的三角波，請畫出 V_{in}、V_X 和 V_{out} 的波形。

8.3.2 對數放大器

(譯 8-14)
Figure 8.25 is a circuit diagram of a ***logarithmic amplifier***(**對數放大器**), which is a circuit formed by placing a BJT transistor on the feedback path.

圖 8.25 為***對數放大器***的電路圖，它是將一個 BJT 電晶體放在回授路徑上所形成的電路。(譯 8-14)

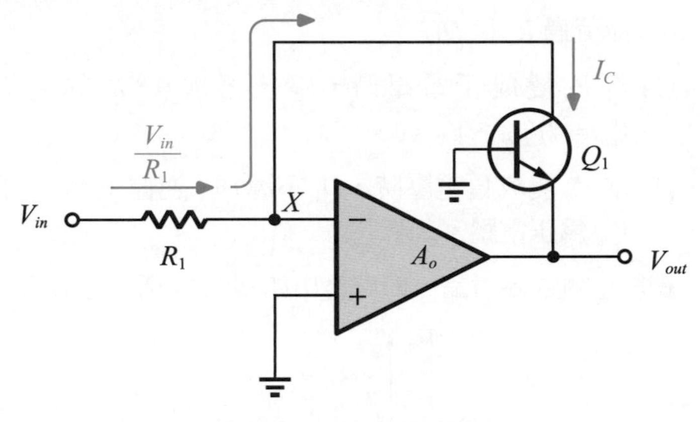

圖 8.25 對數放大器

電路的分析如下：電流 $\frac{V_{in}}{R_1}$ 流入 Q_1 形成其 I_C，所以

$$V_{BE_1} = V_T \ln \frac{\frac{V_{in}}{R_1}}{I_{S_1}} \tag{8.41}$$

而 $V_{out} = -V_{BE_1}$，因此

$$V_{out} = -V_T \ln \frac{\frac{V_{in}}{R_1}}{I_{S_1}} \tag{8.42}$$

(8.42) 式說明了輸出電壓 V_{out} 是輸入電壓 V_{in} 取自然對數後乘上 V_T，再取反向的電壓值。那 Q_1 是操作在主動區嗎？答案是肯定的，因爲 $V_{BE_1} > 0$(如 (8.42) 式所示)，$V_{BC} = 0$，在主動區的邊界。

8.3.3 平方根電路

將圖 8.25 的 BJT 電晶體換成 MOS 電晶體就形成所謂***平方根放大器***。其實這樣的關係不難理解，BJT 中電流 I_C 和電壓 V_{BE} 是對數 (指數) 關係，而 MOS 中電流 I_D 和電壓 V_{GS} 是平方根的關係，如圖 8.26 即爲平方根放大器電路。(譯 8-15)

(譯 8-15)
Replacing the BJT transistor in Figure 8.25 with a MOS transistor forms a so-called ***square root amplifier***(平方根放大器). In fact, this relationship is not difficult to understand. The relationship of current I_C and voltage V_{BE} in BJT are logarithmic(exponent), while the relationship of current I_D and voltage V_{GS} in MOS are square roots, as shown in Figure 8.26 for the square root amplifier circuit.

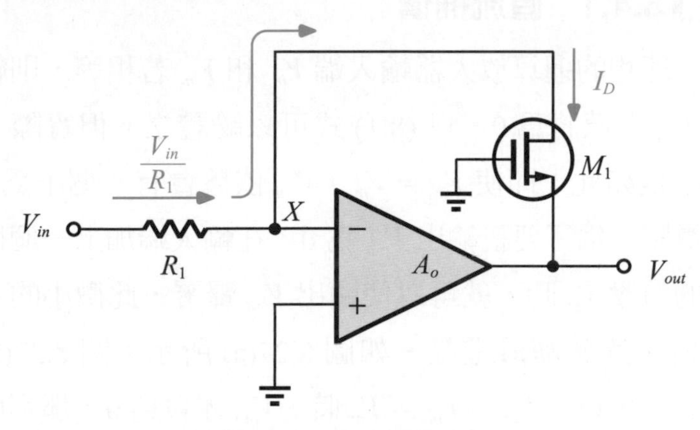

圖 8.26 平方根放大器

電路分析如下：

$$\frac{V_{in}}{R_1} = \frac{1}{2}\mu_n C_{ox}\frac{W}{L}(V_{GS} - V_{th})^2 \tag{8.43}$$

所以

$$V_{GS} = \sqrt{\frac{2V_{in}}{\mu_n C_{ox}\frac{W}{L}R_1}} + V_{th} \tag{8.44}$$

又因 $V_{out} = -V_{GS}$，可得

$$V_{out} = -\sqrt{\frac{2V_{in}}{\mu_n C_{ox}\frac{W}{L}R_1}} - V_{th} \tag{8.45}$$

(8.45) 式中說明輸出電壓 V_{out} 和輸入電壓 V_{in} 爲平方根的關係。那 M_1 是否操作在飽和區呢？答案是肯定的，因爲 $V_{GS} > V_{th}$，如 (8.44) 式所示。$V_{DS} = V_{GS} - V_{th}$，正好是在飽和區的邊界。

8.4 運算放大器的非理想型

本節將深入探究運算放大器的一些非理想性，包括直流補償、輸入偏壓電流、速度的限制和有限的輸入及輸出阻抗。

8.4.1 直流補償

理想的運算放大器輸入端 V_{in_1} 和 V_{in_2} 若相等，則輸出 V_{out} 之值將爲 0，以 (8.1) 式可以驗證之。但實際上卻不是如此，即使 $V_{in_1} = V_{in_2}$，V_{out} 依舊會有一個不爲 0 的電壓，爲了要讓輸出 V_{out} 爲 0，在輸入端加上一個微小的電壓 V_{os} 時，就可以使輸出 V_{out} 歸零，此微小的電壓稱之***直流補償***電壓，如圖 8.27(a) 所示；圖 8.27(b) 則顯示，只有 $V_{in_1} - V_{in_2} = V_{os}$ 時，V_{out} 才會爲 0，那到底是什麼原因造成直流補償電壓的出現呢？最大的原因是輸入端的電晶體 (BJT 或 MOSFET) ***不匹配***造成的，由於製造過程和包裝因素造成了不匹配，進而形成了現實上直流補償電壓的存在。(譯 8-16)

(譯 8-16)
If the input terminals V_{in_1} and V_{in_2} of the ideal operational amplifier are equal, the value of the output V_{out} will be 0, which can be verified by (8.1). But in fact, this is not the case. Even if $V_{in_1} = V_{in_2}$, V_{out} will still have a voltage that is not 0. In order to make the output V_{out} be 0, a tiny voltage V_{os} is applied to the input terminal, the output V_{out} can be reset to zero. This tiny voltage is called ***DC compensation*** (***直流補償***) voltage, as shown in Figure 8.27(a). Figure 8.27(b) shows that only when $V_{in_1} - V_{in_2} = V_{os}$, V_{out} will be 0. What is the reason for DC compensation voltage to appear? The biggest reason is the ***mismatch***(***不匹配***) of the transistors (BJT or MOSFET) at the input. The mismatch is caused by the manufacturing process and packaging factors, which resulting the exist of DC compensation voltage.

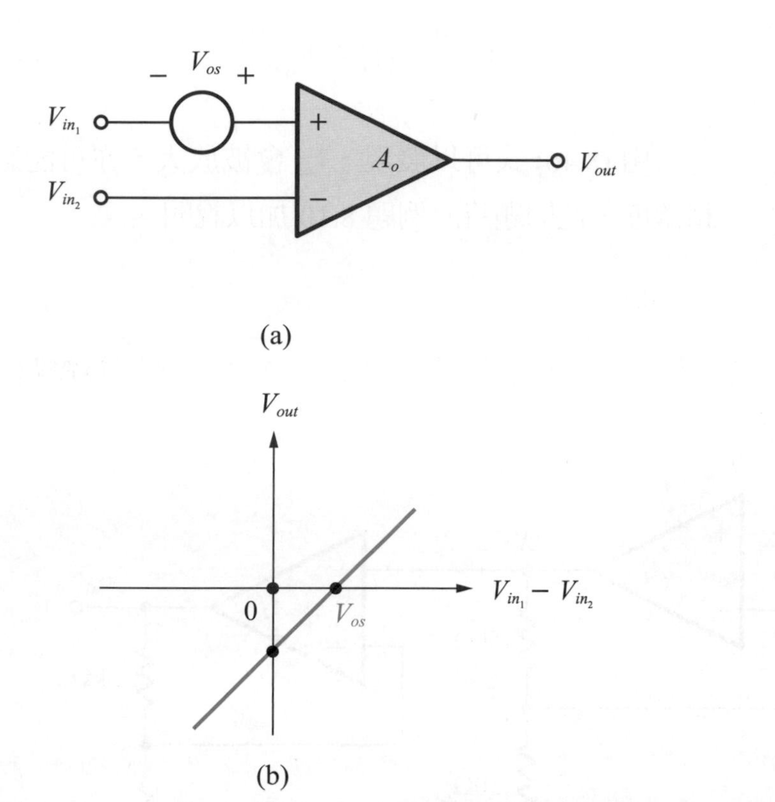

圖 8.27 (a) 直流補償電壓，(b) 另種直流補償電壓的表示

那直流補償電壓 V_{os} 的出現會有什麼樣的影響呢？檢視之前討論過的非反相放大器，如圖 8.28 所示。

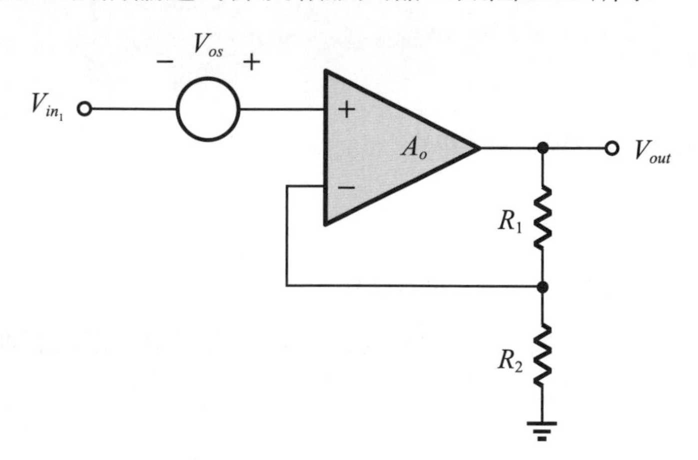

圖 8.28 具直流補償電壓的非反相放大器

則

$$V_{out} = (1+\frac{R_1}{R_2})\ (V_{in} + V_{os}) \tag{8.46}$$

由 (8.46) 式可以發現，V_{os} 會被放大，亦可能影響精確度，此問題將於例題 8.10 加以說明。

例題 8.10

如圖 8.29 所示，若 A_1 運算放大器有直流補償電壓 V_{os} = 2mV。請問該電路會如何運作？

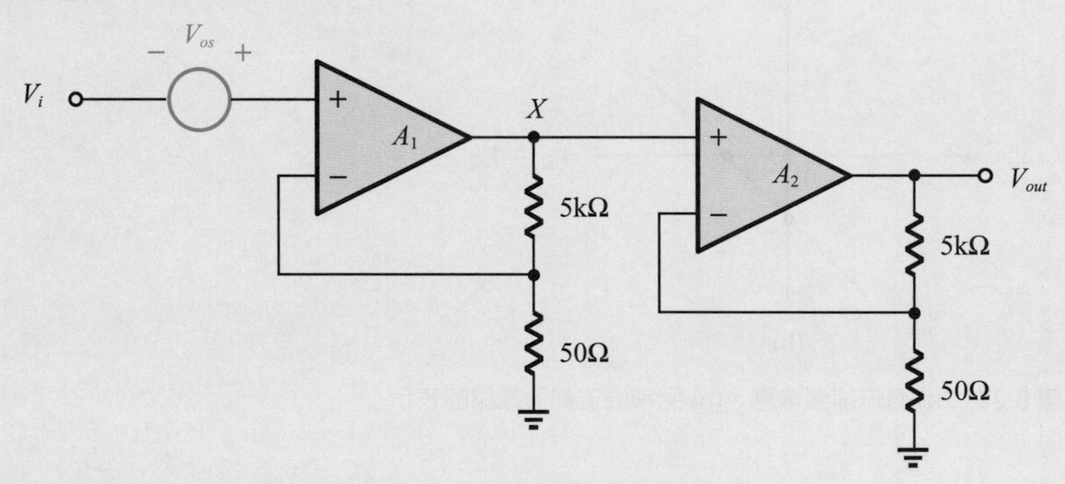

圖 8.29　例題 8.10 的電路圖

解答

A_1 級共放大 $(1 + \frac{5k}{50}) = 101$ 倍

$\therefore X$ 點含有直流補償電壓 $V_{os_1} = 2m \times 101 = 202$ mV

A_2 級共放大 $(1 + \frac{5k}{50}) = 101$ 倍

$\therefore$輸出含有直流補償電壓之 $V_{os_2} = 202m \times 101 = 20.402$ V

若本電路提供的電源值為 3V，則輸出端的 V_{os_2} 值會使用運算放大器中的電晶體進入飽和區 (BJT) 或三極管區 (MOS)，因此 A_2 級將“飽和”。

立即練習

承例題 8.10，若第 2 級的電阻 50Ω 換成 100Ω，請問該電路會如何運作？

直流補償電壓對反相放大器也會造成類似的傷害，那對積分器又將會如何呢？而圖 8.30 是具有直流補償電壓的積分器，其輸出端會產生什麼輸出？

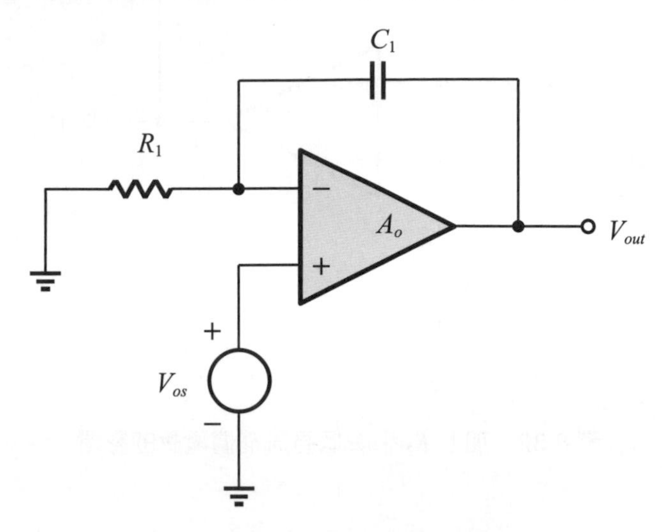

圖 8.30 具直流補償電壓的積分器

根據 (8.26) 式可知，會有輸入本身的值 (V_{os}) 和其積分之值。所以

$$V_{out} = V_{os} + \frac{1}{R_1C_1}\int_0^t V_{os}\,dt \tag{8.47}$$

$$= V_{os} + \frac{V_{os}}{R_1C_1}t \tag{8.48}$$

(8.48) 式暗示著 V_{out} 值會隨著時間愈來愈大，直到等於 V_{CC} 值，終至電路飽和爲止，如圖 8.31 所示。那如何解決此問題呢？圖 8.32 提出了解決之道，只要在電容 C_1 上並聯一個電阻 R_2 即可。

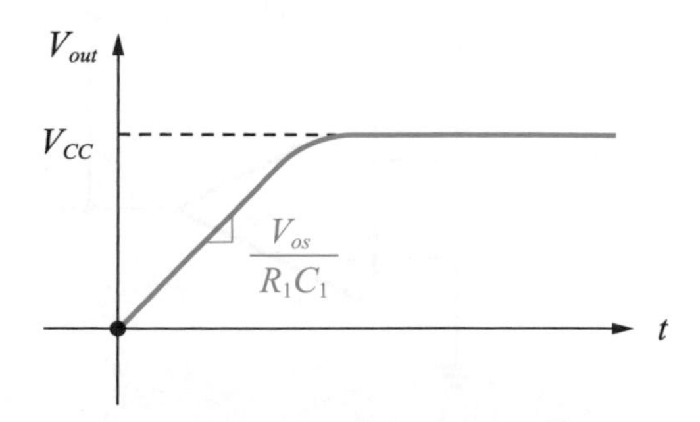

圖 8.31 圖 8.30 的輸出波形

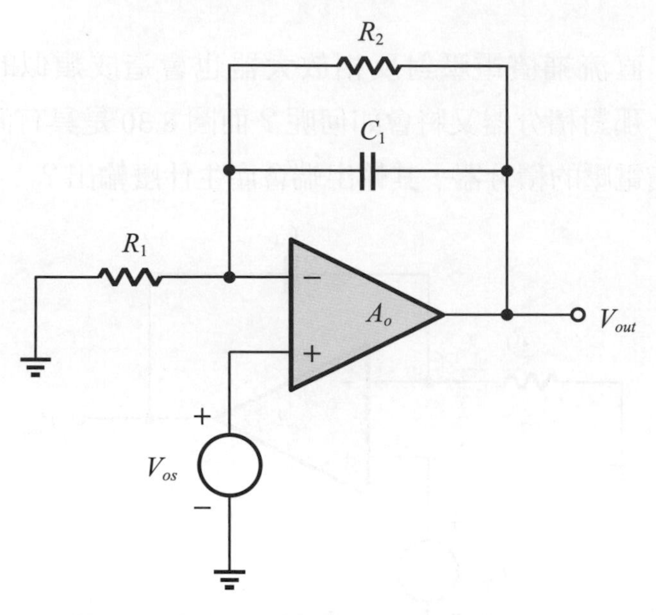

圖 8.32　加上 R_2 來降低直流補償電壓的影響

首先，在低頻時，C_1 行爲像開路，所以

$$V_{out} = V_{os}(1+\frac{R_2}{R_1}) \tag{8.49}$$

即使 $V_{os} = 2\text{ mV}$，$\frac{R_2}{R_1} = 100$，$V_{out} = 202\text{ mV}$ 也不會太影響電路，甚至讓它飽和因而導致電路不動。再者，如圖 8.33 的閉迴路增益爲

$$\frac{V_{in}-0}{R_1} = \frac{0-V_{out}}{R_2 // \frac{1}{sC_1}} \tag{8.50}$$

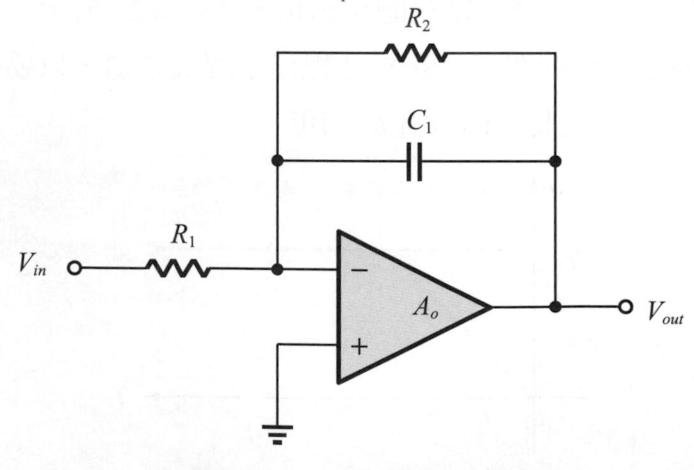

圖 8.33　求解電壓增益之圖

化簡且整理 (8.50) 式，可得

$$\frac{V_{out}}{V_{in}} = -\frac{R_2}{R_1(1+sC_1R_2)} \tag{8.51}$$

(8.51) 式有個極點 $S_p = -\frac{1}{R_2C_1}$，若輸入信號的頻率遠大於 $\frac{1}{R_2C_1}$ (即 $sR_2C_1 >> 1$)，則閉迴路增益可近似於

$$\frac{V_{out}}{V_{in}} = -\frac{1}{sR_1C_1} \tag{8.52}$$

所以，由 (8.49) 式和 (8.52) 式可知，若慎選 R_2 使得 $\frac{R_2}{R_1}$ 不至於太大且 R_2C_1 足夠大，則直流補償電壓 V_{os} 的影響即可大幅降低。(譯 8-17)

(譯 8-17)
Therefore, from (8.49) and (8.52), if R_2 is carefully selected so that $\frac{R_2}{R_1}$ is not too large and R_2C_1 is large enough, the influence of the DC compensation voltage V_{os} can be greatly reduced.

8.4.2 輸入偏壓電流

這項非理想性出現在用 BJT 技術製造的運算放大器上，在輸入端上會有一個基極電流流出，其值很小大約在 0.1 μA ~ 1μA 左右。

如圖 8.34 所示，此***輸入偏壓電流***是由輸入端流出至接地，一般而言 $I_{B_1} = I_{B_2}$，但此輸入偏壓電流亦會造成電路的誤差，形成電路的不精確產生。(譯 8-18)

(譯 8-18)
As shown in Figure 8.34, this ***input bias current*** (***輸入偏壓電流***) flows from the input terminal to the ground. Generally speaking, $I_{B_1} = I_{B_2}$, but this input bias current will also cause circuit errors, resulting in circuit inaccuracy.

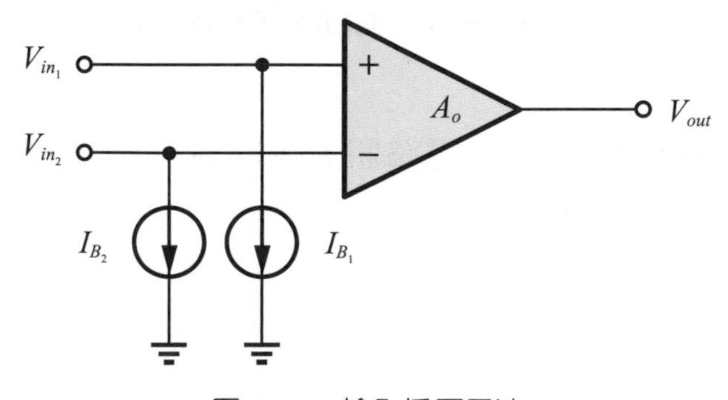

圖 8.34 輸入偏壓電流

而以非反相放大器爲例，如圖 8.35(a) 所示，其中的 I_{B_2} 即會形成誤差。爲了明瞭 I_{B_2} 是如何影響輸出的結果，令 $V_{in} = 0$ 的電路如圖 8.35(b) 所示，可以發現 I_{B1} 的效應不見了，爲什麼？

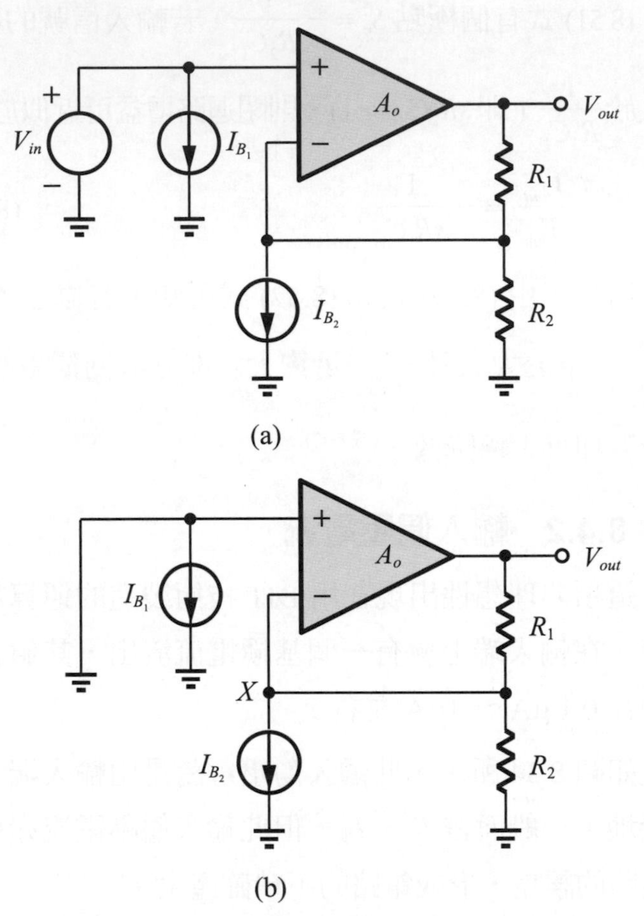

圖 8.35 (a) 非反相放大器的輸入偏壓電流效應，(b) 分析圖 8.35(a) 的簡化圖

利用戴維寧等效電路將 I_{B_2} 和 R_2 轉換成如圖 8.36 所示。

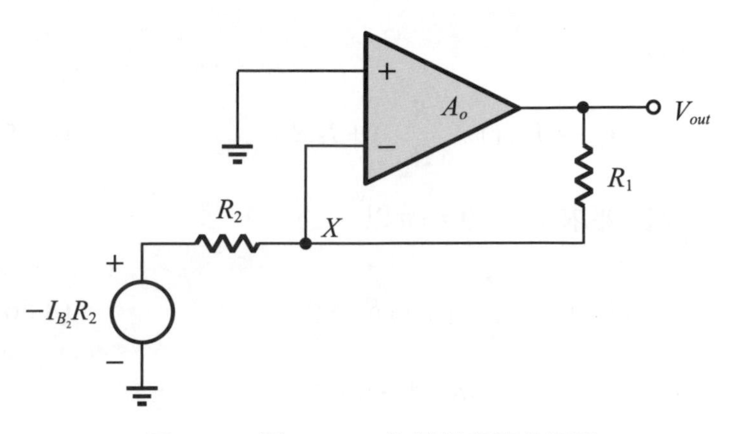

圖 8.36 圖 8.35(b) 的戴維寧等效電路

此時，圖 8.36 已轉換爲反相放大器。其輸出 V_{out} 爲

$$V_{out} = -I_{B_2}R_2(-\frac{R_1}{R_2}) \tag{8.53}$$

$$= I_{B_2}R_1 \tag{8.54}$$

(8.54) 式說明了當輸入爲 0 時，輸入偏壓電流 I_{B_2} 造成輸出值不爲 0，形成了誤差。爲了再次讓輸出值爲 0，可以在輸入端 (“+” 端) 處再次放一個仿 “直流補償電壓 V_{cor}” ，如圖 8.37 所示。(譯 8-19)

(譯 8-19)
(8.54) shows that when the input is 0, the input bias current I_{B_2} causes the output value to be non-zero, forming an error. In order to make the output value 0 again, you can put a simulated "DC compensation voltage V_{cor}" at the input terminal ("+" terminal) again, as shown in Figure 8.37.

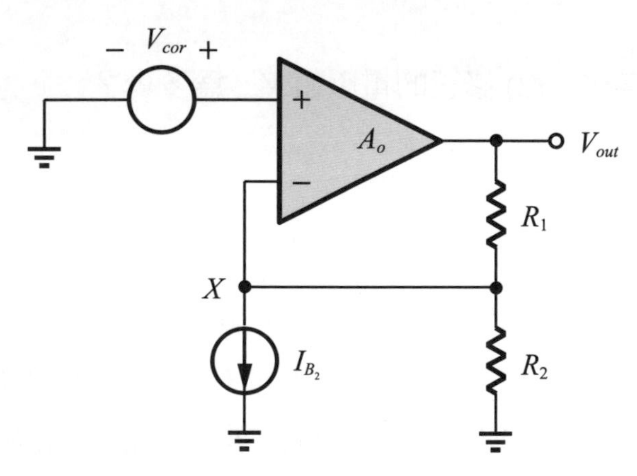

圖 8.37 加入電壓 V_{cor} 來修正輸入偏壓電流造成輸出值不為 0

因此

$$V_{out} = V_{cor}(1 + \frac{R_1}{R_2}) + I_{B_2}R_2 \tag{8.55}$$

又因要求 $V_{out} = 0$，所以

$$V_{cor}(1 + \frac{R_1}{R_2}) + I_{B_2}R_2 = 0 \tag{8.56}$$

化簡且整理 (8.56) 式，可得

$$V_{cor} = -I_{B_2}(R_1 // R_2) \tag{8.57}$$

例題 8.11

若 BJT 運算放大器的輸入端電晶體的集極電流 I_C = 1.2 mA，β = 120，圖 8.37 中的 R_1 = 1kΩ，R_2 = 5kΩ。則：

(1) 輸入偏壓電流造成輸出的誤差值，(2) 修正的電壓值 V_{cor} 爲多少？

解答

(1) $I_{B_1} = I_{B_2} = \frac{1.2\text{m}}{120} = 0.01\text{mA} = 10\mu\text{A}$

$\therefore V_{out} = I_{B_2}R_1 = (10\mu)(5\text{k}) = 50\text{mV}$

(2) $V_{cor} = -I_{B_2}(R_1 // R_2) = -(10\mu)(1\text{k} // 5\text{k}) = -8.33\text{ mV}$

立即練習

承例題 8.11，若 β = 240，則：

(1) 輸入偏壓電流造成輸出的誤差值，(2) 修正的電壓值 V_{cor} 爲多少？

然而，(8.57) 式並非是固定値，由於 I_{B_2} 是由 I_C 除以 β 所決定，β 又與製程和溫度有關。爲了解決此問題，圖 8.38 的電路是很棒的答案，利用 R_1 和 R_2 並聯乘上 I_{B_1} 來建構 V_{cor}，但 I_{B_1} 必須等於 I_{B_2}。(譯 8-20)

(譯 8-20)
In order to solve this problem, the circuit in Figure 8.38 is a wonderful answer. Use R_1 and R_2 in parallel to multiply I_{B_1} to construct V_{cor}, but I_{B_1} must be equal to I_{B_2}.

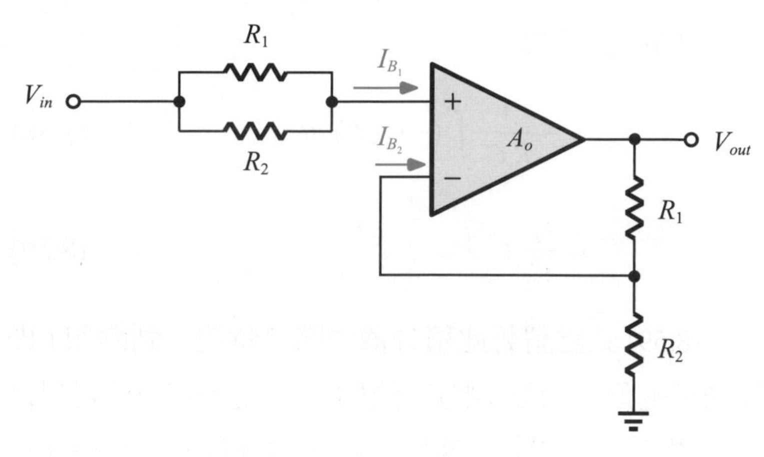

圖 8.38 解決 V_{cor} 不固定的電路

那輸入偏壓電流是如何影響積分器呢？如圖 8.39 爲輸入 $V_{in}=0$ 但有一個輸入偏壓電流 I_{B_2} 的積分器，將 R_1 和 I_{B_2} 轉換成戴維寧等效電路，如圖 8.40 所示。(譯 8-21)

(譯 8-21)
How does the input bias current affect the integrator? As shown in Figure 8.39, an integrator has an input $V_{in}=0$ and an input bias current I_{B_2}. Let's convert R_1 and I_{B_2} into Thevenin equivalent circuit, as shown in Figure 8.40.

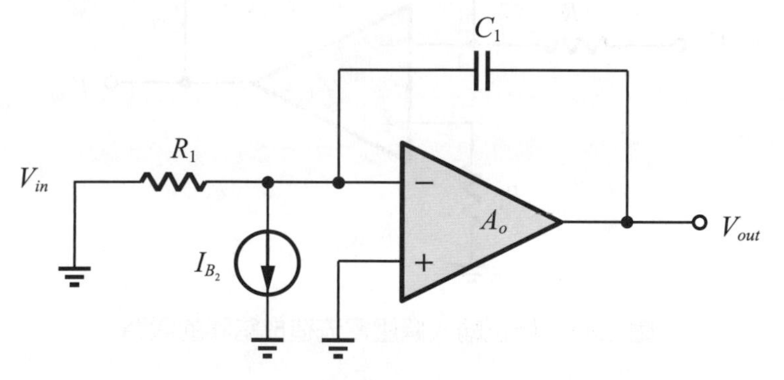

圖 8.39 具輸入偏壓電流的積分器 (輸入 $V_{in}=0$)

圖 8.40 圖 8.39 的戴維寧等效電路

其輸出 V_{out} 爲

$$V_{out} = -\frac{1}{R_1C_1}\int_0^t(-I_{B_2}R_1)\,dt \tag{8.58}$$

$$= \frac{I_{B_2}}{C_1}t \tag{8.59}$$

(8.59) 式意謂著此積分器會隨著時間達到飽和 (即達到正電源 V_{CC} 或負電源電壓 V_{EE})。是否有方法可以修正此問題呢？圖 8.41 就是其修正的電路，只要在非反相輸入端再放一個 R_1 電阻，即可抵銷輸入偏壓電流造成的錯誤，在此可以進一步思考其原理爲何呢？(譯 8-22)

(譯 8-22)
(8.59) means that the integrator will reach saturation over time (that is, reach the positive power supply V_{CC} or the negative power supply voltage V_{EE}). Is there a way to fix this problem? Figure 8.41 is its modified circuit. Just put a R_1 resistor on the non-inverting input terminal to offset the error caused by the input bias current. Here, we can think about what's the principle behind it.

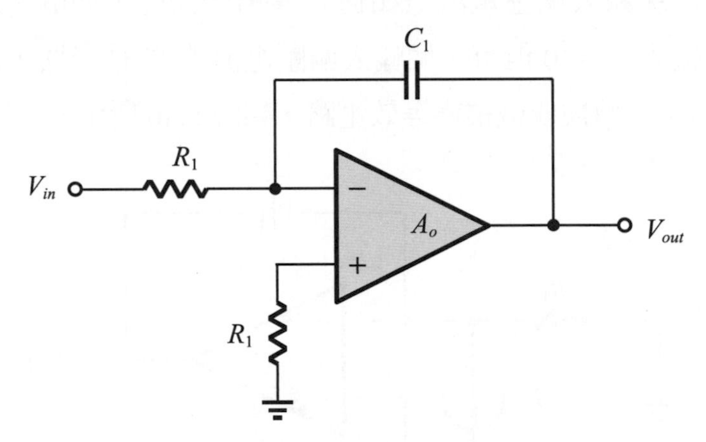

圖 8.41　修正輸入偏壓電流造成錯誤的電路

例題 8.12

如圖 8.41 所示電路，若實際接上電路後發現它仍然會飽和，試分析讓它飽和的 3 個原因。

解答

(1) 直流補償電壓 V_{os} 可能造成。

(2) 輸入端的輸入偏壓電流 I_{B_1} 和 I_{B_2} 不匹配 ($I_{B_1} \neq I_{B_2}$)，造成無法完全抵銷。

(3) 兩個 R_1 電阻不匹配造成無法抵銷。

立即練習

承例題 8.12，若使用 MOS 元件的運算放大器，則是否還需要 R_1 電阻？

8.4.3 速度的限制

在本節中將探討以下 2 個效應：***有限頻寬***和***迴轉率***，以上效應皆是速率受限制後所造成。

| *有限頻寬 (finite bandwidth)*

| *迴轉率 (slew rate)*

一、有限頻寬

由於電晶體在製造的過程中，會產生一些不想要也不必要的電容，稱之***寄生電容***或***雜散電容***，這些電容會造成速度受限制，表現出來的效應即有限的頻寬和迴轉率。(譯 8-23) 首先，假設運算放大器 (圖 8.1) 是一個一階系統 (有一個極點，稱之一階)，其轉移函數 (即增益) 爲

(譯 8-23)
Since the transistor produces some unwanted and unnecessary capacitances during the manufacturing process, called ***parasitic capacitances***(寄生電容) or ***stray capacitances*** (***雜散電容***). These capacitances will cause speed limitations, and the effects that appear are the limited bandwidth and slew rate.

$$H(s) = \frac{V_{out}}{V_{in_1} - V_{in_2}} = \frac{A_o}{1 + \dfrac{s}{\omega_1}} \tag{8.60}$$

其中 $\omega_1 = 2\pi f_1$，A_o 爲 $s = 0$ 時的增益，極點爲 ω_1。

利用 (8.60) 式考慮圖 8.7 的非反相放大器，假設不考慮“虛接地”，其轉移函數如 (8.10) 式所示。將 (8.60) 式代入 (8.10) 式中，可得

$$\frac{V_{out}}{V_{in}}(s) = \frac{\dfrac{A_o}{1 + \dfrac{s}{\omega_1}}}{1 + \dfrac{R_2}{R_1 + R_2}\dfrac{A_o}{1 + \dfrac{s}{\omega_1}}} \tag{8.61}$$

將 (8.61) 式上下乘以 $(1 + \dfrac{s}{\omega_1})$，可得

$$\frac{V_{out}}{V_{in}}(s) = \frac{A_o}{1 + \dfrac{s}{\omega_1} + \dfrac{R_2}{R_1 + R_2}A_o} \tag{8.62}$$

(8.62) 式顯示此非反相放大器依舊是一個一階系統，但其極點為

$$|\omega_{p,閉}| = (1 + \frac{R_2}{R_1 + R_2} A_o)\,\omega_1 \tag{8.63}$$

再將 (8.62) 式上下除以 $(1 + \frac{R_2}{R_1 + R_2} A_o)$，可得

$$\frac{V_{out}}{V_{in}}(s) = \frac{\dfrac{A_o}{1 + \dfrac{R_2}{R_1 + R_2} A_o}}{1 + \dfrac{s}{(1 + \dfrac{R_2}{R_1 + R_2} A_o)\omega_1}} \tag{8.64}$$

在 (8.64) 式中，當 $s = 0$ 時，

$\frac{V_{out}}{V_{in}}(s) = \frac{A_o}{(1 + \frac{R_2}{R_1 + R_2} A_o)}$。將 (8.60) 式和 (8.64) 式以圖形表現出來，則如圖 8.42 所示。

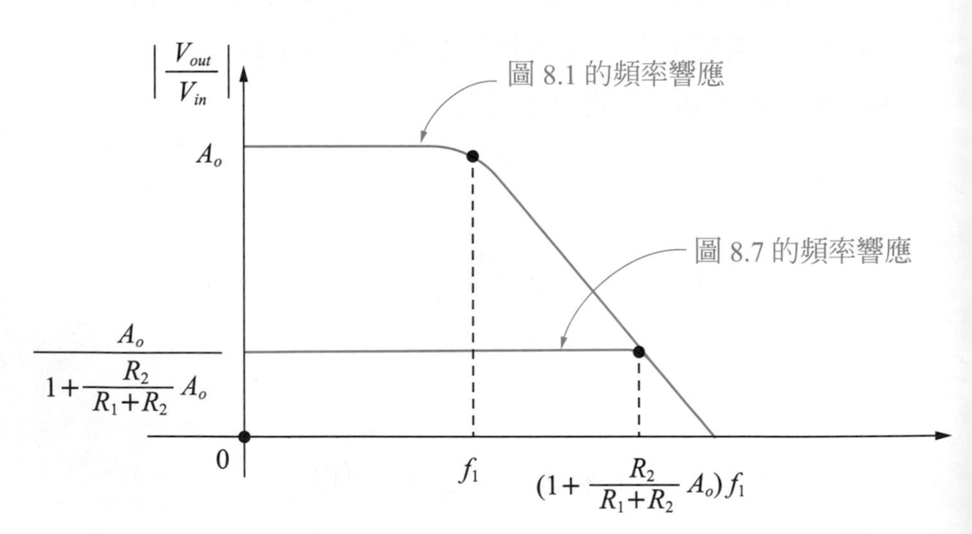

圖 8.42　開迴路系統 (圖 8.1) 和閉迴路系統 (圖 8.7) 的頻率響應

圖 8.42 說明了開迴路系統 (圖 8.1) 的低頻增益爲 A_o，極點 (頻寬) 爲 f_1；而閉迴路系統 (圖 8.7) 的低頻增益降爲 $\dfrac{A_o}{(1+\dfrac{R_2}{R_1+R_2}A_o)}$，極點 (頻寬) 放大至 $(1+\dfrac{R_2}{R_1+R_2}A_o)f_1$。

例題 8.13

如圖 8.7 所示非反相放大器，其開迴路增益 $A_o = 500$，頻寬 $f_1 = 2\text{MHz}$，而閉迴路增益爲 20，試求其閉迴路的頻寬和其時間常數。

解答

$1+\dfrac{R_1}{R_2}=20$，因此 $\dfrac{R_2}{R_1+R_2}=\dfrac{1}{20}$

$\therefore |\omega_{p,閉}| = (1+\dfrac{R_2}{R_1+R_2}A_o)\cdot\omega_1 = (1+\dfrac{1}{20}\cdot 500)\cdot 2\pi(2\text{M}) = 2\pi(52\text{MHz})$

所以時間常數 $= |\omega_{p,閉}|^{-1} = 3.06\text{ns}$

立即練習

承例題 8.13，若 $A_o = 1000$，試求其閉迴路的頻寬和其時間常數。

二、迴轉率

速度的限制第二個效應就是迴轉率的產生。考慮圖 8.7 的非反相放大器，其轉移函數如 (8.62) 式或 (8.64) 式所示，有限的頻寬如 (8.63) 式所示，顯示其有一個時間常數 ($|\omega_{p,閉}|^{-1}$) 的延遲。(譯 8-24)

(譯 8-24)

The second effect of speed limitation is the generation of slew rate. Consider the non-inverting amplifier of Figure 8.7. Its transfer function is shown in (8.62) or (8.64), and its limited bandwidth is shown in (8.63), showing that it has a time constant ($|\omega_{p,close}|^{-1}$) delay.

(譯 8-25)
Therefore, if the input V_{in} has a ΔV or $2\Delta V$ change, the output V_{out} will have a waveform as shown in Figure 8.43 due to the delay of the time constant.

因此，若輸入 V_{in} 有一個 ΔV 或 $2\Delta V$ 的變化時，輸出 V_{out} 會因爲時間常數的延遲而產生如圖 8.43 所示的波形。(譯 8-25)

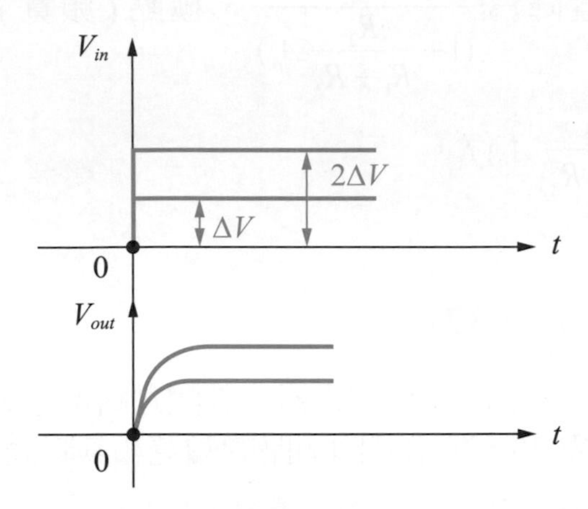

圖 8.43　非反相放大器輸入 V_{in} 變化造成輸出 V_{out} 的變化

(譯 8-26)
However, it is not shown in Figure 8.43, but the effect of "***slew*(*迴轉*)**" should be taken into consideration. Figure 8.44 compares the output waveforms with and without the slew effect.

然而實際上並非如圖 8.43 所示，而是要把 "***迴轉***" 的效應加入考量，圖 8.44 則比較了具迴轉效應和沒有迴轉效應時的輸出波形。(譯 8-26)

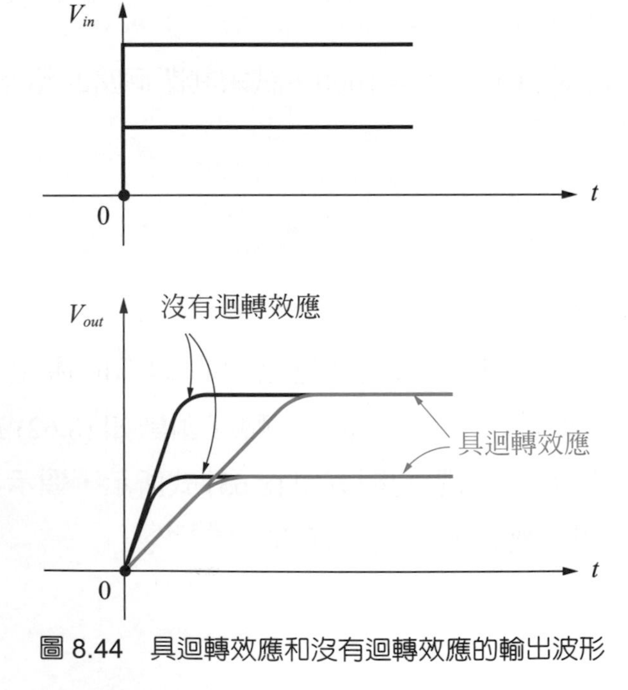

圖 8.44　具迴轉效應和沒有迴轉效應的輸出波形

迴轉是一種非線性的效應，用大訊號***弦波***輸入至非反相放大器 (圖 8.45(a))，可更容易來觀察此非線性的現象。當頻率低時，迴轉效應並不會產生，輸入和輸出波形只會出現“時間常數”的延遲，如圖 8.45(b) 所示。(譯 8-27)

(譯 8-27)
Slew is a nonlinear effect. It is easier to observe this nonlinear phenomenon by inputting a large-signal ***sine wave*(弦波)** to a non-inverting amplifier (Figure 8.45(a)). When the frequency is low, the slew effect will not occur, and the input and output waveforms will only have a "time constant" delay, as shown in Figure 8.45(b).

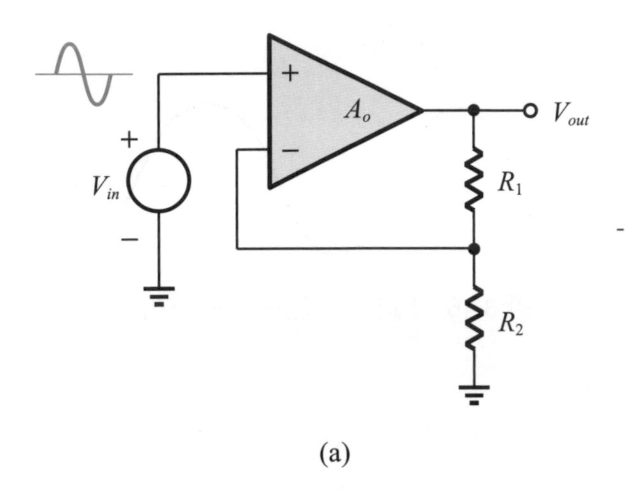

(a)

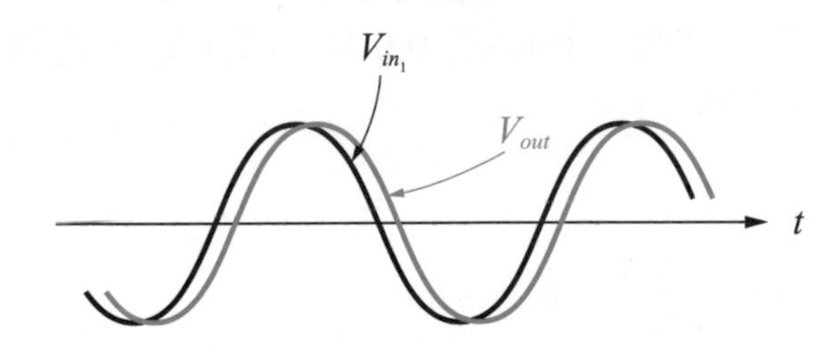

(b)

圖 8.45 (a) 非反相放大器，(b) 低頻時的輸入和輸出波形

假設輸入 V_{in} 為 $V_o\sin\omega t$，則圖 8.45(a) 的輸出

$V_{out} = V_o(1+\frac{R_1}{R_2})\sin\omega t$ 。

取 V_{out} 的微分得

$$\frac{dV_{out}}{dt} = V_o\omega(1+\frac{R_1}{R_2})\cos\omega t \qquad (8.65)$$

(譯 8-28)
(8.65) means that the maximum slope of output V_{out} is $V_o\omega\ (1+\frac{R_1}{R_2})$, this value is the maximum value whether the slew will occur; in other words, it is the slope value between t_1 and t_2 ((8.65)) in Figure 8.46, i.e., the slew value. If the output does not exceed this value, no slew will occur.

(8.65) 式意謂著輸出 V_{out} 的最大斜度爲 $V_o\omega\ (1+\frac{R_1}{R_2})$，此值即爲迴轉是否會產生的最大值；換句話說就是如圖 8.46 中 t_1 和 t_2 間的斜率值 ((8.65) 式)，亦即迴轉值，若不超過此值輸出就不會產生迴轉。(譯 8-28)

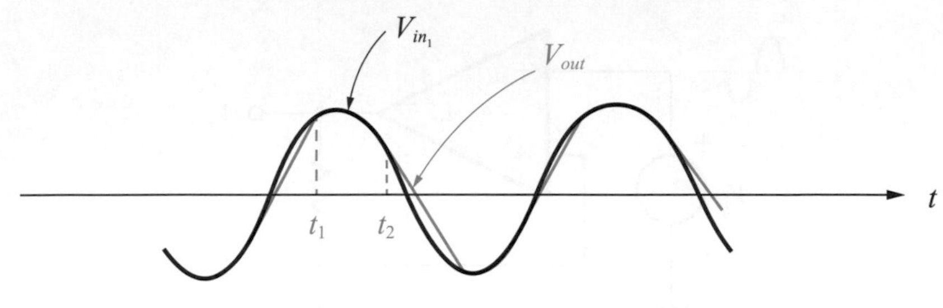

圖 8.46　輸出 V_{out} 產生迴轉的波形

例題 8.14

一個運算放大器的內部電路，可以簡化爲可一個電流源 1.5 mA 來充電一個 6 pF 的電容。若此運算放大器產生的弦波最大振幅爲 0.6 V，請決定此運算放大器可允許的最大頻率，而不會產生迴轉。

解答

迴轉率值爲電流除以電容值，所以爲 $\frac{1.5\text{mA}}{6\text{pF}}=0.25\text{ V/ns}$。

假設 $V_{out}=0.6\sin\omega t$，所以 $\left.\frac{dV_{out}}{dt}\right|_{\max}=0.6\,\omega$

因此，$0.6\,\omega=0.25\text{ V/ns}$，可得 $\omega=2\pi(66.3\text{ MHz})$。

也就是說當頻率大於 66.3 MHz，迴轉將會產生。

立即練習

承例題 8.14，若頻率爲 100 MHz，請畫出其輸出波形。

由上述說明及範例，可以正式定義迴轉率 (*SR*) 爲

$$SR=\left.\frac{dV_{out}}{dt}\right|_{\max} \tag{8.66}$$

假設如圖 8.47(a) 之運算放大器，其輸出值如圖 8.47(b) 所示，有一個最大值 $V_{\max}$ 和一個最小值 $V_{\min}$。

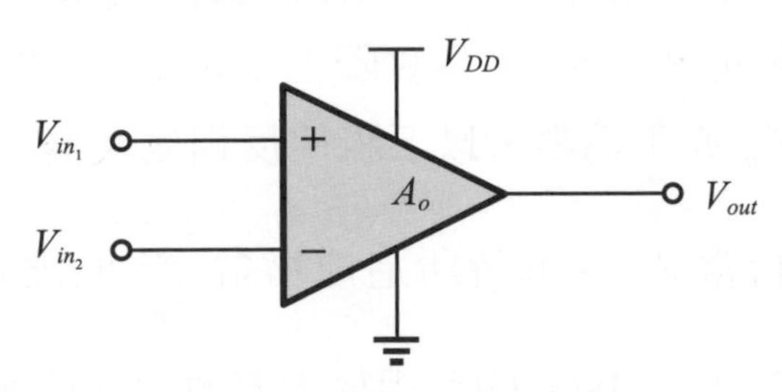

(a)

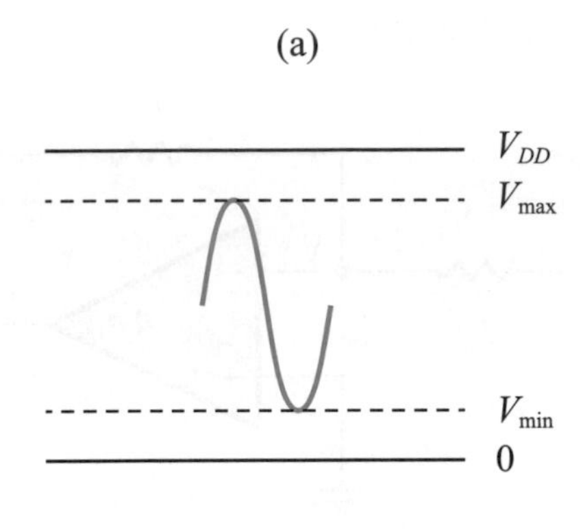

(b)

圖 8.47　(a) 具單電源之運算放大器，
(b) 輸出的最大值 $V_{\max}$ 和最小值 $V_{\min}$

則輸出 V_{out} 可寫成

$$V_{out} = \frac{V_{\max} - V_{\min}}{2} \sin \omega t + \frac{V_{\max} + V_{\min}}{2} \tag{8.67}$$

所以

$$SR = \left.\frac{dV_{out}}{dt}\right|_{\max} = \frac{V_{\max} - V_{\min}}{2}\,\omega \tag{8.68}$$

因此

$$\omega_{FP} = \frac{SR}{\dfrac{V_{\max} - V_{\min}}{2}} \tag{8.69}$$

其中 ω_{FP} 稱之**全功率頻寬**，亦即一個運算放大器不產生迴轉的最大速度 (頻寬)。

全功率頻寬 (*full-power bandwidth*)

8.4.4 有限的輸入和輸出阻抗

(譯 8-29)
The input impedance R_{in} of an ideal operational amplifier is infinite, and the output impedance R_{out} is zero. But in fact, it is not the case. R_{in} is not infinite, and R_{out} is not zero. The following will use an inverting amplifier (Figure 8.48(a)) to analyze the error of gain $\frac{V_{out}}{V_{in}}$ when $R_{out} \neq 0$. When $R_{out} = 0$, the inverting amplifier gain of Figure 8.48(a) has been discussed in the previous chapter, as shown in (8.21); when $R_{out} \neq 0$, its equivalent circuit can be drawn, as shown in Figure 8.48(b).

理想的運算放大器其輸入阻抗 R_{in} 是無限大，而輸出阻抗 R_{out} 爲零。但實際上並非如此，R_{in} 不是無限大，R_{out} 亦不爲零，以下將用反相放大器 (圖 8.48(a)) 來分析當 $R_{out} \neq 0$ 時所造成增益 $\frac{V_{out}}{V_{in}}$ 的誤差。當 $R_{out} = 0$ 時，圖 8.48(a) 的反相放大器增益已於前面章節討論，如 (8.21) 式所示；當 $R_{out} \neq 0$ 時，則可以將其等效電路畫出，如圖 8.48(b) 所示。(譯 8-29)

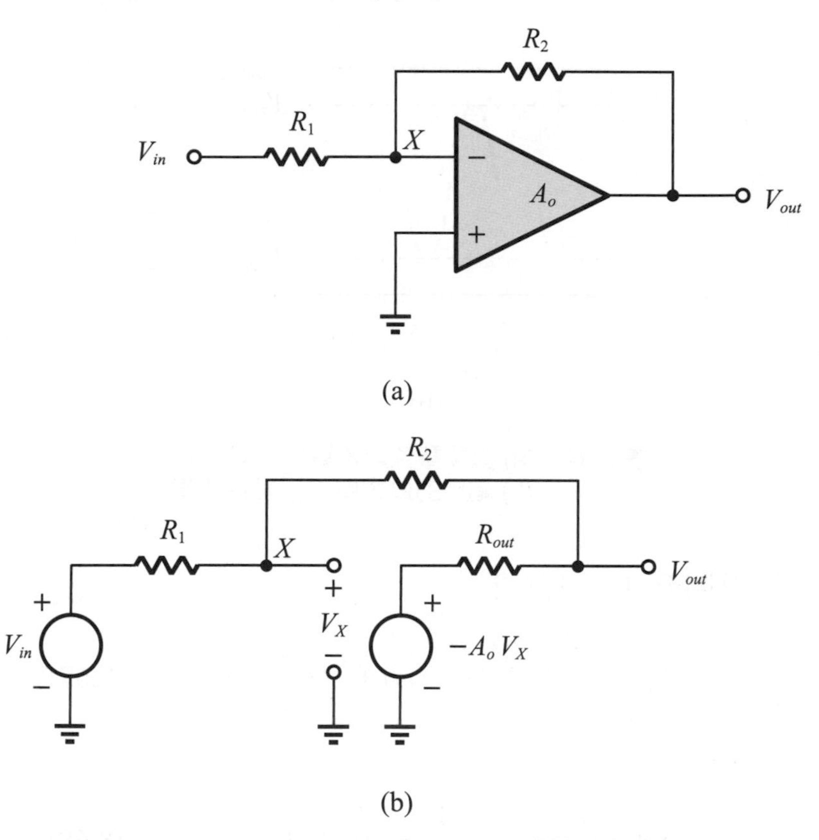

圖 8.48 (a) 反相放大器，(b)$R_{out} \neq 0$ 時的等效電路

首先，流過 R_{out} 的電流爲 $\frac{-A_o V_X - V_{out}}{R_{out}}$ (歐姆定理)。所以由 V_{in} 至 V_{out} 的 KVL，可得

$$V_{in} + (R_1 + R_2)\,\frac{-A_o V_X - V_{out}}{R_{out}} = V_{out} \qquad (8.70)$$

另外，V_X 電壓可寫成

$$V_X = \frac{R_1}{R_1 + R_2}(V_{out} - V_{in}) + V_{in} \tag{8.71}$$

將 (8.71) 式代入 (8.70) 式，並且整理化簡後可得

$$\frac{V_{out}}{V_{in}} = -\frac{R_2}{R_1}\frac{A_o - \frac{R_{out}}{R_2}}{1 + \frac{R_{out}}{R_1} + A_o + \frac{R_2}{R_1}} \tag{8.72}$$

將 $R_{out} = 0$ 代入 (8.72) 式可得

$$\frac{V_{out}}{V_{in}} = -\frac{R_2}{R_1}\frac{A_o}{1 + A_o + \frac{R_2}{R_1}} \tag{8.73}$$

比較 (8.21) 式和 (8.73) 式，基本上是一樣的。所以，分子的 $\frac{R_{out}}{R_2}$ 項和分母的 $\frac{R_{out}}{R_1}$ 項即爲 $R_{out} \neq 0$ 所造成的誤差。

例題 8.15

設計一個反相放大器，如圖 8.10 所示。其增益爲 5，誤差爲 0.15%，且輸入阻抗爲 12kΩ。求其運算放大器開迴路增益 A_o 的最小值。

解答

因爲輸入阻抗爲 12 kΩ，所以令 $R_2 = 60\text{k}\Omega$。

誤差項如 (8.22) 式所示，爲 0.15%，可得 $\frac{1}{A_o}(1+\frac{R_2}{R_1}) < 0.15\%$

因此 $A_o > 4000$，A_o 的最小值爲 4000 以上。

立即練習

承例題 8.15，若增益由 5 變爲 10，求其運算放大器的開迴路增益 A_o 的最小值。

例題 8.16

如圖 8.12 所示積分器：

(1) 若其頻率為 15MHz 時，增益為 1，輸入阻抗 $R_1 = 30\text{k}\Omega$，請設計該積分器。

(2) 若輸入 $V_{in} = V_p\cos\omega t = V_p\cos(2\pi \cdot 2\text{MHz})\,t$，迴轉率為 0.2V/ns，求 V_p 值以致於輸出不受“迴轉”的影響。

解答

(1) 由 (8.24) 式可知

$$\frac{V_{out}}{V_{in}} = \frac{1}{R_1C_1s} = 1$$

所以

$$\frac{1}{(30\text{k})C_1 \cdot (2\pi \cdot 15\text{MHz})} = 1$$

得 $C_1 = 0.354\text{pF}$

(2) 因為 $V_{in} = V_p\cos\omega t$，所以

$$V_{out} = \frac{-1}{R_1C_1}\int V_p\cos\omega t\,dt = \frac{-V_p}{R_1C_1\omega}\sin\omega t$$

則

$$\frac{dV_{out}}{dt} = \frac{-V_p}{R_1C_1}\cos\omega t$$

因此

$$\left.\frac{dV_{out}}{dt}\right|_{\max} = \frac{V_p}{R_1C_1}$$

即

$$0.2\text{V/ns} = \frac{V_p}{(30\text{k})(0.354\text{p})}$$

得 $V_p = 2.124\text{ V}$。

立即練習

承例題 8.16，若迴轉率變為 0.6V/ns，求 V_p 值以致於輸出不受“迴轉”的影響。

8.5 實例挑戰

例題 8.17

在一多級放大電路中，其各級分貝電壓增益分別為 30dB 與 50dB，則其總分貝電壓增益應為多少 dB？

【104 高雄第一科技大學 - 電子工程碩士甲組】

解答

30 + 50 = 80dB。

例題 8.18

有關運算放大器之積分電路特性，試分析下列何者為非？

(1) 輸入阻抗呈現電阻性，輸出阻抗呈現電容性。

(2) 電路的充放電時間常數不應過小。

(3) 輸入信號為方波時，則輸出信號為三角波。

(4) 輸入信號為正弦波時，經過積分後之輸出信號為與輸入信號完全相同的正弦波。

【104 高雄第一科技大學 - 電子工程碩士甲組】

解答

(1) 積分電路通常由電阻及電容組合而成，將電容兩端作為輸出端，其輸入阻抗呈現電阻性，輸出阻抗呈現電容性，故正確。

(2) RC 時間常數過小時，可能將於電容器 C 充飽後，令輸出電壓飽和而失去積分作用，故正確。

(3) 輸入信號為方波時，經過積分輸出信號為三角波，故正確。

(4) 輸入信號為正弦波時，經過積分輸出信號為相位落後之正弦波，故錯誤。

例題 8.19

以運算放大器爲主要元件的積分電路，若輸入爲直流電壓信號，暫不考慮運算放大器的飽和情況，將以何種方式輸出？

【104 高雄第一科技大學 - 電子工程碩士甲組】

解答

以線性方式增加或減少。

例題 8.20

如圖 8.49 所示之理想運算放大器。則：

(1) 求其電壓 V_1 之值。

(2) 求電流 I_1、I_2 之值。

(3) 求輸出電壓 V_{out} 之值。

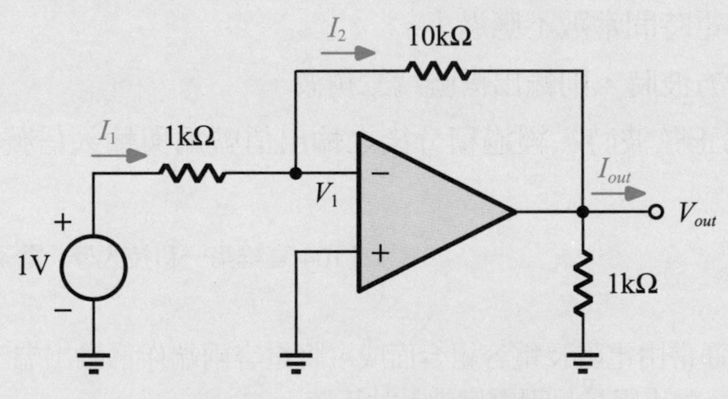

圖 8.49 例題 8.20 的電路圖

【105 聯合大學 - 光電工程學系碩士】

解答

(1) 0V

(2) $I_1 = I_2 = \dfrac{1}{1\text{k}} = 1\text{mA}$

(3) $V_{out} = (-\dfrac{10\text{k}}{1\text{k}}) \times 1 = -10\text{V}$

例題 8.21

如圖 8.50 所示之 OP AMP 運算放大器電路，若 V_{in} 爲三角波，則 V_{out} 爲何種波形？

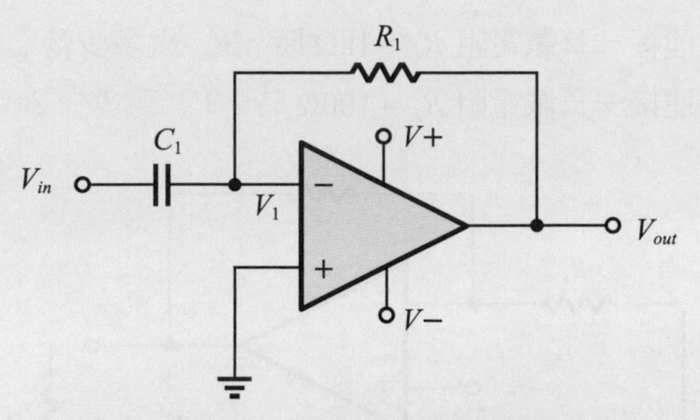

圖 8.50　例題 8.21 的電路圖

【106 聯合大學 - 光電工程學系碩士】

解答

此電路爲微分器，因此三角波經過微分後會變成方波。

例題 8.22

關於理想放大器，試回答以下問題：

(1) 對一個理想的電流放大器而言，其輸入阻抗爲多少？

(2) 對一個理想的電壓放大器而言，其輸出阻抗爲多少？

【100 虎尾科技大學 - 電子工程碩士】

解答

(1) 輸入阻抗 = 無限大

(2) 輸出阻抗 = 0

例題 8.23

如圖 8.51 所示之電路，假設 $R_1 = 100\Omega$，$R_2 = 900\Omega$，供應電壓爲 ± 13V 且運算放大器的輸出電流限制爲 ± 25mA。則：

(1) 當 $V_{in} = 1V$ 且連接一負載電阻 $R_L = 1k\Omega$ 時，V_{out} 爲多少？

(2) 當 $V_{in} = 1V$ 且連接一負載電阻 $R_L = 100\Omega$ 時，V_{out} 爲多少？

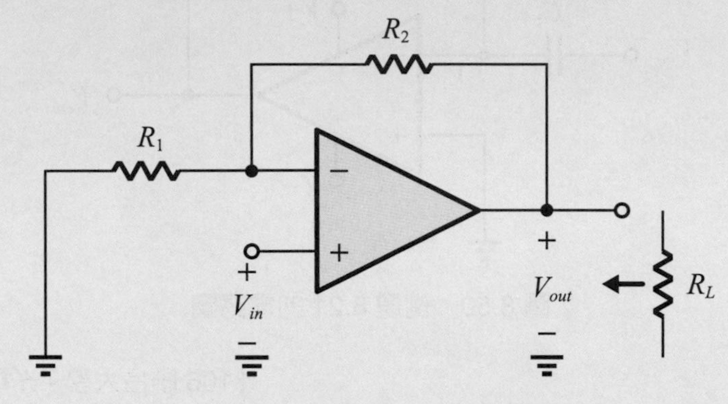

圖 8.51 例題 8.23 的電路圖

【100 虎尾科技大學 - 電子工程碩士】

解答

(1) $V_{out} = (1+\frac{R_2}{R_1})V_{in} = (1+9)\times 1 = 10V$

(2) $V_{out} = (1+\frac{R_2}{R_1})V_{in} = (1+9)\times 1 = 10V$

例題 8.24

如圖 8.52 所示之電路，假設 OP AMP 爲理想運算放大器。則：

(1) 若 $V_a = 0.1\text{V}$，$V_b = 0.25\text{V}$，V_{out} 爲多少？

(2) 若 $V_b = 0.25\text{V}$，則當 V_a 爲多少時，會導致 OP AMP 飽和？

(3) 若 $V_a = 0.1\text{V}$，則當 V_b 爲多少時，會導致 OP AMP 飽和？

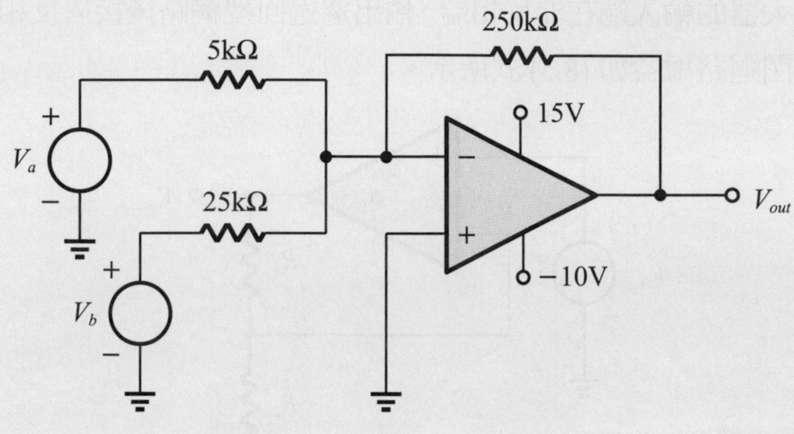

圖 8.52 例題 8.24 的電路圖

【101 虎尾科技大學 - 光電與材料科技碩士】

解答

(1) $(-\dfrac{250\text{k}}{5\text{k}})\times 0.1+(-\dfrac{250\text{k}}{25\text{k}})\times 0.25=-5+(-2.5)=-7.5\text{V}$

(2) $(-\dfrac{250\text{k}}{5\text{k}})\times V_a+(-\dfrac{250\text{k}}{25\text{k}})\times 0.25=-10\text{V}$

$-50V_a-2.5=-10 \Rightarrow V_a=0.15\text{V}$

(3) $(-\dfrac{250\text{k}}{5\text{k}})\times 0.1+(-\dfrac{250\text{k}}{25\text{k}})\times V_b=-10\text{V}$

$-5+(-10V_b)=-10 \Rightarrow V_b=0.5\text{V}$

重點回顧

1. 運算放大器的輸出是將輸入相減後乘以其增益，如 (8.1) 式所示。

$$V_{out} = A_o(V_{in_1} - V_{in_2}) \tag{8.1}$$

2. 非反相放大器的輸入端在非反相端，輸出透過回授網路後接於反相端，如圖 8.7 所示，其閉迴路增益如 (8.5) 式所示。

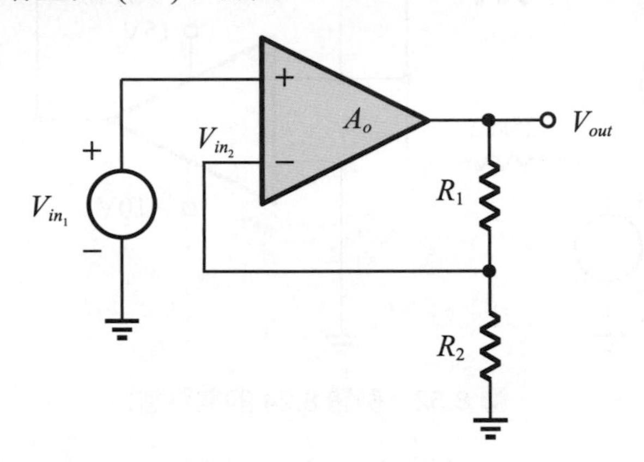

圖 8.7　非反相放大器

$$\frac{V_{out}}{V_{in_1}} = 1 + \frac{R_1}{R_2} \tag{8.5}$$

3. 若非反相放大器不考慮“虛接地”時，其閉迴路增益如 (8.11) 式所示，會產生一個增益誤差之量爲 $(1+\frac{R_2}{R_1})\frac{1}{A_o}$ 。

$$\frac{V_{out}}{V_{in_1}} = \frac{1+\frac{R_1}{R_2}}{1+(1+\frac{R_1}{R_2})\frac{1}{A_o}} \tag{8.11}$$

4. 反相放大器的輸入端在反相端，輸出透過回授網路接於反相端，如圖 8.10 所示，其閉迴路增益如 (8.14) 式所示。

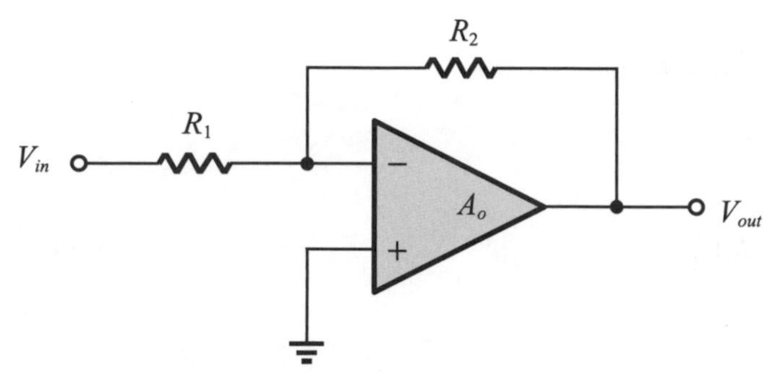

圖 8.10 反相放大器

$$\frac{V_{out}}{V_{in}} = -\frac{R_2}{R_1} \tag{8.14}$$

5. 若反相放大器不考慮"虛接地"時，其閉迴路增益如 (8.21) 式所示，會產生一個增益誤差之量爲 $(1+\frac{R_2}{R_1})\frac{1}{A_o}$ 。

$$\frac{V_{out}}{V_{in}} = -\frac{1}{\frac{R_1}{R_2}+(1+\frac{R_1}{R_2})\frac{1}{A_o}} \tag{8.21}$$

6. 積分器即是將輸入信號積分後輸出，其關係式如 (8.24) 式或 (8.26) 式所示，有一個極點位於 0 的位置。

$$\frac{V_{out}}{V_{in}} = -\frac{1}{R_1C_1s} \tag{8.24}$$

$$V_{out} = -\frac{1}{R_1C_1}\int V_{in}dt \tag{8.26}$$

7. 積分器若不考慮"虛接地"時，其閉迴路增益如 (8.30) 式所示，其極點位於 $\frac{-1}{(A_o+1)R_1C_1}$，是具耗損的積分器。

$$\frac{V_{out}}{V_{in}} = \frac{-1}{\frac{1}{A_o}+(1+\frac{1}{A_o})sR_1C_1} \tag{8.30}$$

8. 微分器即是將輸入信號微分後輸出，其關係式如 (8.31) 式或 (8.32) 式所示，有一個零點位於 0 的位置。

$$\frac{V_{in}-0}{\frac{1}{sC_1}}=\frac{0-V_{out}}{R_1} \tag{8.31}$$

$$\frac{V_{out}}{V_{in}}=-sR_1C_1 \tag{8.32}$$

9. 微分器若不考慮“虛接地”時，其閉迴路增益如 (8.37) 式所示，其零點依舊位於 0，卻多出一個極點位於 $\frac{-(A_o+1)}{R_1C_1}$。

$$\frac{V_{out}}{V_{in}}=\frac{-R_1C_1s}{1+\frac{1}{A_o}+\frac{R_1C_1s}{A_o}} \tag{8.37}$$

10. 將反相放大器的輸入並聯於反相端時，即形成反相電壓加法器，如圖 8.20 所示，其關係式如 (8.40) 式所示 (其中 $R_1=R_2=R$)。

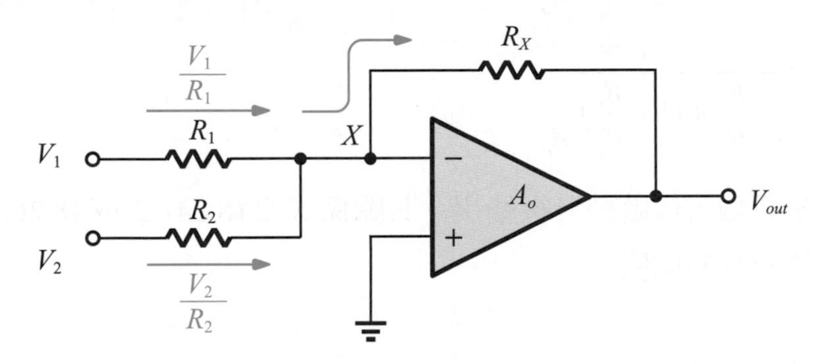

圖 8.20 反相電壓加法器

$$V_{out}=-\frac{R_X}{R}(V_1+V_2) \tag{8.40}$$

11. 非線性運算放大器電路包含精密整流器、對數放大器和平方根放大器。

12. 直流補償電壓會造成運算放大器輸出的誤差；以積分器爲例，在電容 C_1 上並聯一個電阻 R_2(圖 8.32) 即可消除此誤差。

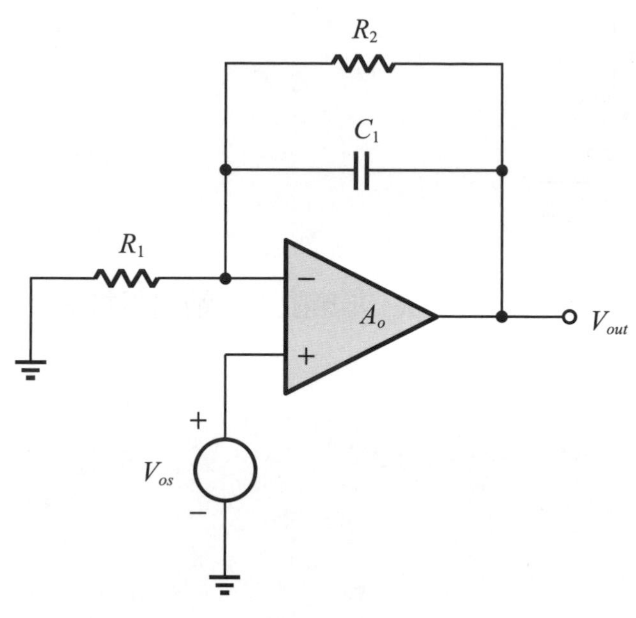

圖 8.32　加上 R_2 來降低直流補償電壓的影響

13. 輸入偏壓電流會造成運算放大器輸出的誤差，其解決之道如圖 8.38 所示。

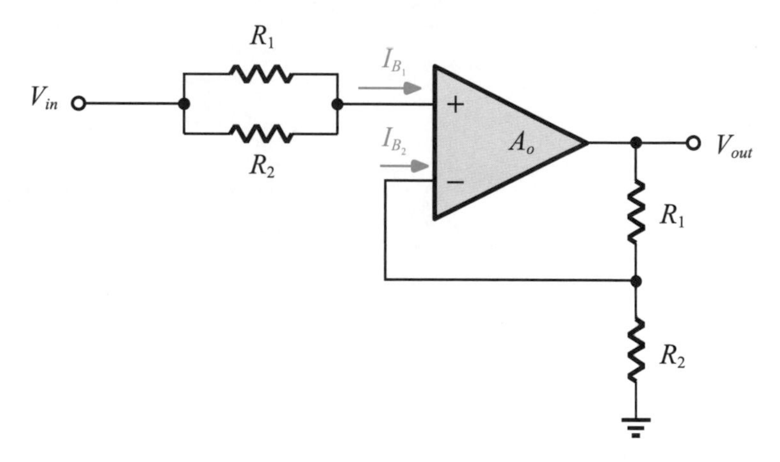

圖 8.38　解決 V_{cor} 不固定的電路

14. 速度的限制造成最大的問題即是迴轉率，定義如 (8.66) 式所示；不產生迴轉率的最大速度(頻寬)稱之為全功率頻率 ω_{FP}，其與迴轉率的關係如(8.69)式所示。

$$SR = \left.\frac{dV_{out}}{dt}\right|_{\max} \tag{8.66}$$

$$\omega_{FP} = \frac{SR}{\dfrac{V_{\max} - V_{\min}}{2}} \tag{8.69}$$

15. 實際上運算放大器的輸入阻抗 R_{in} 非無限大，輸出阻抗 R_{out} 不為零。

Chapter A SPICE 概論

學習電子學的最終目的就是由認識基本的電子元件，包含電阻、電容、二極體、BJT 和 MOSFET，到將它們連接成電路後可以進一步分析，然而現在的電路中元件數目之多，已經很難利用手動來分析其直流與交流的特性了。因此，拜現今電腦硬體設備的進步，得以使用軟體 (程式語言) 來協助分析較爲龐大且複雜的電路；有一種通用的模擬軟體稱之 Simulation Program with Integrated Circuits Emphasis (SPICE)，被廣泛地運用在電路的分析模擬上，雖然 SPICE 在當初被提出時是一套共享的工作軟體 (美國加州大學柏克萊分校)，但現在已經發展成商業用之模擬分析電路軟體，諸如 HSPICE 和 PSPICE 之類，它們的撰寫格式大致相同。本章將對 SPICE 做一簡單且快速的論述，以利可以快速上手此軟體來做電路的模擬分析，共有 3 大重點，分別爲：

1. 電子元件的描述：(a) 電阻，(b) 電容，(c) 電感，(d) 電壓源，(e) 電流源，(f) 二極體，(g)BJT 電晶體，(h)MOSFETs，(i) 相依電源，(j) 初始值。
2. 模擬的步驟與程序。
3. 分析的類型：(a) 工作點的分析，(b) 直流點的分析，(c) 暫態 (交流) 的分析。

A.1 電子元件的描述

本節將講述電子元件在 SPICE 是如何描述，此電子元件包含電阻、電容、電感、電壓源、電流源、二極體、BJT 電晶體、MOSFETs 和相依電源，最後則要將電子元件有初始值時的情況，一併做完整的介紹。

A.1.1 電阻、電容和電感

由於電阻、電容和電感這 3 個元件在 SPICE 中的描述非常類似，因此將於本小節一併介紹。圖 A.1(a) 是一個 *RLC* 電路，圖 A.1(b) 則是將元件的“名稱”和“節點”都標註上去的電路。

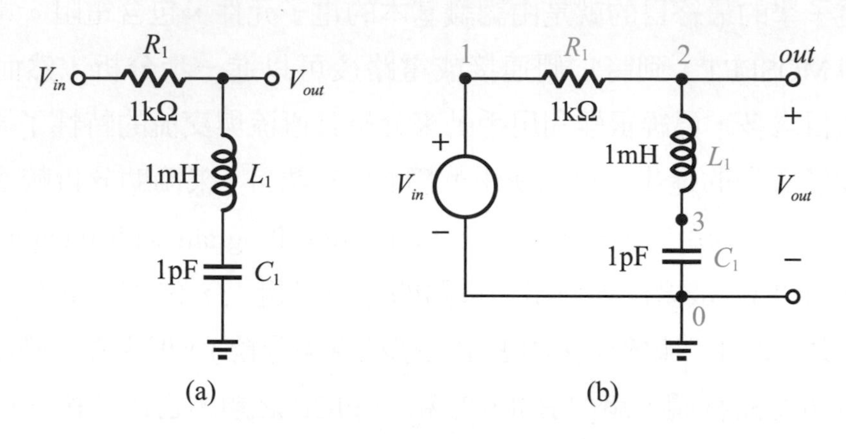

圖 A.1 (a)*RLC* 電路，(b) 標註元件名稱和節點的電路

電阻、電容和電感的描述如以下方式爲準則：

元件名稱	節點 1	節點 2	大小值

所以

r1 (電阻)	1	2	1k
ℓ1 (電感)	2	3	1m
c1 (電容)	3	0	1p

A.1.2 電壓源

電壓源的描述如以下方式爲準則：

元件名稱	節點 1	節點 2	種類	大小值 (峰值)

所以如同圖 A.1 所示，電壓源 V_{in} 可描述如下：

Vin	1	0	dc	1

或

Vin	1	0	ac	1

若種類爲 dc 做直流分析，後面的 1 代表直流電壓的大小值爲 1 V；若種類爲 ac 則做交流分析，後面的 1 代表峰值爲 1 V，但交流分析 (ac) 必須再多加 1 行來說明此交流訊號：

.ac	十倍頻率中的個數	初始頻率	終止頻率

因此

.ac	dec 300	1 meg	100 meg

表示此電壓源爲交流分析，每十倍頻率中有 300 個頻率值由 1 MHz 模擬至 100 MHz。

A.1.3 電流源

基本上電流源的寫法和電壓源是一樣的，如同圖 A.2 所示。

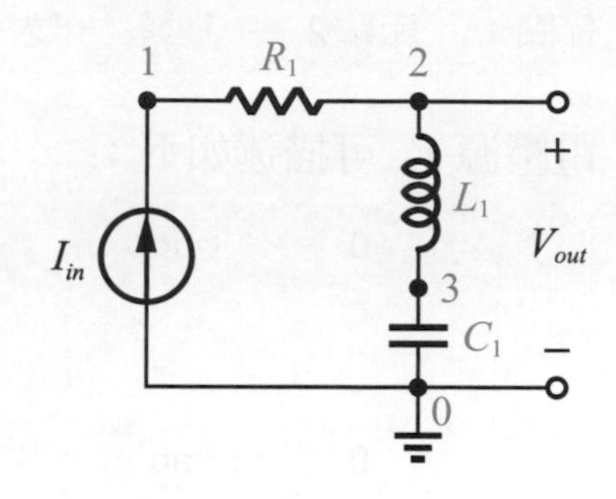

圖 A.2 輸入為電流源的 *RLC* 電路

電流源可以描述如下：

```
Iin    0    1    ac    1
```

方式和電壓源一樣，要補上 .ac 一行來說明交流分析 (ac)，或者也可以如下方式描述：

```
Iin    0    1    pulse    (0  2m  0  0.05n  0.05n  5n  10.2n)
```

其中 pulse 表示是脈衝響應，此脈衝電壓值爲 0 至 2 mV，0 表示沒有延遲，0.05n 和 0.05n 表示上升和下降所花的時間，5n 表示脈衝寬度爲 5 ns，10.2n 表示週期，如圖 A.3 所示。

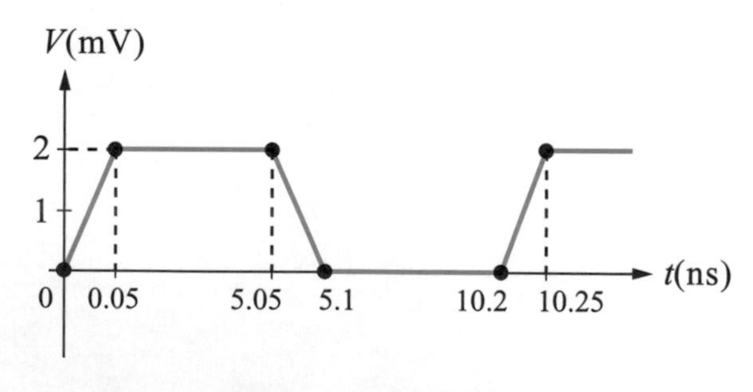

圖 A.3 脈衝的波形圖

A.1.4 二極體

二極體元件的描述準則如下，如同圖 A.4 所示：

元件名稱 (以 d 開頭)	節點 1	節點 2	逆向飽和電流 (is)	逆偏為 0 的電容值 (cjo)	內建電壓 (vj)

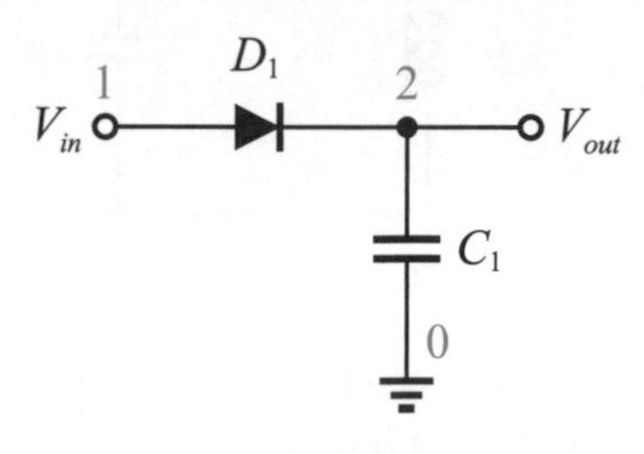

圖 A.4 二極體 D_1 的電路圖

二極體 D_1 的描述如下：

d1	1	2	is = 0.1f	cjo = 0.5p	Vj = 0.6

表示 D_1 的名稱爲 d1，接在節點 1 和 2 之間，其逆向飽和電流爲 1×10^{-16} A，逆偏壓爲零的電容值 5×10^{-13} F，內建電壓爲 0.6 V。

也可以下列的方式來描述二極體 D_1：

d1	1	2	xmodel
.model	xmodel	d(is = 0.1f，cjo = 0.5p，vj = 0.6)	

其中 .model 是在說明 xmodel 的參數，*d* 是二極體元件專用的模型，若是 *npn* 型 BJT 可用“npn”，若是 *n* MOS 元件則可用“nmos”。

例題 A.1

如圖 A.5 所示，請寫出電路中元件的 SPICE 程式碼。

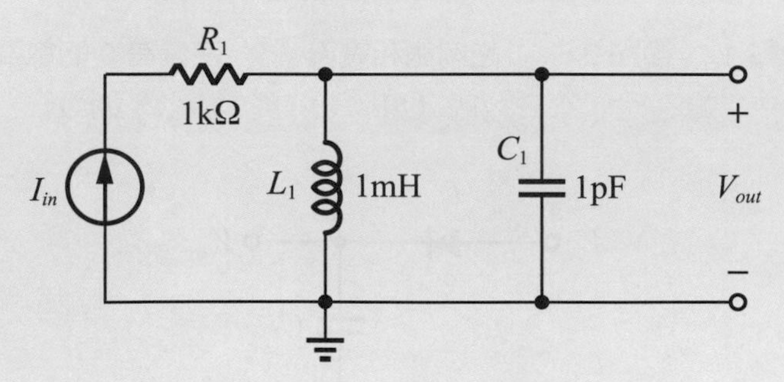

圖 A.5 例題 A.1 的電路圖

解答

將圖 A.5 的節點編號，如同圖 A.6 所示。

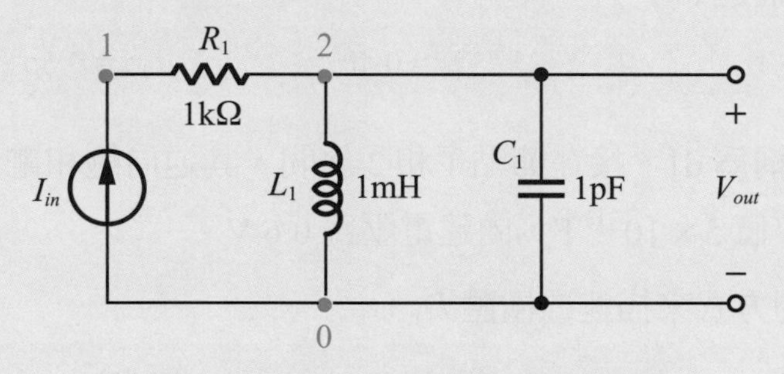

圖 A.6 圖 A.5 加上節點號碼的電路圖

所以，其 SPICE 程式如下：

```
r1    1    2    1k
ℓ1    2    0    1m
c1    2    0    1p
Iin   0    1    pulse    (0  2m  0  0.05n  0.05n  5n  10.2n)
```

例題 A.2

如圖 A.7 所示，請寫出電路中元件的 SPICE 程式碼。

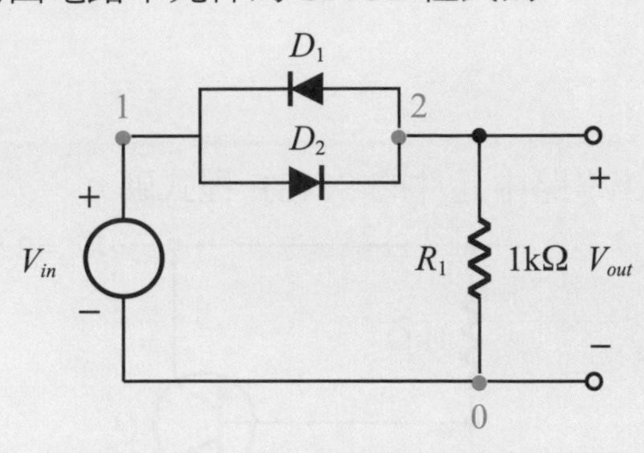

圖 A.7　例題 A.2 的電路圖

解答

編上節點的號碼，如同圖 A.7 上的紅色數字。所以其 SPICE 程式碼如下：

```
d1    2    1    xmodel
d2    1    2    xmodel
r1    2    0    1k
Vin   1    0    pulse    (0  1  0  0.1n  0  1n  1)
```

A.1.5　BJT 電晶體

BJT 電晶體的描述如下：

```
q1    集極    基極    射極    基體 (substrate)    模型名稱
```

其中 BJT 電晶體元件的代號為 q，分別描述其集極，基極，射極和基體的節點編號。最後模型的描述如下：

```
.model    npn 或 pnp ( 模型名稱 )    (beta =, is =, cje =, cjc =, cjs =, tf =)
```

其中 beta 就是 β，is 就是 I_s(逆向飽和電流)，cje 是基極－射極間的接面電容，cjc 是基極－集極間的接面電容，cjs 是基極－基體的接面電容，tf 是基極區之電荷儲存效應以轉換時間 (τ_F)。

以上的參數描述是最基本的，現今 BJT 電晶體模型參數有數百個，一般都會由廠商提供，不用寫程式者自己撰寫。

例題 A.3

如圖 A.8 所示，請寫出電路中元件的 SPICE 程式碼。

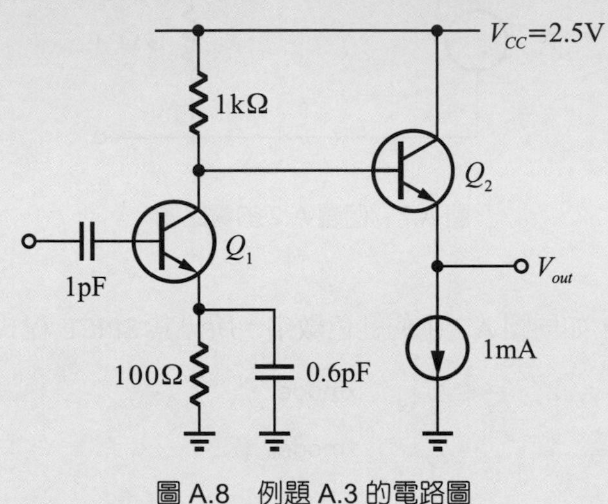

圖 A.8 例題 A.3 的電路圖

解答

編上元件和節點的號碼，如圖 A.9 所示。

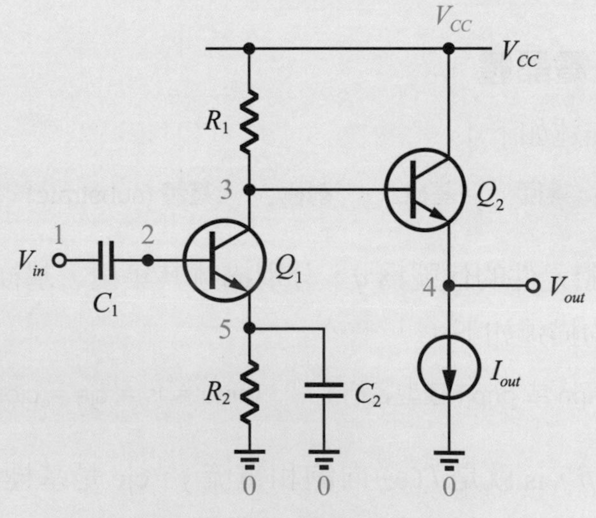

圖 A.9 圖 A.8 中元件和節點的名稱和編號

所以，其 SPICE 程式碼如下：

```
r1      Vcc     3     1k
r2      5       0     100
c1      1       2     1p
c2      5       0     0.6p
q1      3       2     5       0     amodel
q2      Vcc     3     4       0     amodel
Iout    4       0     1m
Vcc     Vcc     0     2.5
Vin     1       0     ac      1
.ac     dec     100   100meg  10g
.model  amodel  npn   (beta = 100, is = 10f, cje = 6f, cjc = 7f, cjs = 10f, tf = 5p)
```

A.1.6　MOSFET 電晶體

MOSFET 電晶體的描述將分成 2 階段完成，首先是元件的代號端點和尺寸的描述：

名稱	汲極	閘極	源極	基體	模型
m1	3	1	0	0	nmos　w = 10u　l = 0.18u　as = 8p +ps = 24.2u　ad = 8p　pd = 24.2u

其中 MOSFET 的元件名稱以“m”表示之，汲極、閘極、源極和基體分別接至 3、1、0、0 號節點，模型爲 nmos，通道寬度 10 μm，通道長度 0.18 μm，源極面積 8×10^{-12} m^2，源極周長 24.2 μm，汲極面積 8×10^{-12} m^2，汲極周長 24.2 μm。

第二個則是描述其各項參數和單位面積的電容值：

```
.model  xmodel  nmos  (level = 1, u0 = 480, tox = 0.5n, Vth = 0.4, lambda = 0.4,
                       cjo = 3e – 4, mj= 0.35, cjswo = 35n, mjswo = 0.3)
```

其中 level 表示模型有某種程度的複雜度，u0 表示遷移率爲 480 cm²/s，tox 爲氧化層的厚度 0.5nm(50Å)，Vth 爲臨界電壓 0.4V，lambda 爲通道長度調變係數 0.4 V^{-1}，電容值如 (A.1) 式所示。

$$C = \frac{C_o}{(1+\frac{V_R}{\phi_0})^m} \tag{A.1}$$

cjo 即是 (A.1) 式中的 C_o 爲 3×10^{-4} F/m² (= 0.3 fF/μm²)，mj 爲 (A.1) 式中的 m 爲 0.35，而 cjswo 爲側壁電容是 35×10^{-9} F/m (= 0.35 fF/μm)，mjswo 爲 0.3。**以上的 .model 參數一樣會由廠商提供，電路設計者只需拿來使用即可，不必自行撰寫。**

例題 A.4

如圖 A.10 所示，請寫出電路中元件的 SPICE 程式碼。

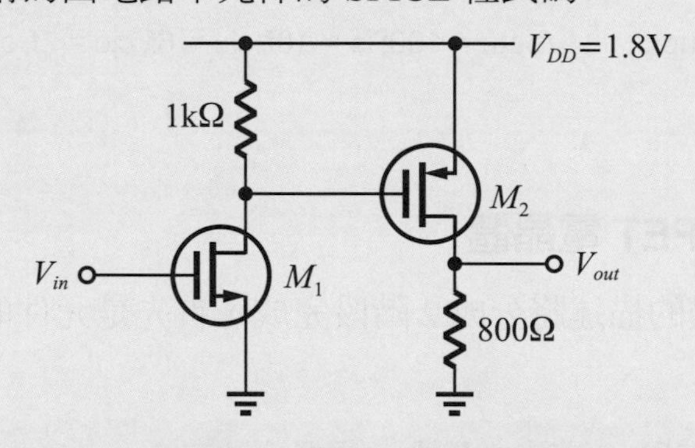

圖 A.10　例題 A.4 的電路圖

解答

先將圖 A.10 的元件和節點編號，如圖 A.11 所示。

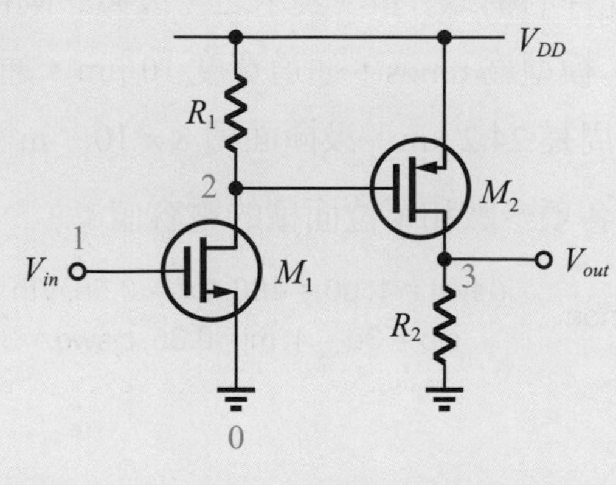

圖 A.11　圖 A.10 中元件和節點的編號圖

所以

r1	Vdd	2	1k			
r2	3	0	800			
m1	2	1	0	0	nmos	w = 10u　l = 0.18u　as = 8p ps = 24.2u　ad = 8p　pd = 24.2u
m2	3	2	Vdd	Vdd	pmos	w = 20u　l = 0.18u　as = 16p ps = 48.4u　ad = 16p　pd = 48.4u
Vdd	Vdd	0	1.8			
Vin	1	0	dc	1		
.model	xmodel	nmos	(level = 1, μ0 = 480, tox = 0.5n, Vth = 0.4, lambda = 0.4, cjo = 3e – 4, mj = 0.35, cjswo = 35n, mjswo = 0.3)			
.model	xmodel	pmos	(level = 1, μ0 = 200, tox = 0.5n, Vth = – 0.4, lambda = 0.5, cjo = 3.5e – 4. mj = 0.35, cjswo = 35n, mjswo = 0.3)			

A.1.7　相依電源

考慮圖 A.12 的電壓相依電源，其輸入與輸出的關係為 $V_{CD}=\alpha+\beta V_{AB}$，其中 α 為直流值，β 為增益值。

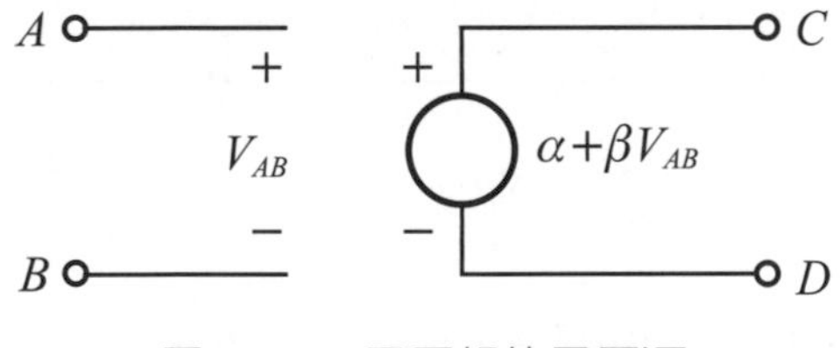

圖 A.12　電壓相依電壓源

所以其 SPICE 寫法為：

名稱	輸出節點		輸入節點	直流值	增益值
e1	c　d	poly(1)	a　b	α	β

其中 e 用來表示電壓之相依電壓源，poly(1) 表示 V_{CD} 與 V_{AB} 間的關係為一階多項式。

例題 A.5

如圖 A.13 所示，運算放大器的增益為 1000，請寫出其 SPICE 程式碼。

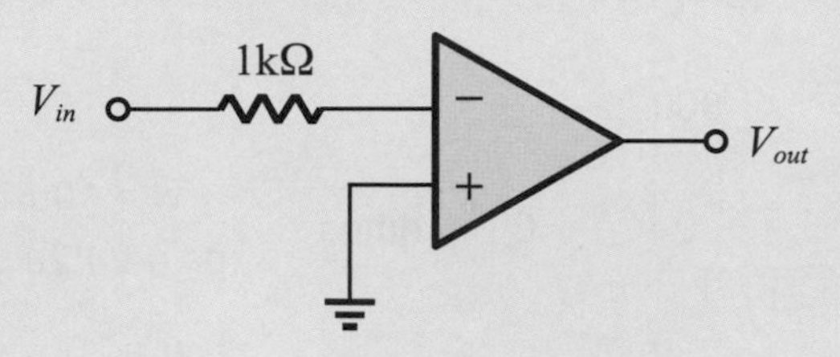

圖 A.13　例題 A.5 的電路圖

解答

先畫出其元件和節點的編號，如圖 A.14 所示。

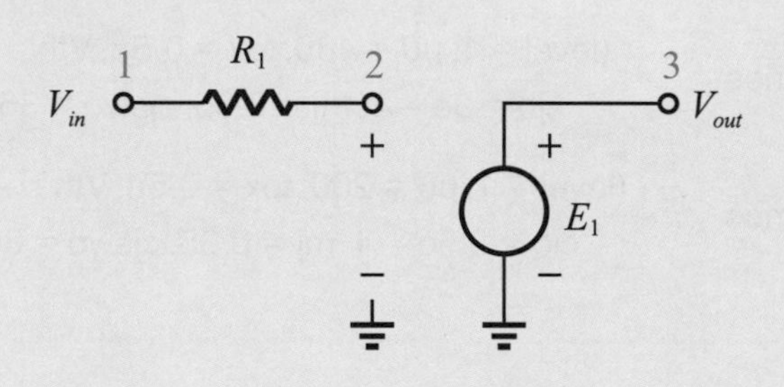

圖 A.14　圖 A.13 元件和節點的編號圖

所以

```
r1    1    2    1k
e1    3    0    poly(1)    1    0    0    –1000
```

A.1.8　初始值

初始值常用表示一個元件的開始值，例如電容、電感之元件，使用 .ic 來表示，例如：.ic v(x) = 0.1。

A.2 模擬的步驟與程序

SPICE 模擬的程式分為 2 個步驟：

1. 以語法來定義電路的元件和節點。
2. 使用指令來完成分析。

而第 1 個步驟可由 3 個部份組成：

(1) 在電路標記各個節點，並給予一個號碼。其中輸入端可標記爲“in”或一般的號碼 (本書於第 A.1 節中皆標爲一般號碼)，輸出端可標記爲“out”或一般號碼 (本書於第 A.1 節中皆標爲一般號碼)，接地端一般皆標爲“0”，圖 A.15(a) 是一個 *RC* 電路圖，圖 A.15(b) 則是標記各個節點號碼的電路圖。

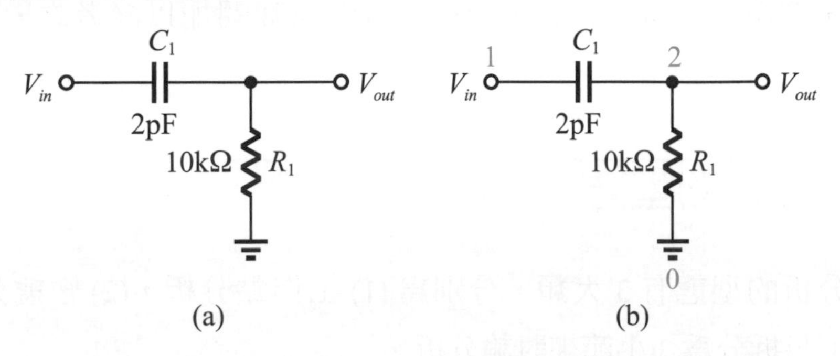

圖 A.15 (a)*RC* 電路圖，(b) 節點標記號碼的 *RC* 電路圖

(2) 在電路中標記各個元件，以“類型”來表示之，若不只一個則在“類型”之後以“數字”來加以區分之。例如：電阻的類型以“r”表示，電容以“c”表示，電感以“l”表示，二極體以“d”表示，BJT 電晶體以“q”表示，MOS 電晶體以“m”表示，電壓源以“v”表示，電流源以“i”表示，所以圖 A.15(a) 的 *RC* 電路最終可表示爲如圖 A.16 所示。

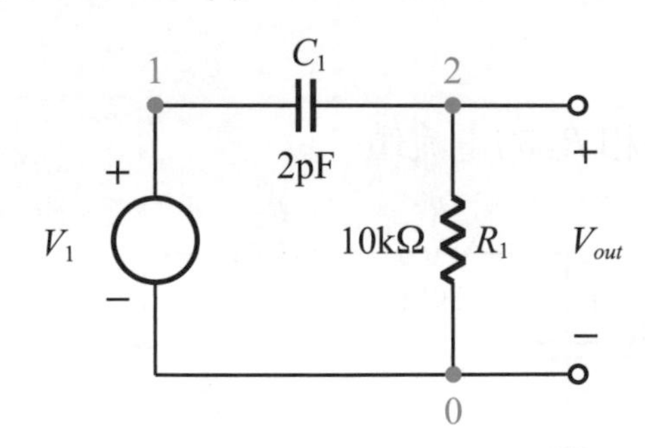

圖 A.16 標記節點和元件的 *RC* 電路

(3) 建立一個“程式列”。也就是將各個元件與其連接的節點表列出來，一行描述一個元件的類型，以及節點的位置和其大小值 (包含其他的參數，例如：二極體、BJT 電晶體和 MOS 電晶體)。最後將圖 A.15(a) 的 *RC* 電路，以“程式列”寫出如下：

```
c1     1     2     2pF
r1     2     0     10k
v1     1     0     ac     1
.ac    dec   200   1meg   100meg
```

其中前三行是描述元件的程式列，最後一行則是說明輸入電源 V_{in} 的格式，在第 A.1 節已有詳細介紹，可向前翻閱加以參考之，在此不再贅述。

A.3 分析的型態

SPICE 分析的型態有 3 大類，分別爲 (1) 工作點分析，(2) 暫態分析，(3) 直流分析，以下將拆分爲 3 小節來討論分析。

A.3.1 工作點的分析

所謂工作點分析就是把電路的直流值分析出來。包含 (1) 節點電壓，(2) 電流，(3) 功率，(4) 電導和電容值。SPICE 以 .op 指令來做工作點的分析，以下藉例題 A.6 來加以說明。

例題 A.6

如圖 A.17 所示，求 R_3 和 R_4 的電流值。

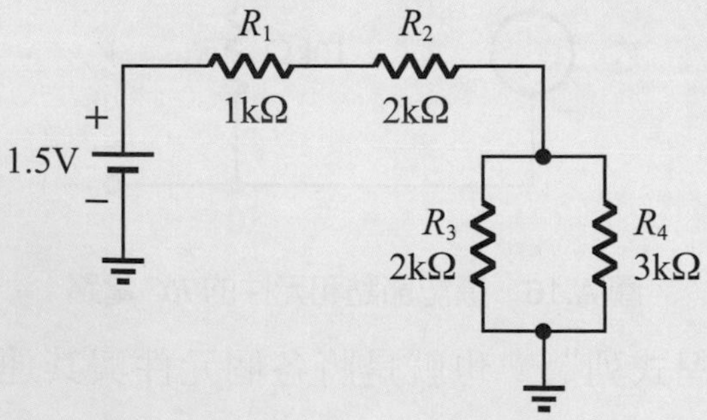

圖 A.17 例題 A.6 的電路圖

解答

顯然是要以工作點分析來求解。首先先把節點和元件的編號標示上，如圖 A.18 所示。

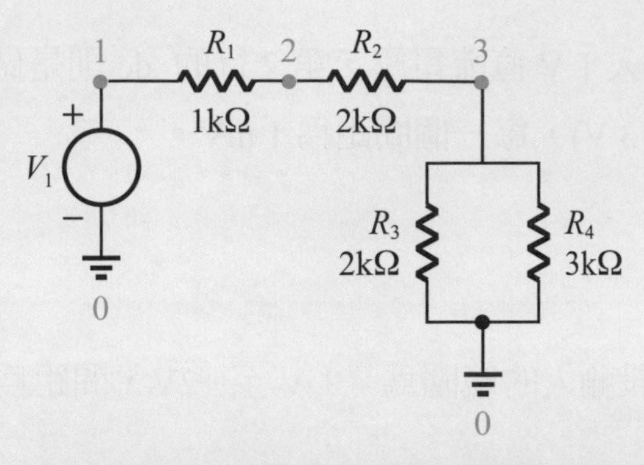

圖 A.18　加上節點和元件編號的電路圖

再來將“程式”列出來如下：

```
r1    1    2    1k
r2    2    3    2k
r3    3    0    2k
r4    3    0    3k
v1    1    0    1.5
.op
.end
```

經過分析，R_3 的電流預測為 0.214 mA，R_4 的電流預測為 0.143 mA。

A.3.2　直流分析

在執行電路分析時，有時候會需要能繪出輸出電壓 (電流) 對輸入電壓 (電流) 的特性曲線的功能，而直流分析即是完成此類的指令。

SPICE 是以相當小的間距掃描輸入的範圍，如下寫法：

v1	1	0	dc	1
.dc	v1	0.5	3	1m

第 1 行的 v1 是輸入 1 V 直流電壓，第 2 行的 .dc 則是做直流分析，由下限值 (0.5 V) 掃描至上限值 (3 V)，每一個間距爲 1 mV。

例題 A.7

如圖 A.19 所示，假設輸入的範圍爲 – 1 V 至 +2V，間距爲 1 mV，請建立 $\frac{V_{out}}{V_{in}}$ 的特性曲線。

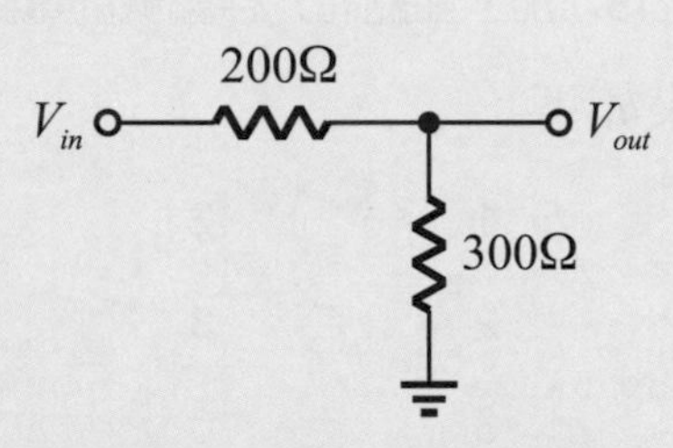

圖 A.19　例題 A.7 的電路圖

解答

顯然是需做直流分析，先把元件和節點編號標示出來，如圖 A.20 所示。

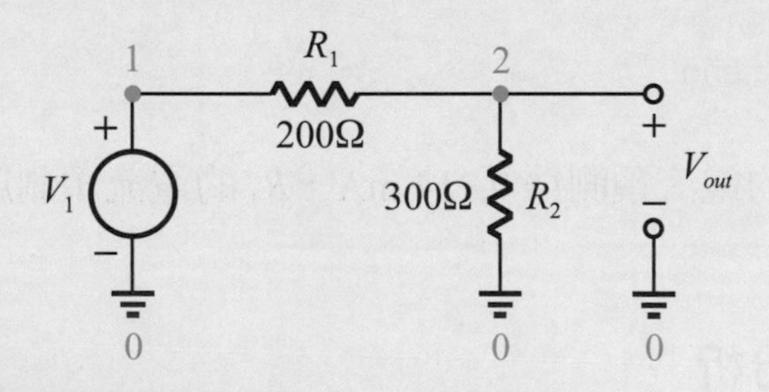

圖 A.20　加上節點和元件編號的電路圖

其“程式列”如下：

r1	1	2	200	
r2	2	0	300	
v1	1	0	dc	1
.dc	v1	–1	+2	1m

A.3.3 暫態分析

當需要做脈衝響應時，輸入電源 V_{in} 必須改成脈衝波型 (如圖 A.3) 的寫法，必要時可加上 .ac 來做交流分析，而這樣的分析即稱為**暫態分析**。輸入電源脈衝式寫法和 .ac 在第 A.1.2 節之電壓源部分已經詳述，敬請參考之，在此便不再贅述。至於暫態分析所使用的指令如下：

```
.tran        0.1n        5n
```

其中 0.1n 表示時間步階的增量為 0.1 ns，而 5n 表示整個步階響應為 5 ns，如圖 A.21 所示。

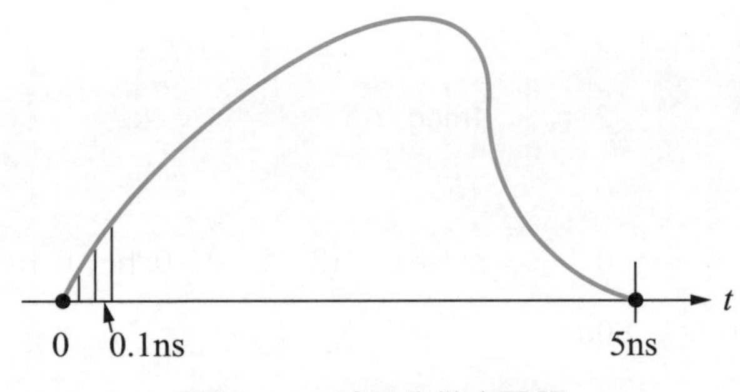

圖 A.21 時間步階之圖解

例題 A.8

如圖 A.22 所示，請建立 SPICE 程式以求電路的脈衝響應。

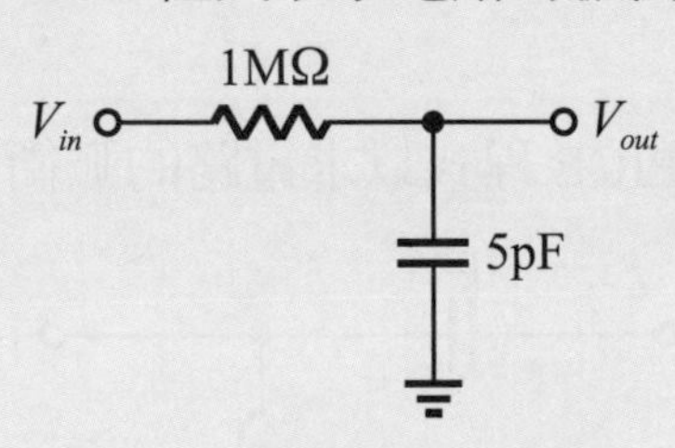

圖 A.22 例題 A.8 的電路圖

解答

首先先將元件和節點的編號標示，如圖 A.23 所示。

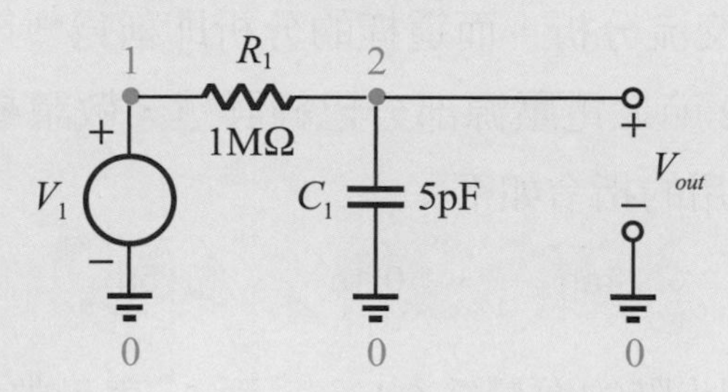

圖 A.23 加上元件和節點編號的電路圖

其 RC 時間常數爲 5 μs，所以可選擇上升及下降的時間爲 0.1 μs，脈寬爲 15 μs。其"程式列"如下：

```
r1     1      2      1meg
c1     2      0       5p
v1     1      0      pulse    (0  1  0  0.1u  0.1u  5u  15u)
.tran  0.2u   60u
.end
```

例題 A.9

如圖 A.24 所示，請建立 SPICE 程式以求電路的脈衝響應。

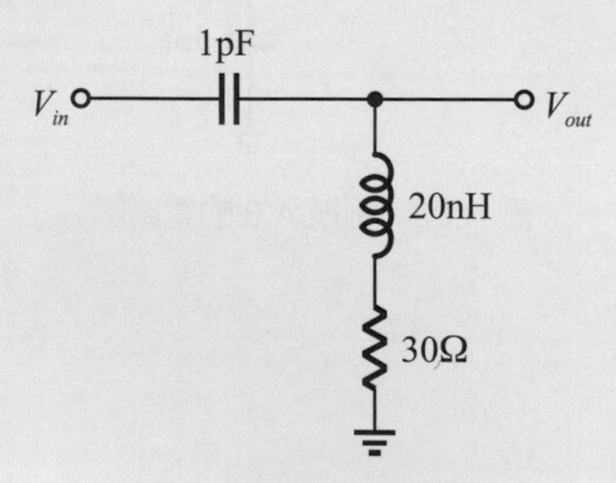

圖 A.24 例題 A.9 的電路圖

解答

先將元件和節點編號，如圖 A.25 所示。

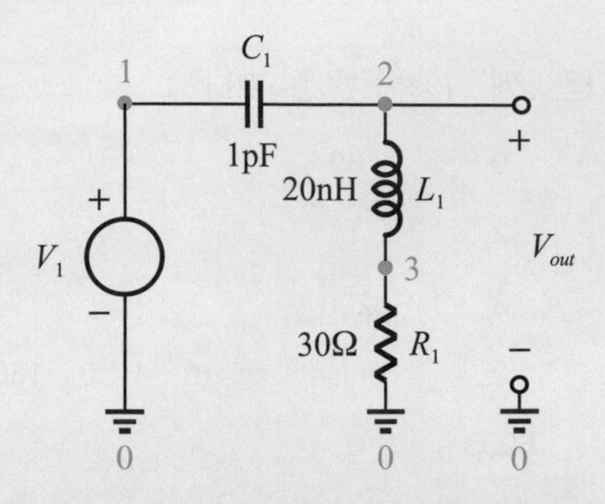

圖 A.25　加上元件和節點編號的電路圖

選擇上升和下降時間為 150 ps。

其“程式列”如下：

```
r1      3      0      30
c1      1      2      1p
l1      2      3      20n
v1      1      0      pulse     (0  1  0  150p  150p  1)
.tran   25p    500p
.end
```

例題 A.10

承例題 A.9，求 *RLC* 的頻率響應。

解答

如圖 A.25 所示。其“程式列”(頻率響應)如下：

```
r1      3      0      30
c1      1      2      1p
l1      2      3      20n
*v1     1      0      pulse    (0  1  0  150p  150p  1)
*.tran  25p    500p
*Add next two lines for ac analysis
v1      1      0      ac       1
.ac     dec    100    1meg     1g
```

其中標上 * 於行前面的，表示爲註解並不會執行此行的指令。

索引

17 劃

18 劃

19 劃

國家圖書館出版品預行編目資料

電子學(基礎概念) / 林奎至, 阮弼群編著. -- 初版. -- 新北市 : 全華圖書股份有限公司. 2022.03
面； 公分
ISBN 978-626-328-071-7(平裝)

1.CST: 電子工程 2.CST: 電子學

448.6 111000803

電子學(基礎概念)

作者 / 林奎至、阮弼群
發行人 / 陳本源
執行編輯 / 張繼元
封面設計 / 楊昭琅
出版者 / 全華圖書股份有限公司
郵政帳號 / 0100836-1 號
印刷者 / 宏懋打字印刷股份有限公司
圖書編號 / 06448
初版一刷 / 2022 年 05 月
定價 / 新台幣 650 元
ISBN / 978-626-328-071-7(平裝)
全華圖書 / www.chwa.com.tw
全華網路書店 Open Tech / www.opentech.com.tw
若您對本書有任何問題，歡迎來信指導 book@chwa.com.tw

臺北總公司(北區營業處)
地址：23671 新北市土城區忠義路 21 號
電話：(02) 2262-5666
傳真：(02) 6637-3695、6637-3696

中區營業處
地址：40256 臺中市南區樹義一巷 26 號
電話：(04) 2261-8485
傳真：(04) 3600-9806(高中職)
(04) 3601-8600(大專)

南區營業處
地址：80769 高雄市三民區應安街 12 號
電話：(07) 381-1377
傳真：(07) 862-5562

讀者回函卡

掃 QRcode 線上填寫 ▶▶▶

姓名：＿＿＿＿＿＿ 生日：西元＿＿＿年＿＿月＿＿日 性別：□男 □女

電話：（ ）＿＿＿＿＿ 手機：＿＿＿＿＿＿

e-mail：（必填）＿＿＿＿＿＿＿＿＿＿＿＿

註：數字零，請用 Φ 表示，數字 1 與英文 L 請另註明並書寫端正，謝謝。

通訊處：□□□□□＿＿＿＿＿＿＿＿＿＿＿＿

學歷：□高中．職 □專科 □大學 □碩士 □博士

職業：□工程師 □教師 □學生 □軍．公 □其他

學校／公司：＿＿＿＿＿＿＿ 科系／部門：＿＿＿＿＿＿＿

‧需求書類：

□A. 電子 □B. 電機 □C. 資訊 □D. 機械 □E. 汽車 □F. 工管 □G. 土木 □H. 化工 □I. 設計 □J. 商管 □K. 日文 □L. 美容 □M. 休閒 □N. 餐飲 □O. 其他

‧本次購買圖書為：＿＿＿＿＿＿＿＿ 書號：＿＿＿＿＿＿

‧您對本書的評價：

封面設計：□非常滿意 □滿意 □尚可 □需改善，請說明＿＿＿＿＿＿

內容表達：□非常滿意 □滿意 □尚可 □需改善，請說明＿＿＿＿＿＿

版面編排：□非常滿意 □滿意 □尚可 □需改善，請說明＿＿＿＿＿＿

印刷品質：□非常滿意 □滿意 □尚可 □需改善，請說明＿＿＿＿＿＿

書籍定價：□非常滿意 □滿意 □尚可 □需改善，請說明＿＿＿＿＿＿

整體評價：請說明＿＿＿＿＿＿＿＿＿＿＿＿

‧您在何處購買本書？

□書局 □網路書店 □書展 □團購 □其他＿＿＿＿＿＿

‧您購買本書的原因？（可複選）

□個人需要 □公司採購 □親友推薦 □老師指定用書 □其他＿＿＿＿＿＿

‧您希望全華以何種方式提供出版訊息及特惠活動？

□電子報 □DM □廣告（媒體名稱＿＿＿＿＿＿＿＿）

‧您是否上過全華網路書店？（www.opentech.com.tw）

□是 □否 您的建議＿＿＿＿＿＿＿＿＿＿＿＿

‧您希望全華出版哪方面書籍？＿＿＿＿＿＿＿＿＿＿

‧您希望全華加強哪些服務？＿＿＿＿＿＿＿＿＿＿

感謝您提供寶貴意見，全華將秉持服務的熱忱，出版更多好書，以饗讀者。

填寫日期： / /

2020.09 修訂

親愛的讀者：

感謝您對全華圖書的支持與愛護，雖然我們很慎重的處理每一本書，但恐仍有疏漏之處，若您發現本書有任何錯誤，請填寫於勘誤表內寄回，我們將於再版時修正，您的批評與指教是我們進步的原動力，謝謝！

全華圖書 敬上

勘 誤 表

書 號		書 名		作 者	
頁 數	行 數	錯誤或不當之詞句		建議修改之詞句	

我有話要說：（其它之批評與建議，如封面、編排、內容、印刷品質等．．．）

得分欄

班級：________

學號：________

姓名：________

習題演練

Chapter 1 微電子簡介

基礎題

1. 何謂歐姆定理？試以一個電阻來描述此定理。

解

2. 何謂克希荷夫電流定律？

3. 如圖 Q1.1 所示，請寫出每一節的 KCL 電流數學式。

解

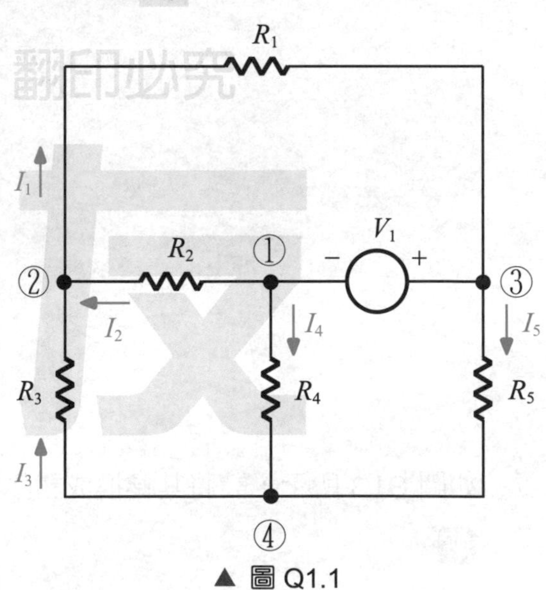

▲ 圖 Q1.1

4. 何謂克希荷夫電壓定律？

解

5. 如圖 Q1.2 所示，請寫出其 KVL 數學式。

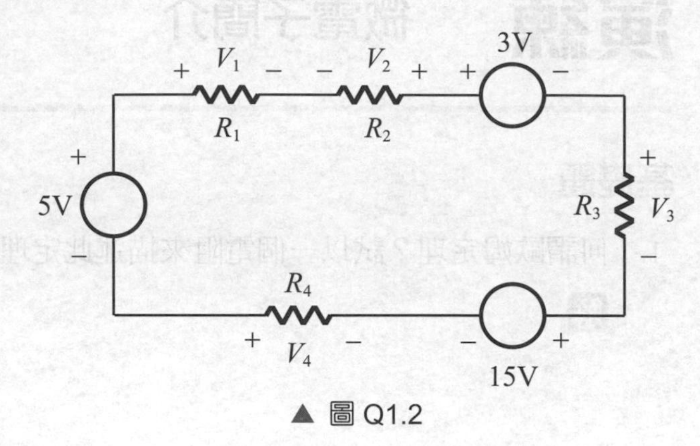

▲ 圖 Q1.2

6. 如圖 Q1.3 所示，請將其轉換成戴維寧等效電路。

解

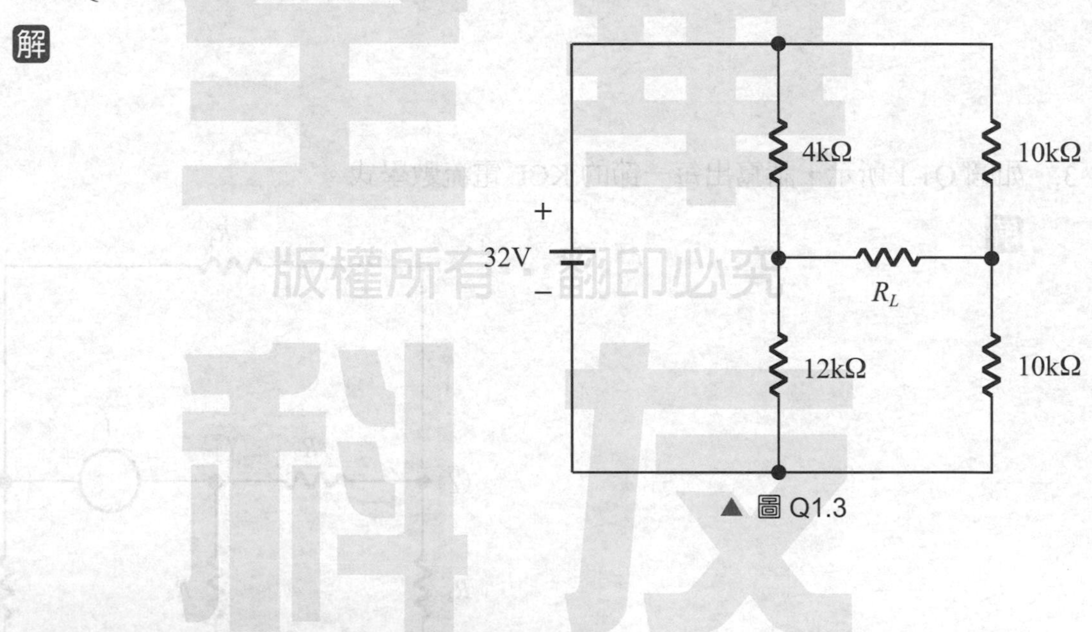

▲ 圖 Q1.3

7. 如圖 Q1.3 所示，請將其轉換成諾頓等效電路。

得分欄

班級：＿＿＿＿＿＿

學號：＿＿＿＿＿＿

姓名：＿＿＿＿＿＿

習題演練

Chapter 2 半導體的基本特性

基礎題

1. 請解釋以下名詞：

   (1) 載子。

   (2) 電洞。

   (3) 能障能量。

   解

2. 試描述如何由本質半導體變成 n 型半導體？n 型半導體中的多數載子和少數載子爲何？其濃度各爲多少？

   解

3. 試描述如何由本質半導體變成 p 型半導體？p 型半導體中的多數載子和少數載子爲何？其濃度各爲多少？

   解

4. 如圖 Q2.1 所示，請說明公式 $I=\dfrac{Q}{t}=\dfrac{-v\cdot w\cdot h\cdot q\cdot n}{1}$ 的意義。

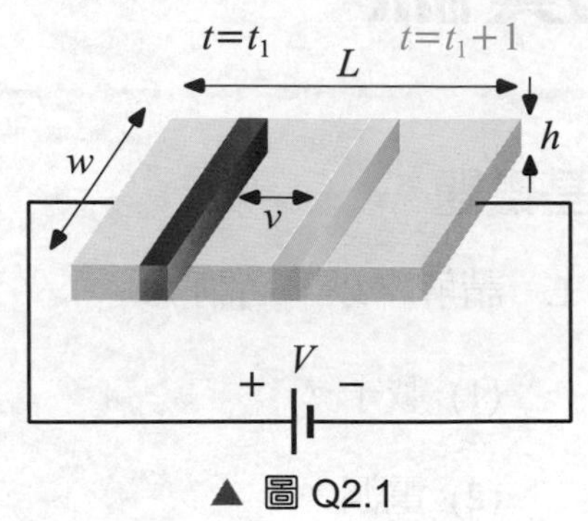

▲ 圖 Q2.1

5. 請說明公式 $J_{tot}=J_n+J_p=q(D_n\dfrac{dn}{dx}-D_p\dfrac{dp}{dx})$ 中負號所代表的意義。

6. 請畫出 pn 接面載子的分佈圖，並說明此圖中載子所代表的意義。

7. 請寫出 pn 接面處於平衡時的條件，並由此條件推導出空乏區內建電位的公式。

8. 何謂 pn 接面的指數模型？請畫出其 I/V 特性曲線。

9. 何謂 *pn* 接面的定電壓模型？請畫出其 *I/V* 特性曲線。

10. *pn* 接面逆向崩潰的機制共有哪些？請分別詳細解說之。

11. 二極體操作在順向偏壓時，其截面積若增加 20 倍。則：

(1) 若電壓 V_D 不變下，其電流 I_D 如何變化？

(2) 若電流 I_D 不變下，其電壓 V_D 如何變化？

進階題

12. 一個均勻摻雜濃度 $N_D = 10^{17}/\text{cm}^3$ 的 n 型矽材料，加上 1V 的電壓如圖 Q2.2 所示，其 $n_i = 1.5 \times 10^{10}/\text{cm}^3$，$\mu_p = 480\text{cm}^2/\text{V}\cdot\text{S}$，$\mu_n = 1350\text{cm}^2/\text{V}\cdot\text{S}$。試回答下列問題：

(1) 何種型式的電流將被產生？

(2) 求出總電流密度。

(3) 求此 n 型矽材料的電阻。【107 中正大學 - 電機工程學系、機械工程學系碩士】

解

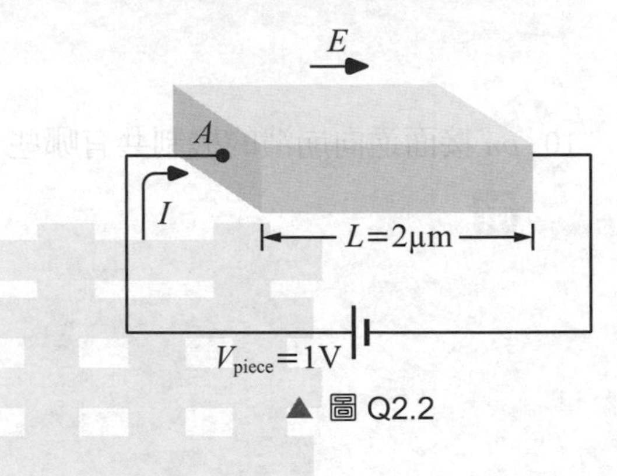

▲ 圖 Q2.2

13. (1) 說明並圖示二極體空乏區 (depletion region) 如何形成。

(2) 說明並圖示未加偏壓二極體、順向偏壓二極體、逆向偏壓二極體的 pn 接面情形和空乏區的狀態。【100 虎尾科技大學 - 車輛工程系碩士】

解

得分欄

班級：________

學號：________

姓名：________

習題演練

Chapter 3 二極體模型與其電路的介紹

基礎題

1. 請詳細比較二極體的 3 種模型，並畫出其 I/V 特性曲線。

2. 如圖 Q3.1 所示之電路，若 V_A 和 V_B 為 0 或 – 5 V，求輸出 V_{out} 之值。

解

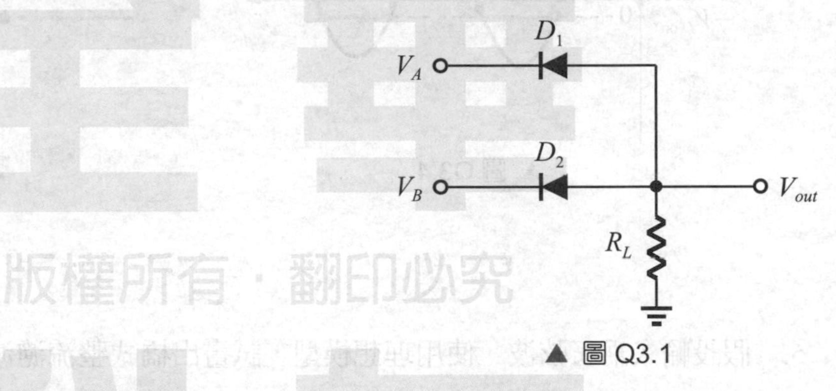

▲ 圖 Q3.1

3. 如圖 Q3.2 所示之電路，設輸入為正弦波，V_B 為直流電壓由負無限大變化至正無限大，請畫出其輸出波形和輸入／輸出特性曲線。

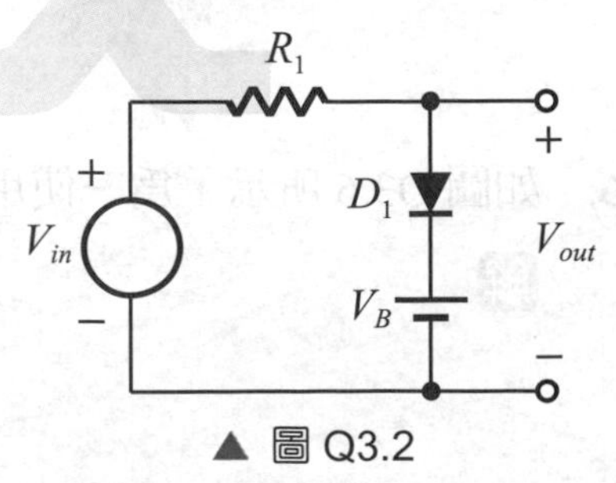

▲ 圖 Q3.2

4. 試討論如圖 Q3.3 所示之電路的行為，以期如圖 Q3.4 和圖 Q3.5 之輸入／輸出波形圖和特性曲線可以被畫出。

解

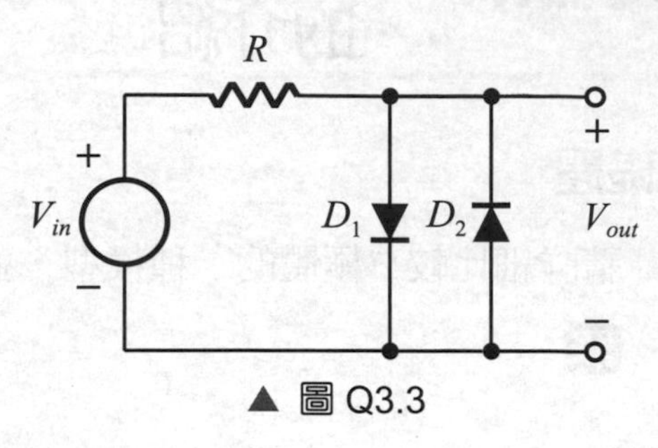

▲ 圖 Q3.3

▲ 圖 Q3.4

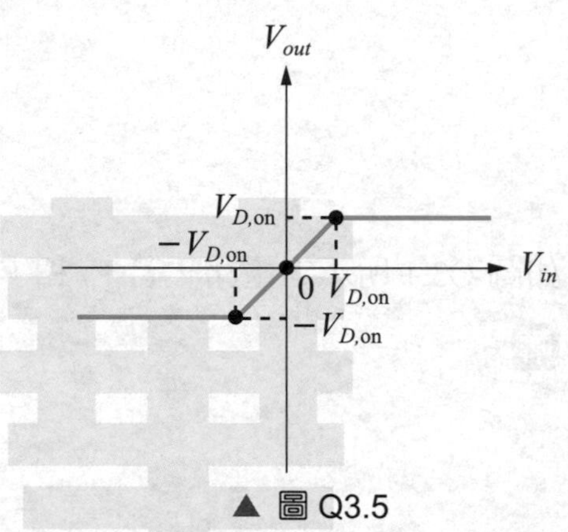

▲ 圖 Q3.5

5. 假設輸入為正弦波，使用理想模型，試畫出橋式整流濾波器的電路圖，討論其電路的行為，並畫出其輸入／輸出波形圖。

解

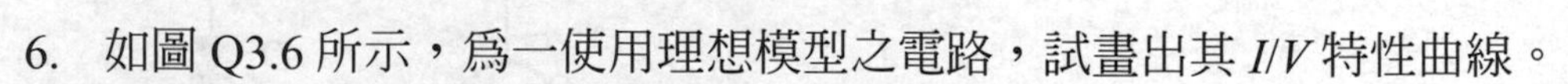

6. 如圖 Q3.6 所示，為一使用理想模型之電路，試畫出其 I/V 特性曲線。

解

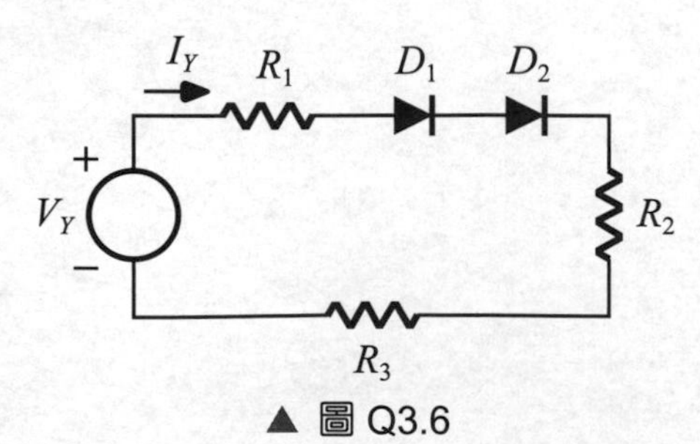

▲ 圖 Q3.6

7. 如圖 Q3.6 所示之電路，若 $V_Y = V_1 \sin \omega t$，請畫出 I_Y 的波形圖。

8. 如圖 Q3.7 所示之電路，設輸入為正弦波，請畫出其輸入／輸出波形圖和特性曲線圖。

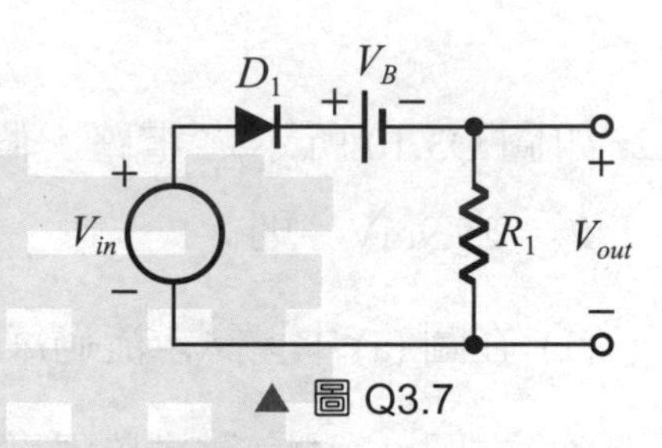

▲ 圖 Q3.7

9. 如圖 Q3.8 所示，為一使用定電壓模型之電路，試畫出其輸入／輸出特性曲線。

解

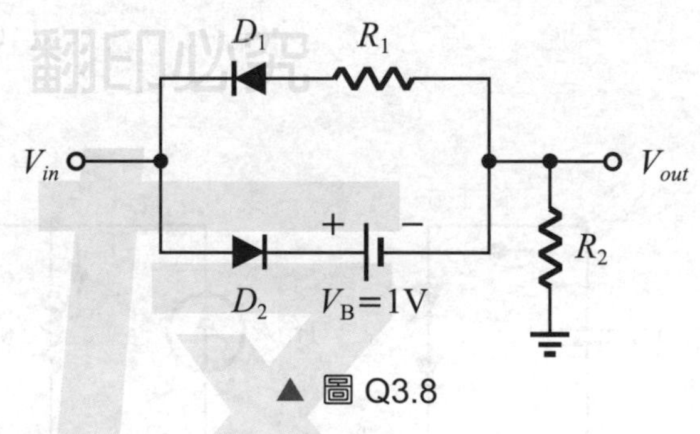

▲ 圖 Q3.8

10. 請詳述說明二極體的大訊號和小訊號模型的操作各為何？

進階題

11. 試利用如圖 Q3.9 所示之穩定正弦輸入電壓 $V_a\sin\omega t$，且只能使用二極體和電容器來畫出電壓倍增器，以實現一個穩定輸出電壓。則：

    (1) 求 $-V_a$ 爲多少？

    (2) 求 $-2V_a$ 爲多少？

【106 中山大學 - 電機系碩士甲組】

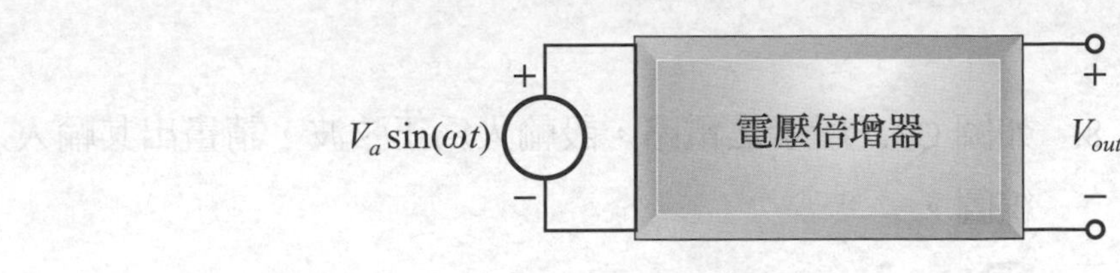

▲ 圖 Q3.9

12. 如圖 Q3.10 所示之電路，假設每一個二極體的反向飽和電流爲 5×10^{-16}A，$V_T = 25.9$mV。則：

    (1) 在圖 (a) 中，試求流過每一個二極體的電流。

    (2) 在圖 (b) 中，試求流過電阻的電流。

    (3) 在圖 (c) 中，假設使用定電壓模型，$V_{D,on} = 0.7$V，畫出其輸入／輸出特性曲線。

【106 中正大學 - 電機工程學系、機械工程學系碩士】

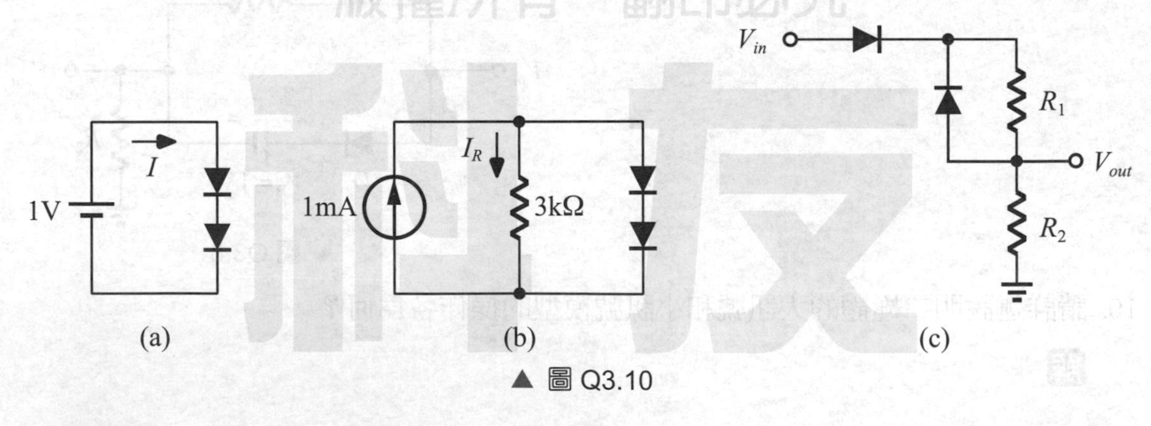

▲ 圖 Q3.10

解

13. 試使用二極體、電阻和電壓源來設計一個電路，並使其輸入／輸出特性曲線如圖 Q3.11 所示，請考慮以下 2 種二極體的模型：

(1) 理想二極體。

(2) $V_{D,on} = 0.7$ 的二極體。　　【108 中正大學 - 電機工程學系、機械工程學系碩士】

解

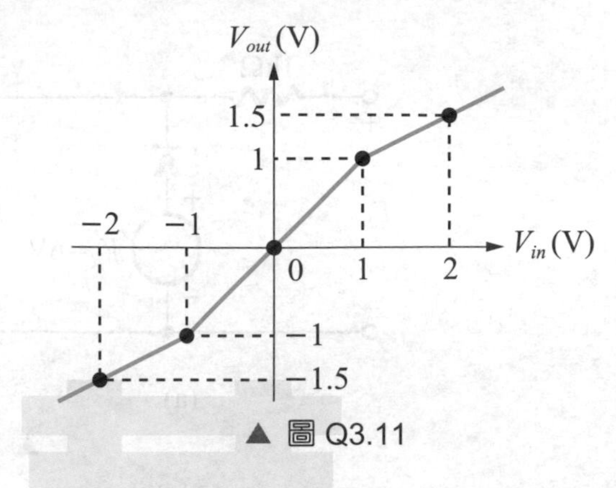

▲ 圖 Q3.11

14. 如圖 Q3.12 所示之電路，假設每一個二極體的反向飽和電流為 5×10^{-17}A，且 $V_T = 25$mV，求 V_R 之值。　　【109 中正大學 - 電機工程學系碩士】

解

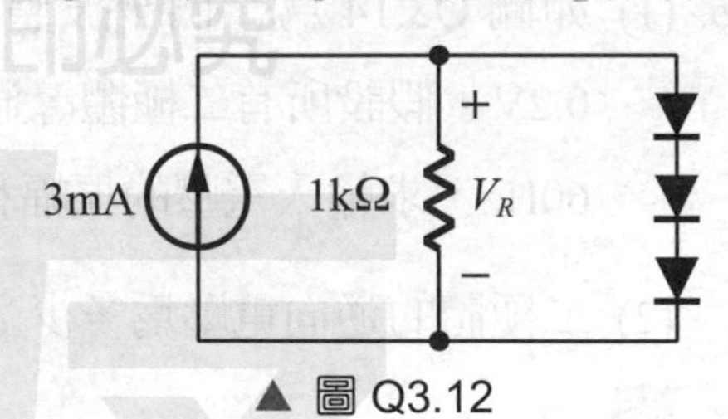

▲ 圖 Q3.12

15. 如圖 Q3.13(a) 所示之電路，其輸入電壓爲鋸齒波，如圖 Q3.13(b) 所示。則：

(1) 畫出 V_{out} 對 V_S 的轉移特性曲線。

(2) 若二極體的 $R_f = 10\Omega$，$V_r = 0.6\text{V}$，$I_S = 0$，畫出輸出波形 V_{out}。

【103 臺灣海洋大學 - 光電科學研究所碩士】

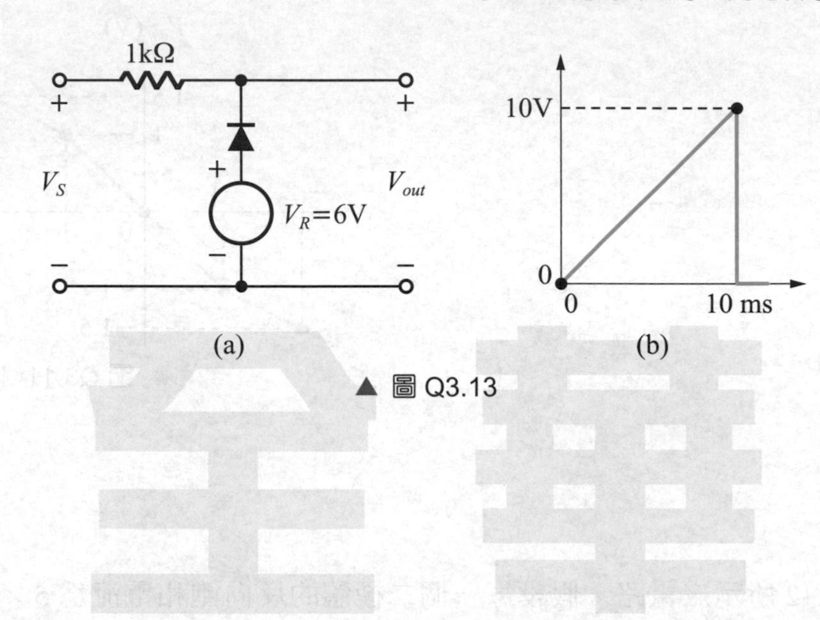

▲ 圖 Q3.13

解

16. (1) 如圖 Q3.14 爲一個全波整流器，其輸出電壓的峰值爲 3.6V 且漣波電壓爲 0.2V，假設所有二極體導通的電壓 $V_r = 0.7\text{V}$，$R_L = 100\Omega$，輸入電壓的頻率爲 60Hz，求輸入電壓的振幅和電容之值。

(2) 二極體的逆向電壓爲多少？

【106 臺灣科技大學 - 電子工程碩士乙二組】

解

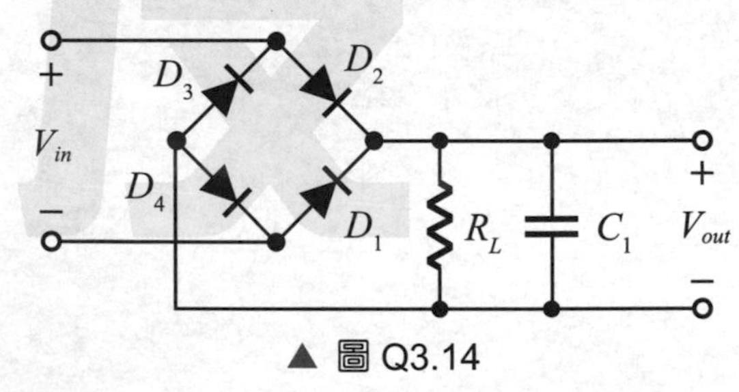

▲ 圖 Q3.14

17. 如圖 Q3.15 所示之電路，以弦波輸入半波整流器，請畫出 V_C 相對於時間 t 的變化 $V_C(t)$。 【108 臺北科技大學 - 光電工程碩士】

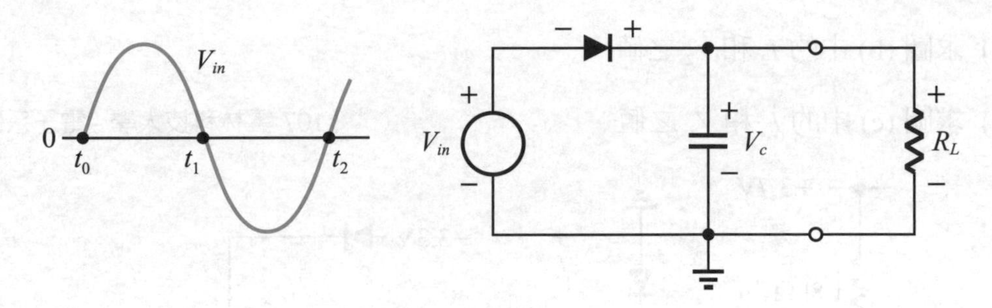

▲ 圖 Q3.15

解

18. 如圖 Q3.16(a)、(b)、(c) 中的二極體，其順向電壓爲 0.1V 且沒有漏電流。則：

(1) 求圖 (a) 中的 I_1 和 V_1 之值。

(2) 求圖 (b) 中的 I_2 和 V_2 之值。

(3) 求圖 (c) 中的 I_3 和 V_3 之值。 【107 雲林科技大學 - 電子系碩士】

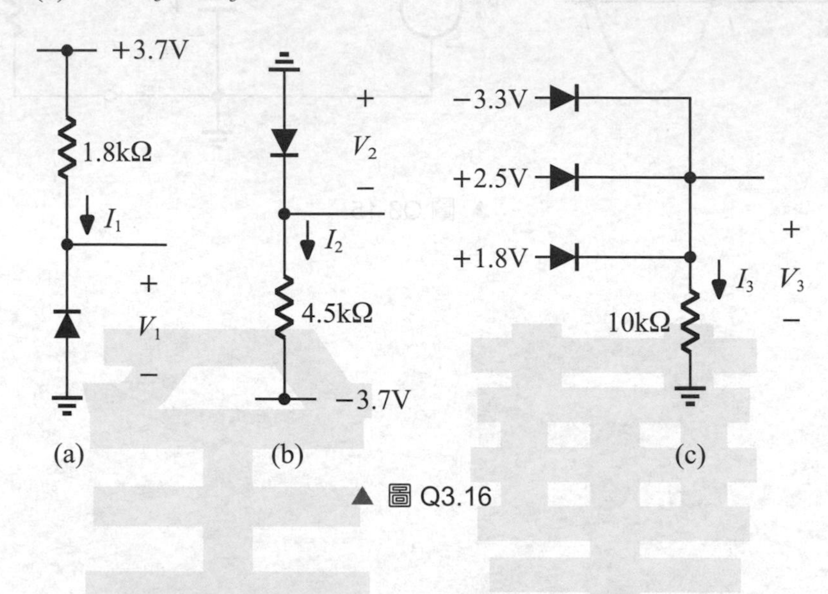

▲ 圖 Q3.16

解

19. 考慮如圖 Q3.17 所示之電路，假設二極體的切入電壓 V_r(cut in voltage) 與順向導通電壓 V_D(forward on voltage) 皆爲 0.7V。則：

(1) 當 $V_S = 2\text{V}$ 時，電壓 V_{out} 值爲多少？

(2) 當 $V_S = 1\text{V}$ 時，電壓 V_{out} 值爲多少？ 【107 聯合大學 - 光電工程學系碩士】

解

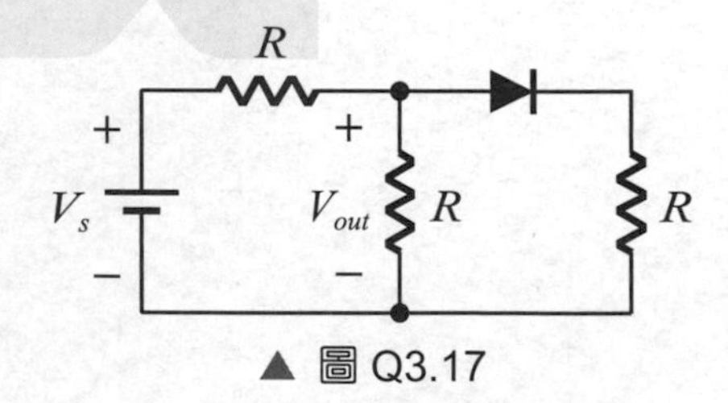

▲ 圖 Q3.17

20. 如圖 Q3.18 所示之電路，假設圖中之二極體為理想二極體，則請分別計算圖 (a)、(b) 中之電壓 V 與電流 I。 【100 虎尾科技大學 - 電子工程碩士】

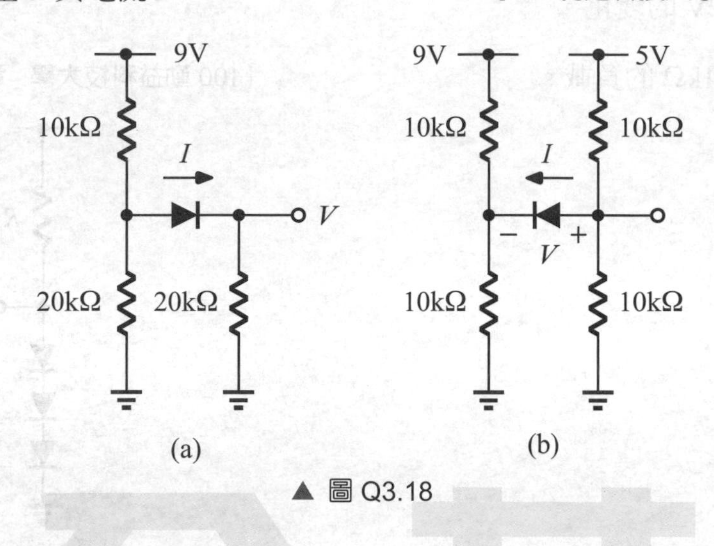

▲ 圖 Q3.18

解

21. 一個二極體電路如圖 Q3.19 所示，電源 $V^+ = -V^- = 5\text{V}$，$R_1 = 5\text{k}\Omega$，$R_2 = 10\text{k}\Omega$，若二極體導通電壓 $V_r = 0.7\text{V}$。則：

(1) 當 $V_{in} = -1\text{V}$，V_{out} 為多少？

(2) 當 $V_{in} = 4\text{V}$，V_{out} 為多少？

(3) 當 $V_{in} = 9\text{V}$，V_{out} 為多少？ 【101 虎尾科技大學 - 光電與材料科技碩士】

解

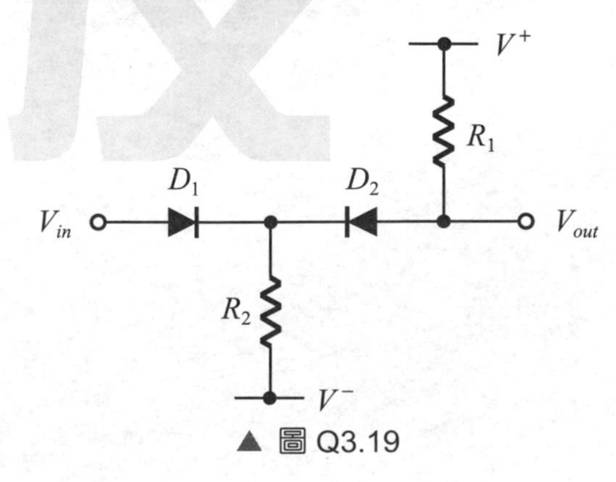

▲ 圖 Q3.19

22. 如圖 Q3.20 提供了一個固定電壓約爲 1.95V，以下列條件求出輸出電壓的變化：

(1) 電源 ± 2V 的變化。

(2) 連接至 1kΩ 的負載。【100 勤益科技大學 - 電子工程系碩士】

解

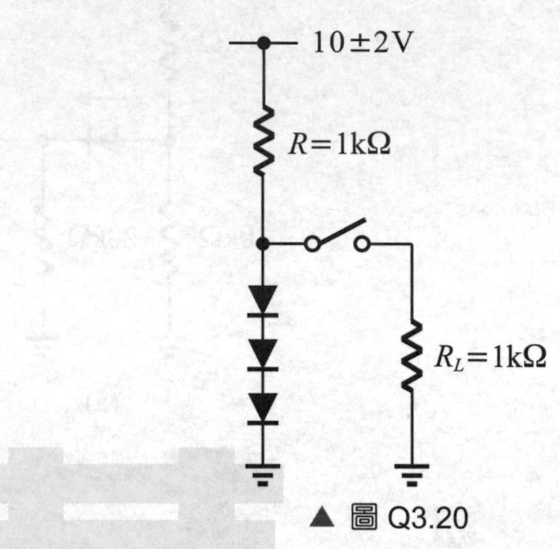

▲ 圖 Q3.20

23. 如圖 Q3.21 所示之二極體電路，其中二極體皆爲內阻 0Ω，導通電壓 $V_{D,on} = 0.7\text{V}$，已知 V_B 爲 2V，電阻 R_1 與 R_2 皆爲 1kΩ。則：

(1) 當輸入電壓 $V_{in} = 2\text{V}$，V_{out} 值爲多少 (V)？

(2) 當輸入電壓 $V_{in} = 8\text{V}$，流經電阻 R_1 之電流 I_1 值爲多少 (mA)？【107 高考三級】

解

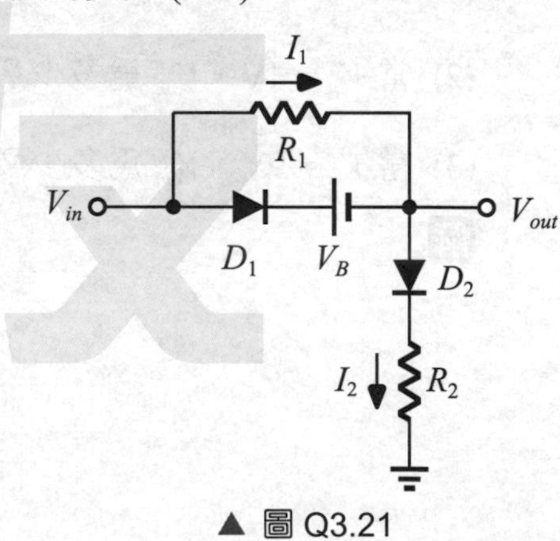

▲ 圖 Q3.21

24. 如圖 Q3.22 所示之電路，圖 (a) 電容 C 之電壓 $V_C(t)$，已知 $V_C(0) = 0$，$\tau = RC$，二極體 D 具有理想特性，導通電壓為 0V，$V_S(t)$ 為從 $t = 0$ 開始，週期 T 之方波如圖 (b)，$e^{-\frac{T}{2\tau}} = 0.9$，–3V 直流電池之內阻 $R_S \ll R$，且 $\tau_S = R_S C \ll T$，在 $0 < t < 2T$ 區間，推導並畫出 $V_L(t)$ 之波形。【108 高考三級】

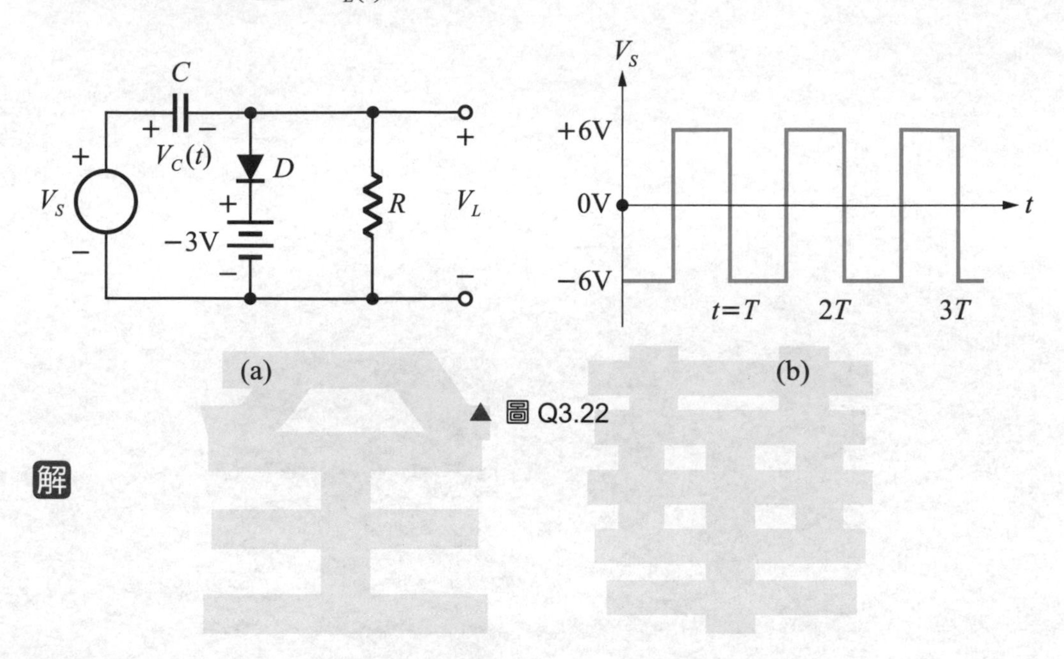

▲ 圖 Q3.22

解

25. 試分析如圖 Q3.23 所示之整流器電路 (rectifier)，若二極體 $D_1 \sim D_4$ 之導通電壓皆為 1V，輸入信號為 $V_{in} = 4\sin(\Omega t)$(volt)，$R = 1\text{k}\Omega$。則：

(1) 試求 V_{out} 之峰值 (peak value)。

(2) 試求電阻 R 之平均功耗。【109 高考三級】

解

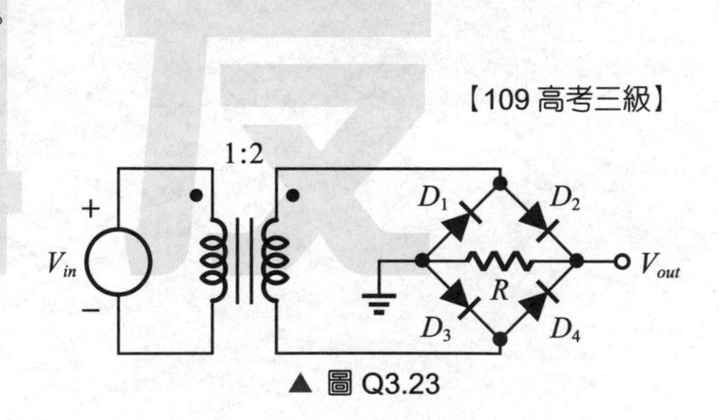

▲ 圖 Q3.23

得分欄

班級：______

學號：______

姓名：______

習題演練

Chapter 4 雙極性接面電晶體的基本特性

基礎題

1. 請說明 *npn* 型 BJT 接成主動區 (V_{BE} = 0.8 V，V_{CE} = 1 V) 時，內部載子將如何移動？請畫出結構圖來輔助說明之。

2. BJT 的結構中，基極製作的特別薄，為什麼？

3. 請寫出 *npn* 型和 *pnp* 型 BJT 操作在主動區的條件和其電流的公式。

4. 操作於主動區的 BJT，其 I_B = 50 μA，I_E = 6.05 mA，則：

(1) 試求 β 之值。

(2) 試求 α 之值。

5. 試定義 BJT 的 α 和 β，並推導兩者之間的關係。

解

6. 請以不同的 V_{BE} 值 (V_{BE_1} ，V_{BE_2} ，⋯) 畫出 BJT 的輸出特性曲線。

解

7. 試說明 BJT 的小訊號參數 g_m、r_π、r_o 是如何定義的？並推導出其最後的公式值。

解

8. 何謂厄利效應？它將造成何種影響？

解

9. 如圖 Q4.1 所示之電路，若 $I_{S_1} = I_{S_2} = 8\times10^{-15}$ A，$V_B = 0.7$ V。則：

(1) 試求 I_X 之值。

(2) 若 $I_Y = 3.5$ mA，試求 I_{S_3} 之值。

解

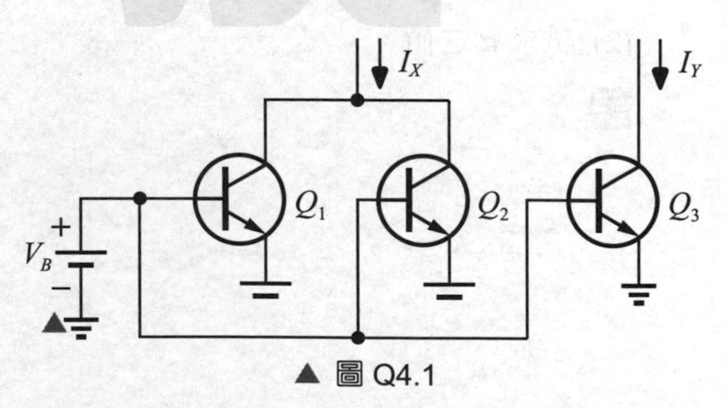

▲ 圖 Q4.1

10. 若單一個 BJT 時其轉導為 g_m，則接成如圖 Q4.2 之電路時，其轉導變為多少？

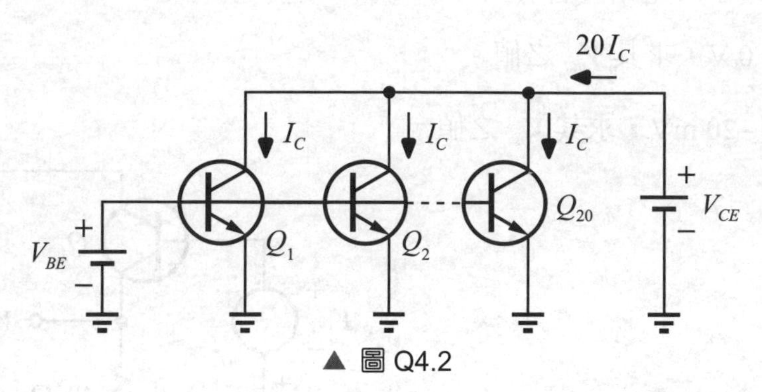

▲ 圖 Q4.2

解

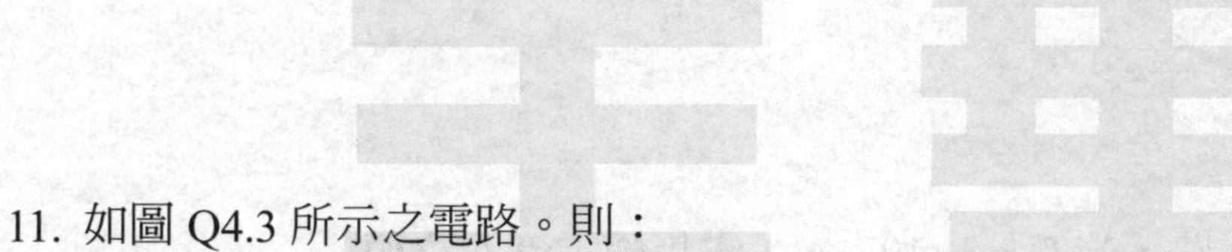

11. 如圖 Q4.3 所示之電路。則：

(1) 試求 I_C 與 V_{out} 之值。

(2) 試證明 Q_1 操作在主動區，其中 $I_S = 6\times10^{-16}$ A 。

解

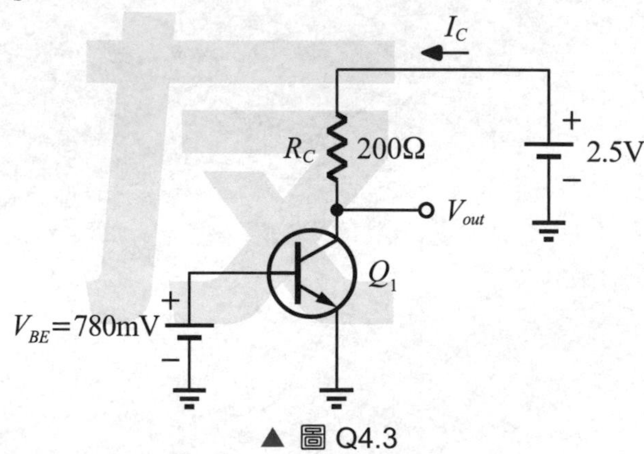

▲ 圖 Q4.3

12. 如圖 Q4.4 所示之電路，若 $I_S = 5\times10^{-16}$ A。則：

(1) 設 $V_1 = 0$ V，求其 V_{out} 之值。

(2) 設 $V_1 = -20$ mV，求其 V_{out} 之值。

解

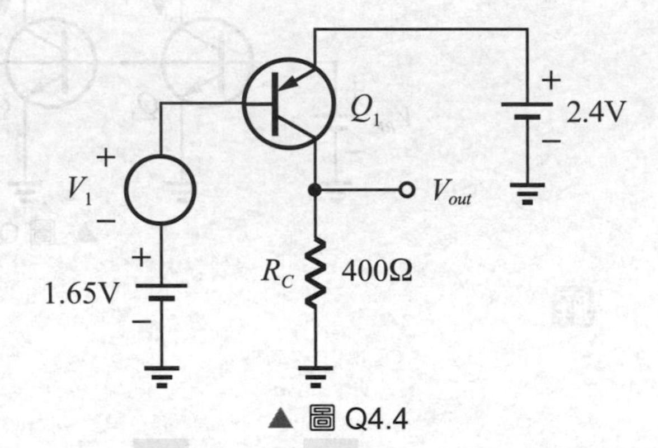

▲ 圖 Q4.4

13. 如圖 Q4.5 所示之電路，若 $I_S = 3\times10^{-17}$ A，求集極電流 I_C 之值。

解

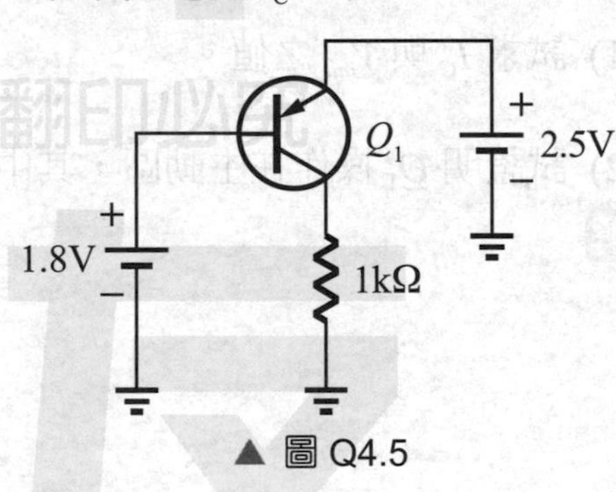

▲ 圖 Q4.5

14. 如圖 Q4.6 所示之電路，若$V_A \neq \infty$，請畫出其小訊號模型電路。

解

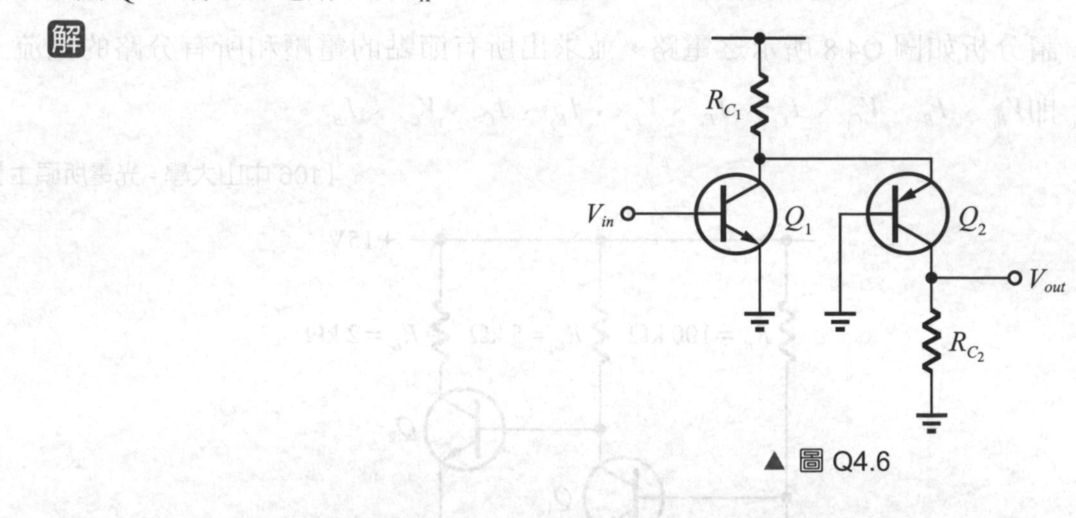

▲ 圖 Q4.6

15. 如圖 Q4.7 所示之電路，若$V_A \neq \infty$，請畫出其小訊號模型電路。

解

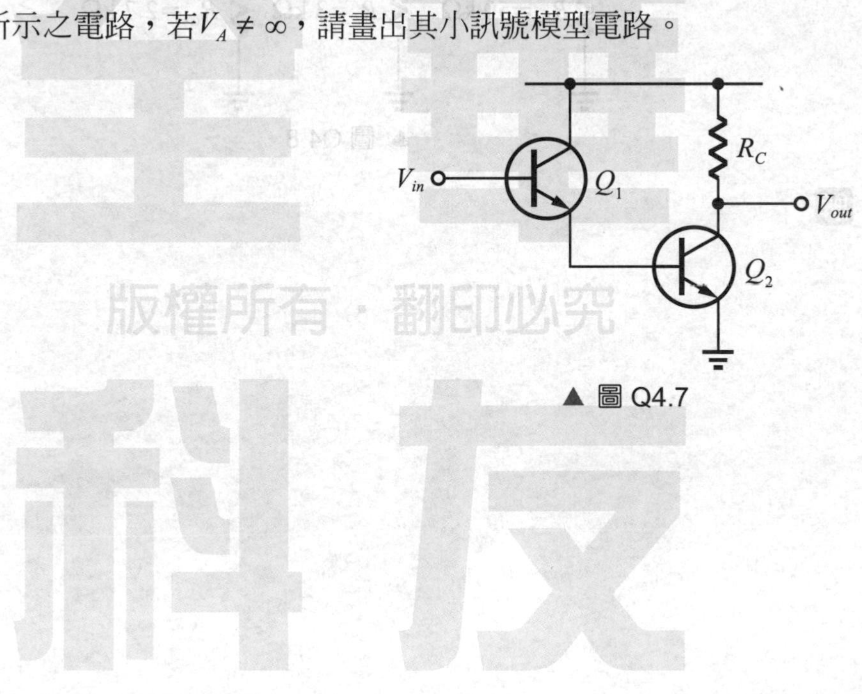

▲ 圖 Q4.7

進階題

16. 請分析如圖 Q4.8 所示之電路，並求出所有節點的電壓和所有分路的電流，即V_{B_1}、I_{B_1}、V_{C_1}、I_{C_1}、I_{E_1}、V_{E_2}、I_{E_2}、I_{C_2}、V_{C_2}、I_{B_2}。

【106 中山大學 - 光電所碩士】

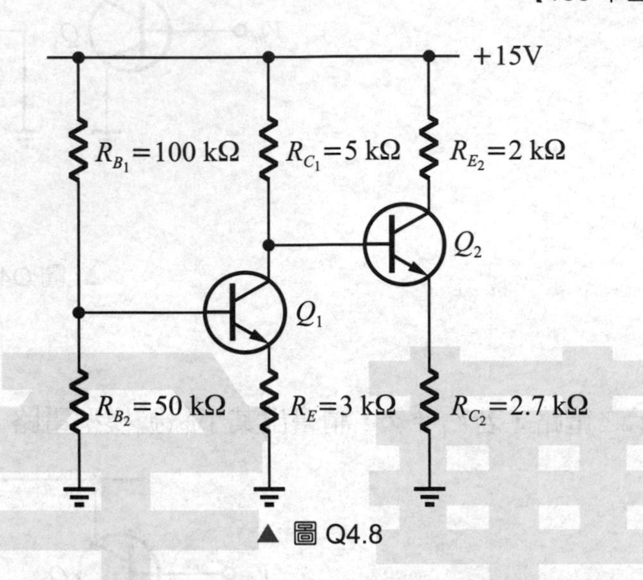

▲ 圖 Q4.8

解

17. 如圖 Q4.9 之 BJT 電路，其 $V_{DC}=5\text{V}$，$R_{sig}=120\text{k}\Omega$，$R_{B_1}=300\text{k}\Omega$ ，$R_{B_2}=200\text{k}\Omega$ ，$R_E=5\text{k}\Omega$，$R_C=2\text{k}\Omega$，$R_L=5\text{k}\Omega$，$|V_{BE}|\cong 0.7\text{V}$ ，$\beta=100$，$V_T=25\text{mV}$，忽略厄利效應，求 I_C 之值。 【107 中山大學 - 電機系碩士甲組】

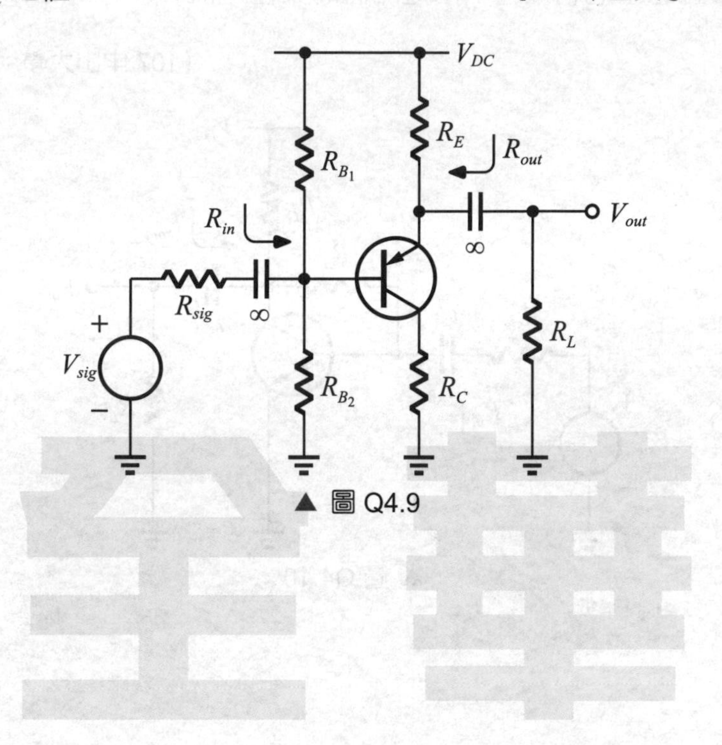

▲ 圖 Q4.9

解

18. 如圖 Q4.10 所示之放大器，其 $V_{DC}=1.5\text{V}$，$R_{sig}=R_L=1\text{k}\Omega$，$R_C=1\text{k}\Omega$，$R_B=47\text{k}\Omega$，$|V_{BE}|\cong 0.7\text{V}$，$\beta=100$，$C_u=0.8\text{pF}$，$f_T=600\text{MHz}$，$V_T=25\text{mV}$，假設耦合電容值都很大，且忽略厄利效應，求電晶體的集極電流。

【107 中山大學 - 電機系碩士甲組】

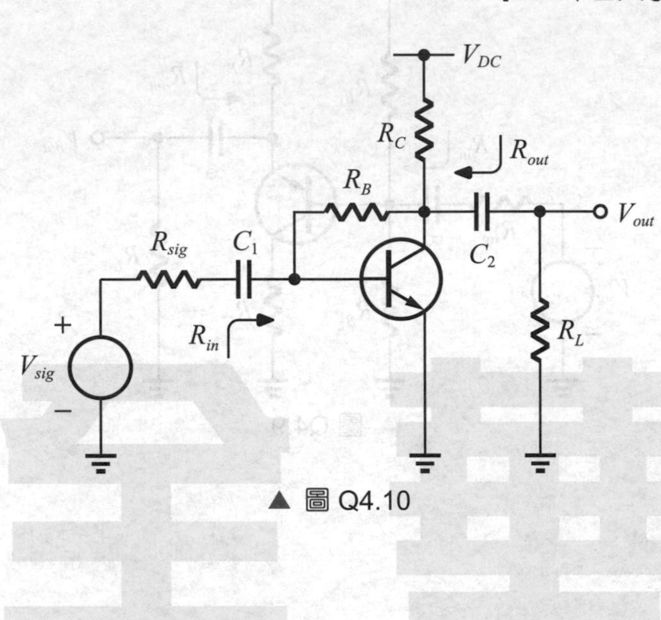

▲ 圖 Q4.10

解

19. 求如圖 Q4.11 中的集極電壓 V_C、集極電流 I_C 和射極電壓 V_E，假設 $\beta=30$。

【108 中山大學 - 電機系碩士甲組】

解

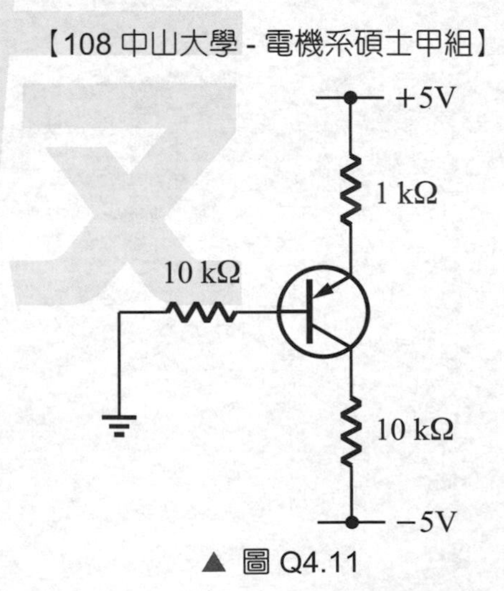

▲ 圖 Q4.11

20. 如圖 Q4.12 所示為一個共射極放大器，其 $V_{CC} = 9\text{V}$，$R_1 = 27\text{k}\Omega$，$R_2 = 15\text{k}\Omega$，$R_E = 1.2\text{k}\Omega$，$R_C = 2.2\text{k}\Omega$，$\beta = 100$，$V_A = 100\text{V}$，假設 $R_S = 10\text{k}\Omega$ 和 $R_L = 2\text{k}\Omega$，求直流偏壓電流 I_E。【109 中山大學(選考)- 電波聯合碩士、通訊碩士乙組、電機碩士戊組】

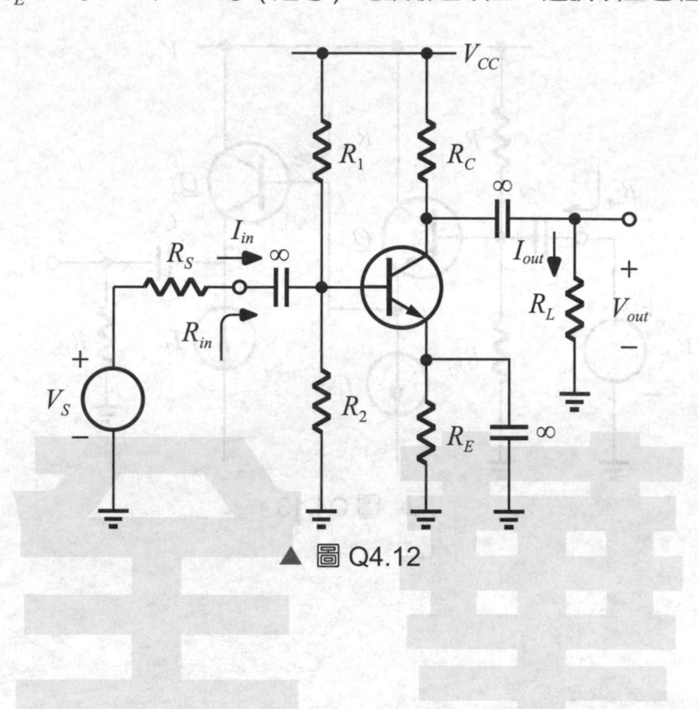

▲ 圖 Q4.12

解

21. 如圖 Q4.13 所示之射極隨耦器電路，假設 Q_1 的 $\beta = 50$，Q_2 的 $\beta = 100$，$V_{CC} = 5V$，$R_{B_1} = R_{B_2} = 1M\Omega$，$I_1 = 50\mu A$，$I_2 = 5mA$ 且忽略厄利效應，$V_{BE} = 0.7V$，$V_T = 25mV$，求 Q_1 的射極電流和基極電壓。【109 中山大學 - 電機系碩士甲組】

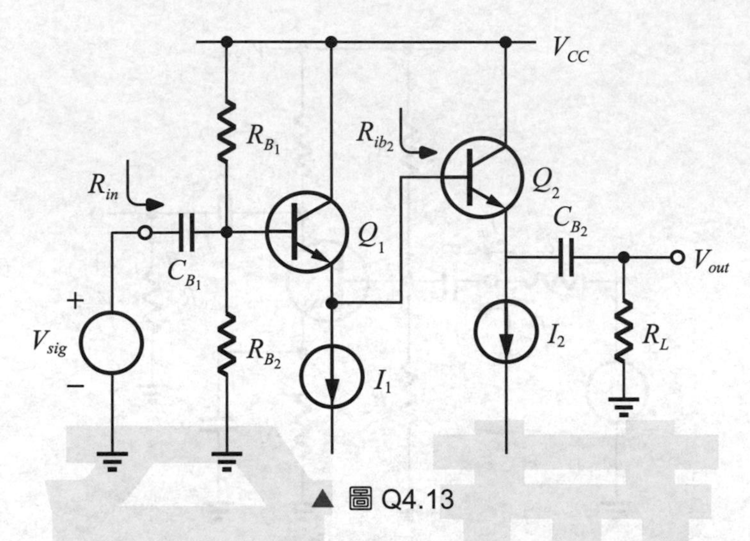

▲ 圖 Q4.13

解

22. 以射極 - 基極接面和集極 - 基極接面的偏壓來解釋 *npn* 型電晶體操作的區域。

【103 臺灣海洋大學 - 光電科學研究所碩士】

解

23. 如圖 Q4.14 所示之電路，已知 $V_{CC} = 12\text{V}$，$V_{in} = 5\text{V}$，$V_{BE} = 0.6\text{V}$，$R_E = 100\Omega$。則：

(1) 當 $R_L = 100\Omega$，其 I_L 為多少？

(2) 當 $R_L = 200\Omega$，其 I_L 為多少？

(3) 當 $R_L = 500\Omega$，其 I_L 為多少？

(4) 當 $R_L = 800\Omega$，其 I_L 為多少？ 【107 臺北科技大學 - 機械工程機電整合碩士甲組】

解

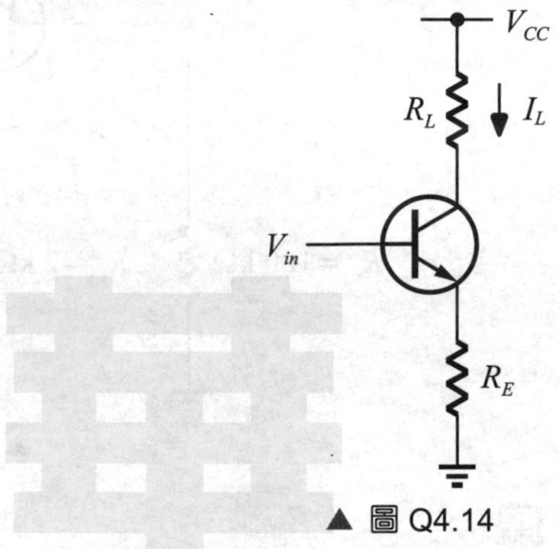

▲ 圖 Q4.14

24. 如圖 Q4.15 所示之電路，已知 $V_{CC} = 12\text{V}$，$V_{in} = 5\text{V}$，$V_{BE} = 0.6\text{V}$。則：

(1) 當 $R_L = 100\Omega$，其 I_L 為多少？

(2) 當 $R_L = 200\Omega$，其 I_L 為多少？

(3) 當 $R_L = 500\Omega$，其 I_L 為多少？

(4) 當 $R_L = 800\Omega$，其 I_L 為多少？ 【107 臺北科技大學 - 機械工程機電整合碩士甲組】

解

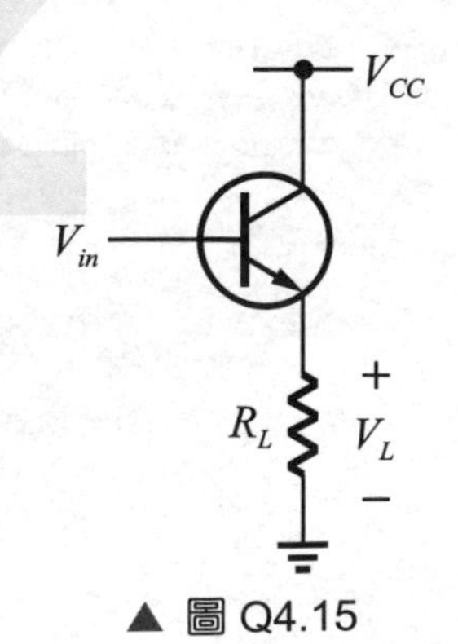

▲ 圖 Q4.15

25. 如圖 Q4.16 所示之電路，假設兩個電晶體 $\beta=\infty$，試計算 A 和 B 兩個節點的電壓。

【100 虎尾科技大學 - 光電與材料科技碩士】

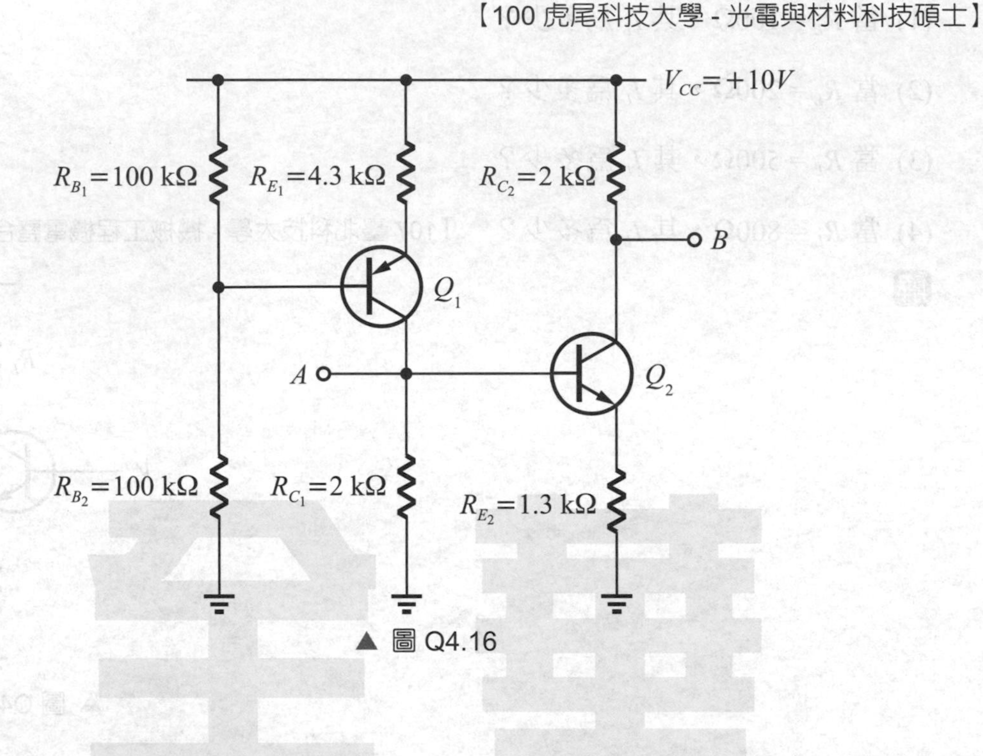

▲ 圖 Q4.16

解

26. 如圖 Q4.17 所示之電路，若圖中電晶體的 $\beta_F=100$，且反向飽和電流可以忽略，則 I_C 和 V_{CE} 爲何？【100 虎尾科技大學 - 光電與材料科技碩士】

解

100kΩ
400kΩ
2kΩ
+10V

▲ 圖 Q4.17

27. 如圖 Q4.18 所示之電路，假設電晶體之 $\beta = 100$。則：

(1) 求 I_B 爲多少？

(2) 求 I_C 爲多少？

(3) 求 V_B 爲多少？

(4) 求 V_C 爲多少？ 【100 虎尾科技大學 - 電子工程碩士】

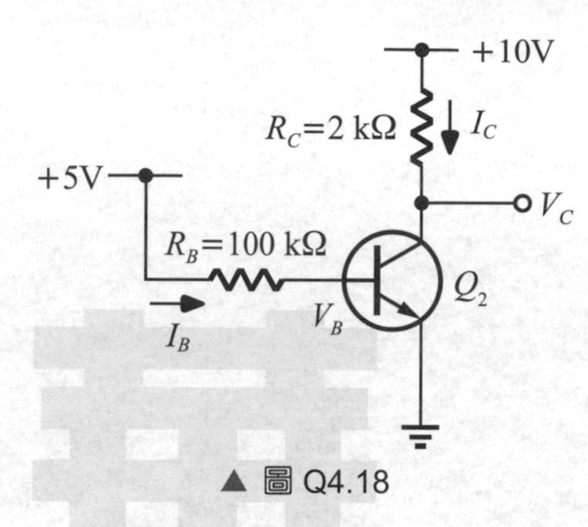

▲ 圖 Q4.18

28. 在某溫度範圍中，如圖 Q4.19 所示之電晶體的 β 從 100 變化到 200，試求工作點 $Q(I_C，V_{CE})$ 的變化量。 【101 虎尾科技大學 - 車輛工程系碩士】

解

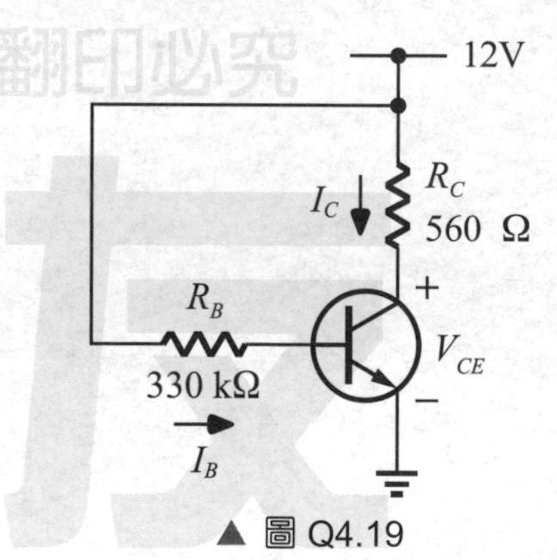

▲ 圖 Q4.19

29. 如圖 Q4.20 所示之電晶體被用來控制 LED，當 LED 正向偏壓時，$V_d = 1.4\text{V}$，若電晶體的參數爲 $\beta = 50$，$V_{BE(on)} = 0.7\text{V}$，$V_{CE(sat)} = 0.2\text{V}$，試求當電晶體 Q 導通時，會有多少電流通過 LED？　【101 虎尾科技大學 - 光電與材料科技碩士】

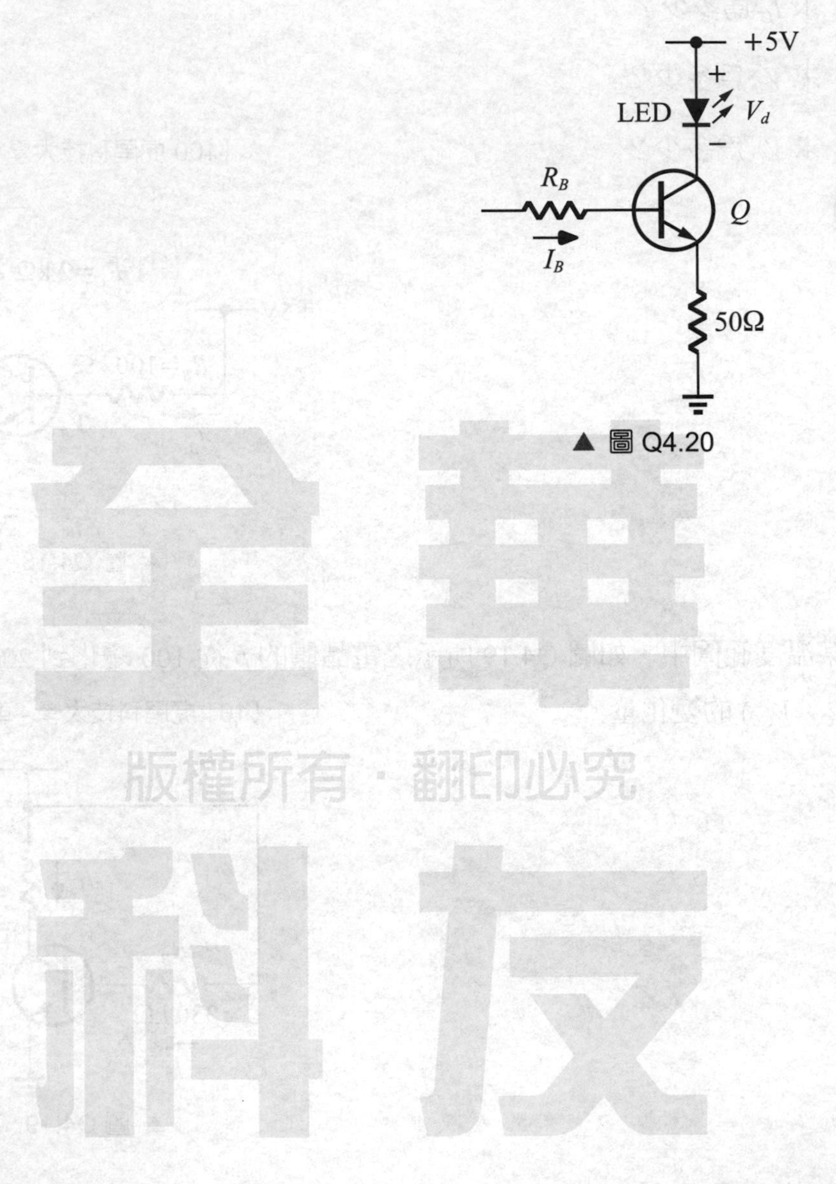

▲ 圖 Q4.20

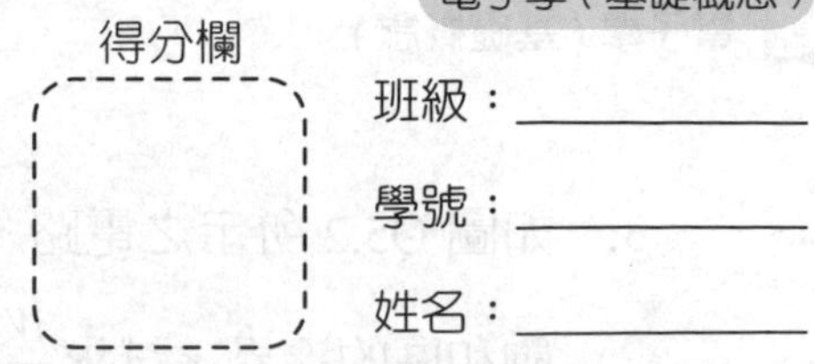

習題演練

Chapter 5 金氧半場效電晶體的基本特性

基礎題

1. 公式 $I_D = \frac{1}{2}\mu_n C_{ox}\frac{W}{L}[2(V_{GS}-V_{th})V_{DS}-V_{DS}{}^2]$ 為何種數學曲線？請以 I_D 為縱軸，V_{DS} 為橫軸畫出其圖形。

解

2. 如圖 Q5.1 所示之電路，假設 V_{th} = 0.3 V，試判斷各操作於哪一個區域？

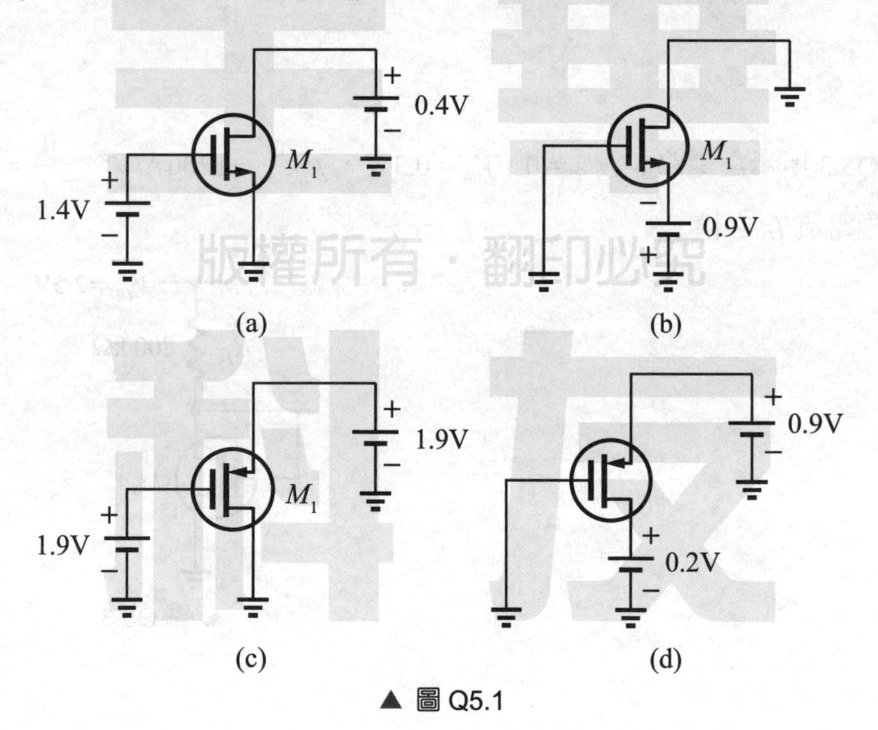

▲ 圖 Q5.1

3. 如圖 Q5.2 所示之電路，設 $\lambda = 0$，$V_{th} = 0.3$ V，$\mu_n C_{ox} = 120\mu\text{A/V}^2$，若 M_1 操作在飽和區的邊界，試求 $\frac{W}{L}$ 之值。

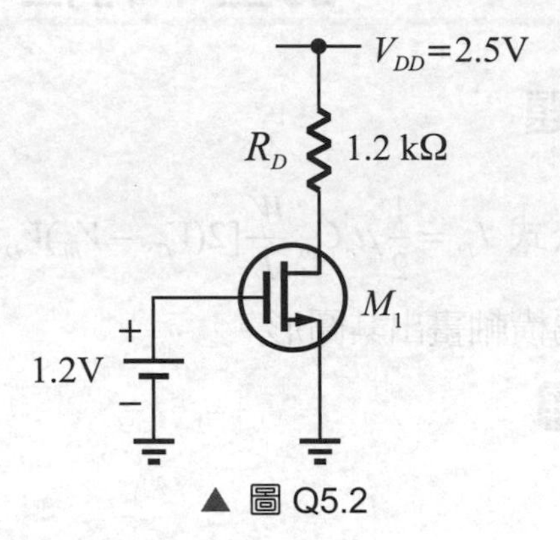

▲ 圖 Q5.2

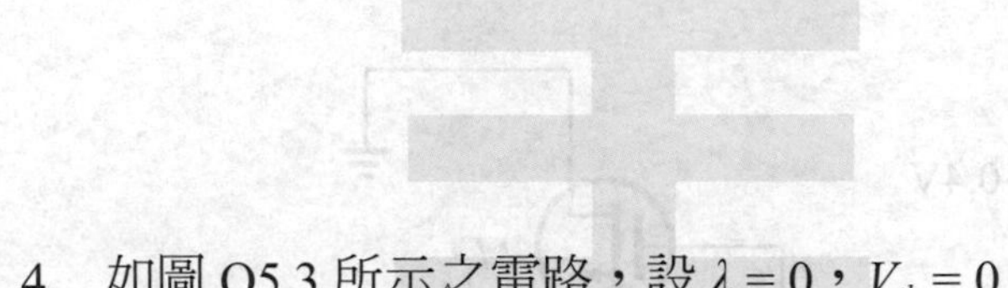

4. 如圖 Q5.3 所示之電路，設 $\lambda = 0$，$V_{th} = 0.3$ V，$\mu_n C_{ox} = 120\mu\text{A/V}^2$，$\frac{W}{L} = \frac{12}{0.18}$，試求汲極電流 I_D 之值。

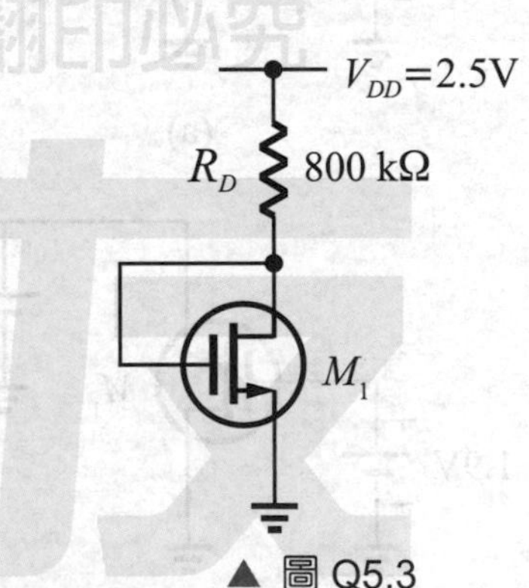

▲ 圖 Q5.3

5. 如圖 Q5.4 所示之電路，設 $\lambda = 0$，$V_{th} = -0.3$ V，$\mu_p C_{ox} = 60\mu\text{A/V}^2$，若 M_1 操作在飽和區的邊界，試求 $\frac{W}{L}$ 之值。

解

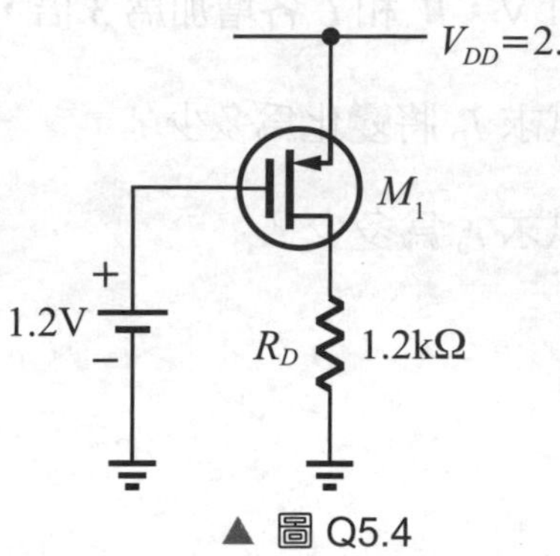

▲ 圖 Q5.4

6. 如圖 Q5.5 所示之電路，設 $\lambda = 0$，$V_{th} = -0.3$ V，$\mu_p C_{ox} = 60\mu\text{A/V}^2$，$\frac{W}{L} = \frac{12}{0.18}$，試求其操作點 (即汲極電流 I_D)。

解

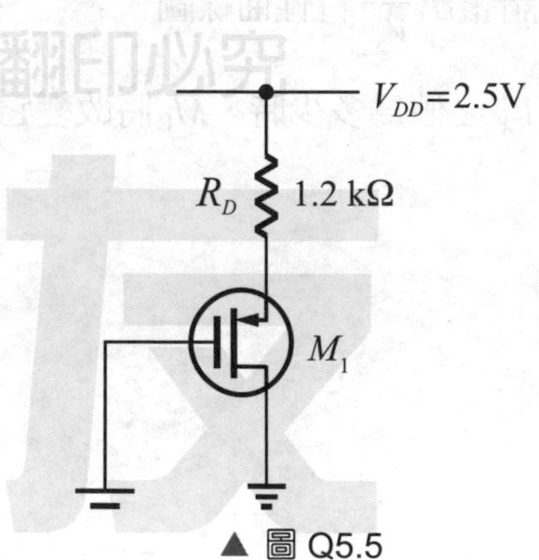

▲ 圖 Q5.5

7. 某 MOSFET 操作在飽和區，設 $\lambda = 0.1\ V^{-1}$，$I_D = 1$ mA，$V_{DS} = 0.6$ V，若將 V_{DS} 提升至 1 V，W 和 L 各增加為 3 倍，$\lambda \propto \frac{1}{L}$。則：

(1) 試求 I_D 將變化為多少？

(2) 試求 r_o 為多少？

解

8. 如圖 Q5.6 所示之電路，設 V_X 由 0 V 變化至 2.5 V，$\lambda = 0$，$V_{th} = -0.3$ V。則：

(1) 請畫出 $\frac{I_X}{V_X}$ 特性曲線圖。

(2) V_X 之值為多少時，M_1 將改變它的區域？

解

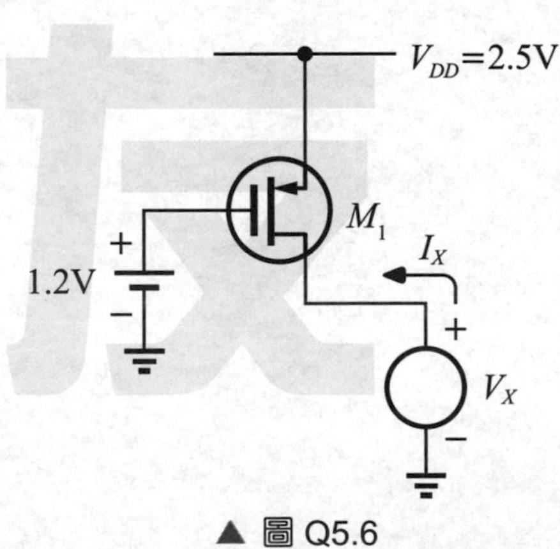

▲ 圖 Q5.6

9. 如圖 Q5.7 所示之電路，假設 $\lambda \neq 0$，請畫出其小訊號模型電路。

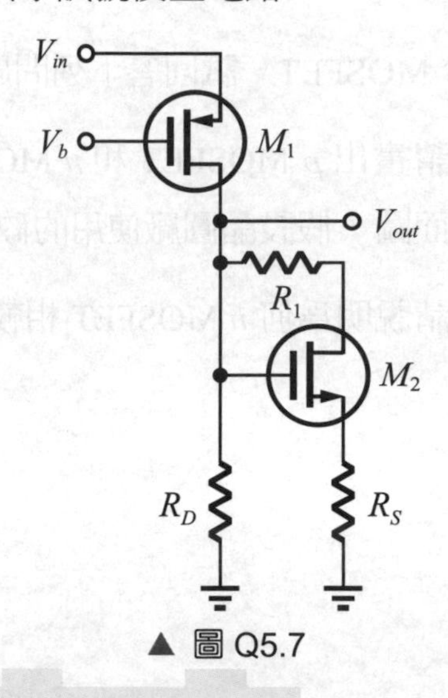

▲ 圖 Q5.7

10. 如圖 Q5.8 所示之電路，假設 $\lambda \neq 0$，請畫出其小訊號模型電路。

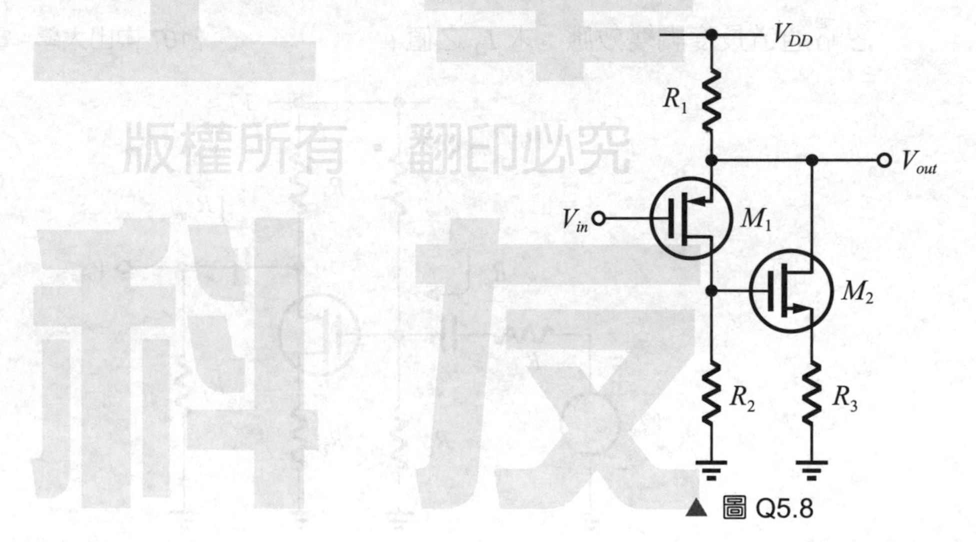

▲ 圖 Q5.8

進階題

11. 關於 MOSFET，試回答下列問題：

(1) 請畫出 p MOSFET 和 n MOSFET 利用實際晶圓廠製程所實現之物理結構剖面圖，假設晶圓廠使用的矽基板為 p 型基板。

(2) 請說明為何 n MOSFET 相較於 p MOSFET 具有面積小且速度快的優點。

【106 中山大學 - 光電所碩士】

解

12. 如圖 Q5.9 所示之 MOSFET 電路，其 $V_{DC}=5\text{V}$，$R_{sig}=120\text{k}\Omega$，$R_{G_1}=300\text{k}\Omega$，$R_{G_2}=200\text{k}\Omega$，$R_D=2\text{k}\Omega$，$R_S=1\text{k}\Omega$，$R_L=1\text{k}\Omega$，$V_{th}=-1\text{V}$，$\mu C_{ox}\dfrac{W}{L}=2\text{mA}/\text{V}^2$，忽略通道長度調變效應，求 I_D 之值。

【107 中山大學 - 電機系碩士甲組】

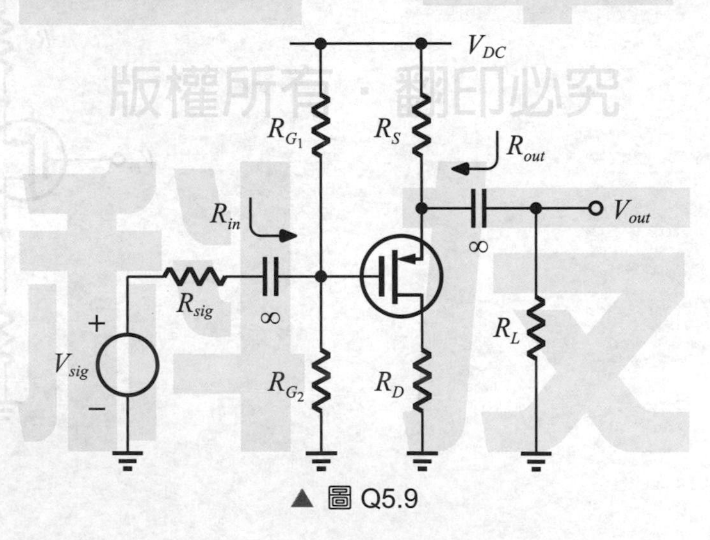

▲ 圖 Q5.9

解

13. 如圖 Q5.10 所示爲 n MOS 電晶體的 CS 放大器電路，$V_t = 0.7\text{V}$，$V_A = 50\text{V}$，$R_{sig} = 120\text{k}\Omega$，$R_{G_1} = 300\text{k}\Omega$，$R_{G_2} = 200\text{k}\Omega$，$R_D = 5\text{k}\Omega$，$R_S = 2\text{k}\Omega$，$R_L = 5\text{k}\Omega$，$V_{DD} = 5\text{V}$，若忽略通道長度調變效應，$n$ MOSFET 操作在飽和區且 $I_D = 0.5\text{mA}$，$V_{ov}(V_{GS}-V_t) = 0.3\text{V}$，求 MOSFET 的 $\mu_n C_{ox}(\frac{W}{L})$ 之值和汲極電壓。

【109 中山大學 - 電機系碩士甲組】

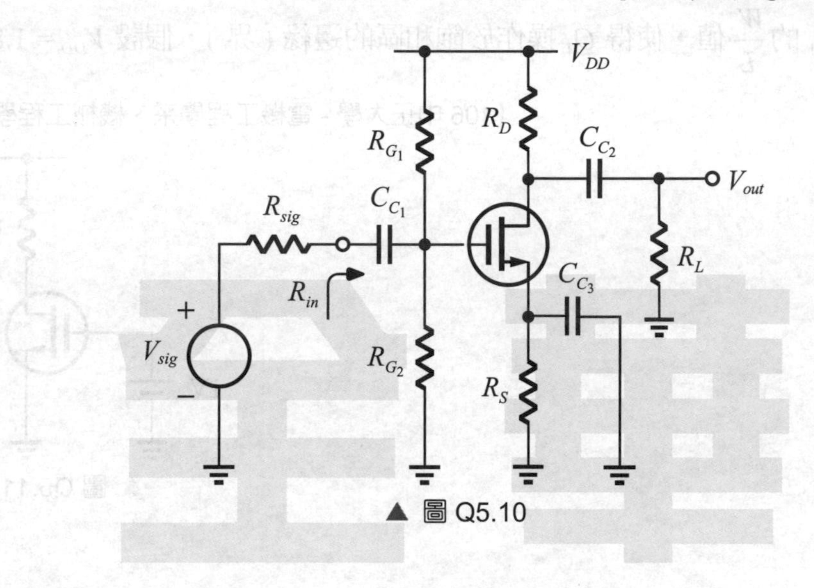

▲ 圖 Q5.10

解

14. 如圖 Q5.11 所示之電路，其 $\mu_n C_{ox} = 200\mu A/V^2$，$\mu_p C_{ox} = 100\mu A/V^2$，$V_{tn} = |V_{tp}| = 0.4V$，$\lambda = 0V^{-1}$。則：

(1) 對 n 型 MOSFET 而言，操作於三極管區時，試證明其汲極電流為 $\mu_n C_{ox} \dfrac{W}{L}[(V_{GS} - V_{tn})V_{DS} - \dfrac{1}{2}V_{DS}{}^2]$。

(2) 試求 Q_1 的 $\dfrac{W}{L}$ 值，使得 Q_1 操作於飽和區的邊緣(界)，假設 $V_{DD} = 1.8V$。

【106 中正大學 - 電機工程學系、機械工程學系碩士】

解

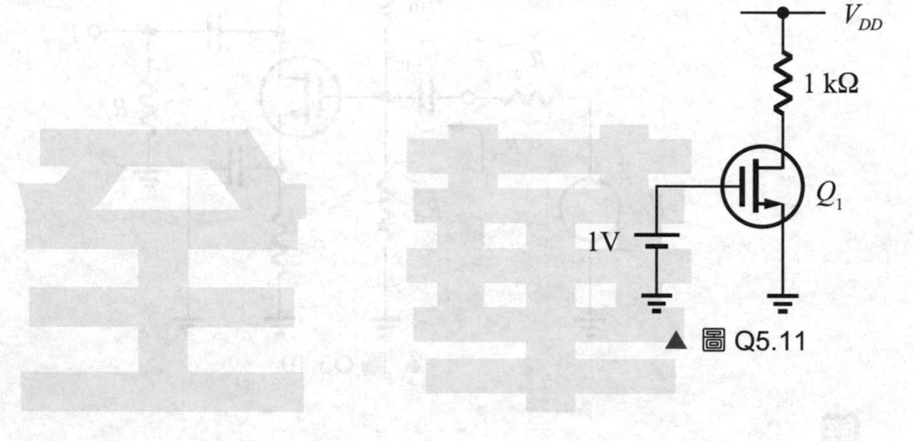

▲ 圖 Q5.11

15. 如圖 Q5.12 所示，$V_{DD}=1.8\text{V}$，$\mu_n C_{ox}=100\mu\text{A}/\text{V}^2$，$\mu_p C_{ox}=50\mu\text{A}/\text{V}^2$，$V_{tn}=|V_{tp}|=0.4\text{V}$，$\lambda=0\text{V}^{-1}$，$(\frac{W}{L})_{Q_1}=50$，$(\frac{W}{L})_{Q_2}=100$，$R_D=1\text{k}\Omega$。則：

 (1) 請畫出每一個電路的輸入／輸出特性曲線。

 (2) 若圖 (b) 中的 $V_i=0$，試求輸出電壓值。

 (3) 承第 (2) 題，試求其靜態功率消耗。

【107 中正大學 - 電機工程學系、機械工程學系碩士】

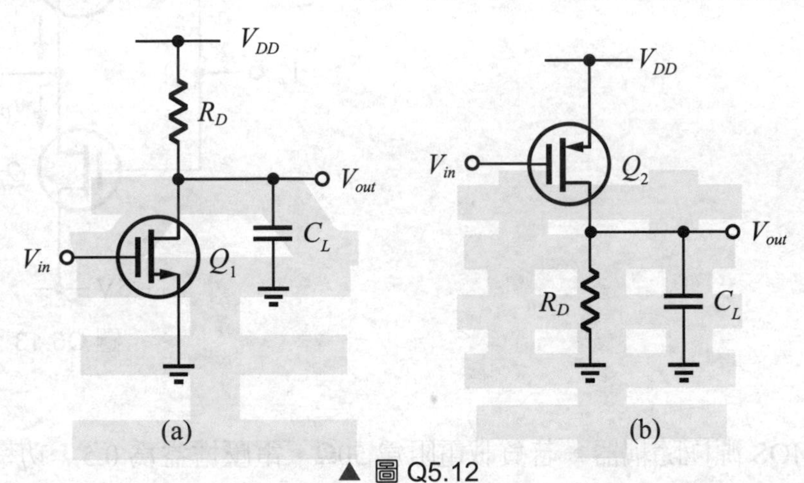

▲ 圖 Q5.12

16. 如圖 Q5.13 所示之電路，$k'_n(\frac{W_n}{L_n}) = k'_p(\frac{W_p}{L_p}) = 0.6\text{mA}/\text{V}^2$，$V_{tn} = -V_{tp} = 1\text{V}$，$\lambda = 0$，當 $V_{in} = 5\text{V}$ 和 -5V 時，求 I_{DN}、I_{DP} 和輸出電壓 V_{out}。

【103 臺灣海洋大學 - 光電科學研究所碩士】

解

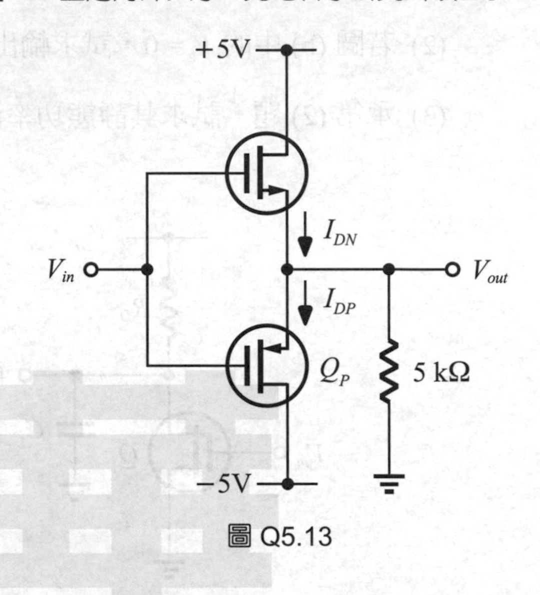

圖 Q5.13

17. 一個 n MOS 源極隨耦器，若負載電阻為 50Ω，電壓增益為 0.5，功率為 10mW，忽略通道長度調變效應和基體效應，$V_{DD} = 1.8\text{V}$，$\mu_n C_{ox} = 100\mu\text{A}/\text{V}^2$，求此 n MOS 電晶體之 $\frac{W}{L}$ 值。

【106 雲林科技大學 - 電子系碩士】

18. 一個 n MOS 其 $V_t = 1\text{V}$，操作於三極管區 (V_{DS} 很小)，$V_{GS} = 1.5\text{V}$，$r_o = 1\text{k}\Omega$。則：

(1) 若 $r_o = 200\Omega$ 時，V_{GS} 之值為多少？

(2) 當 $V_{GS} = 1.5\text{V}$，通道寬度 (W) 變為 2 倍，則 r_o 之值為多少？

【109 雲林科技大學 - 電子系碩士】

解

19. 如圖 Q5.14 所示電路中的 MOSFET 電晶體參數為 $k = 1\text{mA/V}^2$，$|V_{th}| = 1\text{V}$，$\lambda = 0$，請計算各電路中所標示之 V_1、V_2、V_3、V_4 電壓值。

【108 聯合大學 - 光電工程學系碩士】

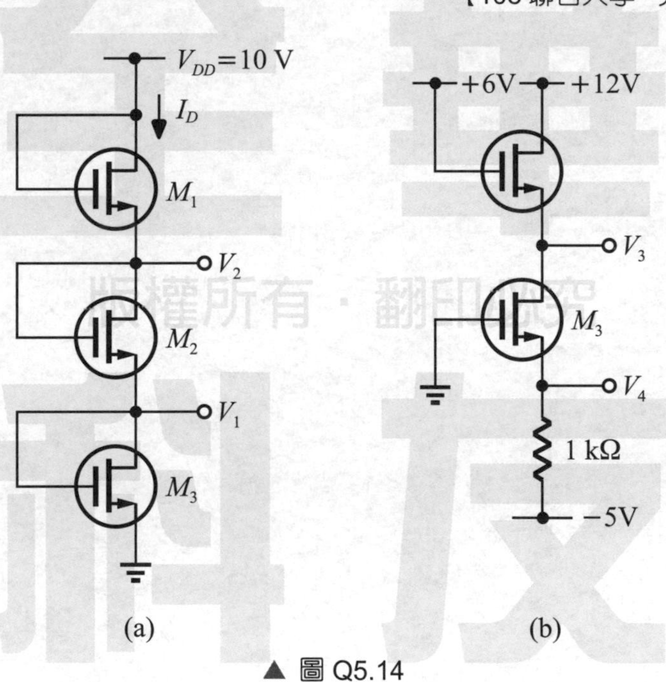

▲ 圖 Q5.14

解

20. 一個n MOSFET其$\mu_n C_{ox} = 100\mu A/V^2$，$\frac{W}{L} = 40$，$V_t = 1V$，$V_A = 10V$，若$V_{GS} = 2V$時，求$g_m$和$r_o$。　【101勤益科技大學-電子工程系碩士】

解

習題演練

Chapter 6 雙極性電晶體放大器

得分欄

班級：__________

學號：__________

姓名：__________

基礎題

1. 請描述說明如何找到一個電路輸入阻抗的方法？

2. 請描述說明如何找到一個電路輸出阻抗的方法？

3. 如圖 Q6.1 所示之電路，其中 (a)$V_A = \infty$，(b) $V_A \neq 0$，求其輸入阻抗 R_{in}。

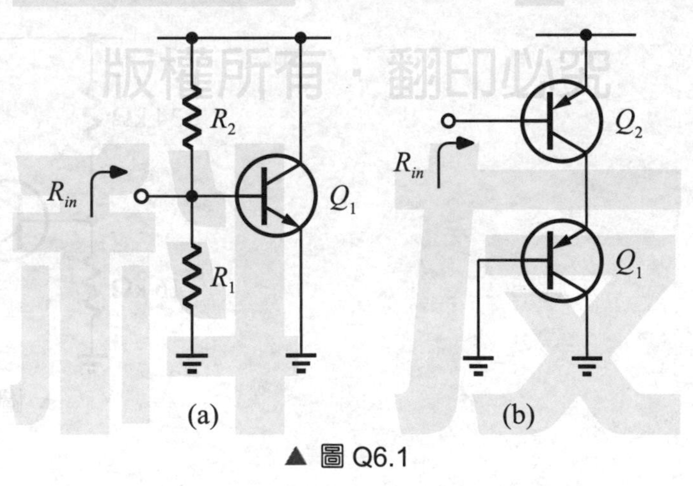

▲ 圖 Q6.1

4. 如圖 Q6.2 所示之電路，其中$V_A \neq \infty$，求其輸出阻抗 R_{out}。

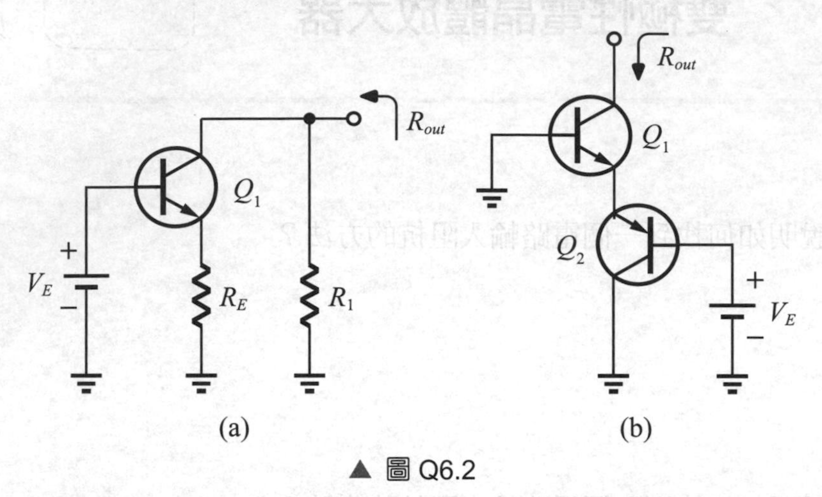

▲ 圖 Q6.2

解

5. 如圖 Q6.3 所示之電路，請決定其電壓增益 A_v、輸入阻抗 R_{in} 和輸出阻抗 R_{out}。

解

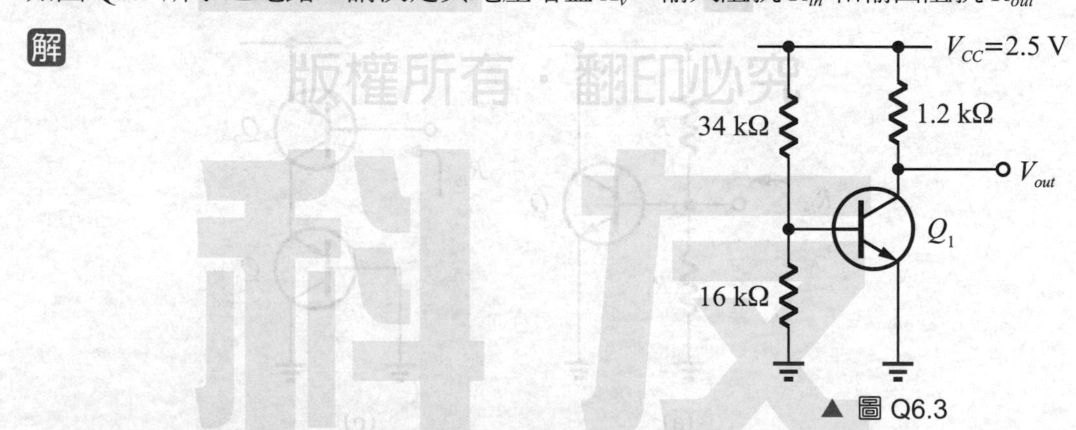

▲ 圖 Q6.3

6. 如圖 Q6.4 所示之電路，設 $I_C = 0.6$ mA，$\beta = 100$，$I_S = 6 \times 10^{-15}$ A，$V_A = \infty$，求 R_E 之值。

解

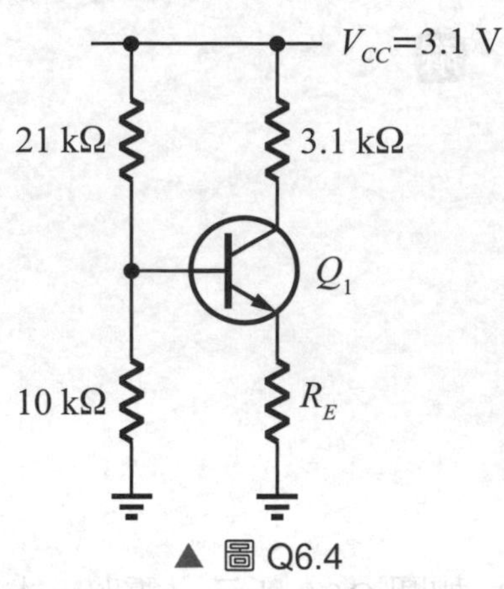

▲ 圖 Q6.4

7. 如圖 Q6.5 所示之電路，設 $I_S = 5 \times 10^{-16}$ A，$\beta = 100$，$V_A = \infty$，求 Q_1 的操作點(即 I_C 和 V_{CE} 之值)。

解

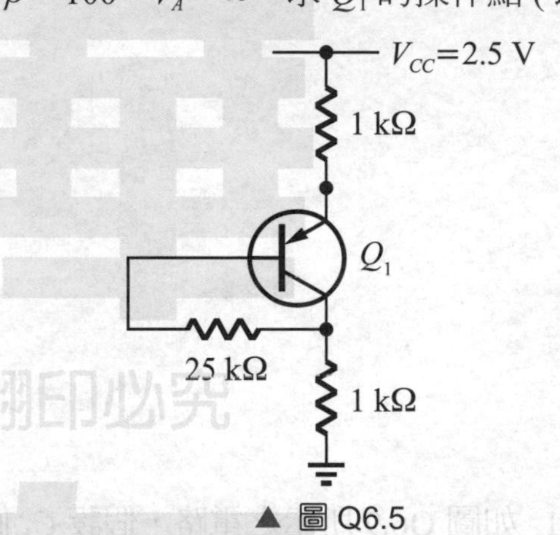

▲ 圖 Q6.5

8. 如圖 Q6.6 所示之電路。則：

(1) 若 $V_A = \infty$，求 A_v 和 R_{in}。

(2) 若 $V_A \neq \infty$，求 R_{out}。

解

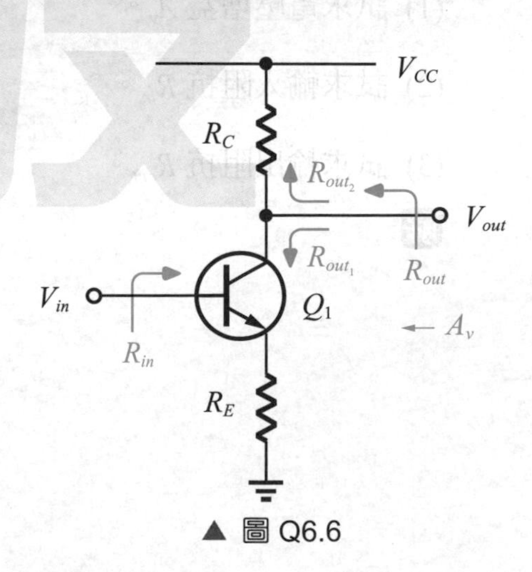

▲ 圖 Q6.6

9. 如圖 Q6.7 所示之電路，求其電壓增益 A_v。

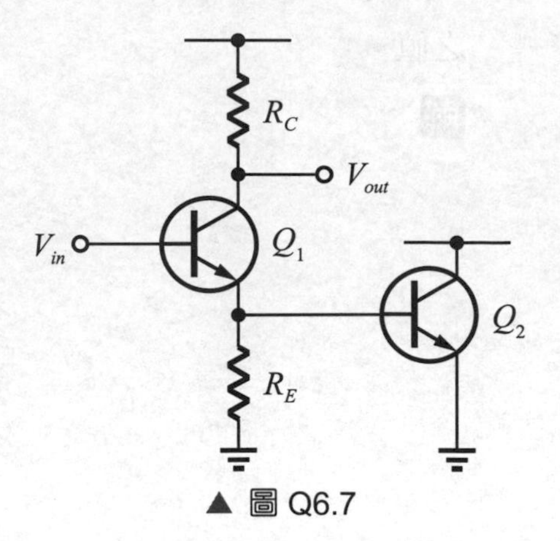

▲ 圖 Q6.7

10. 如圖 Q6.8 所示之電路，求其電壓增益 A_v。

解

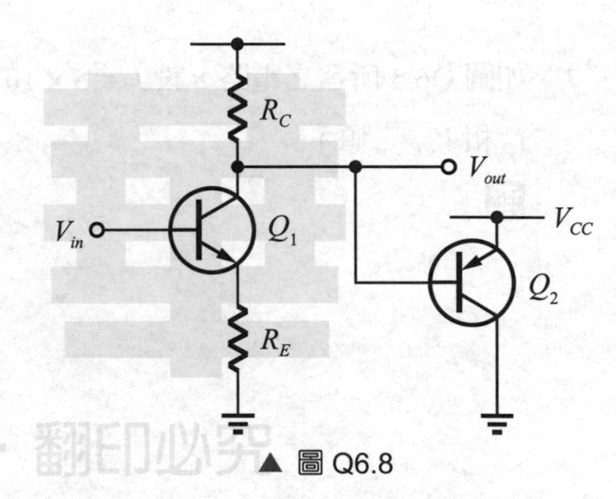

▲ 圖 Q6.8

11. 如圖 Q6.9 所示之電路，假設 C_1 值很大。則：

(1) 試求電壓增益 A_v。

(2) 試求輸入阻抗 R_{in}。

(3) 試求輸出阻抗 R_{out}。

解

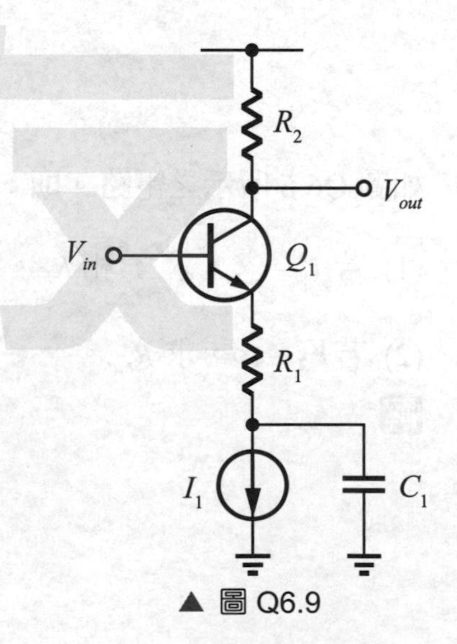

▲ 圖 Q6.9

12. 如圖 Q6.10 所示之電路，設 $V_A = \infty$，C_1 值很大。則：

(1) 試求電壓增益 A_v。

(2) 試求輸入阻抗 R_{in}。

(3) 試求輸出阻抗 R_{out}。

解

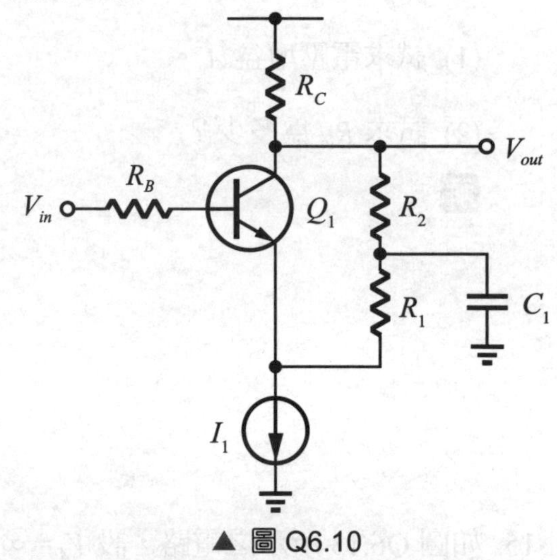

▲ 圖 Q6.10

13. 如圖 Q6.11 所示之電路，設 $V_{CC} = 1.8$ V，$I_C = 0.2$ mA，$I_S = 6 \times 10^{-17}$ A，$\beta = 100$，若 Q_1 操作在主動區邊界，求其最大電壓增益。

解

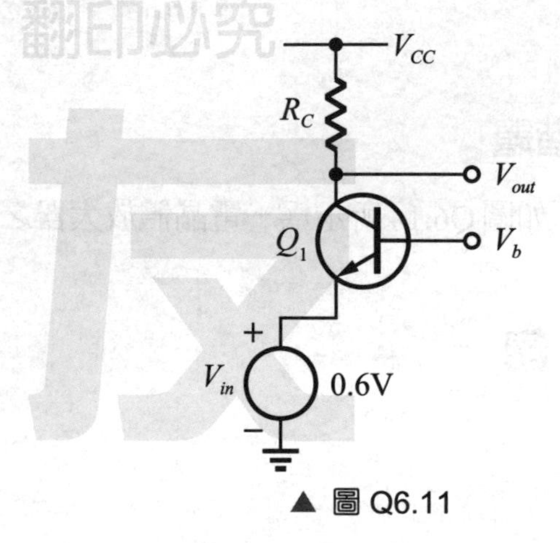

▲ 圖 Q6.11

14. 如圖 Q6.12 所示之電路，若 $V_A = \infty$。則：

(1) 試求電壓增益 A_v。

(2) 試求 R_{in} 爲多少？

解

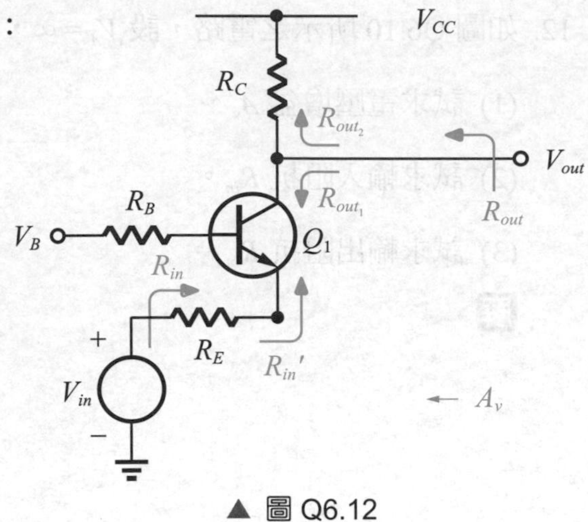

▲ 圖 Q6.12

15. 如圖 Q6.13 所示之電路，設 $V_A = \infty$。則：

(1) 試求輸入阻抗 R_{in}。

(2) 試求輸出阻抗 R_{out}。

解

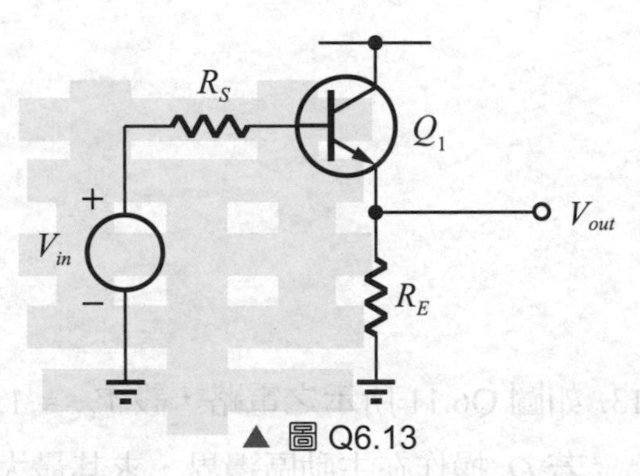

▲ 圖 Q6.13

進階題

16. 如圖 Q6.14 所示爲一電晶體放大器之電路圖，假設 $\beta = 100$，請求出它的電壓增益。

【106 中山大學 - 光電所碩士】

解

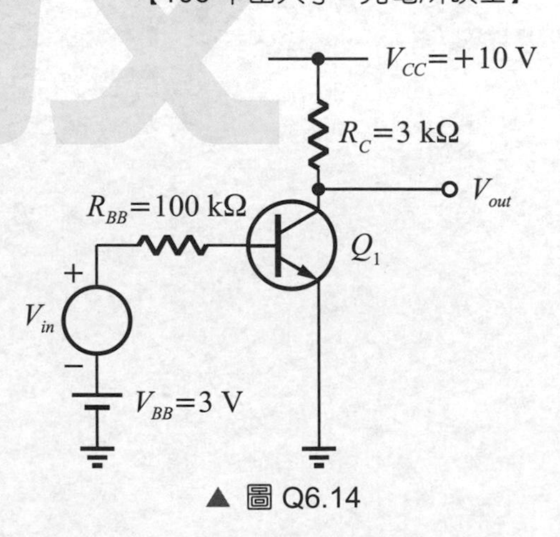

▲ 圖 Q6.14

17. 如圖 Q6.15 所示之三級放大器。則:

(1) 試求每一級的偏壓集極電流和輸出電壓 V_{out},假設 $|V_{BE}| = 0.7\text{V}$,$\beta = 100$,$V_T = 25.9\text{mV}$,並且忽略厄利效應。

(2) 試求輸入阻抗 R_{in}、輸出阻抗 R_{out} 和電壓增益 $\dfrac{V_{out}}{V_{in}}$。

【106 中山大學 - 電機系碩士甲組】

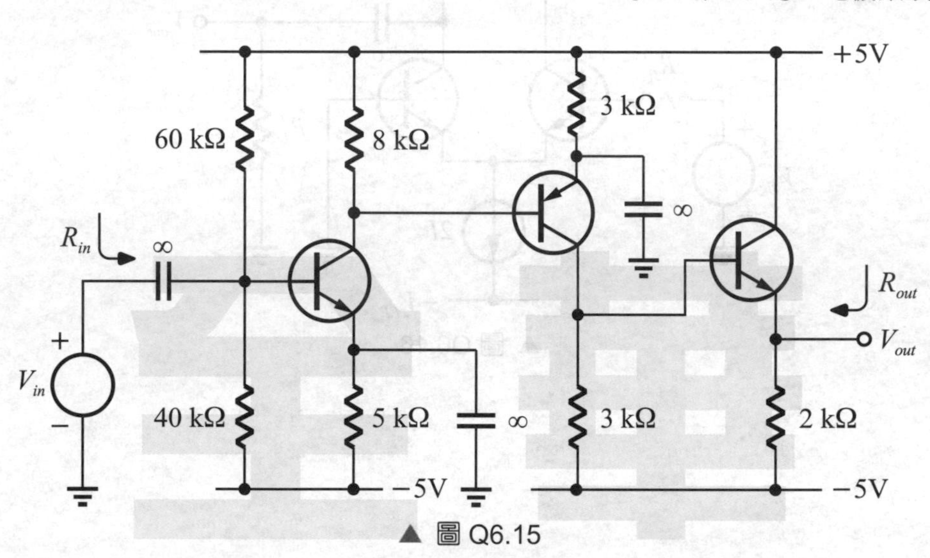

▲ 圖 Q6.15

解

18. 如圖 Q6.16 所示之 *CC-CB* 放大器，假設 $I = 1\text{mA}$，$\beta = 100$，$C_\pi = 8\text{pF}$，$C_\mu = 3\text{pF}$，$R_{sig} = 15\text{k}\Omega$，$R_L = 20\text{k}\Omega$，$V_T = 25.9\text{mV}$，求整個電路的低頻增益 A_M。

【106 中山大學 - 電機系碩士甲組】

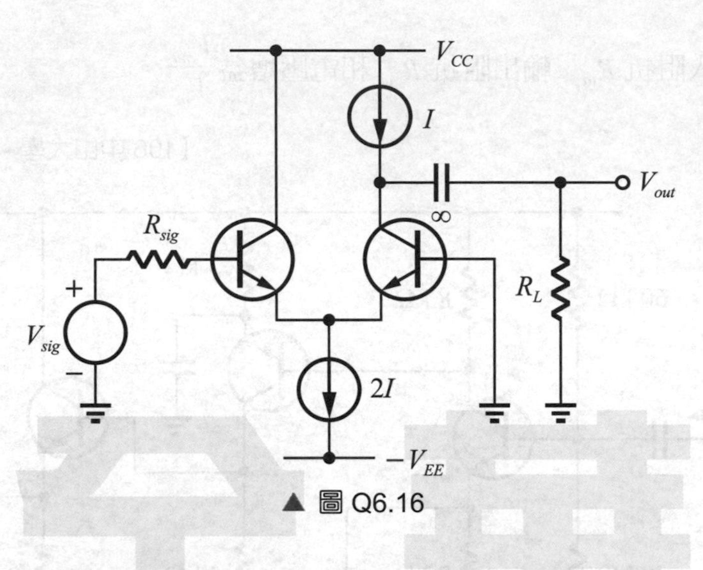

▲ 圖 Q6.16

解

19. 考慮如圖 Q6.17 所示之電路，假設 BJT 的 $\beta \cong \infty$，計算流過集極的偏壓電流、射極阻抗、小信號增益 $\dfrac{V_{out_1} - V_{out_2}}{V_{in}}$。

【107 中山大學 - 光電所碩士】

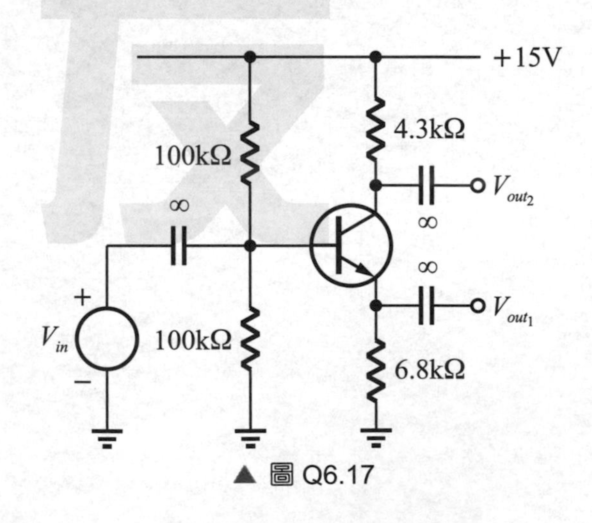

▲ 圖 Q6.17

20. 如圖 Q6.18 之 BJT 電路，其 $V_{DC} = 5\text{V}$，$R_{sig} = 120\text{k}\Omega$，$R_{B_1} = 300\text{k}\Omega$，$R_{B_2} = 200\text{k}\Omega$，$R_E = 5\text{k}\Omega$，$R_C = 2\text{k}\Omega$，$R_L = 5\text{k}\Omega$，$|V_{BE}| \cong 0.7\text{V}$，$\beta = 100$，$V_T = 25\text{mV}$，忽略厄利效應，求輸入阻抗 R_{in}、輸出阻抗 R_{out} 和電壓增益 $\dfrac{V_{out}}{V_{sig}}$。

【107 中山大學 - 電機系碩士甲組】

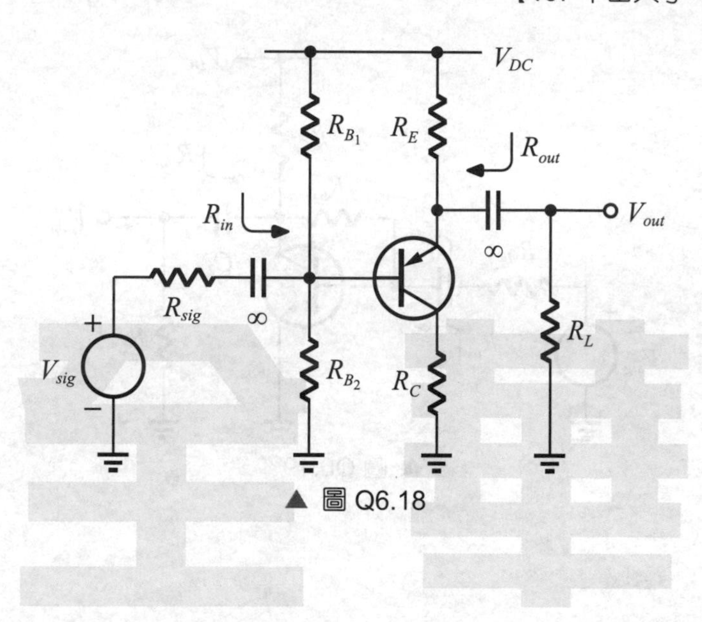

▲ 圖 Q6.18

解

21. 如圖 Q6.19 所示之放大器電路，其 $V_{DC}=1.5\text{V}$，$R_{sig}=R_L=1\text{k}\Omega$，$R_C=1\text{k}\Omega$，$R_B=47\text{k}\Omega$，$|V_{BE}|\cong 0.7\text{V}$，$\beta=100$，$C_\mu=0.8\text{pF}$，$f_T=600\text{MHz}$，$V_T=25\text{mV}$，假設耦合電容值都很大，且忽略厄利效應，求中頻的電壓增益 $\dfrac{V_{out}}{V_{sig}}$ 和輸入阻抗 R_{in}。

【107 中山大學 - 電機系碩士甲組】

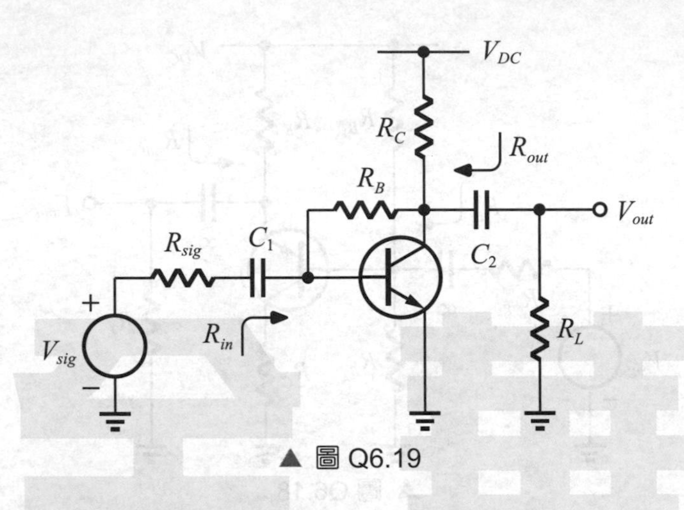

▲ 圖 Q6.19

解

22. 考慮一個具雙極性主動負載的 CE 放大器，其負載電流源是由 pnp 電晶體實現，假設其偏壓電流為 1mA，$\beta(npn)=100$，$V_{AN}=150\text{V}$，$|V_{AP}|=100\text{V}$，$C_\pi=15\text{pF}$，$C_\mu=0.4\text{pF}$，$C_L=5\text{pF}$，$r_\pi=200\Omega$，此放大器輸入源具有 30kΩ 的電阻，求中頻增益 A_M。

【108 中山大學 - 電機系碩士甲組】

23. 如圖 Q6.20 爲一個共射極放大器，其 $V_{CC}=9\text{V}$，$R_1=27\text{k}\Omega$，$R_2=15\text{k}\Omega$，$R_E=1.2\text{k}\Omega$，$R_C=2.2\text{k}\Omega$，$\beta=100$，$V_A=100\text{V}$。則：

(1) 畫出其小訊號模型的電路圖。

(2) 求 R_{in} 之值。

(3) 求電壓增益 $\dfrac{V_{out}}{V_S}$。

【109 中山大學(選考)- 電波聯合碩士、通訊碩士乙組、電機碩士戊組】

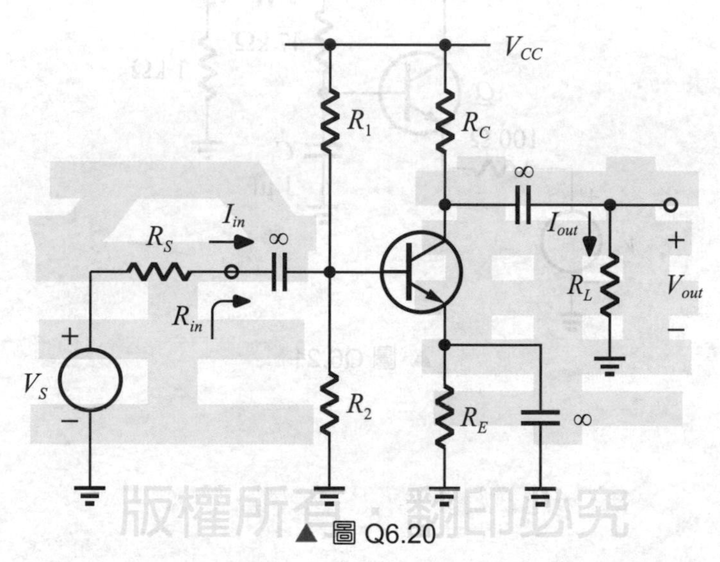

▲ 圖 Q6.20

解

24. 如圖 Q6.21 所示之共基極電路，其偏壓電流爲 1mA，$\beta = 100$，$C_\mu = 0.8\text{pF}$，$r_\pi = 25\Omega$，$f_T = 600\text{MHz}$，求其中頻增益 $\dfrac{V_{out}}{V_S}$。

【109 中山大學(選考)- 電波聯合碩士、通訊碩士乙組、電機碩士戊組】

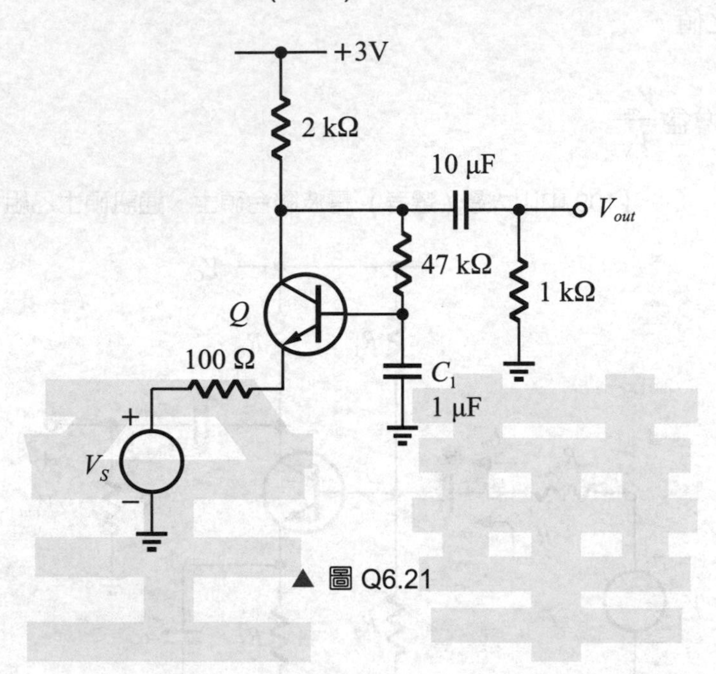

▲ 圖 Q6.21

解

25. 如圖 Q6.22 所示之源極隨耦器電路，假設 Q_1 的 $\beta = 50$，Q_2 的 $\beta = 100$，$V_{CC} = 5\text{V}$，$R_{B_1} = R_{B_2} = 1\text{M}\Omega$，$I_1 = 50\mu\text{A}$，$I_2 = 5\text{mA}$ 且忽略厄利效應，$V_{BE} = 0.7\text{V}$，$V_T = 25\text{mV}$，若 $R_L = 1\text{k}\Omega$ 連接至輸出端，求 Q_2 由基極至射極的電壓增益和 Q_2 看入基極的輸入阻抗 R_{ib_2}。【109 中山大學 - 電機系碩士甲組】

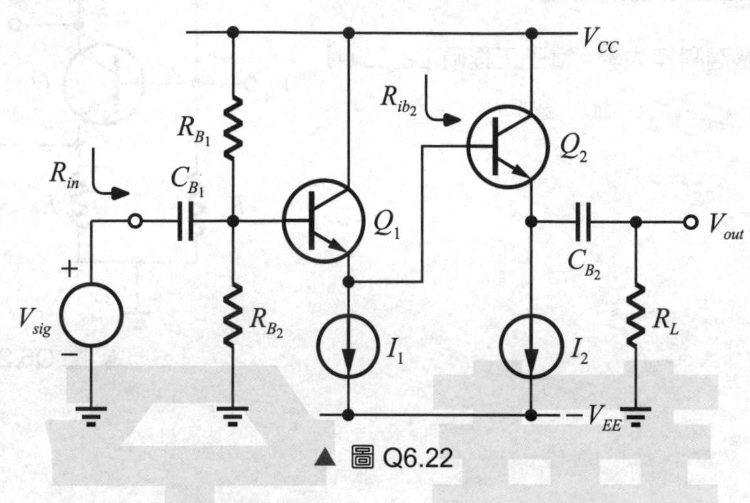

▲ 圖 Q6.22

解

26. 如圖 Q6.23 所示之電路，其參數為 β、g_{m_1}、g_{m_2}、r_{π_1}、r_{π_2}。則：

(1) 求小訊號電壓增益 $A_v = \dfrac{V_{out}}{V_{in}}$。

(2) 求輸入阻抗和輸出阻抗。

【106 臺灣科技大學 - 電子工程碩士乙二組】

解

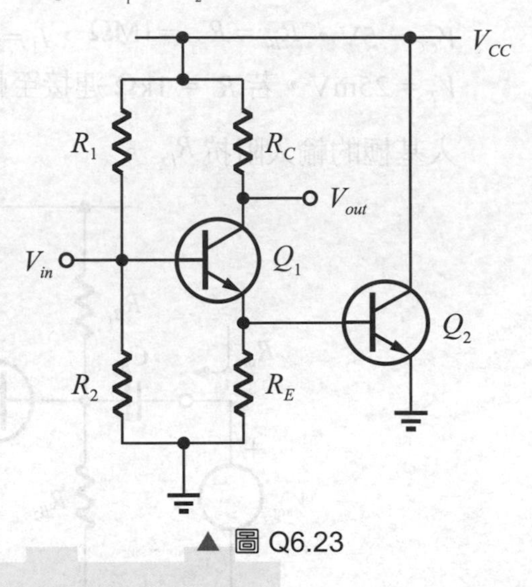

▲ 圖 Q6.23

27. 如圖 Q6.24 所示之 BJT 放大器，其 $\beta = 100$，$C_\pi = 6\text{pF}$，$C_\mu = 2\text{pF}$，$I = 0.5\text{mA}$，電壓源 V_{sig} 具有一個電阻 $R_{sig} = 10\text{k}\Omega$ 接至輸入端，輸出端有一個電阻 $R_L = 10\text{k}\Omega$，忽略掉 BJT 的基極電阻 r_π 和集極輸出電阻 r_o。則：

(1) 求低頻整體電壓增益 $A_M (= \dfrac{V_{out}}{V_{sig}})$。

(2) 求輸入阻抗 R_{in}。

【107 臺北科技大學 - 光電工程碩士】

解

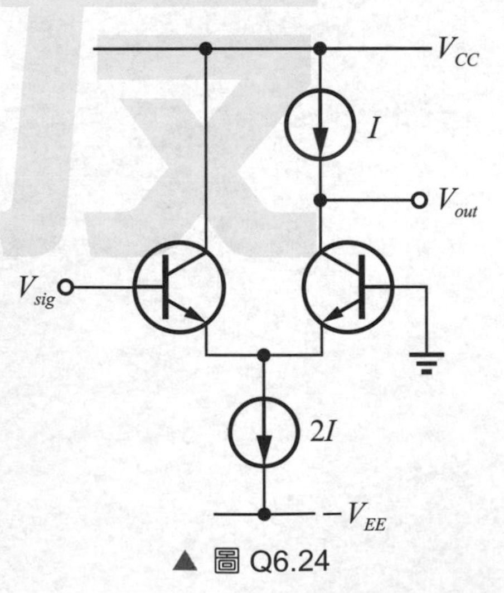

▲ 圖 Q6.24

28. 如圖 Q6.25 所示之 BJT 放大器操作於主動區，且 $V_A \neq \infty$。則：

(1) 畫出整個電路的小訊號模型電路。

(2) 推導出整體電壓增益 ($G_v \equiv \frac{V_{out}}{V_S}$)。

(3) 推導出輸入阻抗 R_{in} 和輸出阻抗 R_{out}。 【109 臺北科技大學 - 電子工程碩士丁組】

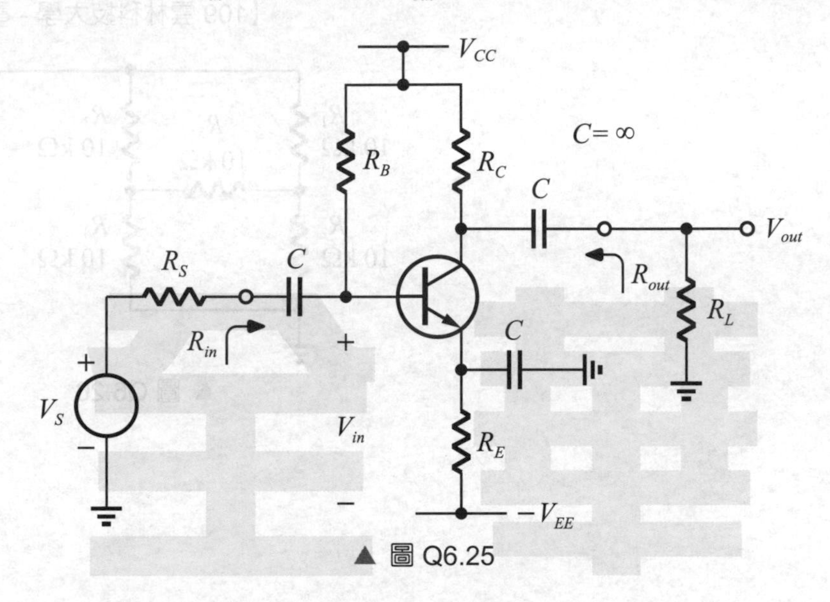

▲ 圖 Q6.25

解

29. 如圖 Q6.26 所示之純電阻電路。則：

(1) 求等效電阻 R_{eq} 之值。

(2) 若 R_2 變為 12kΩ，則 R_{eq} 將變為多少？

(提示：在 X 點加上一個電源 V_X，求出由 V_X 產生之電流。)

【109 雲林科技大學 - 電子系碩士】

解

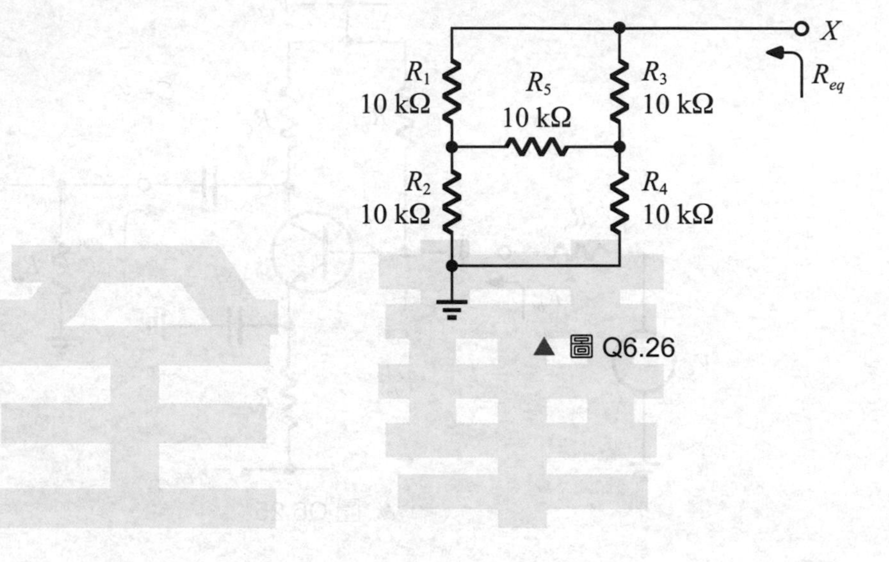

▲ 圖 Q6.26

30. 已知如圖 Q6.27 電路中的 $R_1 = 24\text{k}\Omega$，$R_2 = 12\text{k}\Omega$，以及 $R_C = 2\text{k}\Omega$，電晶體的參數爲 $\beta = 100$ 與 $V_A = \infty$。則：

(1) 計算電晶體的靜態電流 (quiescent current)I_{BQ}、I_{CQ}、I_{EQ}。

(2) 畫出小訊號等效電路。

(3) 求小訊號電壓增益 $A_v = \dfrac{V_{out}}{V_S}$。

(4) 計算輸入阻抗 R_{in} 與輸出阻抗 R_{out}。 【107 聯合大學 - 光電工程學系碩士】

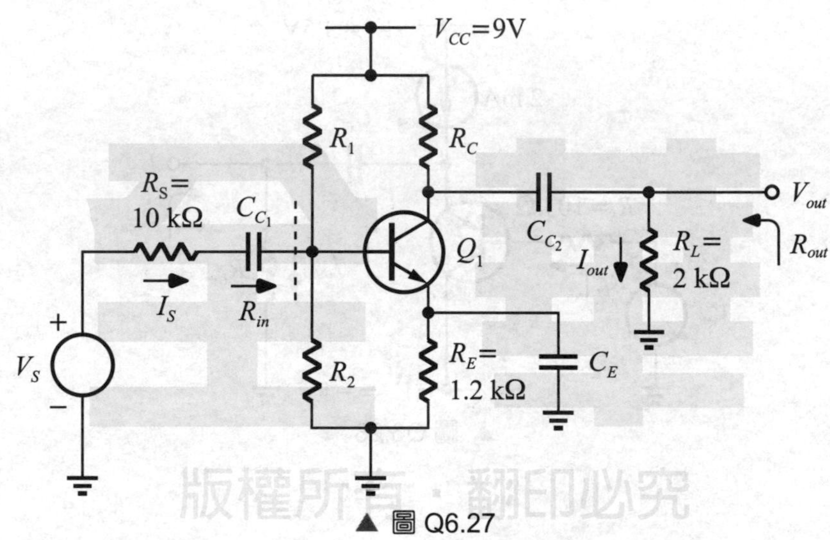

▲ 圖 Q6.27

解

31. 如圖 Q6.28 所示電路中的電阻 $R_L = 2\text{k}\Omega$，電晶體的參數爲 $\beta = 100$，$V_T = 25\text{mV}$ 與 $V_A = \infty$。則：

(1) 計算小訊號參數 r_π、r_o。

(2) 畫出小訊號等效電路。

(3) 計算小訊號電壓增益 $A_v = \dfrac{V_{out}}{V_S}$。

(4) 計算輸入阻抗 R_{in} 與輸出阻抗 R_{out}。　【108、109 聯合大學 - 光電工程學系碩士】

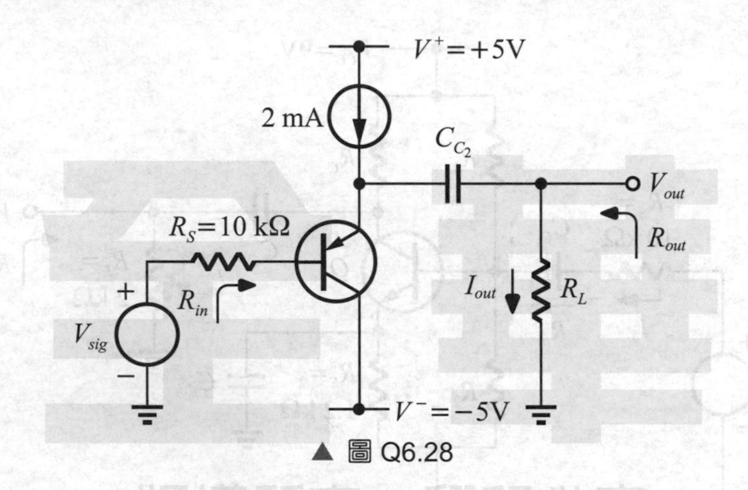

▲ 圖 Q6.28

32. 共射極射極偏壓 (common emitter, CE) 放大器如圖 Q6.29 所示。其中 $V_{CC} = 15\text{V}$，$R_C = 4\text{k}\Omega$，$R_E = 0.5\text{k}\Omega$，$R_B = 500\text{k}\Omega$，$\beta = 120$。則：

(1) 試求 I_C、V_{CE}。

(2) 試求 $A_v = \dfrac{V_{out}}{V_{in}}$。 【100 虎尾科技大學 - 車輛工程系碩士】

解

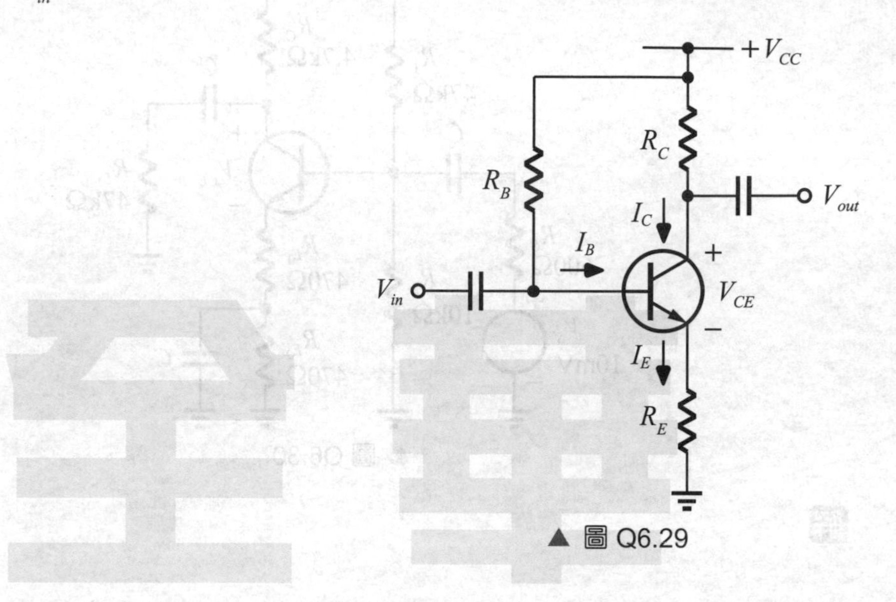

▲ 圖 Q6.29

33. 如圖 Q6.30 所示之放大器，假設電路中的電容值 (C) 為無窮大。則：

(1) 求直流集極電壓。

(2) 求交流集極電壓。 【101 虎尾科技大學 - 車輛工程系碩士】

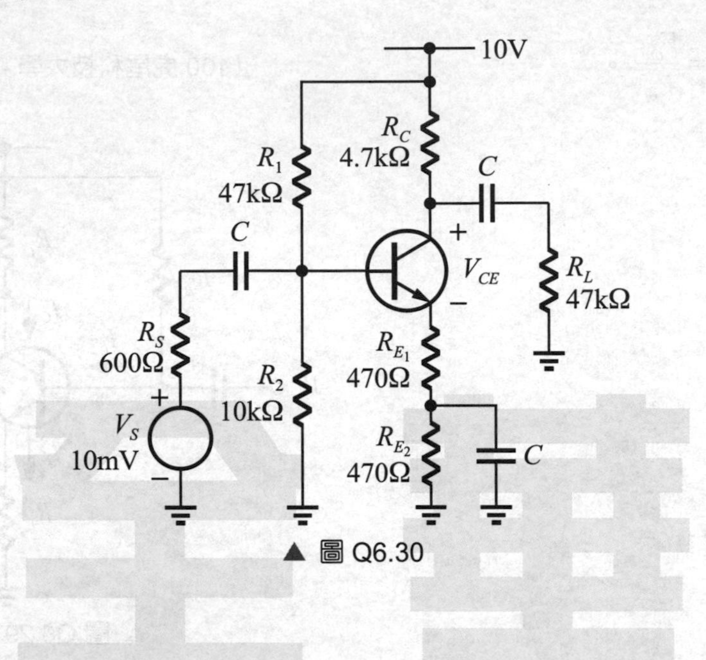

▲ 圖 Q6.30

解

34. 如圖 Q6.31 所示之電路，其中 $V_{BE(on)} = V_{EB(on)} = 0.7\text{V}$，$\beta = 100$，求 V_{B_1}、V_{C_1} 和 V_{C_2} 之值。

【100 勤益科技大學 - 電子工程系碩士】

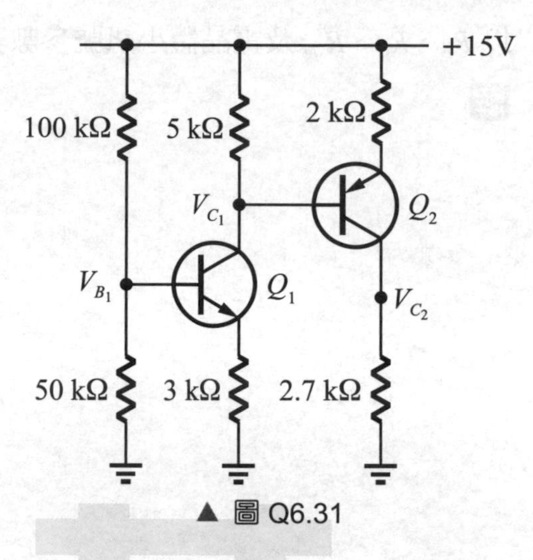

▲ 圖 Q6.31

35. 如圖 Q6.32 所示之電路，其中 $\beta = 100$，求 I_B、I_C、I_E、V_B 和 V_C 之值。

【101 勤益科技大學 - 電子工程系碩士】

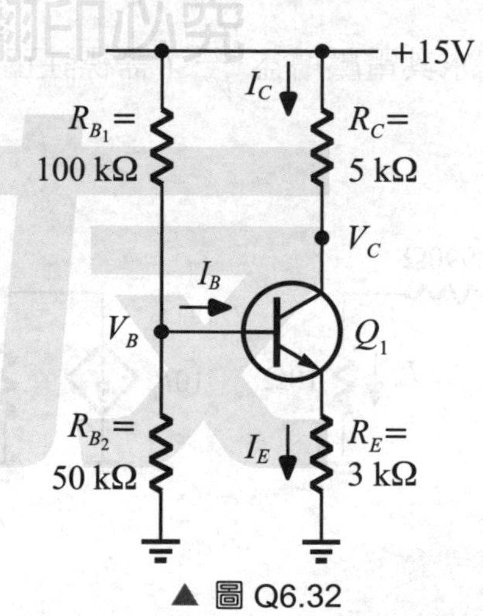

▲ 圖 Q6.32

36. 如圖 Q6.33 中電晶體偏壓於主動區，其小訊號參數 g_m、r_π、r_o、$\beta = g_m r_\pi$ 為已知，V_{sig} 為外加電壓訊號源，試畫出其小訊號等效電路，並列式推導 R_{out} 之數學式，以 R_E、R_C、R_{sig} 及電晶體小訊號參數表示。【106 高考三級】

解

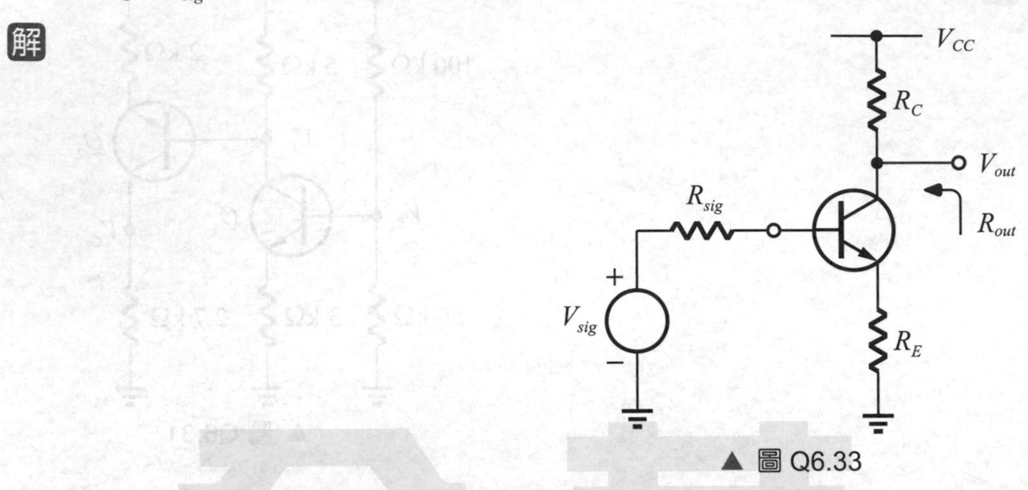

▲ 圖 Q6.33

37. 如圖 Q6.34 所示之串級放大器等效模型。則：

(1) 求其輸入阻抗 R_{in}。

(2) 求其輸出阻抗 R_{out}。

(3) 求其電壓增益 $\frac{V_{out}}{V_S}$(需標註正負號)。

【109 高考三級】

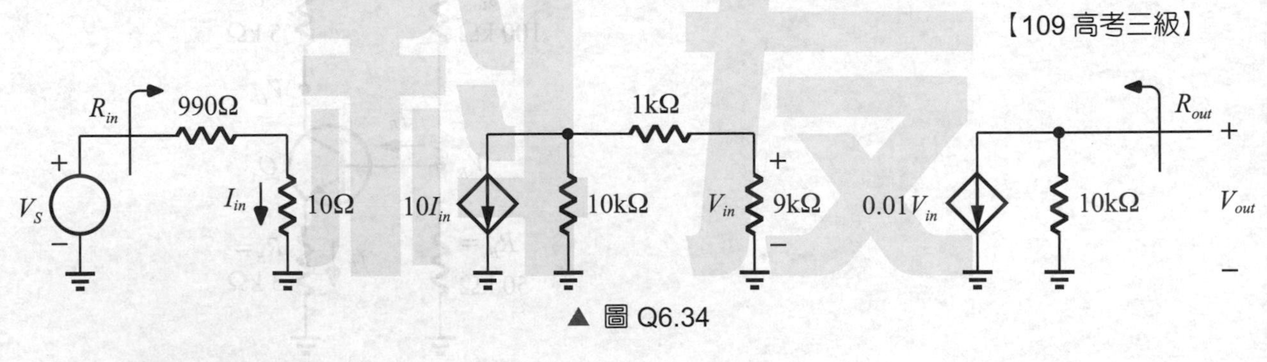

▲ 圖 Q6.34

解

習題演練

Chapter 7 金氧半場效電晶體放大器

得分欄

班級：＿＿＿＿＿＿

學號：＿＿＿＿＿＿

姓名：＿＿＿＿＿＿

基礎題

1. 請分別用 n MOS 和 p MOS 來設計流入地的電流源和由電源處流出的電流源。

解

2. 如圖 Q7.1 所示之電路，設 $V_{th} = 0.4\text{V}$，$\mu_n C_{ox} = 100\ \mu\text{A/V}^2$，$\frac{W}{L} = \frac{5}{0.18}$，$R_1 = 5\ \text{k}\Omega$，$R_2 = 10\ \text{k}\Omega$，$R_S = 1\ \text{k}\Omega$，$V_{DD} = 1.8\text{V}$，若 $R_D = 2.6\ \text{k}\Omega$，$\lambda = 0$，且 M_1 操作在飽和區。則：

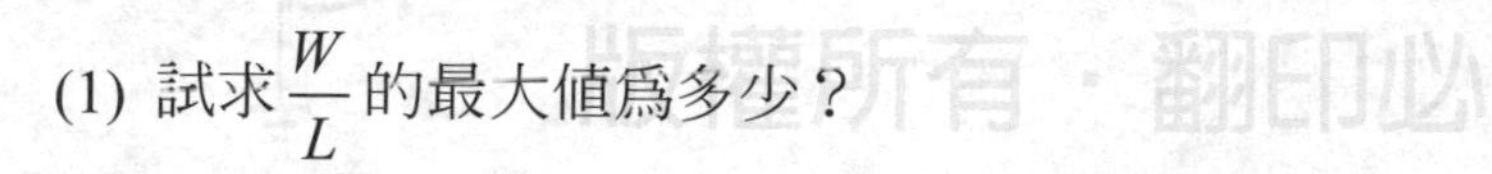

(1) 試求 $\frac{W}{L}$ 的最大值為多少？

(2) 假設 $\frac{W}{L} = \frac{5}{0.18}$，試求 R_S 的最小值為多少？

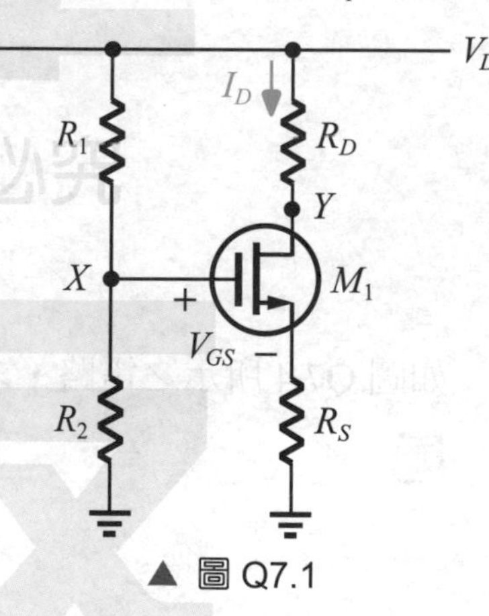

▲ 圖 Q7.1

解

3. 如圖 Q7.2 所示之電路，假設 M_1 操作在飽和區。則：

(1) 請求其電壓增益 A_v。

(2) 若其他參數保持不變，請畫出 A_v 對 L 的關係圖。

解

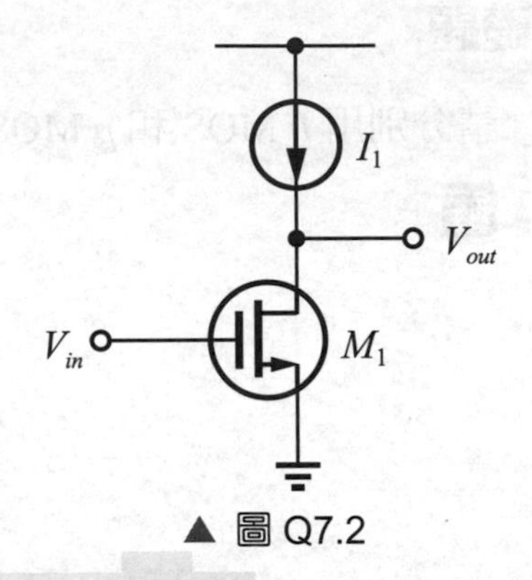

▲ 圖 Q7.2

4. 如圖 Q7.3 所示之電路，求其電壓增益 A_v。

解

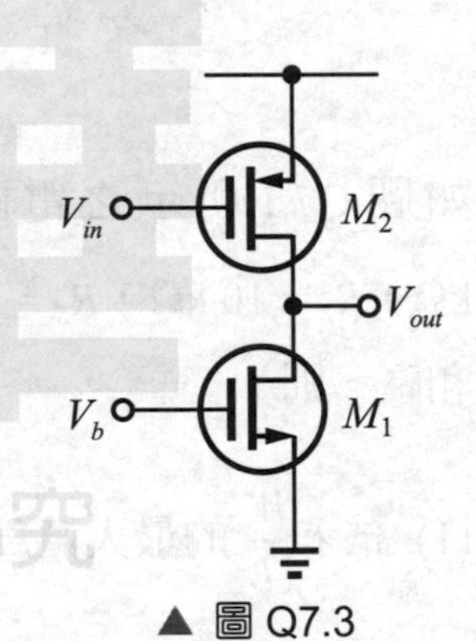

▲ 圖 Q7.3

5. 如圖 Q7.4 所示之電路，求其輸出阻抗 R_{out}。

解

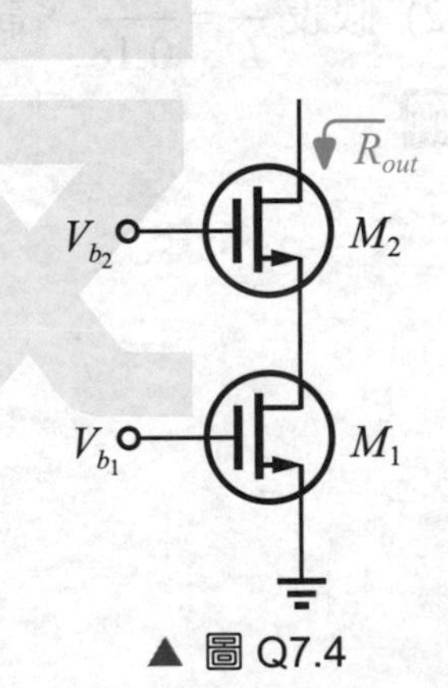

▲ 圖 Q7.4

6. 請設計圖 Q7.5 的 *CS* 組態，假設 $A_v = -5$，$R_{in} = 50\ \text{k}\Omega$，功率為 5 mW，$\mu_n C_{ox} = 100\mu\text{A/V}^2$，$V_{th} = 0.5$ V，$\lambda = 0$，$V_{DD} = 1.8$ V，R_S 上的壓降為 0.4 V。

解

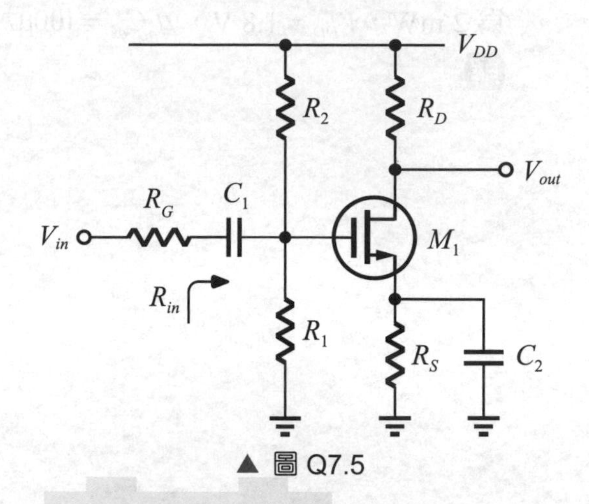

▲ 圖 Q7.5

7. 如圖 Q7.6 所示之電路，設 $I_D = 0.5$ mA，$\frac{W}{L} = 50$，$\mu_n C_{ox} = 100\mu\text{A/V}^2$，$V_{th} = 0.5$ V，$V_{DD} = 1.8$ V，$\lambda = 0$，求 R_D 和 A_v 的最大值。

解

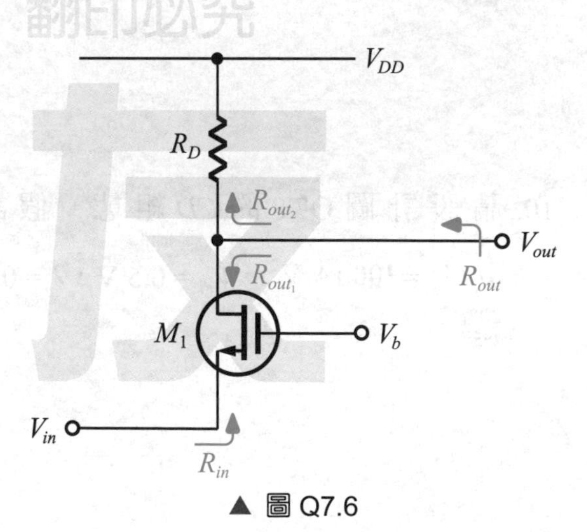

▲ 圖 Q7.6

8. 請設計圖 Q7.6 的 CG 組態，假設 $A_v = 5$，$R_S = 0$，$R_3 = 500\ \Omega$，$\frac{1}{g_m} = 500\Omega$，功率為 2 mW，$V_{DD} = 1.8$ V，$\mu_n C_{ox} = 100\mu\text{A/V}^2$，$V_{th} = 0.5$ V，$\lambda = 0$。

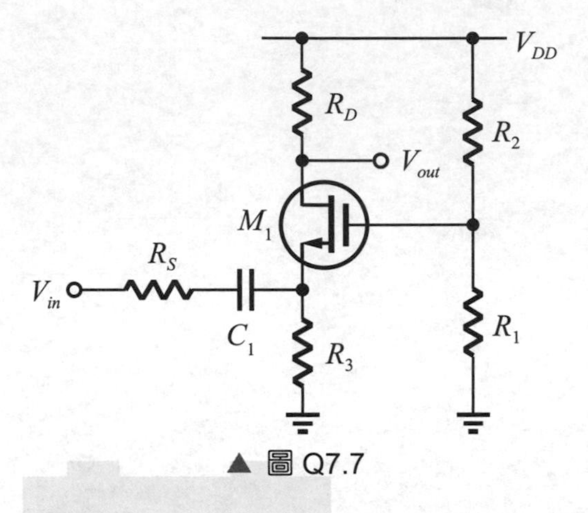

▲ 圖 Q7.7

9. 承第 8 題，若欲將 $\frac{W}{L}$ 最小化，則試求 $\frac{W}{L}$ 最小值為多少？

10. 請設計圖 Q7.8 的 CD 組態，假設 $R_L = 50\ \Omega$，$A_v = 0.5$，功率為 10 mW，$\mu_n C_{ox} = 100\mu\text{A/V}^2$，$V_{th} = 0.5$ V，$\lambda = 0$，$V_{DD} = 1.8$ V。

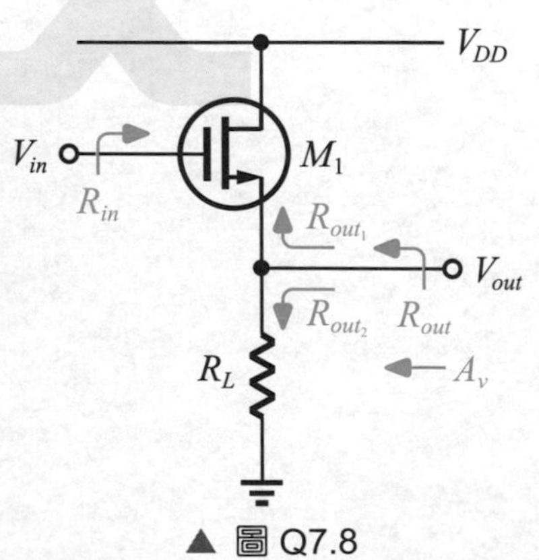

▲ 圖 Q7.8

11. 試設計如圖 Q7.9 所示之電路，假設 I_D = 1 mA，A_v = 0.8 V，$\mu_n C_{ox}$ = 100μA/V^2，V_{th} = 0.5 V，λ = 0，V_{DD} = 1.8 V，R_G = 100 kΩ。

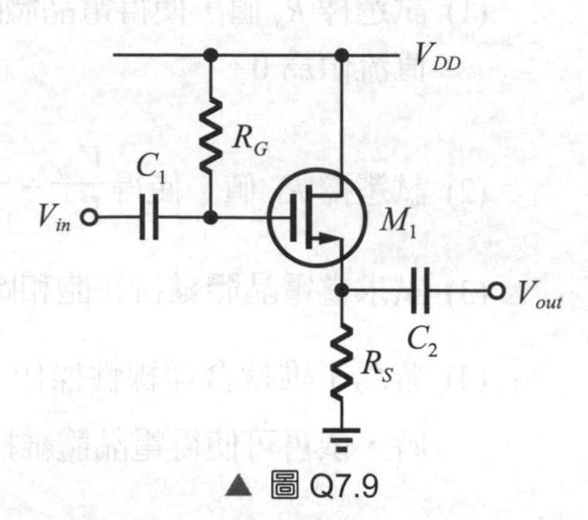

▲ 圖 Q7.9

進階題

12. 如圖 Q7.10 顯示一個增強型 MOSFET 放大器，其中輸入信號 V_{in} 經由一個大電容耦合到閘極，汲極的輸出信號也經由另一大電容耦合到負載電阻 R_L，假設此電晶體的 V_t = 1.5V，$k_n'(\dfrac{W}{L})$ = 0.25mA / V^2，V_A = 50V，且耦合電容值夠大，在信號頻率下可視為短路，請分析此放大器並決定其小信號電壓增益 (small-signal voltage gain) 以及輸入電阻 (input resistance)。 【106 中山大學 - 光電所碩士】

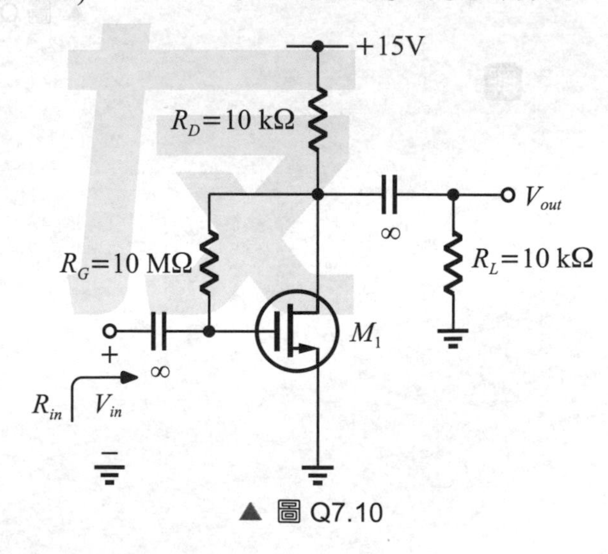

▲ 圖 Q7.10

13. 如圖 Q7.11 所示之 CS 放大器，其臨界電壓爲 –0.5V。則：

(1) 試選擇 R_S 值，使得電晶體的偏壓電流 $I_D = 0.4\text{mA}$ 且 $|V_{ov}| = 0.4\text{V}$，假設 V_{sig} 的直流值爲 0。

(2) 試選擇 R_D 值，使得 $\dfrac{V_{out}}{V_{sig}} = -8\text{V/V}$。

(3) 試求當電晶體維持在飽和區時的最大弦波 V_{sig} 的峰值。

(4) 若爲了維持合理線性操作，V_{sig} 峰值被限定爲 40mV，那 R_D 的最大值爲多少時，依舊可使得電晶體維持在飽和區操作？

【106 中山大學 - 電機系碩士甲組】

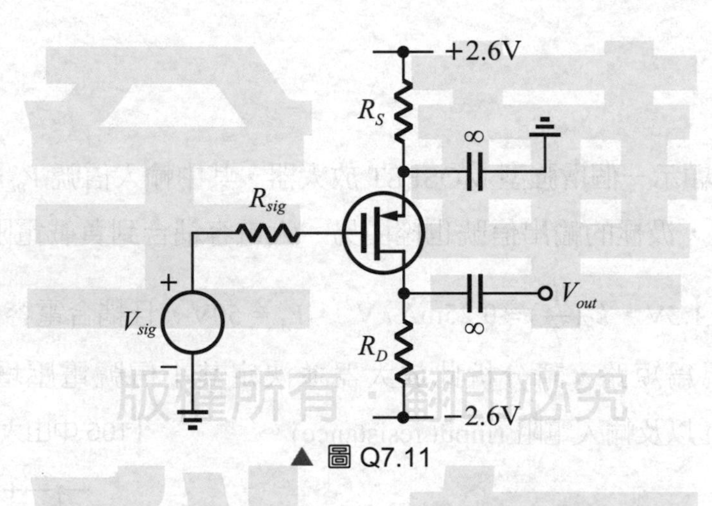

▲ 圖 Q7.11

解

14. 如圖 Q7.12 之 MOSFET 電路，其 $V_{DC}=5\text{V}$，$R_{sig}=120\text{k}\Omega$，$R_{G_1}=300\text{k}\Omega$，$R_{G_2}=200\text{k}\Omega$，$R_D=2\text{k}\Omega$，$R_S=1\text{k}\Omega$，$R_L=1\text{k}\Omega$，$V_{th}=-1\text{V}$，$\mu C_{ox}\dfrac{W}{L}=2\text{mA/V}^2$，忽略通道長度調變效應，求輸入阻抗 R_{in}、輸出阻抗 R_{out} 和電壓增益 $\dfrac{V_{out}}{V_{sig}}$。

【107 中山大學 - 電機系碩士甲組】

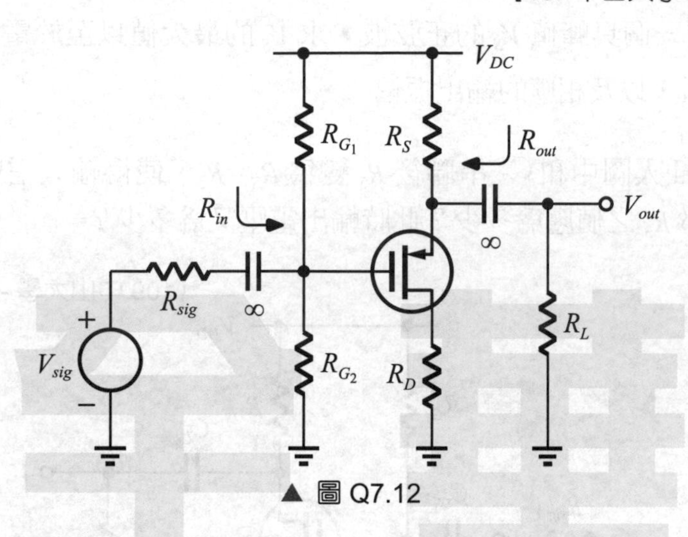

▲ 圖 Q7.12

15. 如圖 Q7.13 所示爲 n MOS 電晶體的 CS 放大器，$V_t = 0.7\text{V}$，$V_A = 50\text{V}$，$R_{sig} = 120\text{k}\Omega$，$R_{G_1} = 300\text{k}\Omega$，$R_{G_2} = 200\text{k}\Omega$，$R_D = 5\text{k}\Omega$，$R_S = 2\text{k}\Omega$，$R_L = 5\text{k}\Omega$，$V_{DD} = 5\text{V}$。則：

(1) 求輸入阻抗 R_{in} 和整體增益 $\dfrac{V_{out}}{V_{sig}}$ (V_A 效應要考慮)。

(2) 若 V_{sig} 是一個具峰值 V_S 的正弦波，求 V_S 的最大值以至於電晶體還可以操作在飽和區，以及相應的輸出振幅。

(3) 若將 R_3 插入圖中和 C_{C_3} 串聯後 R_S 變爲 $R_S - R_3$，使得輸入信號振幅 V_S 可以 2 倍大，那 R_3 之值應爲多少？此時輸出電壓又爲多少？

【109 中山大學 - 電機系碩士甲組】

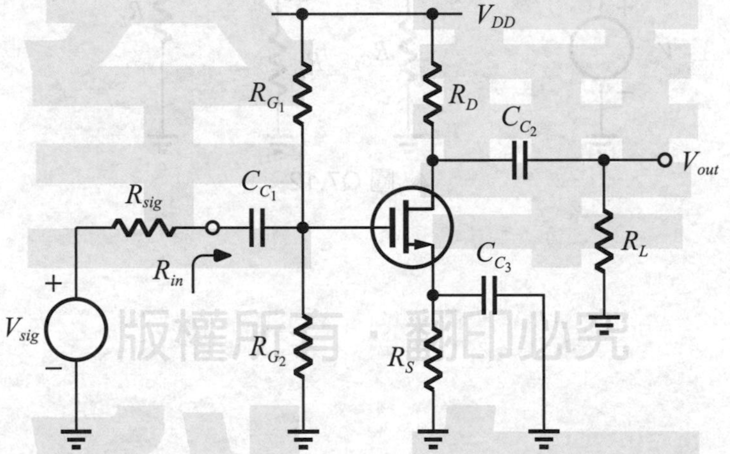

V_{DD} R_{G_1} R_D C_{C_2} V_{out} R_{sig} C_{C_1} R_{in} R_L C_{C_3} V_{sig} R_{G_2} R_S

▲ 圖 Q7.13

解

16. 如圖 Q7.14 所示之電路，其 $\mu_n C_{ox} = 200\mu A / V^2$，$\mu_p C_{ox} = 100\mu A / V^2$，$V_{tn} = |V_{tp}| = 0.4V$，若此堆疊放大器其增益為 200，偏壓電流為 1mA，試求出 $(\frac{W}{L})_{Q_1} = (\frac{W}{L})_{Q_2}$ 之值，假設 $\lambda = 0.1V^{-1}$。

【106 中正大學 - 電機工程學系、機械工程學系碩士】

解

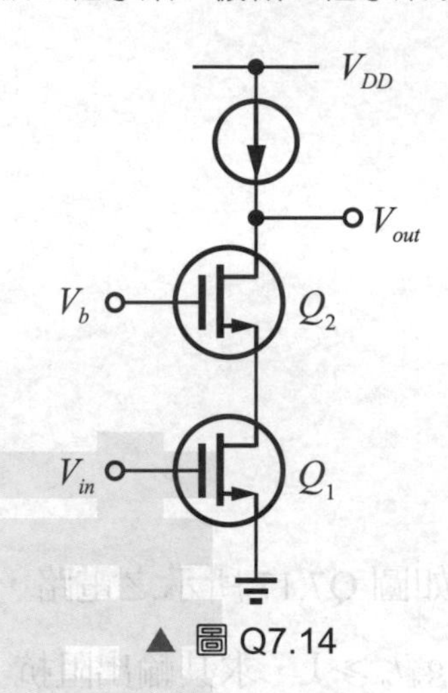

▲ 圖 Q7.14

17. 考慮如圖 Q7.15 之放大器。則：

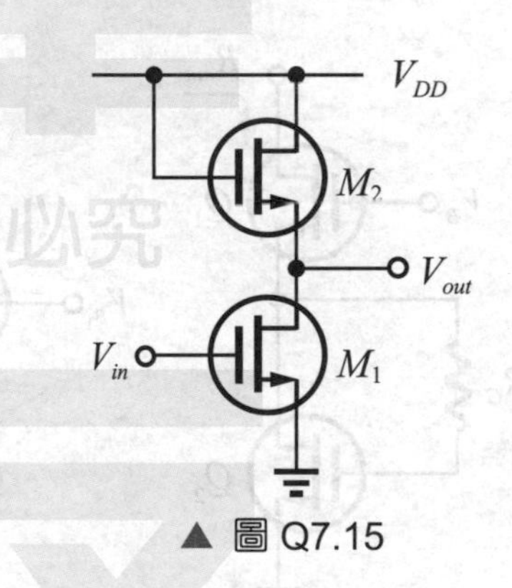

▲ 圖 Q7.15

(1) 畫出 $\frac{V_{out}}{V_{in}}$ 之特性曲線。

(2) 畫出小訊號等效電路。

(3) 推導出電壓增益 $\frac{V_{out}}{V_{in}}$。

(4) 如何使得電壓增益最大化？

【107 中正大學 - 電機工程學系、機械工程學系碩士】

解

18. 如圖 Q7.16 所示之電路，其 $\mu_n C_{ox} = 200\mu\text{A}/\text{V}^2$，$\lambda_n = 0$，$V_{tn} = 0.4\text{V}$，$(\frac{W}{L})_{Q_1} = 100$，試求 R_1 和 R_2 之值。【108 中正大學 - 電機工程學系、機械工程學系碩士】

解

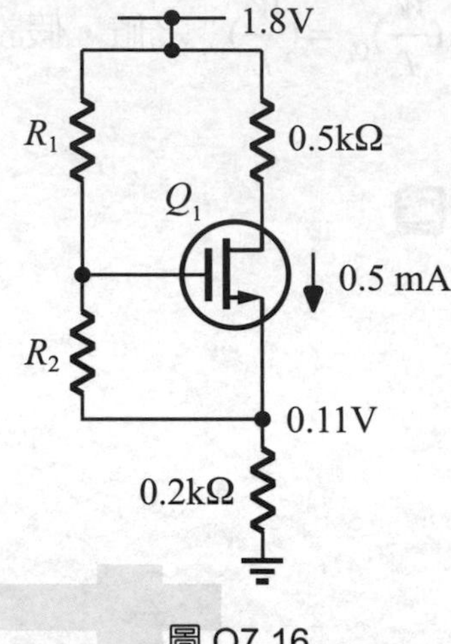

圖 Q7.16

19. 如圖 Q7.17 所示之電路，假設所有電晶體皆有相同的轉導 g_m 和輸出電阻 r_o，且 $g_m r_o \gg 1$，求其輸出阻抗 R_{out}。【109 中正大學 - 電機工程學系碩士】

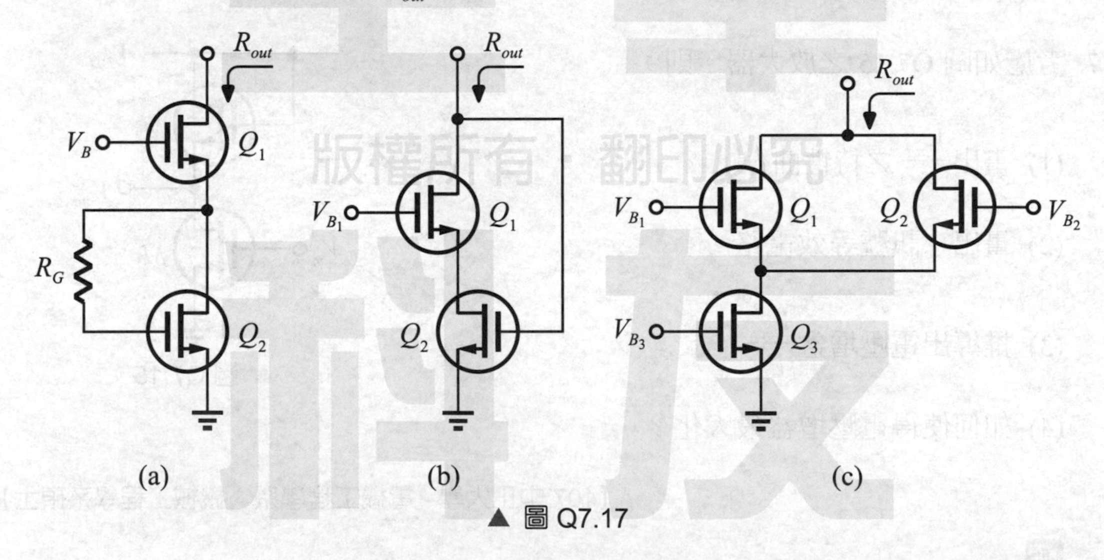

▲ 圖 Q7.17

解

20. 如圖 Q7.18 所示之電路，電晶體的轉導爲 g_m，輸出電阻爲 r_o。則：

(1) 求小訊號電壓增益 $A_v = \dfrac{V_{out}}{V_{in}}$ 。

(2) 求輸出阻抗 R_{out}。　　　　　　　　　　【106 臺灣科技大學 - 電子工程碩士乙二組】

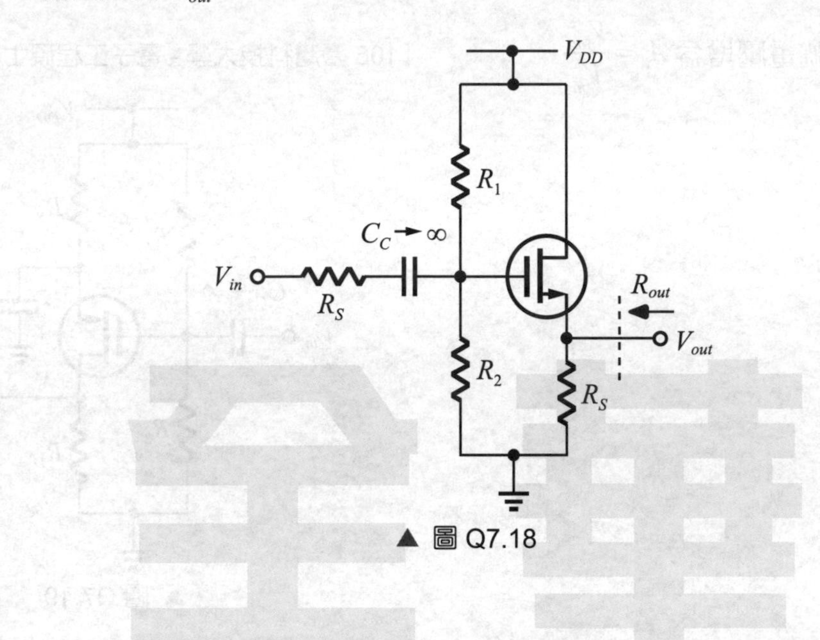

▲ 圖 Q7.18

解

21. 如圖 Q7.19 所示之放大器，$V_{tp}=-1\text{V}$，$k_p(=\frac{1}{2}\mu_p C_{ox}\frac{W}{L})=0.5\text{mA}/\text{V}^2$，$V_{DD}=15\text{V}$，$R_1=40\text{k}\Omega$，$R_2=60\text{k}\Omega$，$R_D=3\text{k}\Omega$，$R_S=1.5\text{k}\Omega$。則：

(1) 求 I_{DQ} 和 V_{SDQ}。

(2) 求小訊號電壓增益 $A_v=\frac{V_{out}}{V_{in}}$。【106 臺灣科技大學 - 電子工程碩士乙二組】

解

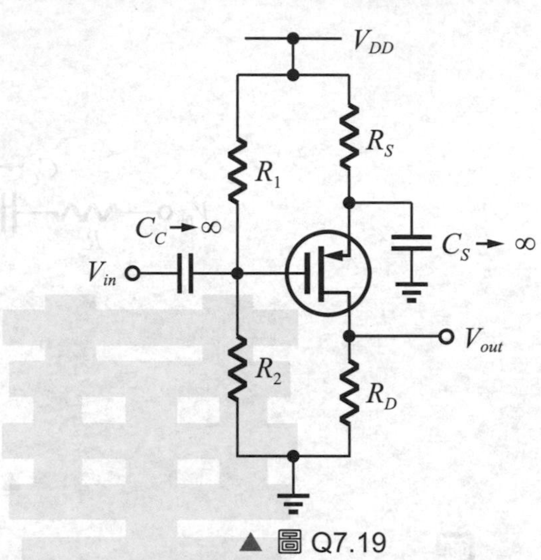

▲ 圖 Q7.19

22. 如圖 Q7.20 所示之共源極放大器，其 $R_G=4.7\text{M}\Omega$，$R_D=R_L=15\text{k}\Omega$，$g_m=1\text{mA/V}$，$r_o=15\text{k}\Omega$，$C_{gs}=1\text{pF}$，$C_{gd}=0.4\text{pF}$，$R_{sig}=100\text{k}\Omega$，$C_{C_1}=3.3\text{nF}$，$C_{C_2}=0.53\mu\text{F}$，$C_S=1.6\mu\text{F}$，求中頻增益 $A_M(=\frac{V_{out}}{V_{sig}})$。【107 臺北科技大學 - 光電工程碩士】

解

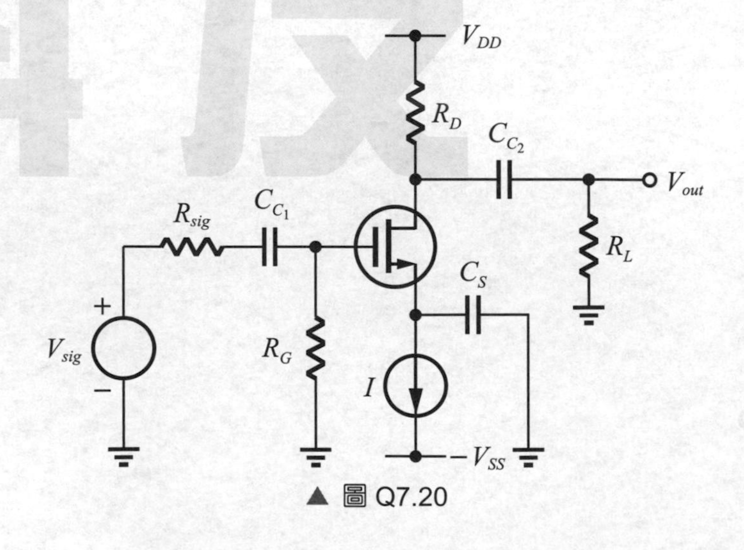

▲ 圖 Q7.20

23. 如圖 Q7.21 所示之場效電晶體 (FET) 之自給偏壓式電路，若其汲極 (drain) 靜態電流爲 0.2mA，則其閘源極偏壓 (gate source bias voltage)V_{GS} 爲多少？

【108 臺北科技大學 - 光電工程碩士】

解

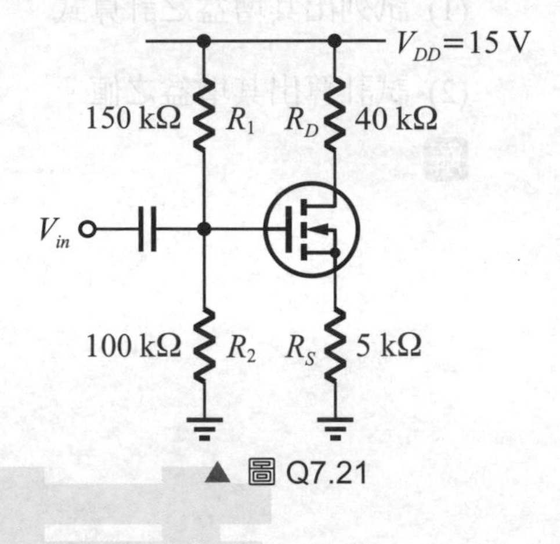

▲ 圖 Q7.21

24. 如圖 Q7.22 所示之 MOS 放大器高頻等效電路，請推導中頻增益 ($A_M = \frac{V_{out}}{V_{in}}$)。

【109 臺北科技大學 - 電子工程碩士丁組】

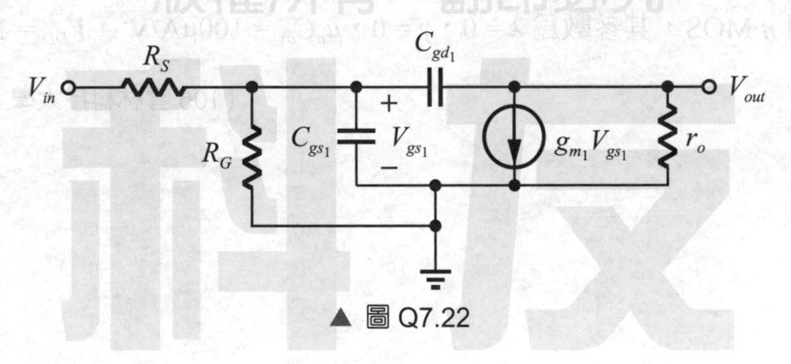

▲ 圖 Q7.22

25. 如圖 Q7.23 所示之放大器，其 $\frac{W}{L}=100$，$\mu_p C_{ox}=50\mu A/V^2$，$V_{tp}=-0.5V$，$\lambda_p=0.1V^{-1}$，$V_{DD}=1.8V$，$I_0=10mA$。則：

(1) 試列出其增益之計算式。

(2) 試計算出其增益之值。 【105 雲林科技大學 - 電子系碩士】

解

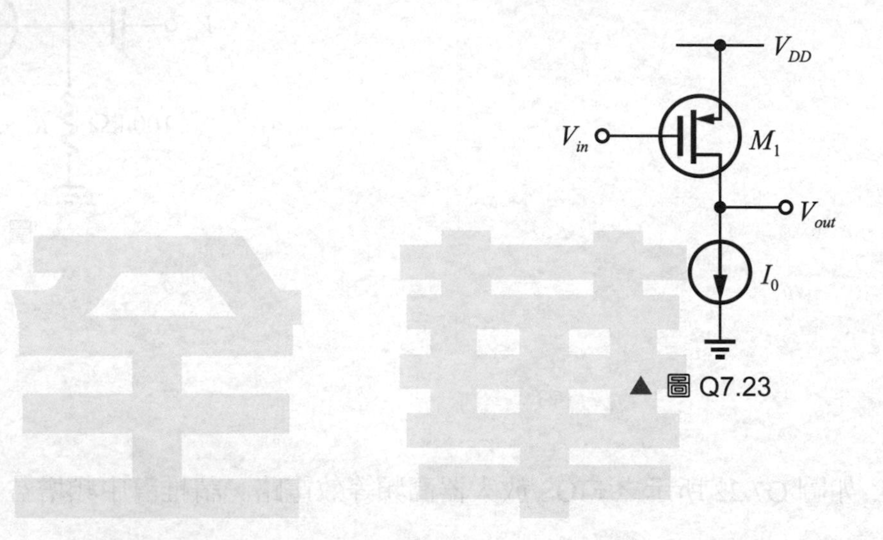

▲ 圖 Q7.23

26. 試設計一個源極隨耦器來驅動一個 50Ω 的負載，其增益為 0.5，功率為 10mW，假設使用 n MOS，其參數為 $\lambda=0$，$\gamma=0$，$\mu_n C_{ox}=100\mu A/V^2$，$V_{DD}=1.8V$。

【105 雲林科技大學 - 電子系碩士】

解

27. 如圖 Q7.24 所示之電路，所有電晶體皆操作於飽和區，其中$(\frac{W}{L})_{M_1,M_2}=100$，

$\mu_n C_{ox}=100\mu A/V^2$，$V_{tn}=0.5V$，$\lambda_n=0$，$\gamma_n=0$，$I_1=1mA$，$(\frac{W}{L})_{M_3,M_4}=200$，

$\mu_p C_{ox}=50\mu A/V^2$，$V_{tp}=-0.5V$，$\lambda_p=0.1V^{-1}$，$V_{DD}=3.3V$，$I_2=1mA$。則：

(1) 求其小訊號低頻的增益值。

(2) 求其輸入阻抗。 【105 雲林科技大學 - 電子系碩士】

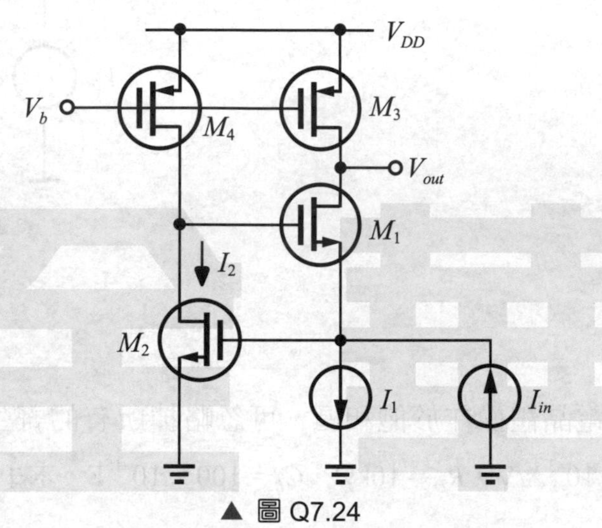

▲ 圖 Q7.24

解

28. 試畫出 n MOS 源極隨耦器的電路圖和小訊號等效電路。

【106 雲林科技大學 - 電子系碩士】

29. 如圖 Q7.25 所示之放大器，其 $I_D = 1\text{mA}$，$g_m = 1\text{mA/V}$，若忽略 r_o，求中頻增益。

【108 雲林科技大學 - 電子系碩士】

解

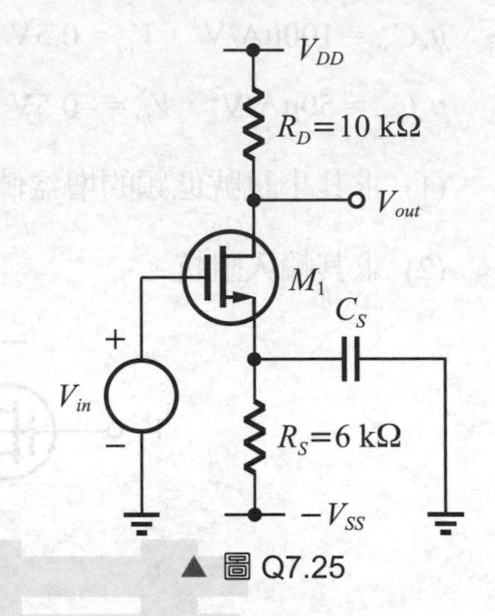

▲ 圖 Q7.25

30. 如圖 Q7.26 之電晶體操作於飽和區，可忽略掉所有的寄生電容，其他參數為 $\lambda = 0$，$g_m = 1 \times 10^{-3}\text{A/V}$，$R_D = 10\text{k}\Omega$，$C_L = 100 \times 10^{-15}\text{F}$，求小訊號中頻增益之值。

【109 雲林科技大學 - 電子系碩士】

解

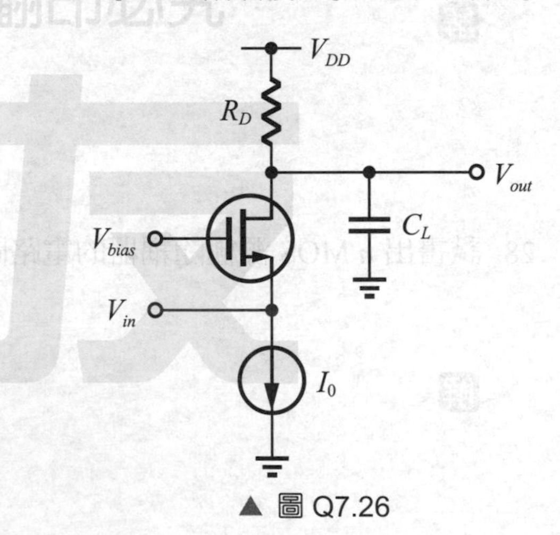

▲ 圖 Q7.26

31. 假設如圖 Q7.27 所示之電路中的 $I_Q = 2\text{mA}$，以及電晶體的參數爲 $V_{tp} = -1.5\text{V}$，$k_p (= \frac{1}{2}\mu_p C_{ox} \frac{W}{L}) = 2\text{mA}/\text{V}^2$，$\lambda = 0$，負載電阻爲 $R_L = 3\text{k}\Omega$ 與 $R_D = 2\text{k}\Omega$，請計算小訊號電壓增益 $\frac{V_{out}}{V_{in}}$。【107 聯合大學 - 光電工程學系碩士】

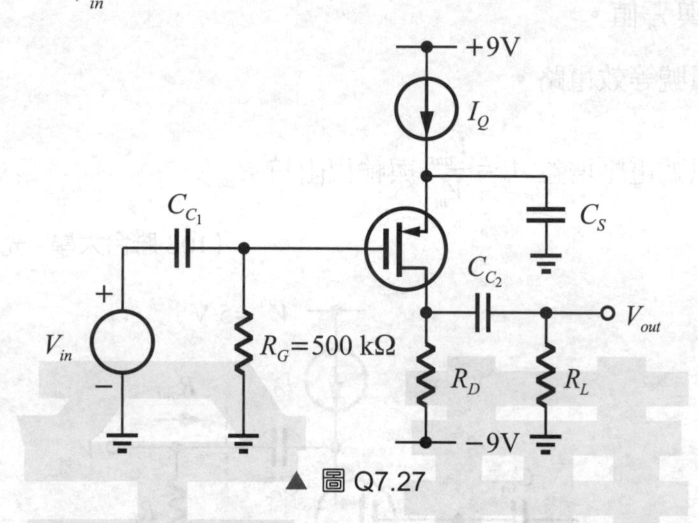

▲ 圖 Q7.27

解

32. 已知如圖 7.28 所示源極隨耦器的 $I_Q = 2\text{mA}$，以及電晶體的參數爲 $V_{tp} = -2\text{V}$，

$k_p (= \frac{1}{2}\mu_p C_{ox} \frac{W}{L}) = 2\text{mA}/\text{V}^2$，$\lambda = 0$。則：

(1) 計算 V_{GSQ} 與 V_{DSQ} 值。

(2) 計算 g_m 與 r_o 值。

(3) 畫出小訊號等效電路。

(4) 計算小訊號電壓增益 $A_v = \frac{V_{out}}{V_{in}}$ 與輸出阻抗 R_{out}。

【108 聯合大學 - 光電工程學系碩士】

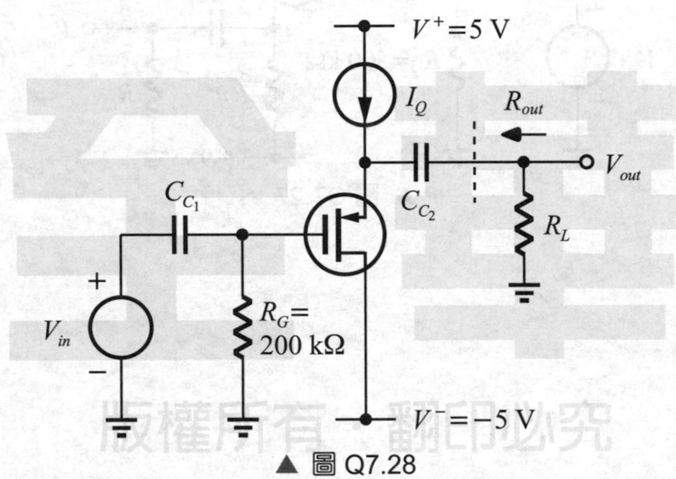

▲ 圖 Q7.28

解

33. 假設如圖 Q7.28 所示電路中的 $I_Q = 4\text{mA}$，與電晶體的參數為 $V_{tp} = -2\text{V}$，$k_p (= \frac{1}{2}\mu_p C_{ox}\frac{W}{L}) = 4\text{mA}/\text{V}^2$，$R_L = 5\text{k}\Omega$，請計算小訊號電壓增益 $\frac{V_{out}}{V_{in}}$ 與輸出阻抗 R_{out}。　【109 聯合大學 - 光電工程學系碩士】

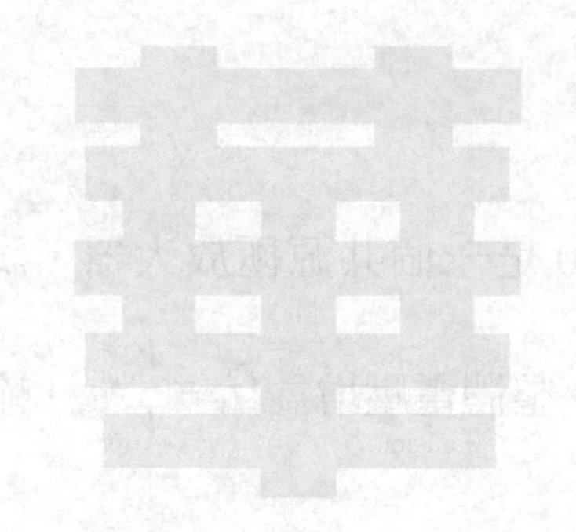

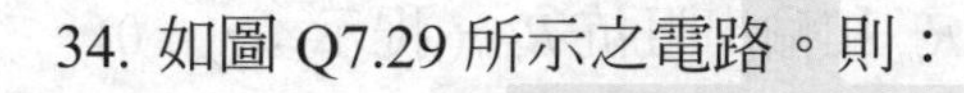

34. 如圖 Q7.29 所示之電路。則：

(1) 此電路為何種組態之放大器？

(2) 畫出其小訊號等效電路。

(3) 試推導出其電壓增益。

(4) 試推導出其輸出阻抗。　【100 虎尾科技大學 - 光電與材料科技碩士】

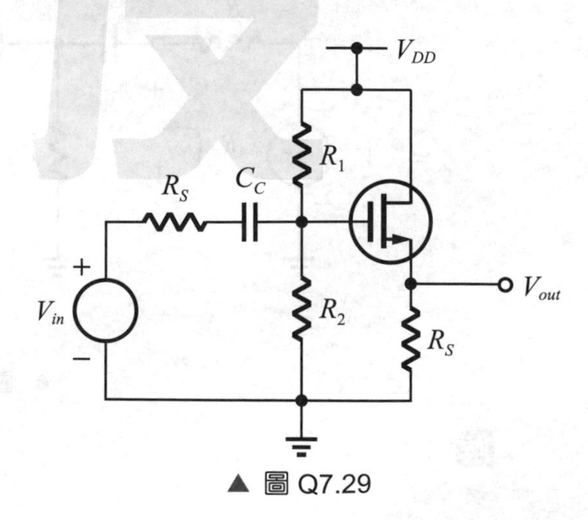

▲ 圖 Q7.29

35. 試回答下列問題：

(1) 以 n 通道增強型 MOS 電晶體爲例，說明何謂“基體效應 (body effect)”？

(2) 以 n 通道增強型 MOS 電晶體爲例，說明何謂“反轉 (inversion)”？

(3) 以 n 通道增強型 MOS 電晶體爲例，說明何謂“通道長度調變效應 (channel-length modulation)”？

(4) 對一個 p 型的半導體材質而言，其電性如何(例如：正電、負電、電中性)？

【101 虎尾科技大學 - 電子工程碩士】

解

36. 如圖 Q7.30 是一個共源極放大器，試畫出其小訊號等效電路，並求電壓增益 $A_v = \dfrac{V_{out}}{V_{in}}$、整體電壓增益 $G_v = \dfrac{V_{out}}{V_{sig}}$、輸入阻抗 R_{in} 和輸出阻抗 R_{out}(提示：$r_o = 0$)。

【101 勤益科技大學 - 電子工程系碩士】

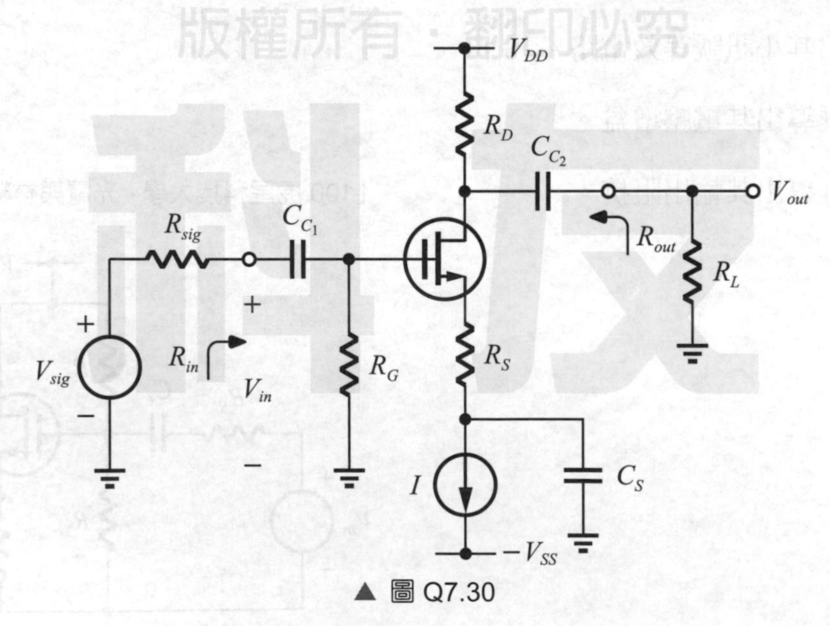

▲ 圖 Q7.30

解

得分欄

班級：

學號：

姓名：

習題演練

Chapter 8 運算放大器——當成一個元件使用

基礎題

1. 如圖 Q8.1 所示之電路，請推導非反相放大器不具有虛接地性質時的增益值 (即 $\frac{V_{out}}{V_{in}}$)，並比較具虛接地的增益值。

解

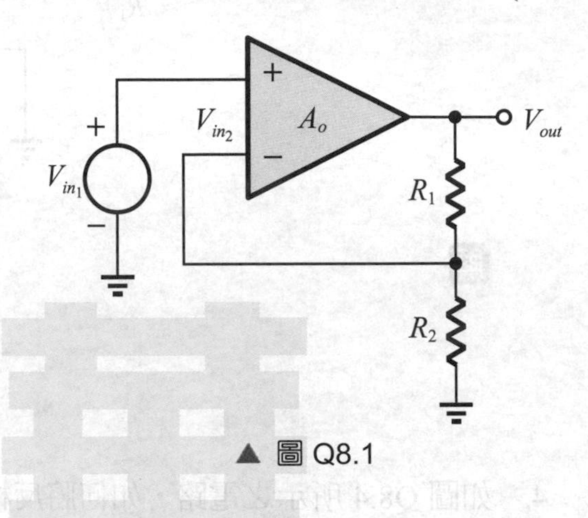

▲ 圖 Q8.1

2. 如圖 Q8.2 所示之電路，請推導反相放大器不具有虛接地性質時的增益值，並比較具虛接地的增益值。

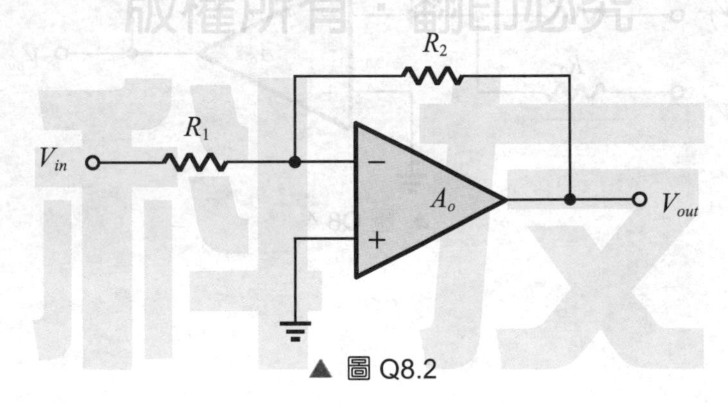

▲ 圖 Q8.2

3. 如圖 Q8.3 所示之電路，請推導積分器不具有虛接地性質時的增益值，並比較具虛接地的增益值。

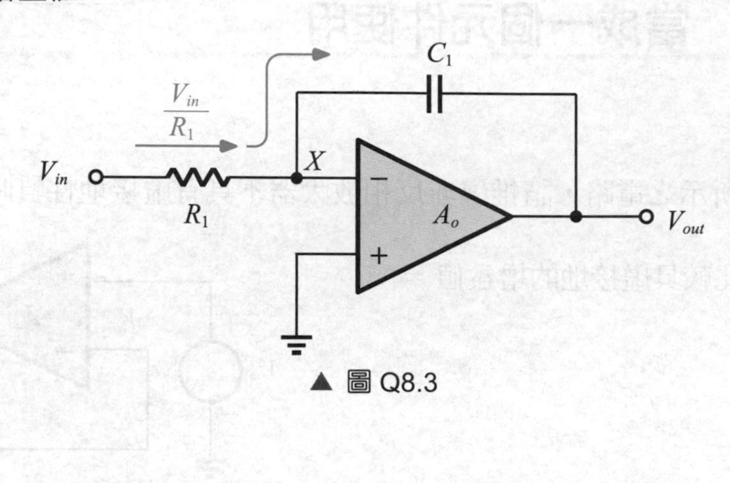

▲ 圖 Q8.3

解

4. 如圖 Q8.4 所示之電路，如何將反相加法器擴充成 4 個電壓相加？

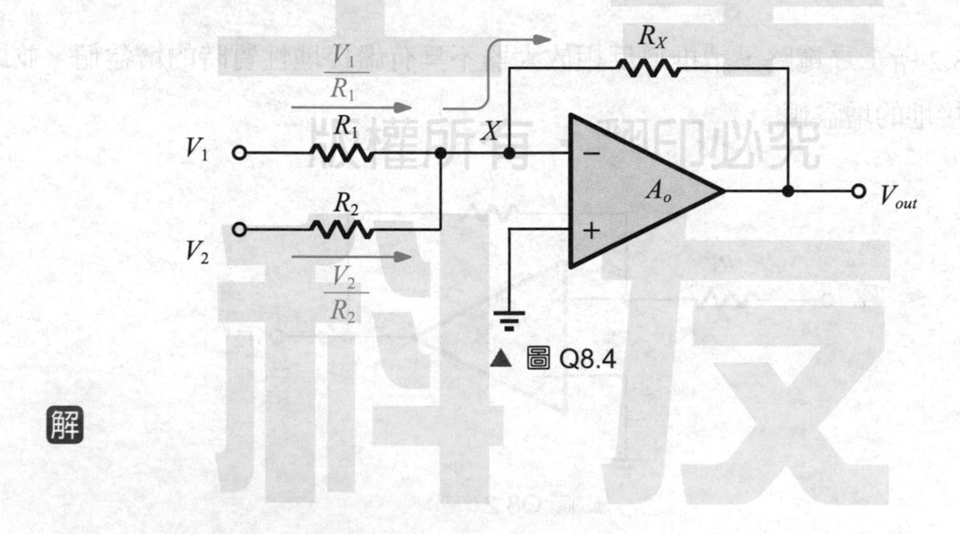

▲ 圖 Q8.4

解

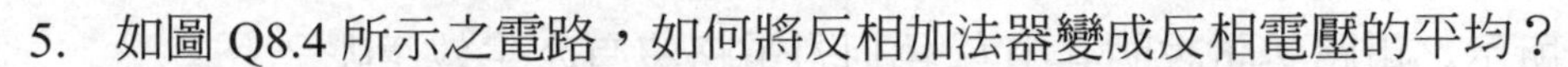
5. 如圖 Q8.4 所示之電路，如何將反相加法器變成反相電壓的平均？

解

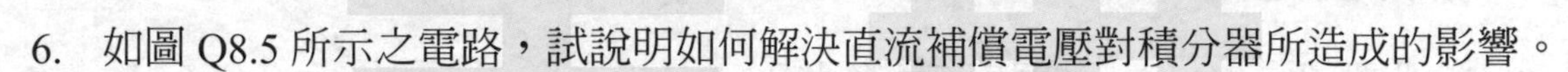
6. 如圖 Q8.5 所示之電路，試說明如何解決直流補償電壓對積分器所造成的影響。

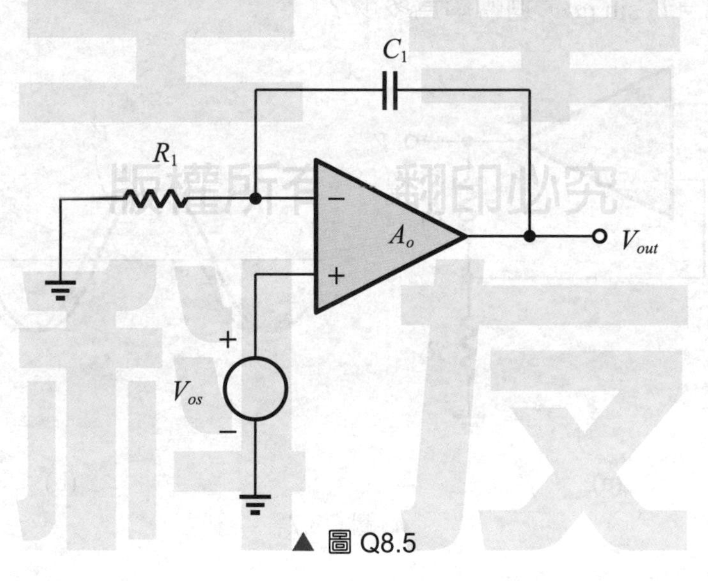

▲ 圖 Q8.5

解

7. 如圖 Q8.6 所示之電路，試說明其中 I_{B_1} 爲何對電路沒有產生效應呢？

解

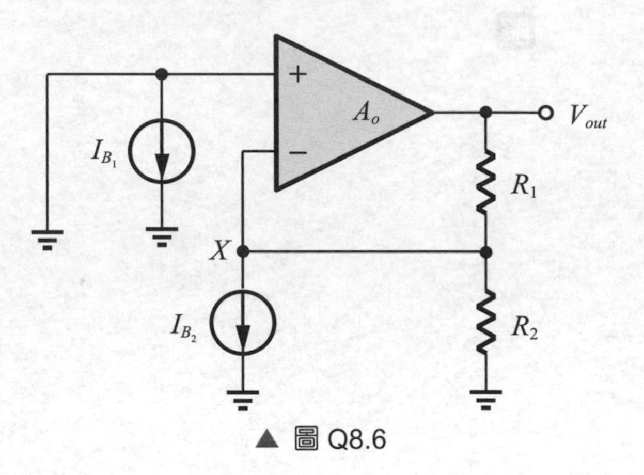

▲ 圖 Q8.6

8. 如圖 Q8.7 所示。則：

(1) 試定義迴轉率？

(2) 假設 $V_{in} = V_o \sin \omega t$，迴轉率爲多少？

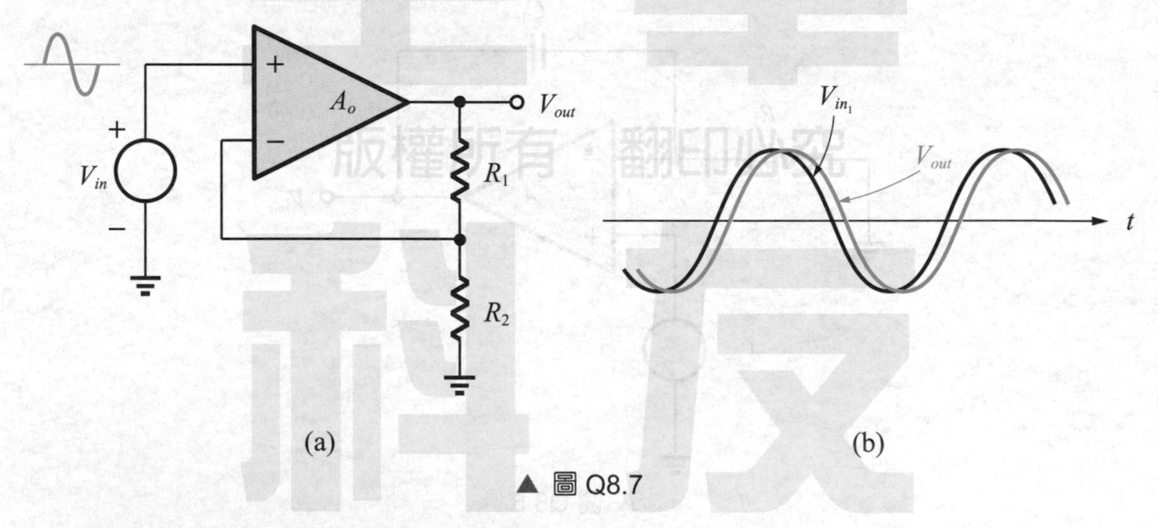

▲ 圖 Q8.7

解

9. 何謂全功率頻寬？如何定義之？

10. 如圖 Q8.8 所示之電路，設 $A_o = 20000$，$R_{out} = 2\ \Omega$，$R_1 = 80\ \Omega$，$R_2 = 16\ \Omega$，即使 $\frac{R_{out}}{R_1}$ 和 $\frac{R_{out}}{R_2}$ 都遠比 A_o 小很多，但輸出 V_o 的擺幅依舊是很小，試問原因為何？

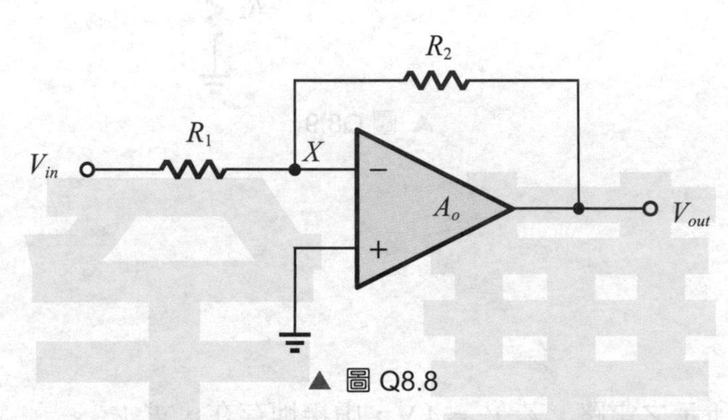

▲ 圖 Q8.8

解

11. 某非反相放大器的閉迴路增益為 6，增益誤差為 0.5%，閉迴路頻寬為 60 MHz，輸入偏壓電流為 0.3 μA，求其開迴路增益和頻寬。

12. 如圖 Q8.9 所示之電路，若 $R_1=(1+0.05)R_2$，閉迴路的增益為 10，$A_o=10000$，則其眞實的閉迴路增益應爲多少？

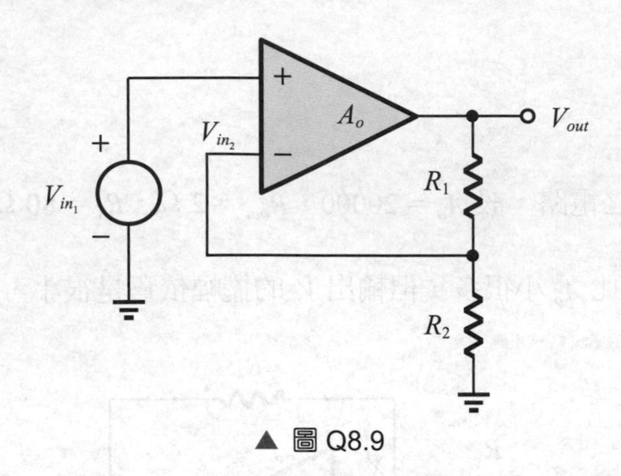

▲ 圖 Q8.9

解

13. 如圖 Q8.10 所示之電路，若 $V_{in}=4$ V，虛接地存在，求 V_{out}。

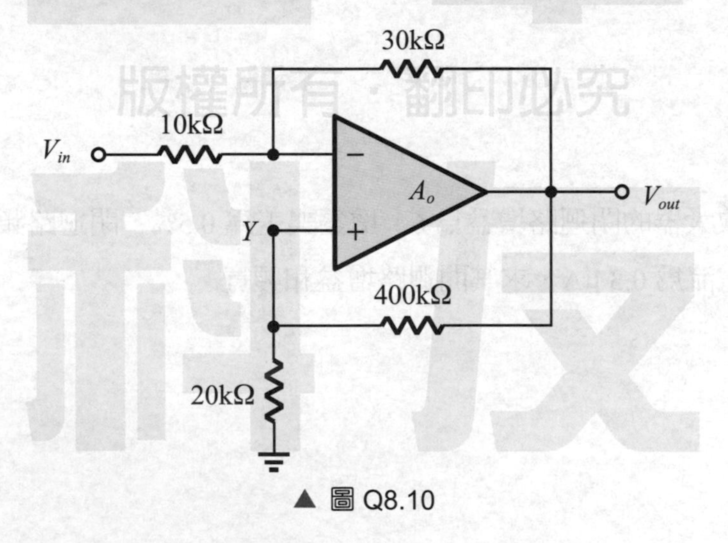

▲ 圖 Q8.10

解

14. 如圖 Q8.11 所示之電路，求其增益 $\frac{V_{out}}{V_{in}}$ 。

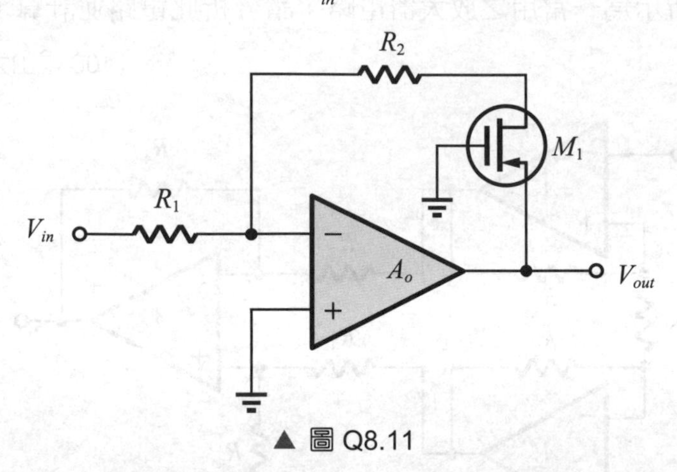

▲ 圖 Q8.11

解

15. 如圖 Q8.12 所示，閉迴路增益為 –10，增益誤差為 0.02%，輸入阻抗為 100 kΩ，試設計該電路。

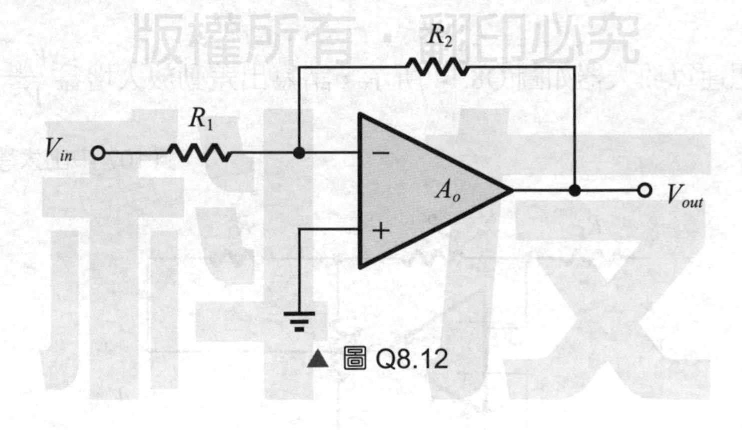

▲ 圖 Q8.12

解

進階題

16. 如圖 Q8.13 所示爲一常用之放大器電路，請分析此電路並計算 V_{out} 以及求出差動電壓增益。

【106 中山大學 - 光電所碩士】

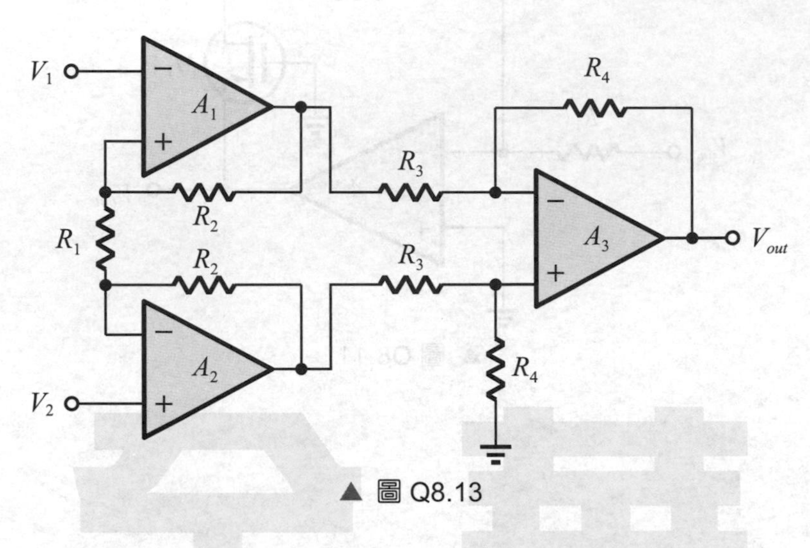

▲ 圖 Q8.13

解

17. 考慮一理想運算放大器如圖 Q8.14 所示，請寫出差動放大增益 $\frac{V_{out}}{V_{in}}$ 的表達式。

【107 中山大學 - 光電所碩士】

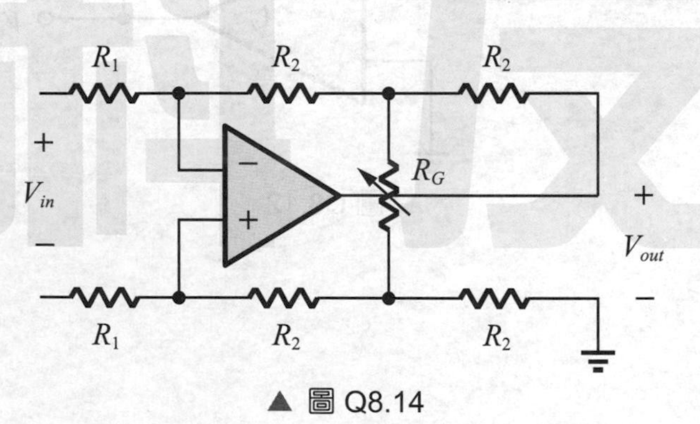

▲ 圖 Q8.14

解

18. 如圖 Q8.15 所示之運算放大器為理想，求其輸入阻抗 R_{in}。

【108 中正大學 - 電機工程學系、機械工程學系碩士】

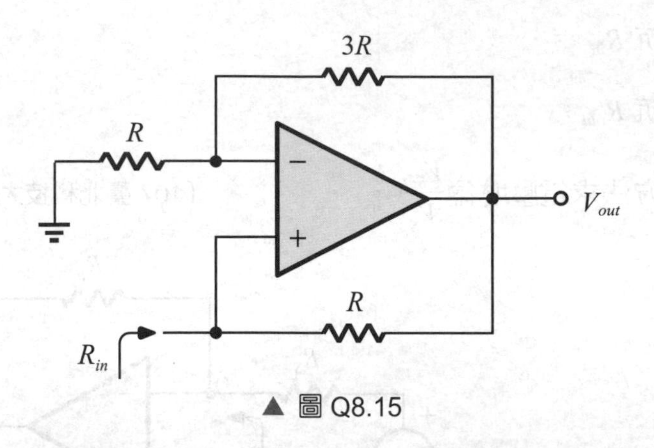

▲ 圖 Q8.15

解

19. 如圖 Q8.16 所示之電壓參考電路，假設運算放大器為理想，$V_Z = 4\text{V}$，$R_1 = 2\text{k}\Omega$，$R_2 = 1\text{k}\Omega$，$R_S = 1\text{k}\Omega$，求 V_{out}、I_Z 和 I_1。

【106 臺灣科技大學 - 電子工程碩士乙二組】

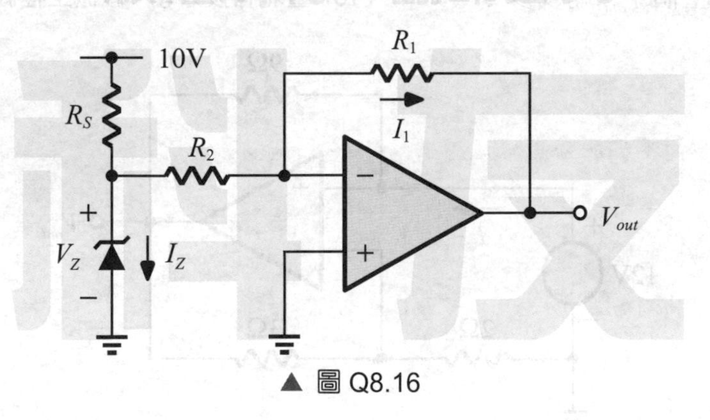

▲ 圖 Q8.16

解

20. 如圖 Q8.17 所示之反相放大器，開迴路增益 $\mu = 10^4$V/V，差動輸入電阻 $R_{id} = 100\text{k}\Omega$，輸出電阻 $r_o = 1\text{k}\Omega$，$R_S = 1\text{k}\Omega$，$R_F = 1\text{M}\Omega$，$R_L = 2\text{k}\Omega$。則：

(1) 求輸入阻抗 R_{in}。

(2) 求輸出阻抗 R_{out}。

(3) 利用回授方法求電壓增益 $\dfrac{V_{out}}{V_S}$。【107 臺北科技大學 - 光電工程碩士】

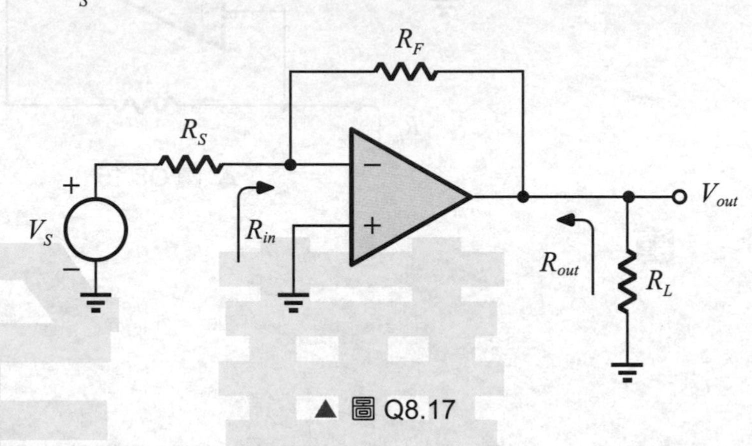

▲ 圖 Q8.17

21. 如圖 Q8.18 所示之放大器電路。則：

(1) 試求電流值 I 爲多少？

(2) 試求電壓值 V_{out} 爲多少？【107 臺北科技大學 - 機械工程機電整合碩士甲組】

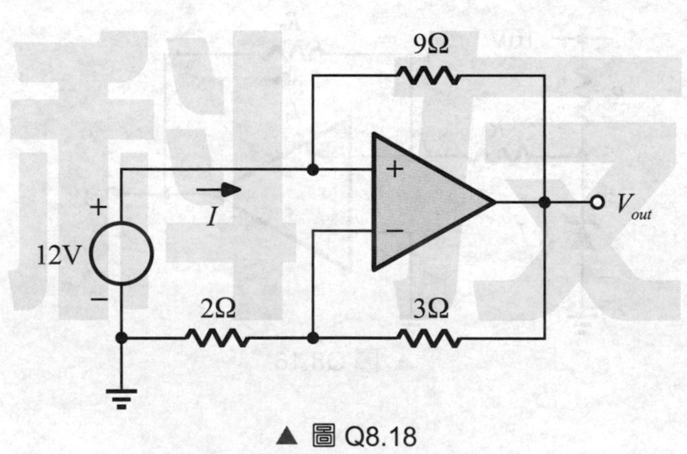

▲ 圖 Q8.18

解

22. 如圖 Q8.19 所示之放大器電路，其中 $V_{in} = 5\text{V}$，$V_{CC} = 12\text{V}$，$R = 1\text{k}\Omega$，$R_L = 5\text{k}\Omega$，$R_F = 10\text{k}\Omega$，$I_S = 3\mu\text{A}$，求 I_L 之值。 【107 臺北科技大學 - 機械工程機電整合碩士甲組】

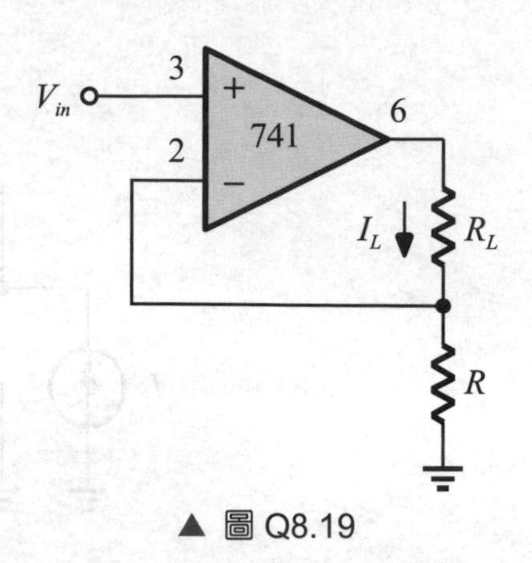

▲ 圖 Q8.19

23. 如圖 Q8.20 所示之放大器電路，其中 $V_{in} = 5\text{V}$，$V_{CC} = 12\text{V}$，$R = 1\text{k}\Omega$，$R_L = 5\text{k}\Omega$，$R_F = 10\text{k}\Omega$，$I_S = 3\mu\text{A}$，求 I_L 之值。 【107 臺北科技大學 - 機械工程機電整合碩士甲組】

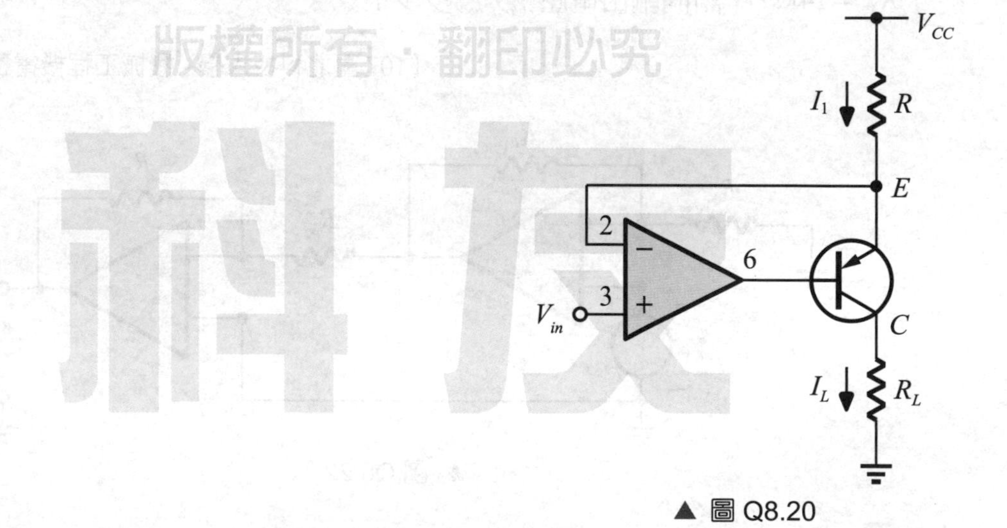

▲ 圖 Q8.20

24. 如圖 Q8.21 所示之放大器電路，其中 $V_{in}=5V$，$V_{CC}=12V$，$R=1k\Omega$，$R_L=5k\Omega$，$R_F=10k\Omega$，$I_S=3\mu A$，求 V_{out} 之值。

【107 臺北科技大學 - 機械工程機電整合碩士甲組】

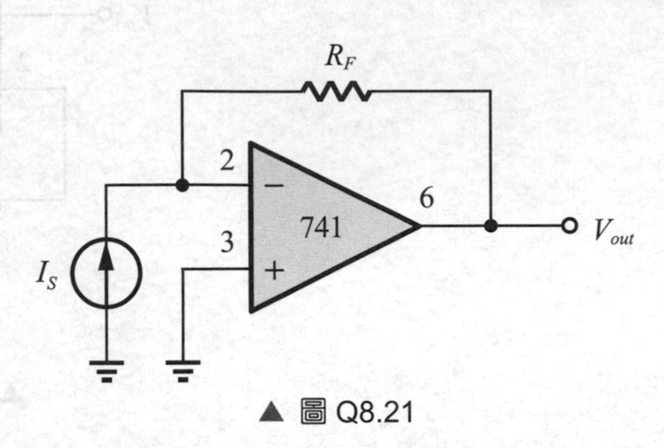

▲ 圖 Q8.21

解

25. 如圖 Q8.22 所示之電路，若 $V_S=5mV$，$R_{S_1}=1k\Omega$，$R_{F_1}=5k\Omega$，$R_{S_2}=7k\Omega$，$R_{F_2}=14k\Omega$，請問輸出電壓 V_{out} 為多少？

【107 臺北科技大學 - 機械工程機電整合碩士甲組】

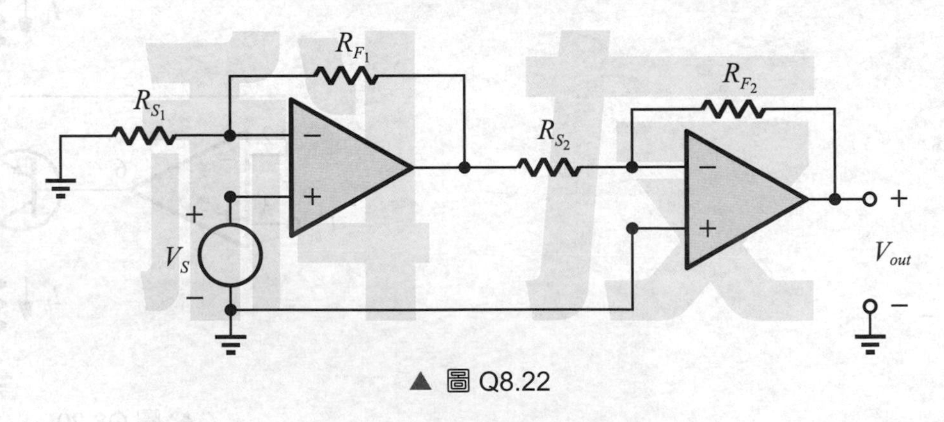

▲ 圖 Q8.22

解

26. 如圖 Q8.23 所示之電路，假設放大器均為理想之運算放大器 (OP-AMP)，求 V_{out} = ？ 【108 臺北科技大學 - 光電工程碩士】

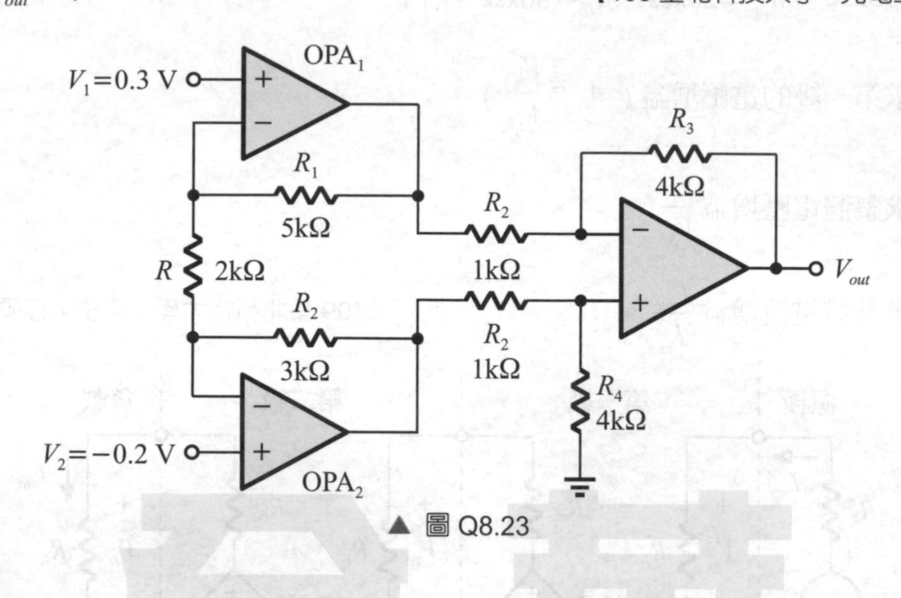

▲ 圖 Q8.23

解

27. 如圖 Q8.24 所示之運算放大器為理想，其輸出飽和電壓為 ±12V，二極體導通時有 0.7V 的壓降，當 V_{in} = +1V、+3V、–1V 和 –3V 時，求 V^-、V_A 和 V_{out}。

【108 臺北科技大學 - 機械工程機電整合碩士甲組】

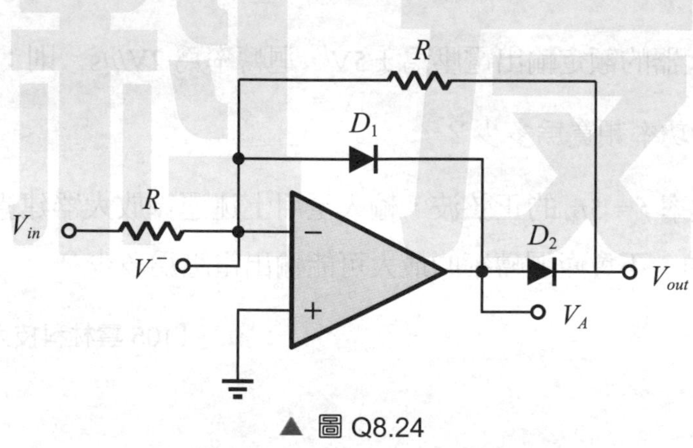

▲ 圖 Q8.24

解

28. 如圖 Q8.25 所示爲一個串聯的放大器，$R_S = 10\text{k}\Omega$，$R_{i_1} = 90\text{k}\Omega$，$R_{o_1} = 5\text{k}\Omega$，$R_{i_2} = 95\text{k}\Omega$，$R_{o_2} = 20\text{k}\Omega$，$R_L = 80\text{k}\Omega$。則：

(1) 求第一級的電壓增益 ($A_{v_1} \equiv \dfrac{V_{i_2}}{V_{i_1}}$)。

(2) 求整體電壓增益 $\dfrac{V_L}{V_S}$。

(3) 求整體電流增益 $\dfrac{I_{out}}{I_{in}}$。

【109 臺北科技大學 - 電子工程碩士丁組】

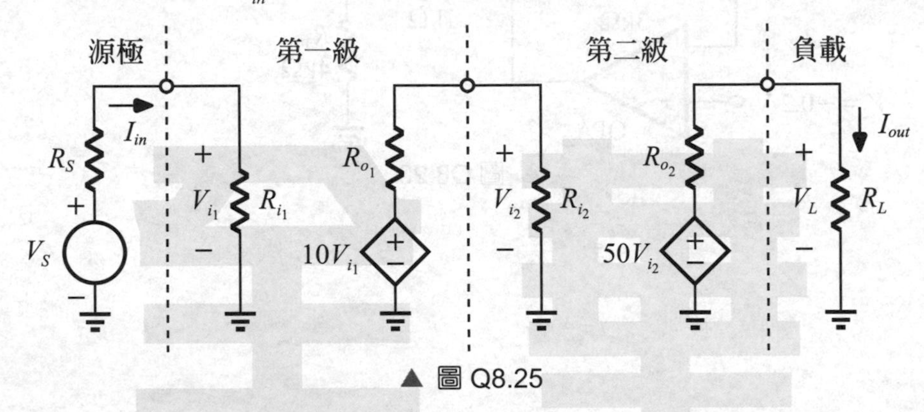

▲ 圖 Q8.25

解

29. 一個運算放大器的額定輸出電壓爲 ± 5V，迴轉率爲 2V/μs。則：

(1) 試求其全功率頻寬爲多少？

(2) 若具有頻率 $f = 5f_M$ 的正弦波，輸入至用上述運算放大器建構的隨耦器 (其增益爲 1) 中，不會產迴轉率的最大可能輸出電壓爲多少？

【105 雲林科技大學 - 電子系碩士】

解

30. 如圖 Q8.26 所示之電路。則:

(1) 求 V_{in}、V_{out} 之值。

(2) 求 I_1、I_2、I_L 和 I_{out} 之值。

(3) 求電壓增益 $\frac{V_{out}}{V_{in}}$、電流增益 $\frac{I_2}{I_1}$ 和功率增益 $\frac{P_{out}}{P_{in}}$。

【106 雲林科技大學 - 電子系碩士】

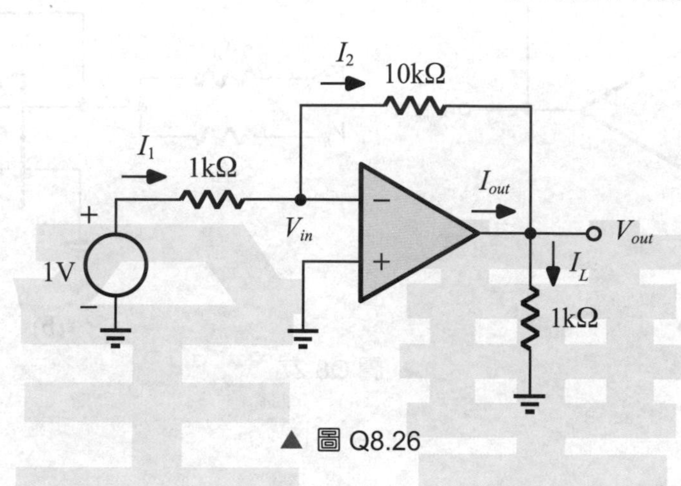

▲ 圖 Q8.26

31. 對一個非反相放大器,其開迴路增益為 1000,頻寬為 1MHz,若閉迴路增益為 16。則:

(1) 求閉迴路頻寬。

(2) 求相對應的時間常數。

【106 雲林科技大學 - 電子系碩士】

解

32. 如圖 Q8.27 所示之電路，爲理想運算放大器。則：

(1) 若圖 (a) 中 $R_1 = 10\text{k}\Omega$，$R_2 = 100\Omega$，求其電壓增益。

(2) 以 V_A、V_B、R_A、R_B 和 R_C 列出圖 (b) 中 V_{out} 之公式。

【107 雲林科技大學 - 電子系碩士】

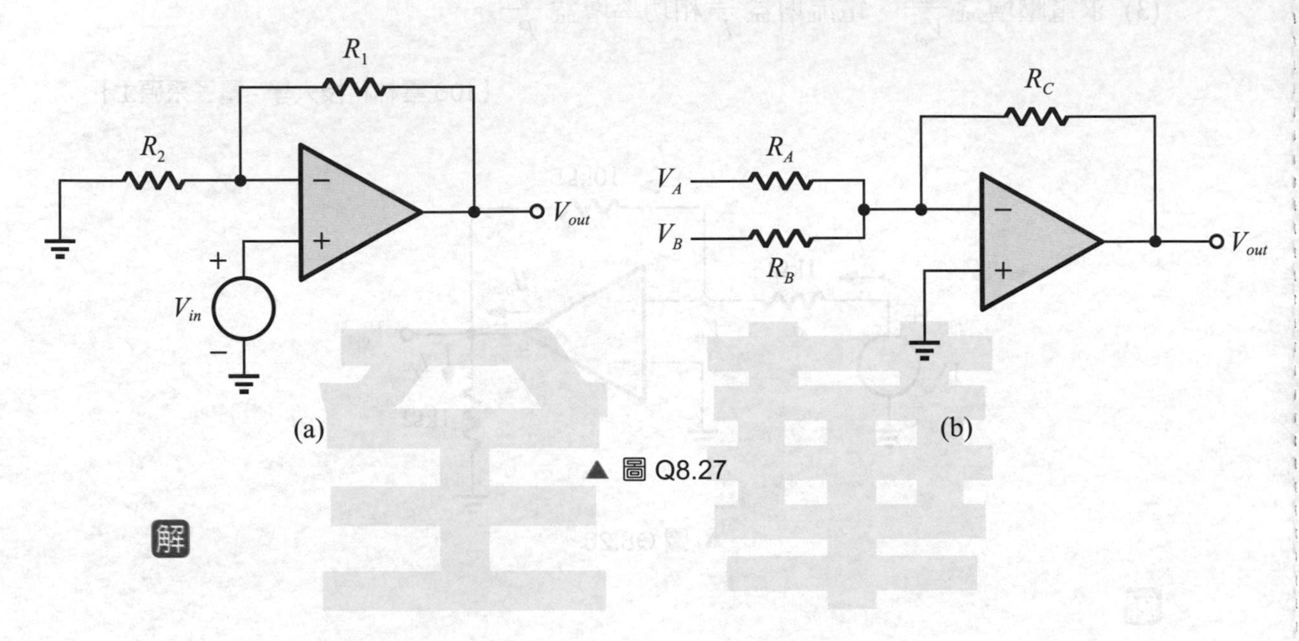

▲ 圖 Q8.27

解

33. 如圖 Q8.28 所示之電路，其中 $R_1 = R_2 = R_4 = 1\text{M}\Omega$，且該運算放大器爲理想。則：

(1) 若增益值爲 –10V/V，求 R_3 之值。

(2) 若增益值爲 –100V/V，求 R_3 之值。

(3) 若增益值爲 –2V/V，求 R_3 之值。

【109 雲林科技大學 - 電子系碩士】

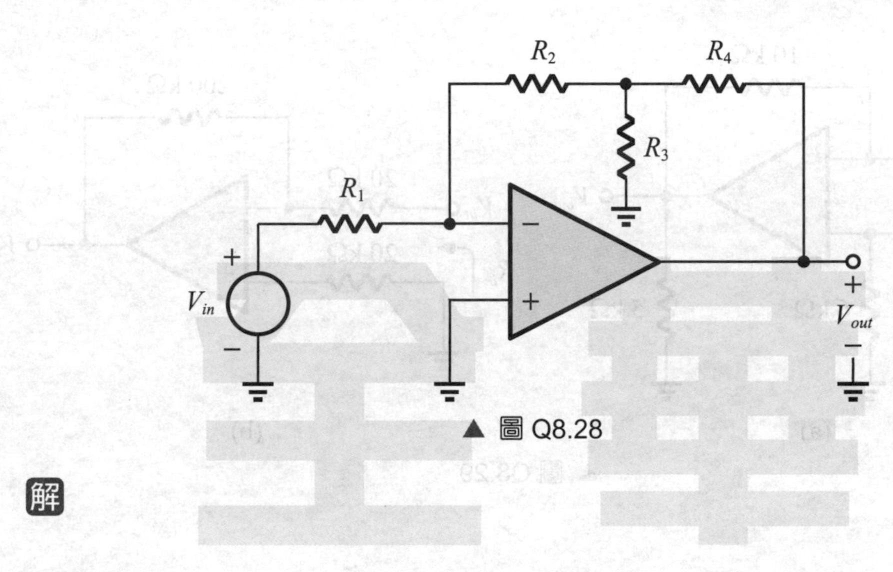

▲ 圖 Q8.28

解

34. 如圖 Q8.29 所示之電路，OP-AMP 差動放大器為理想放大器。則：

(1) 求圖 (a) 之電壓增益 $\frac{V_{out}}{V_{in}}$ 以及輸入阻抗 R_{in}。

(2) 求圖 (b) 之電壓增益 $\frac{V_{out}}{V_{in}}$ 以及輸入阻抗 R_{in}。

【107 聯合大學 - 光電工程學系碩士】

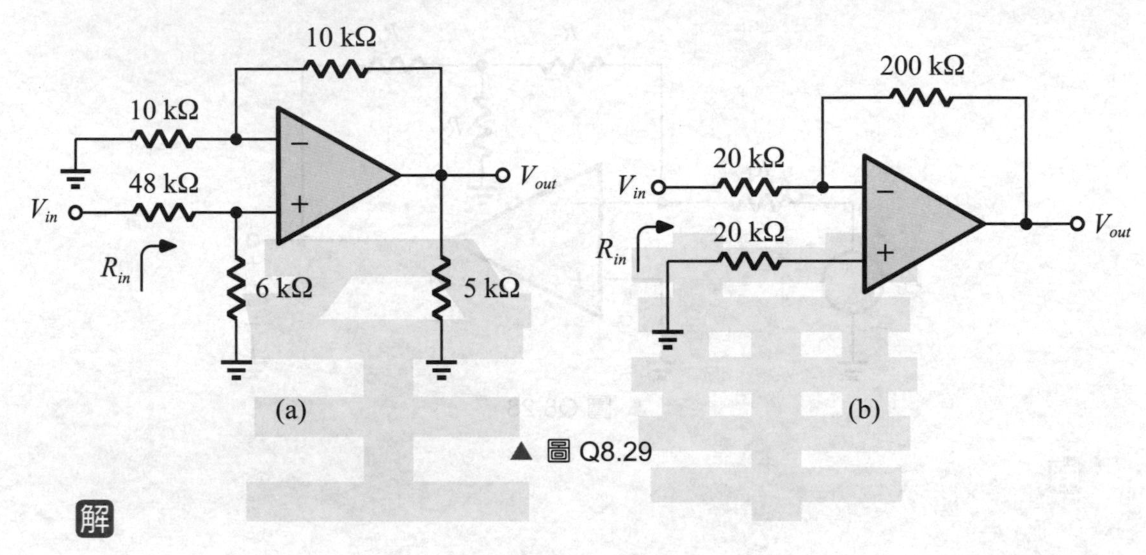

▲ 圖 Q8.29

解

35. 假設如圖 Q8.30 所示之運算放大器是理想放大器，且電阻 $R_1 = R_3 = 1\text{k}\Omega$，$R_2 = R_4 = 10\text{k}\Omega$。則：

(1) 計算圖 (a) 之電壓增益 $\frac{V_{out}}{V_{in}}$。

(2) 計算圖 (b) 之電壓增益 $\frac{V_{out}}{V_{in}}$。

【108 聯合大學 - 光電工程學系碩士】

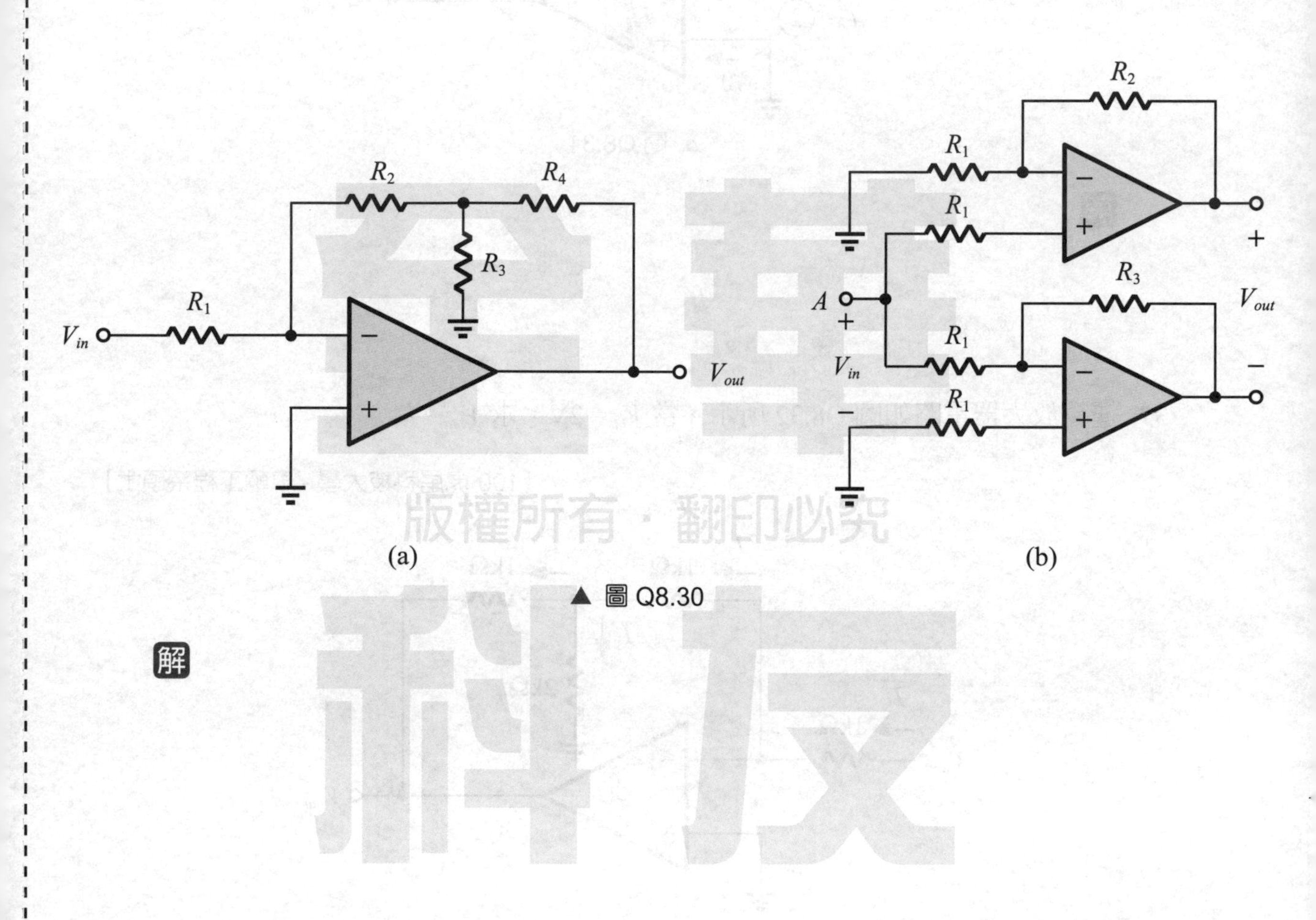

▲ 圖 Q8.30

解

36. 如圖 Q8.31 所示，爲一運算放大器電路，試推導出其電壓增益。

【100 虎尾科技大學 - 光電與材料科技碩士】

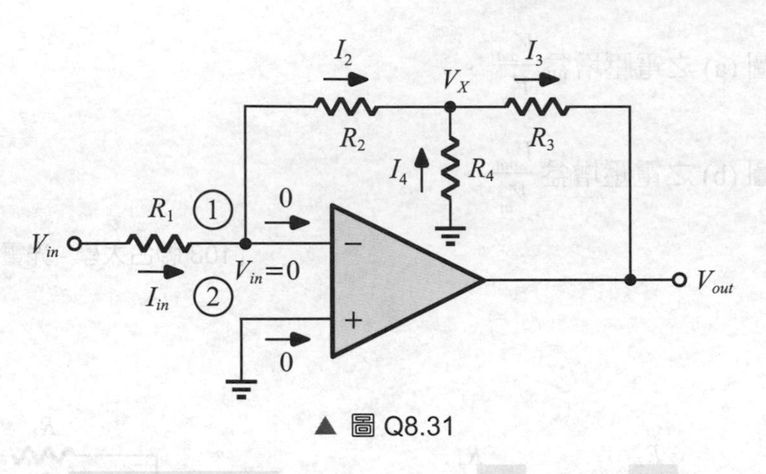

▲ 圖 Q8.31

解

37. 運算放大器電路如圖 Q8.32 所示，當 $V_{in} = 2V$，求 V_{out}。

【100 虎尾科技大學 - 車輛工程系碩士】

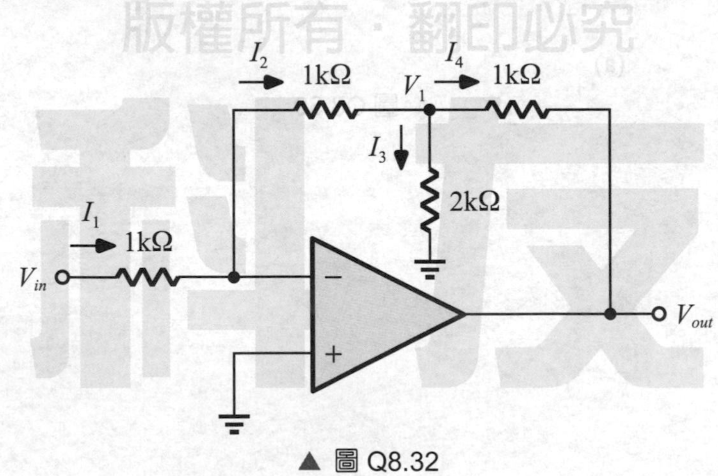

▲ 圖 Q8.32

解

38. 試求如圖 Q8.33 所示之電路的電壓增益 $\frac{V_{out}}{V_{in}}$ 與輸入阻抗 R_{in}，假設運算放大器爲理想。【101 虎尾科技大學 - 車輛工程系碩士】

解

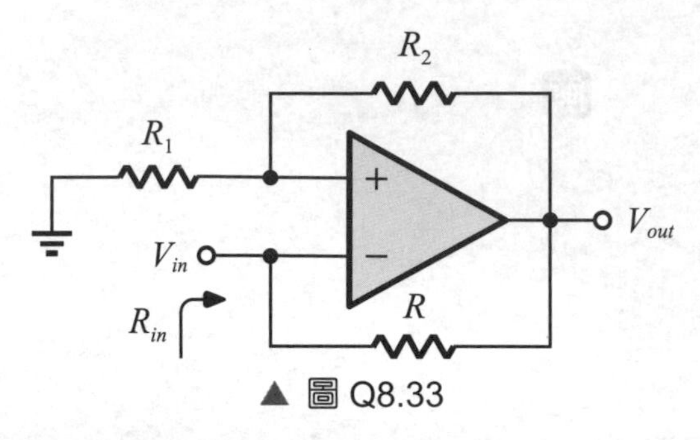

▲ 圖 Q8.33

39. 如圖 Q8.34 所示之電路，假設運算放大器是理想運算放大器，且電阻 $R_1 = R_2 = 500\text{k}\Omega$，$R_3 = 200\text{k}\Omega$，$R_4 = 1\text{M}\Omega$。則：

(1) 試求其輸入阻抗 R_{in} 爲多少？

(2) 試求其電壓增益 $A_v = \frac{V_{out}}{V_{in}}$ 爲多少？【101 虎尾科技大學 - 電子工程碩士】

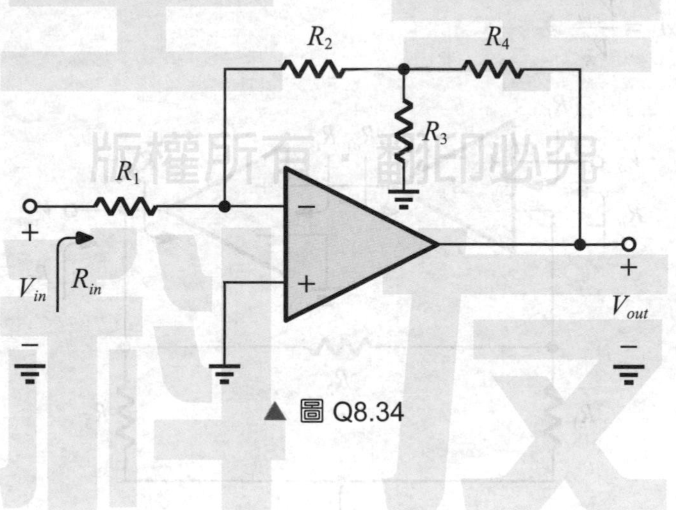

▲ 圖 Q8.34

解

40. 如圖 Q8.35 所示之電路，其中 $V_{in_1} = 2\text{V}$，$V_{in_2} = 4\text{V}$，$R_1 = 50\text{k}\Omega$，$R_2 = 100\text{k}\Omega$，$R_3 = 20\text{k}\Omega$，$R_4 = 100\text{k}\Omega$，求輸出電壓 V_{out} 和差動輸入阻抗 R_{id}。

【101 勤益科技大學 - 電子工程系碩士】

解

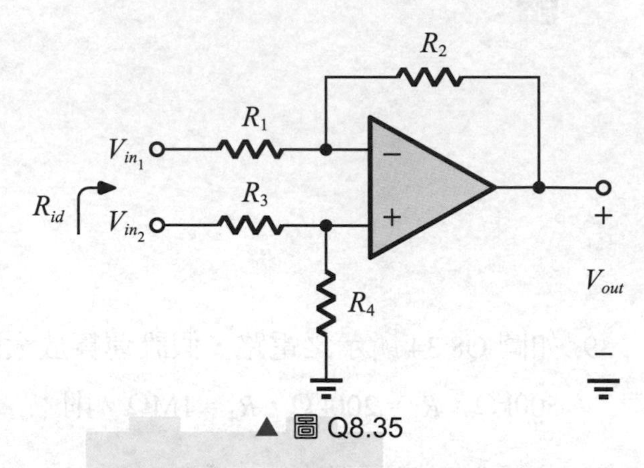

▲ 圖 Q8.35

41. 如圖 Q8.36 所示之放大器，$R_1 = R_3 = R_{o_2} = 1\text{k}\Omega$，$R_{i_1} = R_2 = 2\text{k}\Omega$，$R_{i_2} = 8\text{k}\Omega$，$R_{o_1} = 7\text{k}\Omega$，$A_1 = 10\text{V/V}$，$A_2 = 5\text{V/V}$，求放大器之輸入電阻 R_{if}、輸出電阻 R_{of}，以及電壓增益 $A_v = \dfrac{V_{out}}{V_S}$。

【108 高考三級】

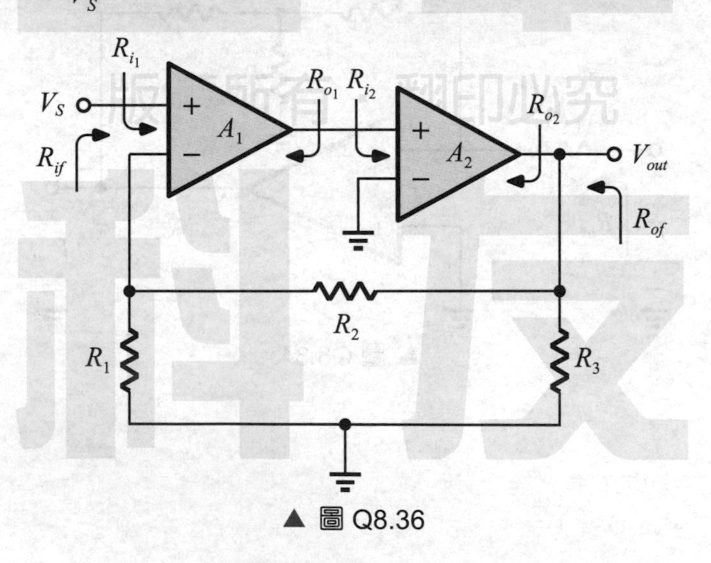

▲ 圖 Q8.36

解